Biología molecular y citogenética

2.ª edición
revisada y ampliada

Biología molecular y citogenética

María Soledad Aguilar Segura

2.ª edición
revisada y ampliada

EDITORIAL
SINTESIS

Imágenes cortesía del Centro Inmunológico de Alicante:
4.6, 4.8, 4.9, 4.10, 4.11, 5.1, 5.2, 6.4,
6.5, 6.6, 6.7, 6.9, 6.11, 6.14, 6.20, 6.21, 6.22,
7.7, 7.11, 7.12, 7.13, 7.14, 8.3, 8.4, 8.5, 8.8,
9.3, 9.4, 9.5, 9.18

Vallehermoso, 34. 28015 Madrid
Teléfono 91 593 20 98
http://www.sintesis.com

ISBN: 978-84-9077-349-9
Depósito Legal: M-10.552-2019

Impreso en España - Printed in Spain

Índice

Parte II
TÉCNICAS CITOGENÉTICAS

PARTE III

TÉCNICAS DE HIBRIDACIÓN DEL ADN Y DE LA CITOGENÉTICA MOLECULAR

Parte IV

TÉCNICAS DE BIOLOGÍA MOLECULAR

Presentación

En los últimos años ha tenido lugar un avance muy importante en el conocimiento de las bases moleculares y genéticas de muchas enfermedades humanas. Al mismo tiempo, el progreso tecnológico en esta área es continuo, lo que permite el diagnóstico clínico de un número cada vez mayor de patologías.

Actualmente existe una oferta creciente de análisis genéticos que permiten su aplicación a numerosas áreas que abarcan desde el diagnóstico clínico de enfermedades hereditarias, el análisis microbiológico, el estudio del cáncer hasta otras no clínicas, como la medicina legal y forense.

Se necesitan profesionales cualificados capaces de realizar las nuevas técnicas que se van desarrollando. Con el fin de adaptar la oferta formativa a las necesidades actuales, se ofertan dos nuevos ciclos formativos LOE: Técnico Superior en Laboratorio Clínico y Biomédico (Real Decreto 771/2014, de 12 de septiembre, por el que se establece el título de Técnico Superior en Laboratorio Clínico y Biomédico y se fijan sus enseñanzas mínimas) y Técnico Superior en Anatomía Patológica y Citodiagnóstico (Real Decreto 767/2014, de 12 de septiembre, por el que se establece el título de Técnico Superior en Anatomía Patológica y Citodiagnóstico y se fijan sus enseñanzas mínimas). Ambos ciclos formativos incluyen un módulo común de Biología Molecular y Citogenética. Este módulo, de forma específica, permite alcanzar al alumnado las competencias profesionales necesarias para la obtención del certificado de profesionalidad correspondiente a colaborador/a y asistente en biología molecular y colaborador/a y asistente de investigación.

En este libro se desarrollan los contenidos teóricos y especialmente prácticos del módulo Biología Molecular y Citogenética establecidos en la legislación. Va dirigido tanto a profesores como alumnos de los nuevos ciclos formativos LOE de Técnico Superior en Laboratorio Clínico y Técnico Superior en Anatomía Patológica y Citodiagnóstico. También es de utilidad para aquellos profesionales que deseen formarse en técnicas de Biología Molecular y Citogenética.

Esta obra tiene el objetivo de adaptarse a las necesidades del alumnado. Se ha intentado elaborar la información de forma completa, actualizada, didáctica, amena e interesante, apoyada en todo momento por ejemplos e ilustraciones. Está diseñado con numerosas explicaciones teóricas, actividades breves y de desarrollo, y cuestionarios de respuestas múltiples, propuestas de prácticas y supuestos prácticos. A su vez, al inicio del capítulo se incluye un esquema de este y un resumen final.

La obra se divide en once capítulos distribuidos en las siguientes partes:

- *Parte I.* Fundamentos biológicos de la citogenética y la biología molecular.
- *Parte II.* Técnicas de citogenética.
- *Parte III.* Técnicas de hibridación del ADN y técnicas de citogenética molecular.
- *Parte IV.* Técnicas de biología molecular.

En la primera parte se abordan los fundamentos biológicos de la citogenética y biología molecular, tales como estructura de la célula, división celular, estructura de los cromosomas, estructura del ADN, propiedades, estructura del genoma y de los genes humanos, expresión y regulación de la información genética y mutaciones.

En la segunda parte se revisan las técnicas y organización de los laboratorios de citogenética, que incluyen la realización de cultivos celulares en diferentes tipos de muestras, procesamiento, obtención, estudio de los cromosomas, las anomalías cromosómicas más frecuentes y las aplicaciones clínicas de los estudios citogenéticos.

En la tercera parte se tratan las técnicas de hibridación del ADN y su aplicación en las técnicas de citogenética molecular, como la hibridación *in situ* fluorescente y el *array*-CGH.

En la cuarta parte se revisan las técnicas y organización de los laboratorios de biología molecular, extracción de ácidos nucleicos, las herramientas de amplificación de las secuencias de interés, variantes de las técnicas de amplificación y las técnicas de visualización de los fragmentos amplificados, tales como la visualización en geles, secuenciación del ADN, secuenciación de última generación, bases de datos y bioinformática, para finalizar con las aplicaciones de las técnicas de biología molecular.

Parte I

Fundamentos biológicos de la biología molecular y la citogenética

1

Fundamentos biológicos de la biología molecular

Objetivos

- ✓ Distinguir entre célula procariota y eucariota.
- ✓ Definir las características estructurales de los ácidos nucleicos. ADN y ARN.
- ✓ Conocer las propiedades físicas relacionadas con las técnicas de biología molecular.
- ✓ Detallar las características funcionales del ADN: duplicación, transcripción y traducción.
- ✓ Comprender que el ADN es la molécula portadora del material genético.
- ✓ Analizar cómo se organiza la información genética.
- ✓ Identificar la estructura de los genes.
- ✓ Formular los mecanismos de regulación de la expresión génica.
- ✓ Determinar las enzimas asociadas a los ácidos nucleicos: endonucleasas de restricción, polimerasas, ligasas, transcriptasa inversa.
- ✓ Describir las mutaciones y los polimorfismos del genoma humano.
- ✓ Entender los mecanismos que originan la variabilidad de la expresión genética.
- ✓ Saber qué son y qué utilidad tienen los plásmidos.

Mapa conceptual

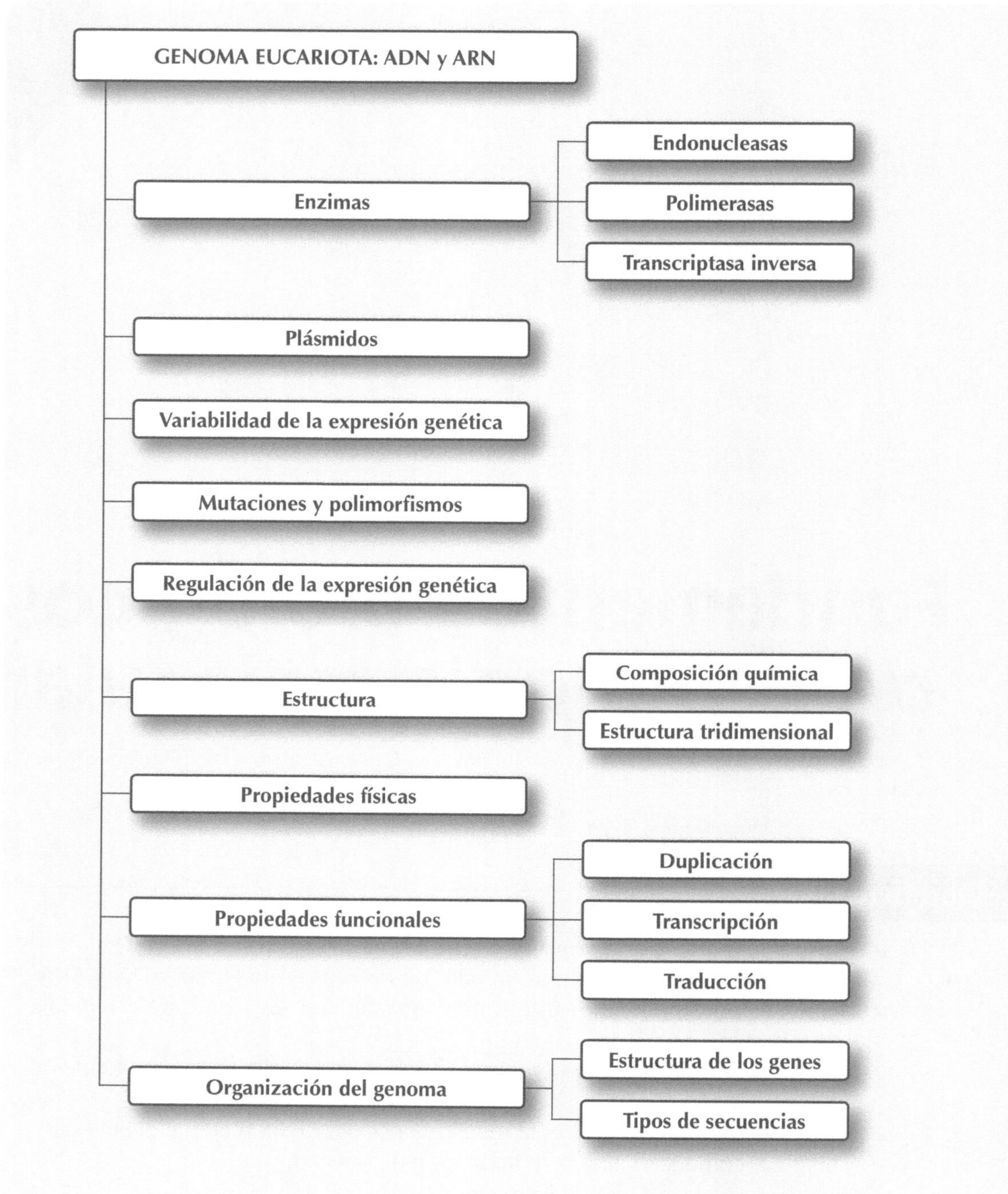

Glosario

Base nitrogenada. Compuesto formado por una o más estructuras cíclicas que contienen grupos amino (-NH2).

Biopolímero. Macromolécula existente en los seres vivos formada por múltiples unidades llamadas monómeros.

Coenzima. Molécula que al unirse a una enzima provoca que esta se transforme en su forma activa.

Efecto hipocrómico. Menor absorción de luz.

Interacciones hidrofóbicas. Interacciones entre grupos no polares.

Intrón. Parte de los genes que no se traduce a proteína.

Pauta de lectura. Orden en el que se leen los nucleótidos del ADN.

Taq-polimerasa. Enzima de la familia de las polimerasas, termoestable, utilizada en las técnicas de biología molecular.

1.1. Introducción: las células procariota y eucariota

Todos los organismos están formados por una o más células (unicelulares o pluricelulares), y estas son la unidad básica de organización de la vida. Las células presentan un alto grado de organización. La información para formar las células está codificada en sus genes. Todas proceden de otras células previas y se reproducen por división celular.

Las células se clasifican en dos grandes grupos: procariotas y eucariotas. Las procariotas se encuentran en algunos organismos como son las eubacterias y arqueobacterias. Las eucariotas se encuentran en el resto de los organismos (protistas, hongos, plantas y animales).

Ambos tipos de células comparten algunas características comunes (membrana celular, rutas metabólicas). Las células procariotas son más simples, carecen de orgánulos de almacenamiento. La diferencia fundamental entre ellas es que las células procariotas carecen de un núcleo diferenciado (figura 1.1). También difieren en los mecanismos de división celular y en la estructura

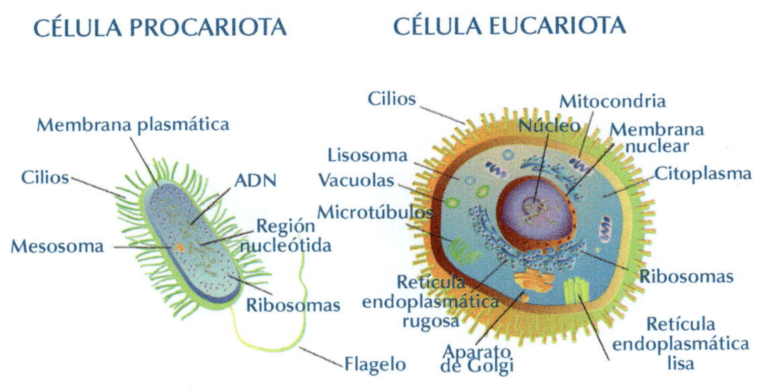

Figura 1.1
Células procariota y eucariota
Fuente: http://todotipos.com

de sus cromosomas. Las células procariotas presentan un solo cromosoma circular de ADN, aunque en ocasiones puede ser de ARN, mientras en eucariotas presentan dos o más cromosomas lineales.

Actividad propuesta 1.1

Responde a las siguientes cuestiones:

a) ¿Todas las células de un organismo pluricelular tienen los mismos genes?
b) ¿Qué diferencia existe entre las células eucariotas y las procariotas en su composición?

1.2. Ácidos nucleicos

Los ácidos nucleicos son biomoléculas muy grandes, formadas por carbono, hidrógeno, oxígeno, nitrógeno y fósforo. Están formados por la unión de muchas unidades repetidas unidas entre sí llamadas nucleótidos.

El peso molecular de estos polímeros es muy elevado: en el caso del hombre: $3{,}6 \cdot 10^{12}$ daltons, que equivale a $5{,}6 \cdot 10^{9}$ pares de nucleótidos.

En todas las células están presentes dos tipos de ácidos nucleicos: el ácido desoxirribonucleico (ADN) y el ácido ribonucleico (ARN). Sus funciones principales son transmitir las características hereditarias de una generación a la siguiente y dirigir la síntesis de proteínas específicas.

A) Composición de los ácidos nucleicos

Los ácidos nucleicos son biopolímeros de peso molecular muy elevado que están formados por la unión de muchas unidades repetidas unidas entre sí llamadas nucleótidos.

Cada nucleótido está formado la unión de tres componentes: un azúcar, una base nitrogenada y un grupo fosfato (figura 1.2).

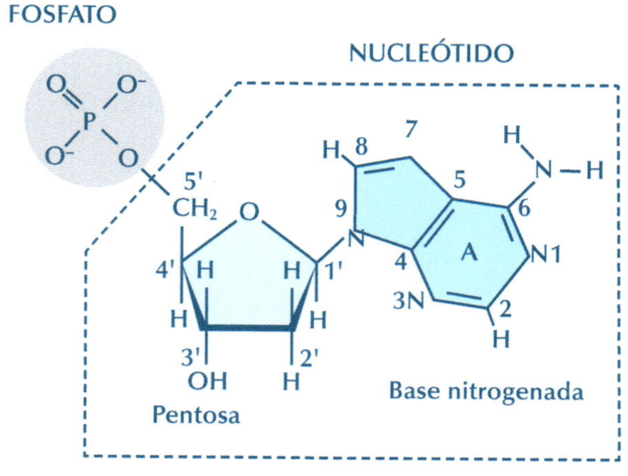

Figura 1.2
Componentes de los nucleótidos: grupo fosfato, azúcar y bases nitrogenadas

Los azúcares de los ácidos nucleicos son las pentosas, formadas por cinco átomos de carbono numerados del 1’ al 5’. El azúcar del ARN es la ribosa, mientras que el del ADN es la desoxirribosa. Ambas pentosas son muy similares, se diferencian en que la ribosa tiene un grupo hidroxilo (–OH) unido al carbono 2?’, mientras que la desoxirribosa tiene un grupo hidrógeno (–H) unido a ese carbono, contiene por tanto un oxígeno menos en su estructura, de ahí el nombre de desoxirribosa (figura 1.3).

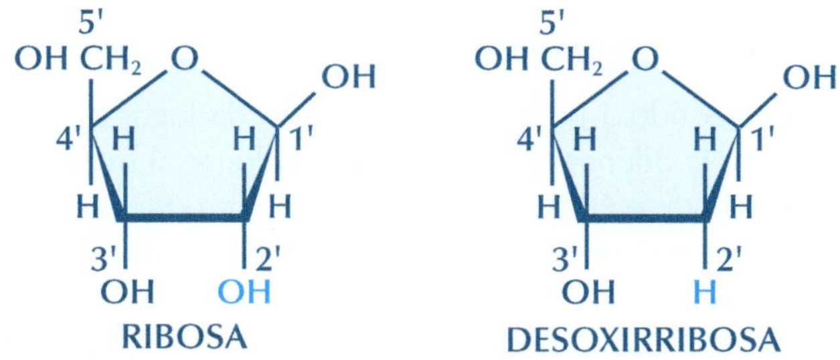

Figura 1.3
Ribosa y desoxirribosa

Los ácidos nucleicos ADN y ARN deben su nombre al azúcar que está presente en su composición. Así, el azúcar presente en el ácido ribonucleico (ARN) es la ribosa, mientras que en el ácido desoxirribonucleico (ADN), se encuentra el azúcar desoxirribosa.

Otro de los componentes de los ácidos nucleicos es la base nitrogenada. Pueden ser de dos tipos, una purina o una pirimidina (figura 1.4). Las bases púricas están formadas por dos anillos, uno de 6 átomos y otro de 5 átomos, mientras que las pirimidinas están formadas por un solo anillo de 6 átomos. Las bases púricas que entran a formar parte de los ácidos nucleicos son adenina (A) y la guanina (G), que están presentes tanto en el ADN como en el ARN.

Las bases pirimidínicas que forman parte de los ácidos nucleicos son la citosina (C) y la timina (T) en el ADN, y el uracilo (U) en lugar de timina en el ARN.

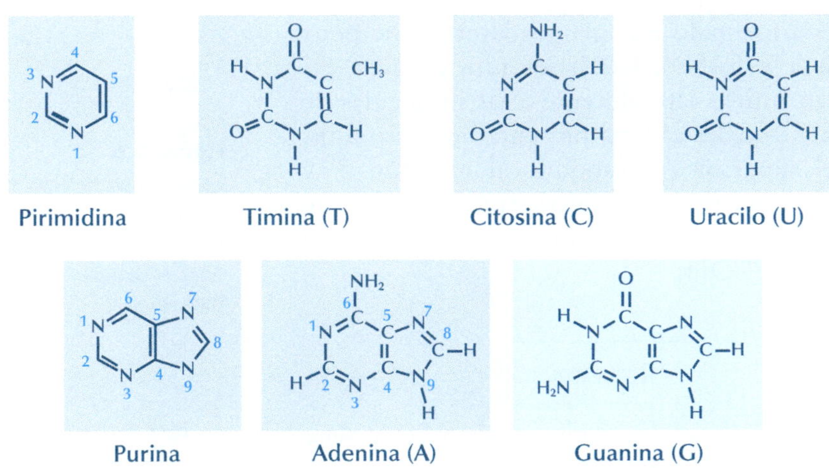

Figura 1.4
Bases nitrogenadas de los ácidos nucleicos

Las bases nitrogenadas se unen a la pentosa mediante un enlace covalente al carbono 1’ de la pentosa; a este tipo de unión se le denomina enlace N-glucosídico. La molécula formada por la unión de una base nitrogenada a la pentosa (ribosa o desoxirribosa) se denomina nucleósido (figura 1.2).

El tercer componente de los nucleótidos es el grupo fosfato (figura 1.5). El grupo fosfato se une al carbono 5' de la pentosa mediante un enlace éster. El grupo fosfato aporta cargas negativas a la moléculas de nucleicos.

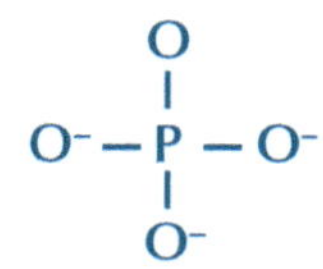

Figura 1.5
Grupo fosfato

PARA SABER MÁS

La unión de un nucleótido a un solo grupo fosfato da lugar a nucleótidos monofosfatos. Por ejemplo, la unión de la adenosina a un fosfato da lugar al nucleótido: adenosín monofosfato (AMP), y así sucesivamente GMP, CMP, TMP, UMP. Pero también existen nucleótidos con dos o tres grupos fosfato, dando lugar, en el caso de la adenosina, a la adenosín difosfato (ADP) o adenosín trifosfato (ATP).

Los nucleótidos, además de desempeñar un papel fundamental en la transferencia de la información genética, tienen otras funciones biológicas importantes de naturaleza coenzimática y energética (por ejemplo, el ATP es un nucleótido que permite la transferencia de energía en los organismos).

Los ácidos nucleicos o polinucleótidos se forman por la unión de un gran número de nucleótidos mediante enlaces covalentes. Tanto en el ARN como en el ADN, los nucleótidos se unen a través de enlaces fosfodiéster entre el carbono 5' de la pentosa y el carbono 3' de la otra pentosa (figura 1.6).

El esqueleto de los ácidos nucleicos está formado por grupos alternos de pentosa y fosfato. Las bases nitrogenadas están unidas lateralmente a las moléculas de pentosa. La cadena presenta dos extremos, el superior corresponde al extremo 5' y tiene un grupo fosfato libre. Mientras que en el extremo inferior el 3' contiene un grupo –OH.

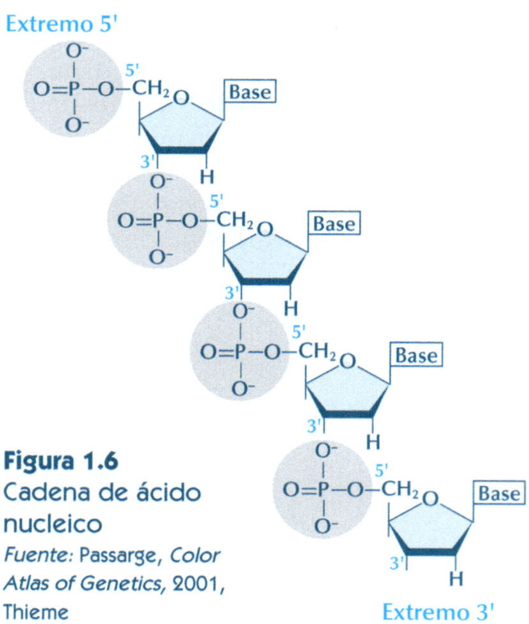

Figura 1.6
Cadena de ácido nucleico
Fuente: Passarge, *Color Atlas of Genetics*, 2001, Thieme

RECUERDA

✓ Los ácidos nucleicos son polímeros de nucleótidos. Los nucleótidos están formados por un grupo fosfato, un azúcar y una base nitrogenada. En el ARN, el azúcar es la ribosa y en el ADN, la desoxirribosa. El ARN contiene la base nitrogenada uracilo en lugar de timina.

Actividad propuesta 1.2

¿En qué se diferencian los azúcares del ADN y del ARN? Señala cuál de las siguientes afirmaciones es correcta:

a) En que uno tiene 6 átomos de carbono y el otro cinco.
b) En que el azúcar del ADN contiene P.
c) En que el azúcar del ADN contiene un oxígeno menos.
d) En que el azúcar del ARN contiene un N más.

1.3. ADN

El ADN nuclear está asociado a proteínas (nucleoproteínas). La mayoría de las nucleoproteínas son histonas, aunque también hay una pequeña proporción de un grupo heterogéneo de proteínas no histónicas.

En las células eucariotas, el ADN se encuentra principalmente en el núcleo, pero también en las mitocondrias y en los cloroplastos. El ADN de las mitocondrias y los cloroplastos es circular, por lo que es similar al de las células procariotas. En la mayoría de los organismos, el ADN lleva la información genética. El ADN forma genes, el material hereditario de las células. Almacena la información genética para el crecimiento y desarrollo del organismo, con las características propias de su especie, y contiene instrucciones para la producción de todas las proteínas que el organismo necesita.

La estructura del ADN presenta tres niveles de complejidad progresiva, conocidos como estructura primaria, secundaria, terciaria y cuaternaria.

La estructura primaria del ADN está formada por la hebra sencilla de nucleótidos. Se refiere a la secuencia de los nucleótidos, la forma en que estos se unen entre sí, y almacena la información genética. La secuencia de los nucleótidos se interpreta mediante el código genético.

La estructura secundaria del ADN es la disposición espacial de la molécula de ADN.

Los estudios de difracción con rayos X del ADN realizados por Maurice Wilkins y Rosalind Franklin proporcionaron un patrón específico que reflejaba aspectos sobre la estructura tridimensional de la molécula; estas imágenes reflejaban que había estructuras en la molécula de ADN que se repetían.

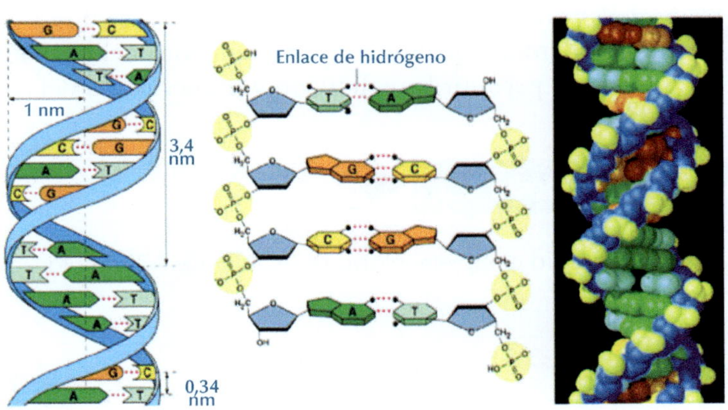

Figura 1.7
Estructura del ADN
Fuente: www.asturnatura.com

Por otra parte, las investigaciones de Erwin Chargaff demostraban que la relación entre las bases A-T y C-G en todos los seres vivos es siempre alrededor de 1, y que esta relación varía entre especies, siendo propia de cada una; según la Regla de Chargaff, el porcentaje de adenina es igual al de timina y el de guanina igual al de citosina.

Basándose en estos estudios, Watson y Crick propusieron un modelo tridimensional para la molécula de ADN (figura 1.7). Este modelo permitía explicar las propiedades físico-químicas y biológicas del ADN y su duplicación en las células.

Según el modelo de Watson y Crick, la estructura tridimensional del ADN es una doble cadena de polinucleótidos (figura 1.7). Como resultado de las relaciones espaciales de las bases de nucleótidos, una citosina siempre se encuentra enfrentada a una guanina y una timina a una adenina. Las bases enfrentadas de esta forma encajan perfectamente y establecen tres puentes de hidrógeno entre C-G y dos entre A-T. Estos apareamientos explican la proporción de bases descubierta por Chargaff.

TOMA NOTA

La secuencia de bases de nucleótidos en una hebra de ADN en la dirección 5′ a 3′ es complementaria a la otra en dirección 3′ a 5′; ambas cadenas son antiparalelas. Por convenio, la pauta de lectura de la secuencia de nucleótidos es en la dirección 5′ a 3′.

Estas dos cadenas de nucleótidos, enrolladas entre sí en forma de doble hélice dextrógira (gira hacia la derecha) en torno a un eje imaginario, contienen los azúcares y fosfatos en el exterior y las bases en el interior, de forma que el plano de los anillos de las bases nitrogenadas se coloca perpendicularmente al eje de la hélice. El diámetro de la cadena es de 2 nm de ancho y cada vuelta ocupa 3,4 nm, lo que incluye diez nucleótidos.

La estructura terciaria. Las moléculas de ADN circular, como el ADN bacteriano o el ADN mitocondrial, presentan una estructura terciaria, que consiste en que la fibra de 20 Å se halla retorcida sobre sí misma formando una especie de superhélice. Esta disposición se denomina ADN superenrollado (figura 1.8).

La estructura cuaternaria. El ADN se asocia a proteínas para poder compactarse dentro del núcleo formando los cromosomas. El ADN humano estirado ocuparía 1,8 metros, y debe compactarse en el interior de las células (5-25 μm); para ello el ADN se une a proteínas formando la cromatina. Este empaquetamiento debe ser flexible y dinámico para permitir la replicación y transcripción del ADN.

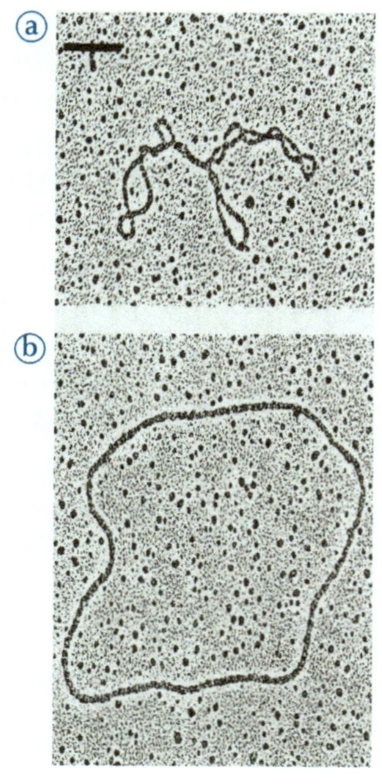

Figura 1.8
a) ADN superenrollado;
b) ADN circular
Fuente: www.cbs.dtu.dk

Actividad propuesta 1.3

Escribe la secuencia complementaria de ADN y de ARN de la siguiente secuencia:

AGTCGTAACGTTA

RECUERDA

✓ La estructura primaria del ADN está determinada por la secuencia de nucleótidos.

✓ La estructura secundaria del ADN corresponde a una doble hélice dextrógira.

✓ La estructura terciaria está presente en el ADN circular y corresponde a un ADN superenrrollado.

✓ La estructura cuaternaria se origina al unirse el ADN a proteínas para formar los cromosomas.

1.4. ARN

El ARN está asociado a la transmisión de la información genética desde el núcleo hacia el citoplasma, donde tiene lugar la síntesis de proteínas, y es el encargado de sintetizar las proteínas. Hay mucha más cantidad de ARN que ADN.

El ARN es portador de información genética en algunos organismos como el virus VIH. Estos virus se denominan retrovirus, ya que puede sintetizar ADN a partir del ARN gracias una enzima denominada transcriptasa inversa.

El ARN se encuentra en el núcleo de las células eucariotas, donde se forma, o en el citoplasma, donde realiza expresa la información genética.

El ácido ribonucleico presenta una composición química similar al ADN, pero el azúcar es la ribosa y la base timina es sustituida por el uracilo.

El ARN, a pesar de estar formado por una cadena sencilla, puede tener estructura primaria, secundaria e incluso terciaria.

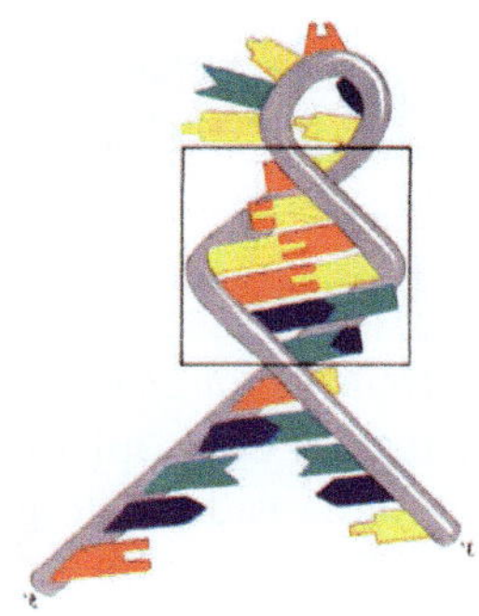

Figura 1.9
Estructura secundaria del ARN
Fuente: www.cultek.com

- *La estructura primaria* corresponde a la secuencia de nucleótidos.
- *La estructura secundaria* se produce en algunas regiones en las que la cadena de ARN se pliega sobre sí misma, originándose enlaces entre la adenina y el uracilo, y la guanina con la citosina. Esta estructura secundaria no tiene forma generalizada de doble hélice (figura 1.9).
- *Estructura terciaria.* En algunos tipos de ARN, en determinadas regiones, la estructura secundaria puede plegarse sobre sí misma para dar lugar a una estructura terciaria.

TOMA NOTA

Las moléculas de ADN son considerablemente más grandes que las de ARN. Las moléculas de ADN poseen una estructura doble, ya que están constituidas por dos cadenas que son *complementarias entre sí,* mientras que las cadenas de ARN suelen ser monocatenarias, excepto en algunos virus que son bicatenarias (en los retrovirus).

El ADN nuclear está formado por cadenas lineales independientes. Mientras que el ADN presente en mitocondrias y cloroplastos, de forma similar al de las células procariotas, consiste en una única cadena de ADN circular.

1.4.1. Tipos de ARN

Existen los siguientes tipos de ARN:

- *ARN mensajero (ARNm)*. Su función es transmitir la información genética desde el núcleo al citoplasma. Se forma en un proceso denominado transcripción, mediante el cual se copia una de las hebras del ADN de una determinada región del ADN correspondiente a un gen determinado. Cada ARNm codifica una secuencia de nucleótidos que va a traducirse en proteínas. Cada grupo de tres bases del ARNm especifica un determinado aminoácido y se denomina codón o triplete. Así, la cadena de ARNm sirve de plantilla para la síntesis de una proteína específica.

  Tiene un promedio corto de vida, ya que una vez que ha cumplido su función desaparece.

> **FUNDAMENTAL**
>
> Los ARNm de células eucariotas sufren un proceso de maduración en el que se eliminan (*splicing*) los intrones de los genes.

- *ARN de transferencia (ARNt)*. Este tipo es el más pequeño de los ARN. Realiza su función en el citoplasma. Existe un ARNt específico para cada aminoácido. En el extremo 3' de la cadena de polinucleótidos de cada ARNt existe una secuencia -C-C-A donde se une un aminoácido específico. Durante la traducción a proteínas, cada ARNt porta su aminoácido específico hasta los ribosomas. Allí reconoce su codón correspondiente en el ARNm y se une a él a través de su anticodón.

  El ARNt contiene bases nitrogenadas atípicas y posee en algunas zonas estructura secundaria de doble hebra. En las zonas donde no hay bases complementarias adquiere un aspecto de bucle, como una hoja de trébol. Cuando la molécula está muy plegada, adquiere una estructura terciaria en forma de L invertida, con zonas de ARN bicatenario de doble hélice (figura 1. 10).

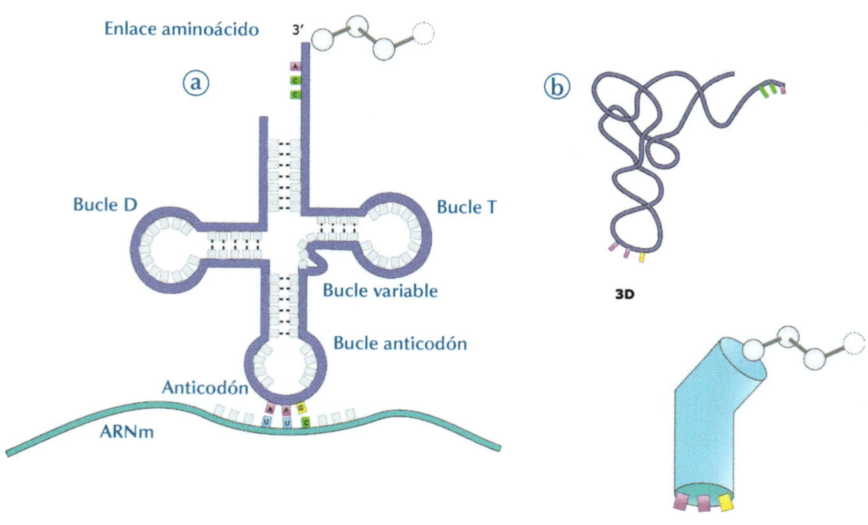

Figura 1.10
Estructura de los ARN de transferencia: a) estructura de trébol; b) estructura terciaria
Fuente: Passarge, *Color Atlas of Genetics*, 2001, Thieme

- *ARN ribosómico (ARNr).* Este tipo de ARN se caracteriza porque gran parte de su molécula es ARN bicatenario. Al asociarse a proteínas forman los ribosomas. El ARNr se encuentra también en mitocondrias y cloroplastos. En eucariotas se sintetiza en la región del nucléolo.

Actividad propuesta 1.4

Busca información acerca del ARN heterogéneo nuclear (ARNhn), ARN de interferencia (ARNi) y microARN. Indica dónde se encuentran y la función de cada uno de ellos

1.5. Propiedades físicas del ADN relacionadas con las técnicas de biología molecular

Las propiedades físicas más importantes desde el punto de vista biológico son las siguientes:

- *Tamaño y peso molecular.* En las moléculas de ADN, la unidad de medida es el kilobase (kb) que equivale a 10^3 pares de bases (bp). Asimismo es preciso nombrar la megabase (mb), que equivale 10^6 pares de bases. Un kb de una hebra doble tiene una longitud de 0,34 μm y una masa de aproximadamente 660.000 Dalton.
- *Propiedades ácido-base.* Las disoluciones de ADN son ácidas debido a que los grupos fosfato en presencia de agua se disocian presentando cargas negativas. Estas cargas negativas son neutralizadas por los iones de Ca 2+ y Mg2+ y los grupos positivos de las proteínas básicas a las que se une el ADN.
- *pH.* Es importante para la formación de los puentes de hidrógeno entre las bases nitrogenadas, e influye por tanto en la estabilidad de la molécula de ADN. La máxima estabilidad se encuentra con un pH entre 4,0 y 11,0. Fuera de estos límites el ADN se desenrolla.
- *Viscosidad.* Debido a la rigidez, la longitud y el escaso diámetro de la cadena, las disoluciones de ADN, incluso las muy diluidas, son muy viscosas. La viscosidad es mayor en bicatenarios que en monocatenarios.
- *Solubilidad.* Son solubles en agua por su carácter polar y poco soluble en disolventes orgánicos.
- *Densidad.* La densidad es mayor en el ARN y en los monocatenarios que en los bicatenarios.
- *Absorbancia.* Los ácidos nucleicos presentan un máximo de absorción de luz ultravioleta alrededor de los 260 nm debido a las bases nitrogenadas. La absorción es mayor en los ácidos nucleicos monocatenarios que en los bicatenarios (efecto hipocrómico). Esta propiedad sirve para medir la concentración de ADN, ya que la cantidad de luz ultravioleta absorbida a 260 nm es proporcional a la concentración de ADN en la solución. Se puede calcular la pureza de la solución con la proporción 260/280.
- *Desnaturalización del ADN.* La desnaturalización consiste en la apertura de las dos hebras. No se rompen los enlaces covalentes, solo se rompen los enlaces de puente de hidrógeno que unen las dos cadenas complementarias. Por tanto, se pierde la estructura de doble hélice y se separan las hebras.

  La desnaturalización del ADN se produce con pH extremos, con el aumento de la temperatura, con la presencia de alcoholes o cetonas y con la exposición a urea, amidas y otros solutos similares.

La desnaturalización térmica del ADN está relacionada con la absorbancia. Los anillos de las bases son capaces de absorber una longitud de onda de 260 nm. No obstante, si las bases no están unidas, las hebras monocatenarias absorben más.

Al medir la absorbancia conforme se aumenta la temperatura, se obtiene la curva de desnaturalización, en la que la absorbancia va aumentando a medida que el ADN se va desnaturalizando; este fenómeno se denomina efecto hipercrómico. Si se representa gráficamente la absorbancia frente a la temperatura se obtiene una curva sigmoidea (figura 1.11).

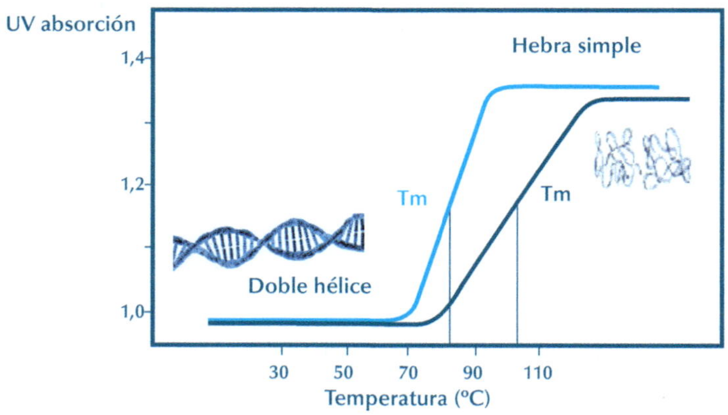

Figura 1.11
Curvas de desnaturalización de dos hebras de ADN con distinto contenido en G + C

En esta curva se puede observar la temperatura de fusión (Tm), es decir, la temperatura necesaria para que el 50% de las hebras de ADN se separen.

PARA SABER MÁS

La temperatura de fusión depende del contenido de guanina y citosina, de tal forma que, a mayor contenido de estas bases, mayor es la temperatura de fusión. Esto es debido a que entre la guanina y la citosina existen 3 puentes de hidrógeno, mientras que entre la adenina y la timina solo hay dos. Así, la muestra representada por la curva azul marino tiene un mayor contenido en G+C que la representada por la curva azul claro (figura 1.11).

- *Renaturalización*. Consiste en el emparejamiento de las cadenas tras quitar el calor al que son sometidas para la desnaturalización. La desnaturalización de un ADN homogéneo es un proceso fácilmente reversible, siempre que el proceso de desenrollamiento no sea completo. Cuando la separación es completa, es posible la renaturalización, pero tiene lugar mucho más lentamente. Los fragmentos cortos de ADN se renaturalizan rápidamente en disolución. El estudio de la renaturalización del ADN permite analizar la complejidad de un genoma: las secuencias repetidas se reasocian rápidamente, mientras que las secuencias únicas se re-asocian lentamente. En los procariotas se observa una única curva sigmoidea de renaturalización. En cambio, en los organismos eucariotas, dado que tienen varios tipos de complejidad del genoma (secuencias únicas, moderadamente repetitivas y altamente repetitivas), en sus curvas de renaturalización se observan tres etapas correspondientes a la diferente complejidad de su genoma (figura 1.11B).

Cuando las cadenas de ADN están completamente separadas, su velocidad de renaturalización depende de la concentración de cadenas monocatenarias presentes, ya que, a mayor concentración, mayor es la probabilidad de que las dos cadenas complementarias se encuentren y se renaturalicen.

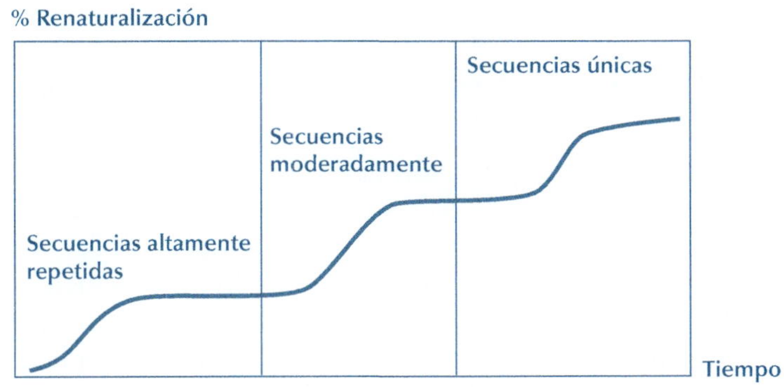

Figura 1.11b
Curva de renaturalización del genoma de organismos eucariotas

- *Hibridación.* Consiste en el emparejamiento entre cadenas complementarias de origen diferente. La hibridación del ADN es útil para la búsqueda de secuencias específicas en mezclas complejas de ácidos nucleicos.

Actividad propuesta 1.5

Responde a las siguientes cuestiones:

a) ¿En qué consiste la desnaturalización del ADN? ¿Qué es la temperatura de fusión?
b) ¿Qué tipos de enlace se rompen en la desnaturalización del ADN?
c) ¿En qué consiste la hibridación del ADN?

1.6. Características funcionales del ADN

Durante mucho tiempo se ha considerado como dogma central de la biología molecular que: el ADN es la molécula portadora de la herencia y solo él puede hacer una copia completa de sí mismo (replicación del ADN) o hacer una copia de una parte de sí mismo en forma de ARN (transcripción del ADN), que, en el caso de ser ARNm, produce una proteína. Este dogma se resumió como "un gen, una proteína". La aparición de los virus de ARN, que son capaces de hacer copias de sí mismos, así como de los priones y su capacidad de alterar proteínas con secuencias similares a la suya, ha añadido nuevos apartados a este dogma: algunos ARN también pueden hacer copias de sí mismos; a partir de ARN puede obtenerse ADN por acción de la transcriptasa inversa y, por último, es posible modificar proteínas a partir de otras proteínas (priones). Así, el dogma actual puede ser esquematizado como se muestra en la figura 1.12.

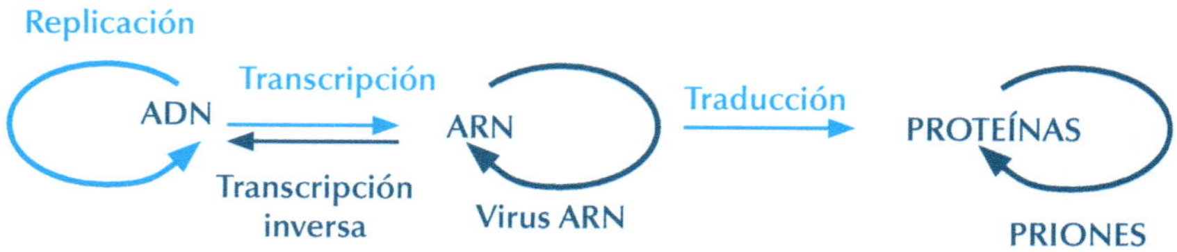

Figura 1.12
Dogma de la biología molecular actual

1.6.1. Replicación o duplicación del ADN

La replicación o duplicación del ADN consiste en la formación de dos cadenas de ADN idénticas entre sí e idénticas a la cadena madre. Este proceso sucede siempre que las células deben multiplicar su ADN antes de la división celular.

Para la duplicación del ADN se separan las dos cadenas de la doble hélice y se forman dos nuevas hebras. La replicación es semiconservativa, es decir, cada cadena de la hebra original sirve de patrón para la síntesis de la cadena nueva, de tal forma que las hebras resultantes contienen un fragmento de la materna (figura 1.13).

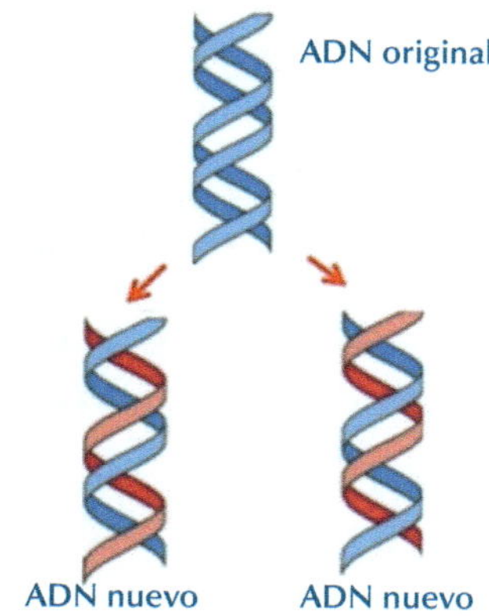

Figura 1.13
Duplicación semiconservativa del ADN

La replicación del ADN consta de las tres etapas siguientes iniciación, elongación y terminación.

- *Iniciación*. La duplicación del ADN comienza con el desenrollamiento de este y la apertura de la doble hélice. Para ello intervienen las helicasas, que facilitan el desenrollamiento de la doble hélice avanzando hacia el extremo 3'. A continuación actúan las girasas y topoisomerasas, que eliminan la tensión generada por la torsión en el desenrollamiento. Por último, las cadenas sencillas generadas se recubren de las proteínas SSB (*Single Stranded Binding Proteins*), que ayudan a estabilizar las cadenas abiertas impidiendo que estas hebras vuelvan a enrollarse.
- *Elongación*. Para la elongación de las hebras de ADN intervienen las enzimas polimerasas. La lectura se hace en el sentido 3'-5'. Pero la ADN polimerasa III tan solo puede elongar una cadena preexistente de ADN o ARN, ya que necesita un extremo 3'OH donde unir los nucleótidos. Para obtener este extremo 3'OH actúa una enzima llamada primasa. La primasa es una ARN polimerasa capaz de sintetizar un fragmento corto de ARN sin necesitar un extremo OH 3'. La primasa se une a la horquilla de replicación en ambas cadenas y sintetiza cebadores o *primers*, de tal forma que la ADN Pol III va añadiendo nucleótidos al extremo 3'OH (figura 1.14).

  Una de las cadenas se sintetiza de forma continua a medida que se abre la doble hélice. Sin embargo, la otra cadena 5'-3' no puede leerse directamente, ya que la polimerasa solo añade nucleótidos al extremo 3'. Para ello, la primasa se une también a la otra cadena y sintetiza unas moléculas de cebadores o *primers*, de tal forma que la ADN Pol III va añadiendo nucleótidos al extremo 3'OH. De esta forma la cadena crece en la dirección 5'-3' de forma discontinua. Estos fragmentos se denominan fragmentos de Okazaki y contienen un fragmento de ARN y otro de ADN.
- *Terminación*. La ADN polimerasa I degrada el cebador de ARN. La ADN polimerasa III termina de sintetizar el fragmento que se ha degradado. A continuación la ligasa une los fragmentos de ADN de la hebra discontinua. Esta hebra se denomina hebra retardada

porque se sintetiza más lentamente (figura 1.14). El avance de la helicasa genera tensión en la molécula de ADN, y para liberar esta tensión actúan las enzimas topoisomerasas.

Por último, la ADN polimerasa II actúa corrigiendo los posibles errores en la síntesis de las cadenas de ADN.

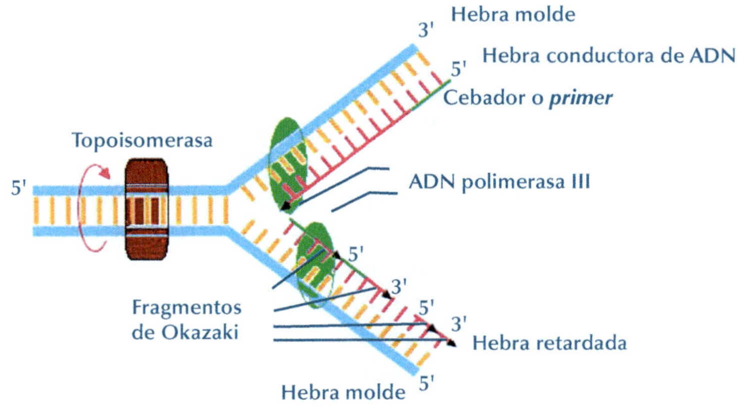

Figura 1.14
Horquilla de replicación del ADN

> ◎ **Fundamental**
>
> La duplicación del ADN en eucariotas es bidireccional, se inicia a partir de múltiples sitios a lo largo de la cadena de ADN y se extiende en ambos sentidos. Una de las cadenas se sintetiza de forma continua, mientras que la otra lo hace a fragmentos.

Recurso web www

En el vídeo *Replicación de ADN* (en el QR adjunto) de Portal académico CCH se explica de una forma clara y sencilla la duplicación del ADN.

Recuerda

✓ La duplicación del ADN tiene lugar cada vez que la célula se divide. Interviene un complejo de múltiples enzimas. Es semiconservativa y bidireccional. Una de las hebras se copia de forma continua y la otra lo hace a fragmentos que posteriormente son unidos.

1.6.2. Transcripción

La transcripción consiste en la formación de un ARNm a partir de un fragmento de ADN correspondiente a un gen. Los genes que se van a transcribir tienen secuencias que deben ser reconocidas por la ARN polimerasa. Por convenio, la cadena utilizada como molde se denomina hebra molde, antisentido, hebra no codificante, y la cadena complementaria se denomina hebra no molde, con sentido, codificadora o hebra.

La transcripción sucede en los tres pasos siguientes: iniciación, elongación y terminación.

- *Iniciación.* Antes de comenzar la síntesis se debe desenrollar un segmento de la hélice de ADN, de tal modo que la ARN polimerasa localice las secuencias de inicio de la transcripción (secuencias promotoras) y los nucleótidos de una de sus cadenas sean accesibles para emparejarse con los ribonucleósidos trifosfato entrantes. A diferencia de la síntesis del ADN, la síntesis del ARN puede comenzar sin que sea necesario un cebador.
- *Elongación.* La fase de elongación en la síntesis del ARN comienza con la formación del primer enlace fosfodiéster. La región que contiene la ARN polimerasa, ADN y la cadena creciente de ARN se denomina burbuja de transcripción. La cadena de ARN en crecimiento forma una hélice híbrida con la hebra molde de ADN. La cadena de ARNm es complementaria a la del ADN que se acaba de trascribir, pero con la diferencia de que en lugar de timina lleva la base uracilo, y en lugar de deoxirribosa lleva ribosa.
- *Terminación.* Al igual que su iniciación, la finalización de la transcripción es controlada de forma precisa mediante la presencia de unas secuencias específicas de parada. En la fase de terminación de la transcripción cesa la formación del enlace fosfodiéster, el híbrido ARN-ADN se disocia y la ARN polimerasa se desprende del ADN.

En las células eucariotas, el ARNm formado sufre un proceso de maduración en el que se eliminan los intrones; este proceso se denomina *splicing*. El ARNm maduro sale del núcleo y se dirige a los ribosomas para formar proteínas.

1.6.3. Traducción

La traducción es el proceso en el que se sintetizan proteínas en los ribosomas, a partir de la información aportada por el ARN mensajero transcrito. El ADN es un polímero lineal de cuatro tipos de nucleótidos. En un gen, la secuencia lineal de nucleótidos codifica la secuencia de aminoácidos de la proteína. Este código genético tiene forma de triplete codones, de modo que cada grupo de tres nucleótidos codifica un único aminoácido. Los 64 tripletes que se pueden formar por combinaciones de los cuatro nucleótidos exceden los 20 aminoácidos distintos utilizados para hacer proteínas. Esto hace que el código genético esté degenerado, lo que implica que algunos aminoácidos sean codificados por varios tripletes diferentes (figura 1.15).

PRIMERA LETRA	SEGUNDA LETRA: U		C		A		G		TERCERA LETRA
U	UUU UUC	Fen	UCU UCC UCA UCG	Ser	UAU UAC	Tri	UGU UGC	Cis	U C
	UUA UUG	Leu			UAA UAG	Paro	UGA	paro	A
							UGG	Trp	G
C	CUU CUC CUA CUG	Leu	CCU CCC CCA CCG	Pro	CAU CAC	His	CGU CGC CGA CGG	Arg	U C
					CAA CAG	Gln			A G
A	AUU AUC AUA	Leu	ACU ACC ACA ACG	Tre	AAU AAC	Asn	AGU AGC	Ser	U C
	AUG	Met inicio			AAA AAG	Lis	AGA AGG	Arg	A G
G	GUU GUC GUA GUG	Val	GCU GCC GCA GCG	Ala	GAU GAC	Asp	GGU GGC GGA GGG	Gli	U C
					GAA GAG	Glu			A G

Figura 1.15
Código genético

Durante la traducción del ARN mensajero, este se une a un ribosoma. El ribosoma se mueve a lo largo de la cadena leyendo cada codón y uniendo los aminoácidos que llegan transportados por el ARNt. Los ARNt se encargan de llevar hasta el ribosoma el aminoácido correspondiente. Existen tantos ARNt como codones del código genético.

La traducción comienza con el reconocimiento del inicio AUG (metionina) por parte de la subunidad grande del ribosoma. La detección del codón de inicio es utilizado en bioinformática para reconocer zonas posibles de inicio de genes.

PARA SABER MÁS

El ADN es la molécula portadora del material genético

Inicialmente se pensaba que las proteínas eran las portadoras del material genético. Pero los experimentos realizados por Griffith con bacterias y por Hershey y Chase con virus proporcionaron la evidencia fundamental de que el material genético reside en la secuencia de nucleótidos del ADN. El investigador Griffith trabajó con dos tipos de cepas de *Streptococcus pneumoniae* (bacterias causantes de neumonía), una encapsulada y virulenta y la otra no encapsulada y no virulenta. Inyectó estas dos cepas en ratones. La cepa virulenta causaba la muerte de los ratones, mientras que la no virulenta no. Al calentar la cepa virulenta se inactivaba y al inyectarla en los ratones dejaba de ser virulenta. Pero si la cepa virulenta inactivada se ponía en contacto con la no virulenta, al inyectarla en los ratones les causaba la muerte. Este experimento puso de manifiesto la existencia de un principio de transformación de las cepas no patógenas en patógenas. Alfred D. Hershey y Martha Chase realizaron una serie de experimentos con bacteriófagos o fagos, es decir, virus que infectan bacterias. Marcaron el ADN y las proteínas con una sustancia que permitiese observar su localización. Para ello utilizaron fósforo-32 radioactivo, que se une solo al ADN, y azufre-35 radioactivo, que solo se une a las proteínas. Gracias a este método pudieron observar que el S-35 se quedaba en el exterior de la célula, mientras que el P-32 se introducía en el interior de esta. Por lo tanto, durante la infección es el ADN del fago lo que entra en la bacteria, dejando en el exterior la cabeza proteica. De esta forma demostraron que el ADN es el portador de la información genética del fago.

1.7. La información genética. La estructura de los genes

La unidad básica funcional del genoma es el gen, un segmento de ADN que se transcribe produciendo un ARN funcional (ARNm, ARNr, ARNt u otros). Un gen consta de varios componentes funcionales con diferente cometido en el proceso de expresión génica. Teniendo en cuenta la función se pueden diferenciar las dos regiones siguientes: reguladora y estructural (figura 1.16).

- *Región reguladora.* Región que controla cuándo y en qué tejido se expresa un gen.
- *Región estructural.* Esta región comprende la secuencia del gen que se va a transcribir. Inicialmente se pensó que los genes en células eucariotas se situaban de forma continua a lo largo de la cadena de ADN, pero más tarde se descubrió que algunos genes eran discontinuos. La región codificante del gen se denomina exón; contiene regiones interpuestas que se transcriben a ARNm, que son eliminadas durante el proceso de maduración del ARNm, denominadas intrones (figura 1.16). Este pro-

ceso de eliminación de los intrones de la cadena de ARNm se denomina *splicing* y ocurre antes de que el ARNm abandone el núcleo. Los intrones constituyen la mayor parte de los genes. No se sabe con exactitud su función, algunos contienen secuencias no relacionadas con el gen.

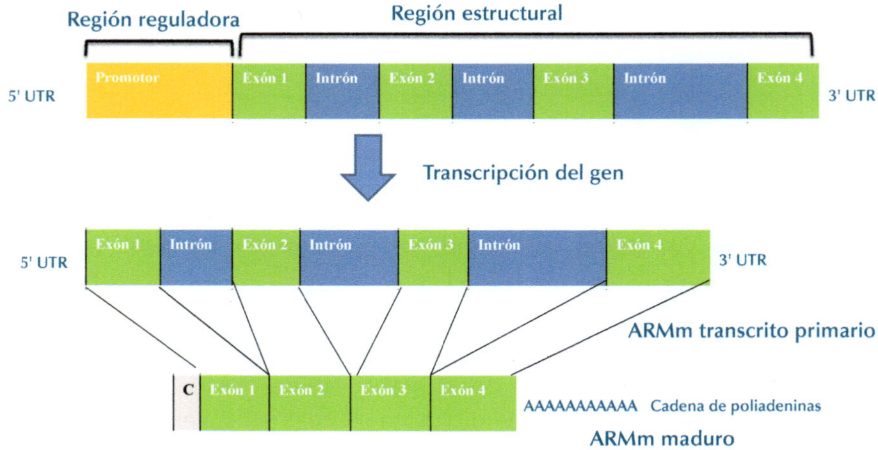

Figura 1.16
Estructura de un gen eucariota y maduración del ARNm

En un gen, sus exones están ordenados en la misma secuencia tanto en el ADN como en el ARNm, es decir, el orden de los codones de un gen es igual al orden de los correspondientes aminoácidos en la proteína formada. Por tanto, los genes, tanto continuos como fragmentados, son *colineales*.

El número de exones que forman un gen es muy variable, el valor promedio es de 7-8 exones, aunque hay genes con un solo exón y otros que tienen más de 100. Mientras que el tamaño medio de un exón es de 150 nucleótidos, los intrones presentan una gran variabilidad de tamaños. No obstante, se ha observado que en casi todos los genes hay algún intrón de gran tamaño.

El tamaño medio de un gen humano es de 20-30 kb, aunque hay grandes diferencias entre unos genes y otros. Los hay pequeños (con apenas algunos kb), grandes (con cientos de kb) y extralargos (con millones de kb).

TOMA NOTA

Los genes no están distribuidos de manera uniforme en los cromosomas. La densidad media de genes a lo largo del genoma es de un gen cada 100 kb. La densidad génica es alta en las regiones subteloméricas y en algunos cromosomas como el 19 y el 22, mientras que en otras regiones la densidad génica es menor, como, por ejemplo, en el cromosoma Y. Las regiones con abundantes bases nitrogenadas C y G son también ricas en genes.

Existen familias de genes que codifican secuencias de polipéptidos parecidas. Por ejemplo, la familia de genes que codifica las cadenas polipeptídicas de la hemoglobina (cadenas alfa y betaglobina) se encuentra tanto en el cromosoma 11 y como en el 16.

1.8. Organización del genoma humano

El genoma humano es toda la información genética presente en un solo grupo (haploide) de los cromosomas humanos, que incluye 22 cromosomas más los cromosomas sexuales X e Y. Dependiendo de su ubicación hay dos tipos de genomas: uno situado en el núcleo celular (nuclear) y otro situado en las mitocondrias (mitocondrial).

- *Genoma nuclear.* Proporciona la mayor parte de la información genética esencial para el individuo, ya que contiene el 99% del ADN celular. Se compone aproximadamente de 3.200 Mb y entre 20.000 y 25.000 genes.
- *Genoma mitocondrial.* Se compone de 47 genes que solo contienen información de una porción pequeña de las funciones específicas mitocondriales, ya que son los genes nucleares los que codifican la mayor parte de los componentes mitocondriales.

El tamaño del genoma no es proporcional al número de genes que contiene, pues no todo el ADN codifica proteínas. Así, dependiendo de si el ADN codifica proteínas o no, el genoma se clasifica en codificante y no codificante.

- *ADN codificante.* El 30% del genoma es codificante. Del total del genoma codificante solo el 5% corresponde a exones; por tanto, resulta que solo un 1,5-2% del total del genoma humano se traduce a proteínas. La mayoría de nuestro material genético no tiene una función conocida.
- Este tipo de ADN incluye los genes y las secuencias relacionadas con los genes (exones, intrones, regiones no traducidas que contienen elementos reguladores, etc.). Casi todo el ADN codificante se emplea para elaborar ARNm y en consecuencia polipéptidos.

PARA SABER MÁS

Existe una parte de los genes humanos que codifican un tipo de ARN que no se traduce a proteínas (genes ARN).

- *ADN no codificante.* El 70% del genoma es no codificante. Este tipo de ADN incluye las regiones situadas entre los genes con ADN extragénico o "de relleno". Este tipo de ADN no codifica ninguna proteína ni contiene ningún elemento funcional. La mayor parte de este ADN extragénico está formado por componentes repetitivos. Aunque también hay secuencias únicas o con bajo número de copia.

El ADN también se puede clasificar en función del número de copias de sus secuencias. Así, si solo hay una copia se denomina ADN de secuencia única, pero si hay más de una copia se denomina ADN repetitivo.

- *ADN de copia única.* Es la clase más importante de ADN. Como su nombre indica, las secuencias de ADN de copia única solo aparecen una vez en el genoma. Representa aproximadamente el 45% del genoma. Una pequeña parte del ADN de secuencia única incluye los genes que codifican proteínas, el resto de estas secuencias se encuentra en intrones o en secuencias de ADN situadas entre los genes.

- *ADN repetitivo*. Conforma el 55% restante del genoma. Son secuencias que se repiten una y otra vez en el genoma. Existen dos grandes clases de ADN repetitivo: moderadamente repetitivo y altamente repetitivo. El ADN altamente repetitivo incluye al ADN satélite y el ADN repetitivo disperso (figura 1.17).

  - *ADN satélite*. Las repeticiones se agrupan en determinadas localizaciones cromosómicas, donde se aparecen en tándem, es decir, el inicio de una repetición es inmediatamente adyacente al final de otra.
  - *ADN repetitivo disperso*. Las repeticiones, tal como indica su nombre, tienden a estar dispersas por todo el genoma, no aparecen en tándem. El ADN repetitivo disperso forma alrededor del 45% del genoma.

En el cuadro 1.1 se refleja un resumen de los distintos tipos de ADN.

CUADRO 1.1
Clasificación del ADN

Según su localización	Nuclear		
	Mitocondrial		
Según se exprese o no en forma de ARNm, ARNs	Codificante		
	No codificante		
Según el número de copias	De secuencia única		
	Repetitivo	Moderadamente repetitivo	
		Altamente repetitivo	Satélite (en tándem)
			Repetitivo disperso

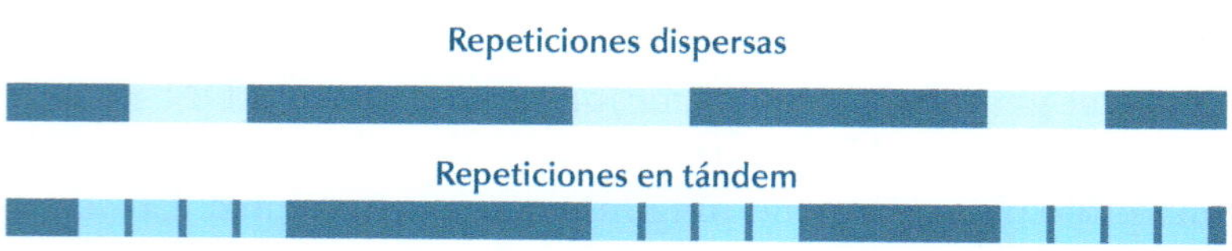

Figura 1.17
Tipos de ADN repetitivo

FUNDAMENTAL

La parte del genoma sobre la que recae la función de expresión genética se denomina eucromatina, mientras que la parte que no posee dicha función recibe el nombre de heterocromatina.

1.9. Regulación de la expresión génica

Teniendo en cuenta que casi todas las células de un organismo presentan el mismo genoma, la diferenciación celular origina un "encendido" y "apagado" de diferentes genes. Por otra parte, para que el organismo funcione adecuadamente es necesario que las células respondan de manera adecuada al ambiente. Por tanto, es necesario que la expresión de cada uno de los genes, autorizados a expresarse en cada célula, esté perfectamente regulada, de forma que se garantice que el gen correcto se active en la célula correcta en el momento correcto.

La mayoría de los genes permanecen silenciados en ausencia de señales estimuladoras, su expresión suele estar controlada por múltiples proteínas.

La regulación génica es un proceso muy complejo que puede llevarse a cabo a varios niveles, los cuales permiten el ajuste de la velocidad y de la intensidad de reacción a los estímulos. Estos niveles son los siguientes:

- *Nivel de cromatina.* Se trata de un mecanismo de control global que actúa sobre regiones cromosómicas, produciendo cambios permanentes o semipermanentes en la actividad de los genomas. Origina zonas transcripcionalmente activas y zonas silenciadas. Existen tres subniveles de regulación a nivel de la cromatina. El primero afecta a la condensación de la cromatina, el segundo nivel se corresponde con la presencia de zonas superenrolladas y el tercero se relaciona con la metilación de las citosinas del ADN (un gen metilado es inactivo).
- *Nivel transcripcional.* Dentro de los genes existen regiones responsables de regular su expresión, por ejemplo, la región promotora en el inicio 5' del gen. Existen también regiones potenciadoras, reguladoras, silenciadoras, a las que se unen factores de transcripción.
- *Nivel postranscripcional.* Incluye el *splicing* diferencial, diferentes sitios de poliadenilación, estabilidad y almacenamiento de los ARNm.
- *Nivel traduccional.* No todos los ARNm que llegan al citoplasma se traducen en proteínas. A nivel traduccional también se puede controlar la expresión génica por modificación de los factores de iniciación de la traducción, por alteración de factores y enzimas o por modificación de la concentración citoplasmática de los ARNt y de las subunidades ribosomales para formar los polirribosomas.
- *Nivel postraduccional.* Las proteínas recién sintetizadas pueden sufrir modificaciones postraduccionales tales como glicosilaciones, fosforilaciones, acetilaciones, ribosilaciones, la unión de grupos prostéticos a glicoproteínas y lipoproteínas o cortes.
- *Niveles superiores del control génico en eucariontes.* La migración de un transposón (secuencia con la capacidad de moverse en el ADN) a las cercanías de un gen añade nuevas secuencias que pueden comportarse como sitios de unión para proteínas que pueden actuar de activadores e influir en la transcripción de genes situados a grandes distancias.

RECUERDA

✓ La regulación génica es un proceso muy complejo que puede llevarse a cabo a varios niveles, como es a nivel de la cromatina, o en cada una de las etapas desde que se transcribe un gen hasta que se forma una proteína funcional.

1.10. Enzimas asociadas a los ácidos nucleicos

En la bilogía molecular se utilizan diferentes herramientas biológicas, por ejemplo, las enzimas de restricción, las ADN ligasas, ADN polimerasa o la transcriptasa inversa.

Las *endonucleasas de restricción* son enzimas que reconocen y cortan las cadenas dobles del ADN en secuencias específicas, originando fragmentos de restricción.

Estas enzimas son producidas de forma natural en las bacterias y actúan como un mecanismo de defensa que degrada el material genético extraño que entre en la célula. Son endonucleasas que rompen el enlace fosfodiéster de los nucleótidos de las cadenas de ADN en secuencias específicas bicatenarias llamadas sitio o diana de restricción. En la bacteria original estas secuencias están protegidas para evitar que se destruya el ADN propio.

Las enzimas de restricción se clasifican en las tres categorías siguientes:

- *Tipo I y Tipo III.* Tienen actividad de restricción ("cortan") y modifican ("metilan") una secuencia, pero el corte se produce fuera de la diana de reconocimiento y en una secuencia no específica (figura 1.18).
- *Tipo II.* La actividad de restricción ("corte") y metilación se encuentra en dos complejos proteicos distintos. Reconocen y actúan sobre la misma secuencia. Rompen en el sitio específico y definido que reconocen. Son muy utilizadas en biología molecular para fragmentar ADN genómico. Estos fragmentos pueden ser separados y estudiados mediante electroforesis y técnicas de *southern blot.* También puede ser subclonados en los vectores apropiados para la creación de ADN recombinante (figura 1.18).

Figura 1.18
Dianas de restricción de las endonucleasas

Las secuencias diana de las endonucleasas en el ADN tienen entre 4-8 bp (excepcionalmente también pueden ser más). Generalmente son palindrómicas; es decir, tienen el punto de rotura simétrico respecto del eje de la diana. Pueden producir extremos romos o cohesivos (5' protuberantes o 3' protuberantes) (figura 1.19). Los fragmentos que llevan extremos cohesivos permiten unir fragmentos de distinto origen formando ADN recombinante.

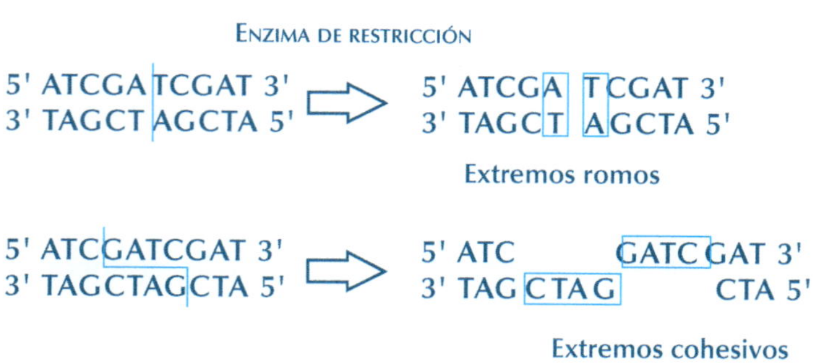

Figura 1.19
Tipos de extremos originados por las enzimas de restricción

- Las *ADN polimerasas.* Son enzimas que sintetizan ADN a partir de una cadena molde de ADN y los cuatro trifosfatos desoxirribonucleósidos (dTTP, dATP, dCTP, dGTP). Para que puedan actuar las polimerasas es necesario que se cumplan las siguientes condiciones: la doble hélice debe estar abierta y tiene que existir una cadena molde que copiar y una cadena iniciadora a la que se puedan agregar los nucleósidos. La polimerasa solo puede añadir nucleósidos al extremo hidroxilo terminal de una cadena ya existente. La cadena que aporta el OH 3' terminal se denomina iniciador.

TOMA NOTA

La ADN polimerasa III participa en los procesos de duplicación del ADN formando parte de la maquinaria de replicación del ADN. Se desliza a lo largo de la cadena de ADN molde a medida que va sintetizando la nueva hebra de ADN.

- Las *ADN polimerasa I.* Interviene en la reparación del ADN, también elimina los fragmentos iniciadores de los extremos 5' de los fragmentos de Okazaki y los sustituye por ADN. Un tipo de polimerasa termoestable es la taq-polimerasa. Se trata de una enzima fundamental en la técnica de PCR que se desarrollará en un capítulo posterior.
- Las *ADN ligasas.* Son enzimas encargadas de unir fragmentos de ADN y formar una cadena continua. Participan en los procesos de duplicación del ADN, uniendo los fragmentos de *Okazaki.*
- La *transcriptasa inversa.* Se trata de enzimas capaces de sintetizar una cadena de ADN a partir de un molde de ARN.

Actividad propuesta 1.6

Responde a las siguientes preguntas:

a) ¿De dónde provienen las enzimas de restricción?
b) ¿Cómo se denominan los fragmentos que originan?
c) ¿Qué característica común se observa en las secuencias dianas de las enzimas de restricción tipo II?
d) ¿Qué aplicación tiene la polimerasa en las técnicas de biología molecular?

1.11. Mutaciones y polimorfismos

Una mutación es un cambio en la información genética de un individuo. Algunas mutaciones no tienen efecto negativo sobre los portadores, son la causa de la evolución y del origen de las especies. Además, dentro de una misma especie hay cambios muy frecuentes en la secuencia del genoma. Estos cambios se denominan polimorfismos y contribuyen a la variabilidad genética.

1.11.1. Mutaciones

En la duplicación de todo el genoma se han de incorporar 10^{10} nucleótidos. La maquinaria de reparación es de una exactitud de 1 error/10^9 nucleótidos. Existen unas 50 enzimas reparadoras del ADN. Pero en algunas ocasiones se produce un error que no es reparado, originando una mutación genética. Si la mutación tiene lugar en una célula somática, todas las células formadas a partir de ella tendrán la misma mutación y se originará un mosaicismo celular no hereditario. Estas mutaciones somáticas suelen estar relacionadas con los procesos cancerígenos. El estado embrionario y fetal es el más sensible a las mutaciones.

Las mutaciones en los gametos (óvulos y espermatozoides) son hereditarias.

Los agentes mutágenos son de tres tipos: agentes físicos, químicos y biológicos.

Las mutaciones se pueden clasificar según el efecto sobre el ADN, según el tamaño de la mutación y según la estabilidad de la mutación.

Según el efecto sobre el ADN, existen los tres tipos mutaciones siguientes:

- *Mutaciones silenciosas o sinónimas*. Son aquellas en las que el producto formado no cambia.
- *Mutaciones no sinónimas o de error de sentido*. Son aquellas que originan una secuencia polipeptídica alterada. Sus consecuencias pueden ser deletéreas o beneficiosas.
- *Mutaciones absurdas o de finalización*. Son aquellas en las que la proteína formada es más pequeña debido a una interrupción precoz de su terminación por la presencia de codones de terminación.

Dependiendo del tamaño, las mutaciones se clasifican de la siguiente forma:

- *Mutaciones extensas*. Son aquellas en las que se han alterado grandes regiones del genoma. Estas mutaciones también se denominan alteraciones cromosómicas.
- *Mutaciones puntuales*. Son aquellas en las que la alteración afecta a una sola base o a un pequeño fragmento del gen. Estas mutaciones se denominan también anomalías genéticas. Las mutaciones puntuales pueden deberse al cambio de una base por otra. En este caso el codón formado será distinto. También pueden producirse por la pérdida o ganancia de una base, estos casos son más graves, ya que afectan a toda la pauta de lectura del gen. Otro de los mecanismos de mutación es la transformación de una base en otra.

Las mutaciones en algunas situaciones pueden ser dinámicas, es decir, sus síntomas se van agravando y anticipando en las siguientes generaciones.

Actividades propuestas

1.7. ¿Cuál es la diferencia entre las mutaciones en las células somáticas y las mutaciones en las células germinales?

1.8. ¿Qué consecuencias tiene el cambio de la base de timina por guanina en el codón CTA?

1.11.2. Polimorfismos

Un polimorfismo es una variación en la secuencia de un lugar determinado del ADN entre los individuos de una población. Para que esa variación sea considerada polimorfismo, debe estar presente al menos en el 1% de la población. Aquellos polimorfismos que afectan a la secuencia codificante o reguladora y que producen cambios importantes en la estructura de la proteína o en el mecanismo de regulación de la expresión pueden traducirse en diferentes fenotipos (por ejemplo, el color de los ojos).

Un polimorfismo puede consistir en la sustitución de una base nitrogenada simple, como, por ejemplo, la sustitución de una adenina por una citosina, o puede ser más complicado como, por ejemplo, la repetición de una secuencia determinada de ADN.

Los polimorfismos se pueden clasificar en las siguientes categorías:

- *Polimorfismos de un único nucleótido* (SNP, por su denominación en inglés, *single nucleotide polymorphisms*). Son el tipo más numeroso de polimorfismo en el genoma humano. Estos polimorfismos aparecen cuando se cambia un nucleótido por otro, lo que da lugar a una secuencia genómica distinta, con distintos alelos en un cromosoma. Un porcentaje importante de SNP afecta a regiones codificantes, es decir, cambian un aminoácido en la proteína codificada por el gen, y constituyen, por lo tanto, la principal fuente de variabilidad genética interindividual.
- *Polimorfismos de longitud de fragmentos de restricción* (RFLP, por su denominación en inglés). Se originan por el cambio de un nucleótido por otro en una región diana de restricción, de manera que se destruye la diana de restricción. La presencia o ausencia de esa diana hace que los fragmentos originados por la digestión del ADN con esa enzima de restricción sean de distinto tamaño.
- *Polimorfismos tipo* VNTR (número variable de repeticiones en tándem). Se originan por la presencia de pequeñas secuencias de ADN que están repetidas en tándem. El número de repeticiones es diferente entre los individuos de la población. Dependiendo de la longitud de la secuencia repetida existen diferentes tipos:

  - *Microsatélites* o STR (short tandem repeats). La secuencia repetida es corta (de 2 a 4 nucleótidos). Las repeticiones de este tipo están homogéneamente distribuidas por todo el genoma.
  - *Minisatélites*: La secuencia repetida es larga (de decenas a cientos de nucleótidos). Se han utilizado en genética forense, ya que cada individuo posee un patrón único de minisatélites, es decir, una huella genética.

- *Duplicaciones segmentarias*. Se deben a la presencia de regiones del genoma duplicadas.
- Variantes del número de copias (CNV, por su denominación en inglés, *copy number variants*). Están presentes en algunas personas y ausentes en otras, algunas CNV están asociadas a enfermedades hereditarias.
- *Pseudogenes*. Son versiones "incorrectas" de genes que no se expresan.
- *MicroARN o miARN*. Son pequeños fragmentos de ARN que regulan la expresión de genes diana mediante la degradación de sus mensajeros o por represión de la traducción.
- *Polimorfismos de inserción/deleción pequeños*. Son polimorfismos debidos a la deleción o inserción de pequeños fragmentos del ADN (de 1 nucleótido a 10 kb). Muchos de ellos están situados dentro de genes, lo cual puede causar alteraciones en el caso de que afecten al promotor o a la región codificante (exones).

PARA SABER MÁS

No existen dos personas, salvo los gemelos idénticos, con la misma secuencia de ADN en todo su genoma. La regulación de los genes implica una compleja interrelación entre los diferentes niveles de control de la expresión genética que conducen a una dosis génica apropiada y controlada tanto por los mecanismos de replicación y transcripción del ADN, como por aquellos de procesamiento y degradación de las proteínas. Algunas variaciones de la expresión genética son heredadas, mientras que otras son inducidas por factores no genéticos o epigenéticos, como, por ejemplo, la dieta o el ambiente. Para algunos genes, la variación en la expresión genética posee relativamente poca importancia (polimorfismos); para otros, en cambio, tiene consecuencias clínicas graves (mutaciones).

1.12. ADN plasmídico

Los plásmidos son moléculas de ADN circulares extracromosómicas de 3 a 10 kb que no contienen proteínas asociadas. Suelen presentar una configuración espacial más enrollada que el cromosoma bacteriano. Se encuentran de forma natural en varias especies de bacterias y en algunos eucariotas como, por ejemplo, en levaduras. En la actualidad existe una gran variedad de plásmidos sintéticos.

El número de plásmidos por célula varía de 1 a 100 copias y se replican de forma independiente al cromosoma bacteriano.

Los plásmidos contienen: un origen de replicación autónomo, genes no esenciales para el funcionamiento de la célula y secuencias para la acción de las enzimas de restricción. Los plásmidos codifican una gran variedad de enzimas, lo cual confiere a las bacterias en las que se encuentran resistencia ante antibióticos y otros compuestos como, por ejemplo, metales pesados, algunas sustancias tóxicas o pigmentos. Esta propiedad se ha utilizado para aislarlos.

La obtención de plásmidos es sencilla debido a su pequeño tamaño y a que gracias a su naturaleza circular son estables durante el proceso de extracción. Actualmente, para su aislamiento se utilizan métodos basados en la fluorescencia o en la síntesis de proteínas que destruyen la célula.

Los plásmidos son útiles en ingeniería genética, ya que son fácilmente manipulables y se les pueden insertar secuencias genéticas. Se utilizan como vectores de clonación de fragmentos de ADN genómico.

Resumen

- En todas las células están presentes dos tipos de ácidos nucleicos: ADN y ARN. Sus funciones principales son las de transmitir las características hereditarias de una generación a la siguiente y de dirigir la síntesis de proteínas específicas.
- Los ácidos nucleicos son biopolímeros de nucleótidos. Los nucleótidos están formados por un grupo fosfato, una pentosa (ribosa en el ARN y desoxirribosa en el ADN) y una base nitrogenada púrica o pirimidínica. En el ARN, en lugar de timina hay uracilo.

- El ADN es una doble cadena de polinucleótidos. Estas dos cadenas de nucleótidos enrolladas entre sí en forma de doble hélice dextrógira contienen los azúcares y fosfatos en el exterior y las bases en el interior. La información genética radica en el orden de los nucleótidos en el ADN.
- El ADN nuclear está formado por cadenas lineales independientes. El ADN presente en mitocondrias y cloroplastos es similar al de las células procariotas y consiste en una única cadena de ADN circular.
- Existen varios tipos de ARN, los cuales participan en la síntesis de proteínas.
- El ADN presenta una serie de propiedades físicoquímicas en las que están basadas las técnicas de biología molecular.
- El ADN se duplica para formar dos cadenas de ADN idénticas entre sí e idénticas a la cadena madre en el proceso previo a la mitosis. Mediante la transcripción se forma un ARNm correspondiente a un gen, que por traducción en los ribosomas formará una cadena polipeptídica, siguiendo el código genético.
- El gen es la unidad básica funcional del genoma, su distribución a lo largo del genoma no es uniforme.
- La parte del genoma que se expresa se denomina eucromatina, mientras que la que no se expresa recibe el nombre de heterocromatina. Las secuencias del ADN pueden tener una sola copia, ADN de secuencia única, pero si hay más de una copia se le designa como ADN repetitivo.
- En las técnicas de biología molecular se utilizan como herramientas las enzimas de restricción, las ADN ligasas, ADN polimerasa y la transcriptasa inversa.
- Una mutación es un cambio en la información genética de un individuo. Algunas mutaciones no tienen efecto sobre los portadores, se habla entonces de polimorfismos. Estos polimorfismos contribuyen a la variabilidad genética. Los plásmidos son moléculas de ADN circulares extracromosómicas, a los que se les puede insertar secuencias genéticas. Se utilizan como vectores de clonación de fragmentos de ADN genómico.

Ejercicios propuestos

1. ¿Qué diferencia existe entre las células eucariotas y las procariotas en su composición?
2. Haz un esquema de las semejanzas y diferencias entre la estructura del ADN y la del ARN.
3. Haz un esquema de la estructura molecular propuesta por Watson y Crick. ¿En qué radica la información genética contenida en la molécula de ADN?
4. Explica lo que significa la frase "un gen, una proteína". ¿Todas las células de un organismo pluricelular tienen los mismos genes?
5. Explica la diferencia entre mutación y polimorfismo. ¿Qué condición deben cumplir los cambios en el material genético para ser considerados un polimorfismo?

6. Cita las bases nitrogenadas que entran a formar parte de los ácidos nucleicos, haz un esquema. ¿En qué se diferencian las bases púricas de las pirimidínicas?
7. Cita los tipos de ARN que se conocen, explicando la función de cada uno de ellos.
8. ¿Qué propiedades físicas del ADN se utilizan en las técnicas de biología molecular? ¿En qué consiste la desnaturalización del ADN?
9. Haz un esquema de la duplicación del ADN. ¿Qué importancia biológica tiene?
10. ¿Cuál es la finalidad de la transcripción de la información genética?
11. ¿En qué consiste la traducción genética? ¿Qué elementos intervienen?
12. Cita tres mecanismos de regulación de la expresión genética.
13. ¿Qué son las ADN polimerasas? ¿Qué función tienen?
14. ¿Qué son las enzimas de restricción?
15. ¿Qué utilidad tienen los plásmidos?

Supuesto práctico

➲ En la consulta de genética llegan dos pacientes, tras realizar el análisis genético, uno de ellos presenta un polimorfismo de gran tamaño en un cromosoma, mientras que el otro muestra una mutación puntual en un gen, que provoca el mal funcionamiento de dicho gen. Responde a las siguientes preguntas razonando las respuestas:

- ¿Qué alteración tendrá consecuencias más graves?
- ¿Estas alteraciones las podrán transmitir a sus hijos?

Lee y debate en clase

Tema para debatir:

- ¿Crees que el conocer el mapa genético de una persona desde su nacimiento puede tener efectos negativos sobre dicha persona? Justifica tu respuesta.

Lee el artículo, que apareció en el periódico *El País*: "¿Le gustaría secuenciar el genoma de su hijo?", de Javier Barbusano (disponible en el QR adjunto inferior).

El artículo plantea una serie de preguntas a raíz de un estudio realizado en 240 bebés nacidos en dos hospitales de Boston cuyos padres se han ofrecido como voluntarios para recibir este mapa genético de sus bebés como parte de un estudio llamado BabySeq Project. El mapa genético revela la presencia de enfermedades infantiles hereditarias difíciles de detectar pero también la propensión del bebé a padecer otras enfermedades de origen genético en el futuro.

Tanto los padres como los pediatras recibirán un informe que analizará la presencia de 1.700 enfermedades infantiles con causas genéticas. Algunas de estas enfermedades son curables o, al menos, tratables, y otras no. Para el estudio no se facilitará información sobre enfermedades que se desarrollan en la madurez, como el alzhéimer o el cáncer de mama. Los investigadores harán un seguimiento anual a los bebés hasta que lleguen a la adolescencia.

Sin embargo, la secuenciación genética de los recién nacidos se presenta mucho más controvertida.

Realmente lo que se pretende comprobar con el estudio de Boston es conocer cómo va a influir el hecho de tener su información genética disponible desde el momento de su nacimiento en la vida de estos bebés, tanto en su salud como en sus relaciones familiares y otros aspectos psicosociales. También permitirá sacar conclusiones en cuestiones más prácticas, como, por ejemplo, si hay riesgo de que las aseguradoras privadas discriminen a ciertas personas basándose en su condición genética o si los médicos serán más propensos a realizar tratamientos basándose en esta información y si estos realmente mejorarán su salud.

El autor plantea las siguientes preguntas que pretenden hacer reflexionar a los lectores sobre la secuenciación genética: ¿Querría usted tener esa información? ¿Cómo cree que el conocer esos datos afectaría la vida de su hijo? ¿Sería usted más proclive a sobreprotegerle ante ciertos riesgos? ¿Revelaría el contenido de este informe a su hijo en el futuro?

TEST DE AUTOEVALUACIÓN

1. En relación con las células eucariotas y procariotas, ¿cuál de las siguientes afirmaciones es correcta?

   ☐ *a)* Las procariotas se encuentran en animales y vegetales.
   ☐ *b)* Las eucariotas tienen núcleo diferenciado.
   ☐ *c)* Las procariotas poseen orgánulos de almacenamiento.
   ☐ *d)* Las eucariotas son más simples.

2. ¿Cuál de las siguientes afirmaciones sobre los ácidos nucleicos es incorrecta?

   ☐ *a)* Su función es almacenar y transmitir la información genética.
   ☐ *b)* Hay de dos tipos ARN y ADN.
   ☐ *c)* Están formados por la unión de aminoácidos.
   ☐ *d)* Contienen grupos fosfato.

3. En relación con el ADN de eucariotas, es correcto que:

- ☐ *a)* Se encuentra en el núcleo y en las mitocondrias.
- ☐ *b)* Contiene uracilo.
- ☐ *c)* Contiene el azúcar ribosa.
- ☐ *d)* Es monocatenario.

4. En los nucleótidos, es incorrecto que:

- ☐ *a)* Son los monómeros de los ácidos nucleicos.
- ☐ *b)* Están formados por la unión de un nucleósido y de 1 a 3 grupos fosfato.
- ☐ *c)* Forman parte de los ácidos nucleicos y de algunas coenzimas.
- ☐ *d)* El ATP contiene 1 grupo fosfato.

5. En relación con el ARN, es incorrecto que:

- ☐ *a)* Contiene uracilo.
- ☐ *b)* Contiene ribosa.
- ☐ *c)* Interviene en la síntesis de proteínas.
- ☐ *d)* El ARNt en los ribosomas sirve de cadena molde.

6. Sobre las propiedades físicas del ADN, es incorrecto que:

- ☐ *a)* En disolución el pH es ácido.
- ☐ *b)* Presentan un máximo de absorbancia a 260 nm.
- ☐ *c)* La desnaturalización del ADN consiste en la rotura de las cadenas en fragmentos.
- ☐ *d)* La hibridación consiste en el emparejamiento de cadenas de ADN de diferente origen.

7. En relación con la duplicación del ADN, es correcto que:

- ☐ *a)* Tiene lugar cuando se va a expresar un gen.
- ☐ *b)* Es un proceso semiconservativo.
- ☐ *c)* La polimerasa que interviene no necesita un cebador.
- ☐ *d)* Es unidireccional.

8. Sobre las mutaciones, es incorrecto afirmar que:

- ☐ *a)* Son siempre perjudiciales.
- ☐ *b)* Pueden originarse por el cambio de una sola base.
- ☐ *c)* Han contribuido a la evolución de las especies.
- ☐ *d)* En algunas ocasiones no originan variación en el ARN transcrito.

9. ¿Cuál de las siguientes afirmaciones sobre el código genético es incorrecta?

- ☐ *a)* La secuencia de bases en la cadena de ADN determina la secuencia de aminoácidos en la proteína.
- ☐ *b)* Está degenerado.
- ☐ *c)* Cada codón especifica un aminoácido.
- ☐ *d)* A cada aminoácido le corresponde un solo codón.

10. Sobre el dogma central de la biología molecular, es incorrecto que:

- ☐ *a)* Solo pueden obtenerse proteínas a partir de ADN.
- ☐ *b)* El ARN puede duplicarse a sí mismo en algunos organismos.
- ☐ *c)* Puede obtenerse ADN a partir de ARN.
- ☐ *d)* El proceso de formación de ARN a partir de ADN se denomina transcripción.

SOLUCIONES:

1.	a	**[b]**	c	d	**5.**	a	b	c	**[d]**					
2.	a	b	**[c]**	d	**6.**	a	b	**[c]**	d	**9.**	a	b	c	**[d]**
3.	**[a]**	b	c	d	**7.**	a	**[b]**	c	d	**10.**	**[a]**	b	c	d
4.	a	b	c	**[d]**	**8.**	**[a]**	b	c	d					

2

Fundamentos biológicos de la citogenética

Objetivos

- ✓ Comprender la organización y estructura de los cromosomas.
- ✓ Conocer el número de cromosomas.
- ✓ Aprender las leyes que cumplen los cromosomas.
- ✓ Analizar las características de las proteínas cromosómicas.
- ✓ Identificar cada uno de los tipos de cromosomas.
- ✓ Reconocer la función de los cromosomas.
- ✓ Definir las propiedades de la heterocromatina y la eucromatina.
- ✓ Diferenciar entre los cromosomas X e Y en los mamíferos.
- ✓ Describir las diferentes fases del ciclo celular.
- ✓ Señalar las similitudes y diferencias entre mitosis y meiosis.

Mapa conceptual

- **FUNDAMENTOS BIOLÓGICOS DE LA CITOGENÉTICA**
  - **Cromosomas**
    - Estructura
    - Número
    - Leyes que cumplen
    - Proteínas
    - Estados de condensación
    - Territorios cromosómicos
    - Componentes
    - Tipos de cromosomas
    - Autosomas y cromosomas sexuales
    - Función de los cromosomas
    - Heterocromatina y eucromatina
  - **Ciclo celular**
    - Interfase
    - Fase de división
      - Mitosis
      - Citocinesis
      - Meiosis

Glosario

Azoospermia. Alteración caracterizada por la disminución del número de espermatozoides.

Cromátide. Hebra de ADN duplicada antes de la división celular.

Histonas. Proteínas cromosómicas de bajo peso molecular, de carácter ácido que contribuyen al plegamiento del ADN.

Interfase celular. Etapa entre dos divisiones celulares.

Organizadores nucleolares. Estructuras que inducen la formación de los nucléolos.

Región pseudoautosómica. Región común de los cromosomas X e Y.

2.1. Cromosomas: organización cromosómica y estructura

Cada célula humana contiene 46 cromosomas, y cada cromosoma está formado por una hebra de ADN asociado a proteínas. El conjunto de los 46 cromosomas situados en el interior del núcleo se denomina cromatina. Los cromosomas eucariontes son entidades dinámicas cuya apariencia varía a lo largo del ciclo celular (figura 2.1).

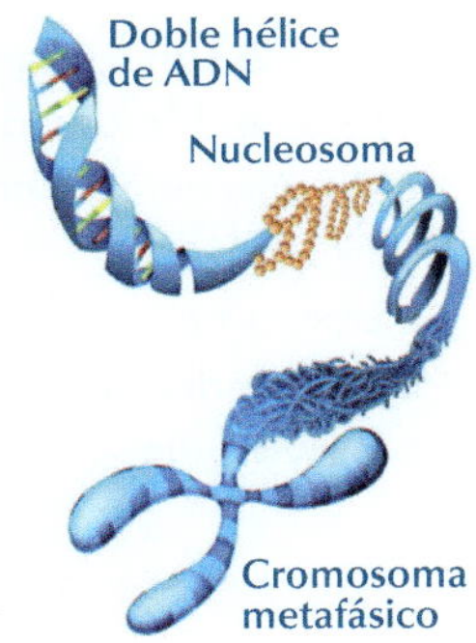

Figura 2.1
Estados de condensación de los cromosomas

FUNDAMENTAL

Los cromosomas son estructuras dinámicas, ya que cambian de nivel de condensación a lo largo del ciclo celular.

Cada cromosoma está formado por una de las hebras de ADN unida a proteínas. El conjunto de cromosomas en el interior del núcleo forman la cromatina.

2.1.1. Número de cromosomas

El número de cromosomas y la estructura varían de una especie a otra. Las células procariotas tienen un único cromosoma circular, sin embargo, las células eucariotas tienen varios cromosomas lineales en el interior de su núcleo. El número de cromosomas y contenido de ADN en un organismo eucariota es el mismo en todas sus células somáticas (diploides) y se reduce a la mitad en sus gametos (espermatozoides y óvulos) (haploides).

- *Las células diploides* son aquellas que contienen 2n cromosomas; cada uno de los cromosomas de cada pareja se denominan cromosomas homólogos y proceden cada uno de uno de los progenitores (cromosoma paterno y cromosoma materno). En humanos, el genoma nuclear se encuentra distribuido en 23 parejas de cromosomas. De estas 23 parejas, 22 de ellas se denominan *autosomas* (1-22). La pareja 23 corresponde a los *cromosomas sexuales o gonosomas;* en el hombre hay un cromosoma sexual X y un cromosoma sexual Y, mientras que en las mujeres hay dos cromosomas X.
- *Las células haploides* solo poseen una serie de cromosomas, todos diferentes entre sí. El número haploide de cromosomas se representa por (n). En la serie haploide hay un solo gen para cada carácter. Los gametos (óvulos y espermatozoides) son células haploides. Se forman a partir de ciertas células somáticas en el ovario y testículos que se someten a una forma especializada de la división celular llamada meiosis, que sirve para reducir el número de cromosomas a la mitad. Los gametos masculinos pueden tener un cromosoma X o Y, pero los gametos femeninos siempre tendrán un cromosoma X. A partir de esa primera célula diploide sufrirá múltiples divisiones celulares hasta formar el organismo maduro.

Actividades propuestas

2.1. Responde a las siguientes cuestiones:

a) ¿Qué son los cromosomas?
b) ¿Qué diferencia existe entre haploide y diploide?
c) Si una célula tiene n cromosomas, ¿es haploide o diploide?

2.2. Elabora un cuadro donde se recoja el número de cromosomas del ser humano, del caballo, del perro y de la mosca. Tras analizarlo, ¿crees que es correcto afirmar que, a mayor número de cromosomas, más evolucionado es un organismo?

2.1.2. Leyes que cumplen los cromosomas

Los cromosomas siguen las siguientes leyes:

- *Constancia numérica.* Todas las células de un individuo de la misma especie tienen el mismo número de cromosomas, y este número se mantiene constante a lo largo de toda la vida de esa célula.
- *El número de cromosomas es siempre par.* Cada pareja de cromosomas se denominan entre sí cromosomas homólogos.
- *El tamaño y la forma del cromosoma metafásico son constantes.* Cada cromosoma tiene un tamaño y una forma característica. No obstante, los cromosomas varían su estado de condensación a lo largo del ciclo celular.
- *Individualidad de los cromosomas.* Los cromosomas son estructuras individualizadas, no están unidos unos a otros.

2.1.3. Proteínas cromosómicas

Las proteínas que se unen a la cadena de ADN para formar los cromosomas son de dos tipos: histonas y no histonas. Las histonas son las más abundantes, son proteínas relativamente pequeñas. Existen 5 grupos principales de histonas: H1, H2A, H2B, H3 y H4. Se trata de proteínas que presentan cargas positivas que les permite atraer las cargas negativas de los grupos fosfato del ADN, aportando estabilidad al cromosoma. Tienen una función básicamente estructural.

El resto de las proteínas no histonas son muy heterogéneas y tienen funciones muy diversas, como, por ejemplo, contribuir al ensamblaje y plegamiento del cromosoma, formar estructuras como el cinetocoro (lugar de unión de la fibras del huso acromático durante la mitosis), cubrir los extremos de los cromosomas, formar parte de la maquinaria de la replicación del ADN (polimerasa, helicasa, primasas) y participar en la regulación de la transcripción.

2.1.4. Estados de condensación de los cromosomas

El núcleo de las células eucariotas tiene un diámetro de aproximadamente 10 μm, y en su interior se encuentran los cromosomas. Si se considera que el genoma humano está compuesto aproximadamente por 6,5 X 10^9 bp y cada par de bases mide alrededor de 0,34 nm, la longitud total del genoma es aproximadamente 2 metros de longitud. ¿Cómo se empaqueta el ADN en el interior del núcleo para que sea a la vez accesible a enzimas y factores de transcripción? Para la condensación de los cromosomas, la cadena de ADN se asocia a proteínas histónicas y no histónicas, presentando varios grados de condensación:

- *Fibra de 10 nm, estructura de "collar de cuentas"*. Es el nivel mínimo de organización de la cromatina. Cuando se observan los núcleos en interfase mediante técnicas de microscopia electrónica, la cromatina aparece como una fibra de 10 nm con aspecto de "collar de cuentas" (figura 2.2).

  Cada cuenta corresponde a una subunidad esférica denominada nucleosoma. Cada nucleosoma está formada por un fragmento de ADN que contiene 146 (pb), este fragmento da aproximadamente 1,75 vueltas alrededor de una estructura globular formada por ocho moléculas de histonas (dos subunidades de las histonas H2A, H2B, H3 y H4) y un fragmento de ADN de 60 pb (ADN ligador), que interacciona con la histona H1 (figura 2.3). La histona H1 (histona de unión) no forma parte del nucleosoma pero desempeña un papel importante en su estructura, ya que conecta una partícula del núcleo del nucleosoma con la siguiente (figura 2.3). De esa forma se reduce la longitud de la molécula de ADN en una sexta parte.

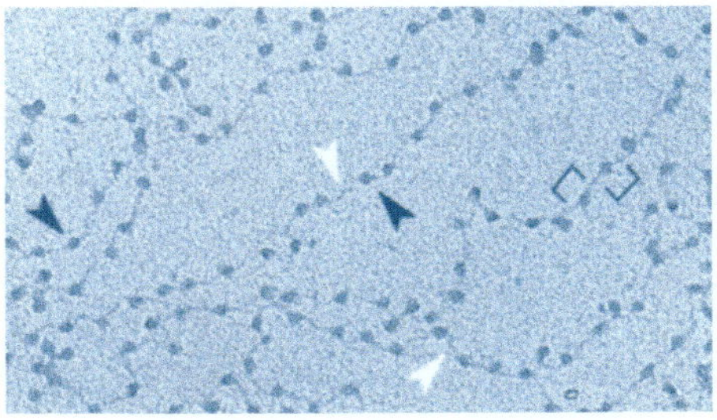

Figura 2.2
Estructura de "collar de cuentas" de la cromatina

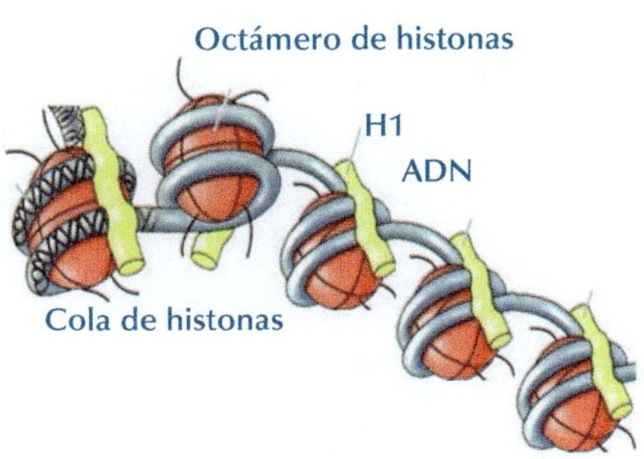

Figura 2.3
El ADN se une al octámero de histonas para formar el nucleosoma

Cada proteína histona del octámero tiene una cola de aminoácidos con cargas positivas (17-37 aminoácidos) que se extienden fuera del nucleosoma (figura 2.3). Estas cargas positivas interaccionan con las cargas negativas de los fosfatos del ADN estabilizando la estructura del nucleosoma, lo que contribuye a la compactación del ADN.

En los espermatozoides el empaquetamiento del ADN se consigue con una clase alternativa de proteínas básicas pequeñas conocidas como protaminas.

- *Fibra de 30 nm*. Es el segundo nivel de plegamiento del ADN, que es la que se observa en núcleos en interfase (figura 2.4). El filamento nucleosómico se enrolla en forma helicoidal permitiendo una compactación de otras 6-7 veces. Se denomina *solenoide*.

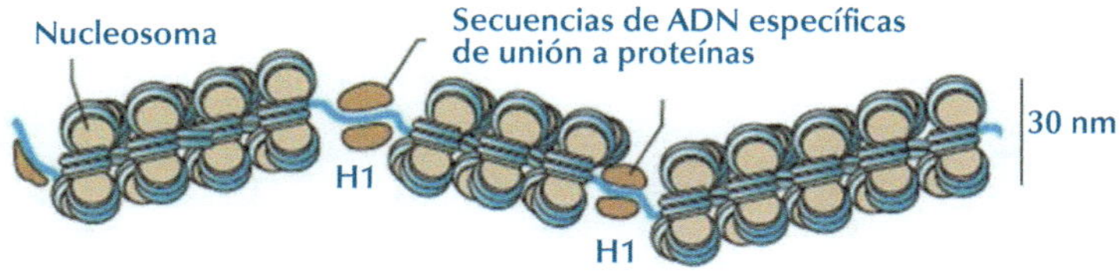

Figura 2.4
Fibra de cromatina de 30 nm
Fuente: www.laborjournal.de

- *Fibra de 250 nm*. El siguiente nivel en la estructura de la cromatina es una serie de bucles o asas muy amplias formados por fibras de 30 nm superenrolladas. Cada uno de los bucles está anclado en su base a proteínas pertenecientes al armazón proteico (figura 2.5). Cada bucle contiene entre 20.000 y 100.000 pb y mide aproximadamente 30 nm de longitud.
- *Hebra de 700 nm*. El enrollamiento de la fibra de 250 nm origina el cromosoma mitótico; durante la metafase cada cromátide individual mide alrededor de 700 nm de espesor. La sección del cromosoma con las dos cromátides presenta un espesor de 1.400 nm.

En la figura 2.6 se representan los diferentes niveles de compactación de la cromatina.

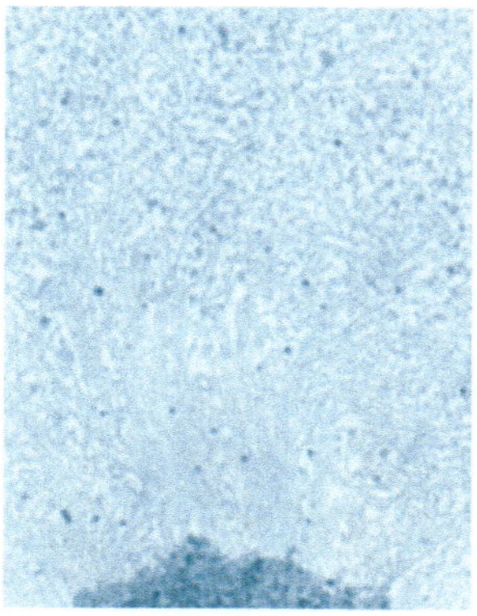

Figura 2.5
Fibra de 250 nm o dominios en forma de asas ancladas a un armazón proteico
Fuente: Paulson, J. M., U. K. Laemmli, *Cell*, 12:823,1977

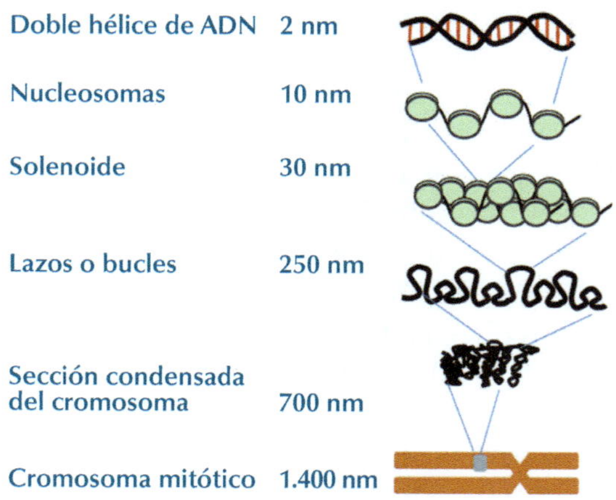

Figura 2.6
Representación de los diferentes niveles de organización de la cromatina
Fuente: Albert *et al.*, *Essential Cell Biology*, 1998

TOMA NOTA

El nivel de menor condensación del cromosoma corresponde al núcleo en reposo, es decir, en un estado de no división. El nivel de máxima condensación corresponde al cromosoma durante la etapa de metafase durante la división celular.

FUNDAMENTAL

Aunque el ADN debe empaquetarse en forma densa para poder estar localizado en el interior del núcleo celular, también debe desenrollarse durante los procesos de transcripción y replicación; por tanto, el nivel de compactación de la cromatina cambia en función de la actividad de los genes.

La compactación del ADN depende de las interacciones entre el ADN y las histonas; las modificaciones químicas en las histonas que alteran la formación de los complejos ADN-histonas son la acetilación de las colas de las histonas, que reduce las cargas positivas de las colas de las histonas, la metilación y la fosforilación. Las histonas modificadas se encuentran con más frecuencia en las regiones donde hay una expresión genética activa.

Actividades propuestas

2.3. Explica los distintos niveles de compactación de la cromatina hasta formar los cromosomas metafásicos.

2.4. Cita los tipos de modificaciones químicas que se producen en las regiones en las que hay una expresión genética activa. ¿Cómo influyen estas modificaciones en la compactación del ADN?

PARA SABER MÁS

Los cromosomas individuales ocupan territorios no superpuestos en un núcleo en interfase (figura 2.7). Los cromosomas humanos con mayor abundancia de genes se concentran en el centro del núcleo, en tanto que los cromosomas con menos genes se localizan hacia la envoltura nuclear.

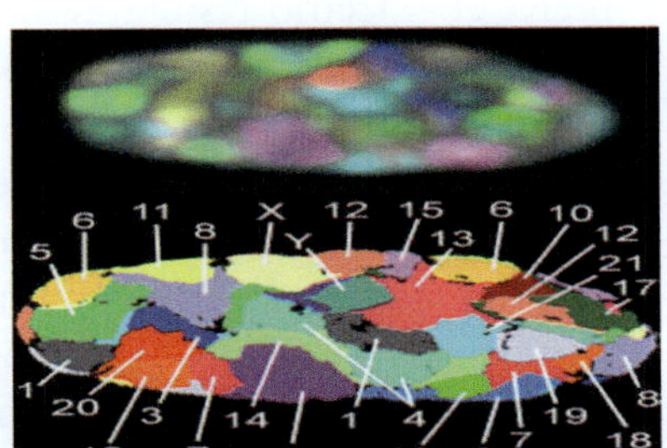

Figura 2.7
Territorio ocupado por los cromosomas durante la interfase
Fuente: http://desayunoconfotones.org

2.1.5. Componentes de los cromosomas

Al microscopio óptico, los cromosomas metafásicos en el hombre se observan como cuerpos compactos y alargados en forma de bastoncillos.

Se puede distinguir en ellos las siguientes partes:

- *Brazos del cromosoma.* Consisten en dos brazos separados por un estrechamiento denominado centrómero. Al brazo largo se le designa como brazo "q" y al brazo corto como brazo "p" (figura 2.8). Los cromosomas metafásicos presentan dos cromátides hermanas unidas por el centrómero.

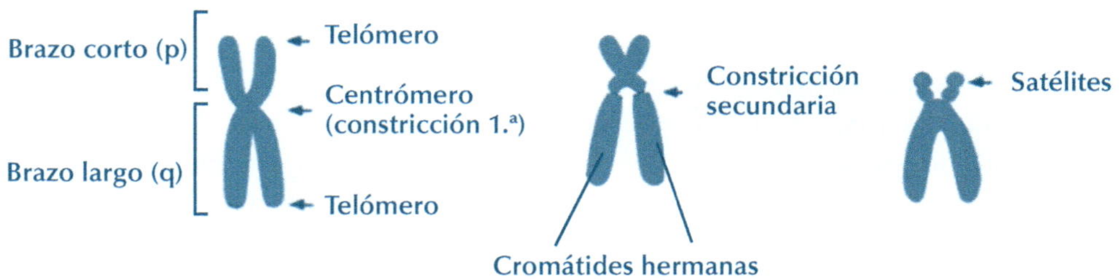

Figura 2.8
Componentes de los cromosomas metafásicos

- *Centrómero.* También se conoce como constricción primaria. Es una región estrecha del cromosoma que lo divide en brazo corto y brazo largo. En ella se unen las cromátides hermanas (cada una de las hebras de ADN duplicadas). Es esencial para distribución de los cromosomas durante la división celular. Los fragmentos cromosómicos que carecen de un centrómero (fragmentos acéntricos) no se unen al huso mitótico y, por tanto, no se incluyen en los núcleos de cualquiera de las células hijas. Están compuestos por cientos de kilobases de ADN satélite. Durante la división celular, al centrómero se adhiere una estructura proteica en forma de disco llamada *cinetocoro*, a la que se unen los filamentos del huso acromático durante la división celular.
- *Telómeros.* Son unas estructuras especializadas que cubren los extremos de cromosomas eucarióticos a modo de "capuchones" (figura 2.8). Están formados por ADN y proteínas. El ADN de los telómeros en eucariotas presenta secuencias moderadamente largas (de 100 a 300 kb) de repeticiones en tándem de una secuencia simple del hexanucleótido (TTAGGG)n; esta estructura es muy similar a las de otras especies.

  Las funciones de los telómeros son las siguientes:

  - Conservar la integridad estructural de los cromosomas. Cuando se pierde un telómero, el extremo resultante del cromosoma es inestable, se vuelve "pegajoso", tiene tendencia a fusionarse con los extremos de otros cromosomas rotos, o bien puede sufrir procesos de degradación.
  - Asegurar la replicación completa del ADN gracias a la acción de la telomerasa.
  - Situar al cromosoma en el núcleo. En algunas células, los extremos del cromosoma parecen atados a la envoltura nuclear a través de los telómeros.

- *Constricciones secundarias.* En algunos cromosomas puede observarse un segundo estrechamiento llamado constricción secundaria (figura 2.8). Se encuentran en regiones específicas de determinados cromosomas.

TOMA NOTA

Los telómeros son repeticiones del ADN en los extremos de los cromosomas, que les confieren estabilidad, los protegen de la degradación de las exonucleasas y "cuentan" las divisiones celulares.

- *Satélites*. Se trata de unas zonas redondeadas unidas al resto del cromosoma por una constricción secundaria de longitud variable (figura 2.8). Solo están presentes en un determinado tipo de cromosomas (acrocéntricos), aunque no todos los cromosomas acrocéntricos muestran satélites, varía de una persona a otra. La presencia y el tamaño de estos satélites en una persona se mantiene constante en todas sus células.

  Estas regiones contienen genes que codifican ARN ribosómico y corresponden a los organizadores nucleolares (estructuras que inducen la formación de los nucléolos) (NOR).
- *Orígenes de la replicación*. Cuando una célula se va a dividir para formar otras dos células idénticas a ella, debe duplicar o replicar su ADN. En mamíferos, el inicio de la replicación del ADN está controlado por secuencias de decenas de kilobases de largo (orígenes de replicación) en múltiples sitios en todo el ADN (figura 2.9).

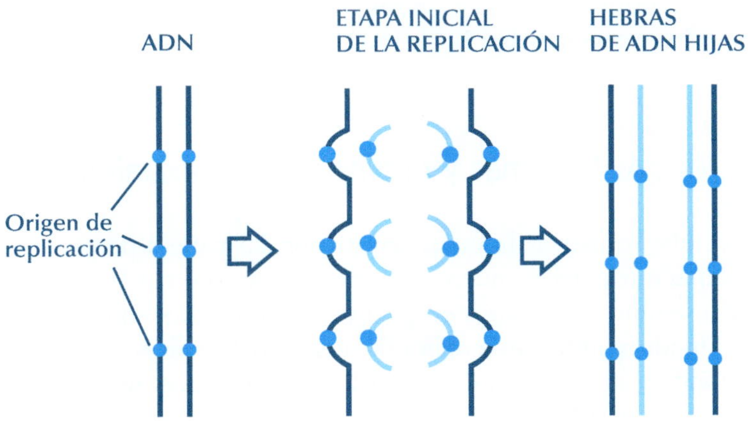

Figura 2.9
Orígenes de replicación

Actividades propuestas

2.5. Dibuja un cromosoma metafásico típico, señala los distintos componentes.
2.6. Responde a las siguientes cuestiones:

a) ¿Qué le ocurre a un cromosoma que no tiene centrómero durante la división celular?
b) ¿Cuáles son las funciones de los telómeros?
c) ¿Qué son y qué función tienen los satélites?
d) ¿Qué son los orígenes de replicación?

2.1.6. Tipos de cromosomas humanos

La morfología de los cromosomas se observa mejor durante el estado de metafase y anafase, ya que en estos estados la condensación de los cromosomas es máxima. Todos los cromosomas tienen unos componentes comunes, pero según la posición del centrómero y el tamaño relativo de sus brazos (p y q) se pueden distinguir varios tipos de cromosomas (figura 2.10):

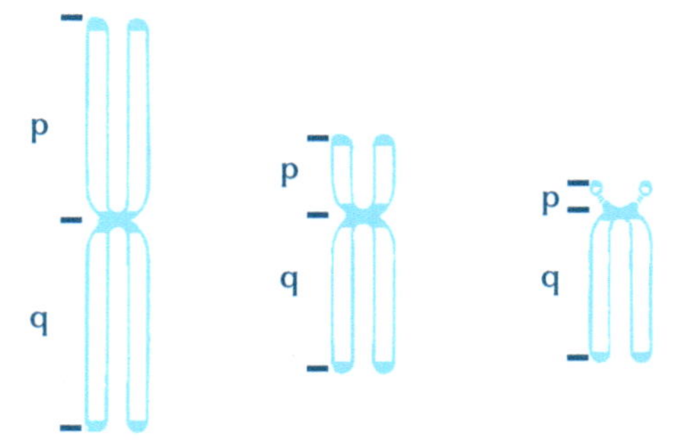

Figura 2.10
Tipos de cromosomas dependiendo de la posición del centrómero y del tamaño relativo de sus brazos

- *Metacéntricos*: son aquellos cromosomas en los que el centrómero está situado en una posición central, en ellos los brazos p y q son del mismo tamaño. Son cromosomas metacéntricos: 1, 3, 16, 19 y 20.
- *Submetacéntricos*: son los cromosomas que tienen el centrómero en una posición ligeramente fuera del centro; el brazo p es de mucha menor longitud que el brazo q. Son cromosomas submetacéntricos los cromosomas 2, 4-12, 17-18 y el X.
- *Acrocéntricos*: son cromosomas cuyo centrómero se halla casi en la parte superior del cromosoma. No tienen brazos cortos o son muy pequeños. Son cromosomas acrocéntricos los cromosomas 13, 14, 15, 21, 22 y el Y.

2.1.7. Autosomas y cromosomas sexuales

Las células somáticas humanas contienen 23 parejas de cromosomas que corresponden a 22 parejas de autosomas (1-22), cada miembro de la pareja es igual y están presentes en todos los individuos independientemente del sexo. La pareja 23 corresponde a los cromosomas sexuales o gonosomas, que son los cromosomas X e Y. En mujeres, ambos cromosomas de esa pareja son iguales, poseen dos cromosomas X iguales, mientras que en hombres son diferentes, poseen un cromosoma X y un cromosoma Y. Así, en la especie humana una mujer contiene 44 autosomas y dos cromosomas X y un hombre posee 44 autosomas, un cromosoma X y un cromosoma Y (figura 2.11).

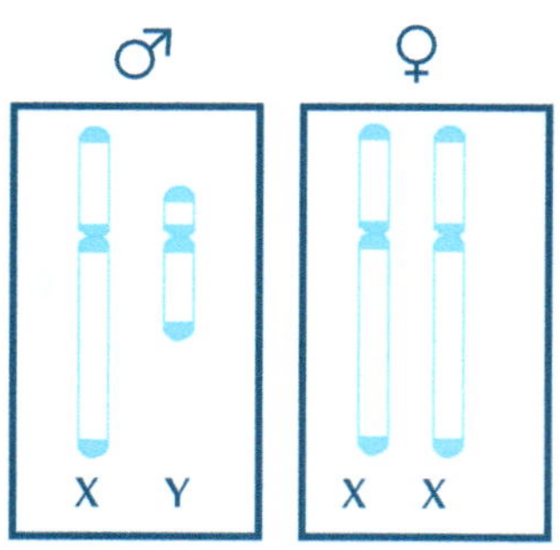

Figura 2.11
Cromosomas sexuales en el hombre y en la mujer

2.1.8. Diferencia entre los cromosomas X e Y de mamíferos

El cromosoma Y es un cromosoma acrocéntrico que tiene un tamaño mucho menor que el cromosoma X (figura 2.11). El cromosoma X es mucho más rico en genes que el cromosoma

Y. Los genes del cromosoma X son mayoritariamente genes que no están involucrados en el desarrollo sexual.

El cromosoma Y es pobre en genes. Es su brazo p contiene el gen SRY y en su brazo q se sitúan los genes responsables de la maduración de los espermatozoides, por lo que las alteraciones en esta región originan azoospermia.

El gen SRY es el principal responsable del fenotipo masculino. Su presencia es suficiente para determinar un fenotipo masculino, independientemente del número de cromosomas X presentes, como es el caso del síndrome de Klinefelter (47, XXY, 48, XXXY, 49, XXXXY) todos ellos tienen fenotipo masculino.

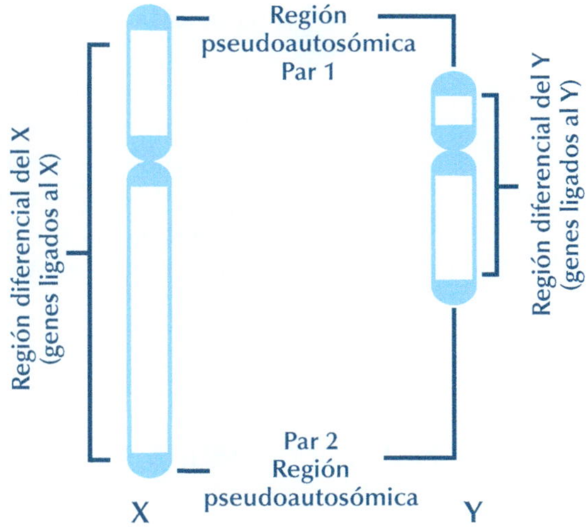

Figura 2.12
Cromosomas X e Y, regiones pseudoautosómicas y regiones específicas

Los individuos cromosómicamente masculinos (XY) pueden presentar fenotipo femenino si el gen SRY está ausente o defectuoso. Por el contrario, individuos cromosómicamente femeninos (XX) pueden presentar fenotipo masculino si poseen una copia del gen SRY situado sobre cualquier otro cromosoma.

La pérdida o ganancia de cromosomas enteros casi siempre es incompatible con la vida (el cromosoma X e Y son una excepción). Hay mujeres a las que les falta un cromosoma X (síndrome de Turner), en cambio la ausencia de cromosoma Y en hombres no es viable.

Los cromosomas X e Y presentan, no obstante, dos regiones comunes denominadas regiones pseudoautosómicas, que están localizadas en los dos telómeros de los cromosomas X e Y (figura 2.12).

Actividad propuesta 2.7

Con lo que has estudiado hasta el momento en el capítulo, resuelve las siguientes cuestiones:

a) ¿Qué son los autosomas?
b) ¿Qué son los gonosomas o cromosomas sexuales?
c) Cita el total de cromosomas de las células somáticas humanas.
d) En las células de un hombre, ¿cuántos autosomas hay?, ¿y cromosomas sexuales? Y en las células somáticas de una mujer, ¿cuáles son sus cromosomas sexuales?
e) ¿Por qué se dice que los cromosomas sexuales de los hombres no son homólogos?
f) ¿Qué tipo de gametos pueden formar un hombre y una mujer?
g) ¿Qué son las regiones pseudoautosómicas y dónde se localizan?
h) ¿Cuál es el gen que determina el fenotipo masculino?
i) ¿Dónde se encuentran los genes responsables de la maduración de los espermatozoides?
j) ¿Es correcto afirmar que la presencia del cromosoma Y determina el fenotipo masculino?
k) ¿Pueden darse hombres con dos cromosomas X y ningún cromosoma Y?

TOMA NOTA

Los cromosomas de los mamíferos tienen las siguientes funciones: ser portadores del material genético, perpetuar el material hereditario durante el desarrollo de un individuo y mezclar y mover ese material a través de las generaciones sucesivas.

2.1.9. Heterocromatina y eucromatina

En el núcleo de interfase la mayor parte de la cromatina se encuentra extendida, dispersa en el núcleo y presenta actividad transcripcional, a este tipo de cromatina se la denomina *eucromatina*. Sin embargo, cerca del 10% de la cromatina permanece muy condensada y muestra poca actividad transcripcional; a este otro tipo de cromatina se la denomina *heterocromatina*.

Los genes que se hallan en la eucromatina pueden expresarse o no, según sean el tipo de célula y sus requerimientos metabólicos, en cambio los genes localizados dentro de la heterocromatina es muy poco probable que se expresen.

La heterocromatina se divide en dos clases:

- *Heterocromatina constitutiva*. Permanece en estado compactado e inactivo en todas las células durante todas las etapas del desarrollo y en todos los tejidos, por lo tanto, representa ADN que está silenciado permanentemente. Contiene un tipo ADN satélite, formado por un gran número de secuencias cortas repetidas en tándem, con relativamente pocos genes. Estas secuencias de ADN satélite son capaces de plegarse sobre sí mismas, de esta forma contribuyen a la compactación del genoma.

  En las células de los mamíferos, este tipo de heterocromatina se encuentra principalmente junto a los telómeros y centrómeros de cada cromosoma, aunque una pequeña parte está en otras regiones tales como el brazo distal del cromosoma Y, y en las regiones subcentroméricas de los cromosomas 1, 9 y 16. Al ser rica en secuencias con ADN satélite, varía de tamaño de unas personas a otras.
- *Heterocromatina facultativa*. Es la cromatina que se inactiva durante ciertas fases de la vida de un organismo o en ciertos tipos de células diferenciadas. Pero que en otras fases, o en otras células, permanece activa. Por tanto, su estado heterocromático es reversible.

  Un ejemplo de heterocromatina facultativa es la inactivación de uno de los cromosomas X de las células somáticas de las mujeres, que permanece condensado formando un corpúsculo que se tiñe fuertemente en interfase, denominado corpúsculo de Barr. La inactivación de uno de los cromosomas X es un mecanismo de compensación de dosis génica, de tal forma que las células de hombres y mujeres tienen el mismo número de cromosomas X activos y, por lo tanto, sintetizan cantidades equivalentes de los productos codificados por los genes ligados al cromosoma X. Se trata de una inactivación al azar, en unas células se inactiva el cromosoma X que se heredó de la madre, mientras que en otras se inactiva el paterno. Las mujeres son mosaicos para el cromosoma X.

Actividades propuestas

2.8. Realiza un esquema con los tipos de cromatina. ¿Qué diferencia existe entre la heterocromatina constitutiva y la facultativa?

2.9. ¿Es correcto afirmar que la heterocromatina es la parte del genoma que no contiene genes? Justifica tu respuesta.

PARA SABER MÁS

La heterocromatinización del cromosoma X se produce en las fases tempranas del desarrollo embrionario y conduce a la inactivación permanente de la mayor parte de los genes en ese cromosoma. Su condición de heterocromatina se transmite a través de muchas divisiones celulares, de modo que el mismo cromosoma X es inactivo en todos los descendientes de esa célula particular.

En el embrión es un proceso al azar, tanto el cromosoma X paterno como el materno tienen en principio la misma posibilidad de inactivarse en cualquier célula dada. En consecuencia, en el momento de la inactivación, el X paterno puede ser inactivado en una célula del embrión, y el materno X puede ser inactivado en una célula vecina. Por tanto las mujeres son mosaicos genéticos para el cromosoma X. El mosaicismo del cromosoma X se refleja en la coloración de la piel de algunos mamíferos, como, por ejemplo, en los gatos de calicó, cuyas hembras son tricolores, mientras que los machos son bicolores.

La reactivación del cromosoma X heterocromatizado se produce en las células germinales antes de iniciarse la meiosis. En consecuencia, ambos cromosomas X son activos durante ovogénesis, y todos los gametos reciben uno de los dos cromosomas X eucromáticos.

2.2. Ciclo celular

En los organismos multicelulares todas las células derivan de una sola célula: el *cigoto* (un óvulo fecundado por un espermatozoide). El crecimiento y desarrollo de los organismos vivos depende del crecimiento y la multiplicación de sus células a fin de generar el gran número de células necesarias (billones de células individuales, 10^{14}). Por otra parte, es necesario que exista una regeneración celular continua lo largo de toda la vida de una persona. Ambos procesos, desarrollo y sustitución, requieren la creación de células nuevas idénticas a las ya existentes. Las células pasan por dos fases, una primera fase en la que se desarrolla (interfase) y una segunda fase en la que se divide para formar células nuevas (división).

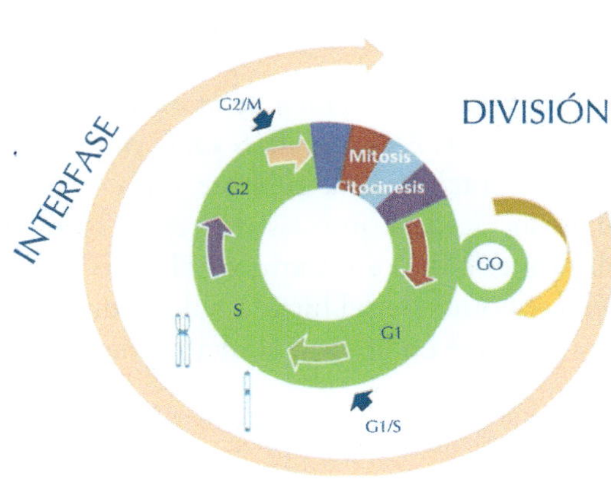

Figura 2.13
Ciclo celular

El ciclo celular es la alternancia entre estado de división e interfase (figura 2.13). En general, todas las células crecen y se desarrollan en el curso de su vida, pasando la mayor parte de ella en interfase. Al final de su ciclo se dividen para producir dos células hijas que a su vez atraviesan nuevos ciclos celulares.

RECUERDA

✓ El ciclo celular consta de dos fases principales: interfase y fase mitótica o de división.

✓ La *interfase* es el periodo entre dos divisiones celulares. En esta fase la célula crece, se desarrolla y se prepara para la división.

2.2.1. Interfase

En esta etapa la célula sintetiza ADN, ARN, a la vez que ocurren cientos de reacciones bioquímicas. Se divide a su vez en tres fases: *G1, S, G2.* El paso de una fase a la siguiente está regulado por puntos de control que aseguran que todos los componentes estén presentes y en el orden adecuado antes de que la célula pase a la siguiente etapa. Las alteraciones en los puntos de control pueden originar un crecimiento celular desregulado, como se observa en algunos cánceres.

- *G1 (gap1)* (intervalo 1). Es el intervalo entre la mitosis y el principio de la replicación del ADN. En él la célula crece y sintetiza las proteínas y ARN necesarios para la división celular. Tiene una duración de varias horas. Antes de pasar a la fase S, la célula puede permanecer en una etapa de no división denominada Go, en la que la célula mantiene su tamaño constante. En este estado la célula puede mantenerse durante un periodo prolongado (incluso indefinidamente) o bien pueden volver a entrar en la fase G1. Muchas células no entran nunca en Go, atravesando los ciclos celulares de forma continua.
- *Fase S.* Después de la fase G1 la célula entra en la fase S (de síntesis de ADN). En esta fase los cromosomas se duplican. En la fase G1 cada cromosoma consta de una cromátide, después de atravesar la fase S, cada cromosoma está compuesto por dos cromátides hermanas.
- *Fase G2* (gap2). Abarca el periodo tras la fase S hasta el inicio de la fase M. Durante esta fase se realizan algunas reparaciones del ADN y tienen lugar las reacciones bioquímicas necesarias para la división celular.

El tiempo de duración de la interfase viene determinado principalmente por la duración del intervalo G1. El intervalo S suele durar 9 horas y el intervalo G2 dura aproximadamente 4 horas. La duración de la interfase varía considerablemente de unas células a otras. En las células de división rápida, como las del tejido epitelial (presente, por ejemplo, en el revestimiento de los pulmones o de los intestinos), el ciclo celular tiene una duración aproximada de 10 horas. Otras células, como las del hígado, solo se dividen una vez al año. Hay células que pierden la capacidad de replicarse en la edad adulta (neuronas, células musculares y esqueléticas).

2.2.2. Fase de división celular o fase M

Durante la fase de división celular se produce la división del material nuclear y la división del material citoplasmático (citocinesis).

Existen dos mecanismos de división celular: la mitosis y la meiosis.

Mediante el mecanismo de mitosis se forman dos células hijas idénticas entre sí e idénticas a la célula progenitora, es el tipo de división a partir del cual se forman todas las células somáticas.

La meiosis es un mecanismo de división celular que tiene lugar en la formación de los gametos (óvulos y espermatozoides). Mediante la meiosis, las células formadas son diferentes entre sí y diferentes a la célula progenitora. Las células hijas tienen la mitad del material genético (son haploides) que la célula progenitora.

A) Mitosis

Durante la fase de mitosis, las dos copias de las cromátides hermanas de los cromosomas que se han duplicado durante la interfase se separan, formándose dos núcleos hijos con la misma dotación genética que la célula progenitora.

Para conseguir que los cromosomas duplicados se repartan entre los dos núcleos hijos, durante la mitosis ocurren dos acontecimientos claves: por una parte, la condensación de los cromosomas alcanza su grado máximo, hasta el punto que se hacen visibles al microscopio óptico, y por otra, la formación de un huso mitótico.

El huso mitótico o acromático es una matriz organizada de microtúbulos que mueven los cromosomas durante la mitosis. Se forma cada vez que la célula empieza a dividirse y desaparece al final de la mitosis.

La mitosis suele durar 1 o 2 horas. En esta etapa se producen procesos complejos y críticos para las células. De forma arbitraria se consideran 5 estadios, aunque ocurre de forma continua: profase, prometafase, metafase, anafase y telofase (figura 2.14).

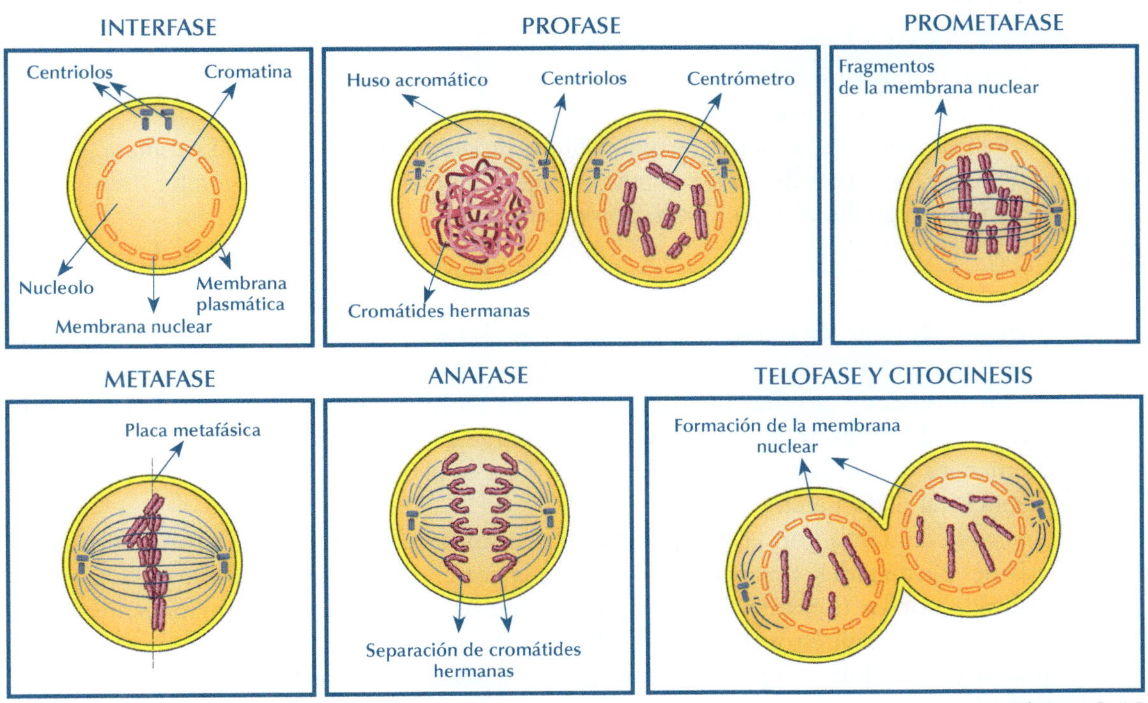

Figura 2.14
Etapas de la mitosis

- *Profase*. Durante esta etapa los cromosomas se condensan y son visibles al microscopio. Cada cromosoma contiene dos cromátides hermanas que se han duplicado durante la fase S. Las cromátides hermanas están unidas por el centrómero. La membrana nuclear desaparece y en el citoplasma empiezan a aparecer unas fibras o micrótubulos a partir de los centrosomas creándose el huso acromático.

  El centrosoma está formado por dos centriolos y el material pericentriolar que los rodea. Durante la interfase, en la fase G1 solo existe un centrosoma, este debe duplicarse. Así, durante G2 la célula posee dos centrosomas, cada uno de ellos con dos centriolos estrechamente unidos. Estos dos centrosomas se separan durante las primeras etapas de la mitosis y se disponen en los polos opuestos de la célula, facilitando así el ensamblaje de un huso mitótico bipolar. Los filamentos del huso acromático parten desde los centriolos, desde los que irradian los filamentos del huso; esta estructura se denomina huso astral.
- *Prometafase*. Durante esta etapa, el huso acromático está totalmente formado, tiene forma elíptica. En él se distinguen dos tipos de microtúbulos: los polares, que van de un polo al otro del huso, y los cinetocóricos o fibras cromosómicas, que se unen a los cinetocoros de los cromosomas. Uno de los extremos de la fibra cromosómica del huso acromático que parte de un polo se une a un cinetocoro de una de las cromátides hermanas del cromosoma, mientras que otro filamento del centriolo opuesto entra en contacto con el cinetocoro de la otra cromátide del cromosoma, por tanto cada cromosoma queda unido a ambos centrosomas. El resultado es que los cromosomas se orientan de manera que cada cromátida queda situada hacia cada uno de los polos del huso acromático. Los filamentos polares no se unen a ningún cromosoma. Los cinetocoros controlan el ensamble y desensamble de los microtúbulos fijados los centrómeros.

◎ FUNDAMENTAL

En la división mitótica, a partir de una célula madre se forman dos células hijas idénticas entre sí e idénticas a la célula progenitora.

Así, por división mitótica a partir de una célula progenitora con 2n cromosomas se forman 2 células hijas con 2n cromosomas, y a partir de una célula progenitora n cromosomas se forman 2 células hijas con n cromosomas.

- *Metafase*. Durante esta etapa los cromosomas alcanzan el máximo grado de condensación, siendo más fáciles de visualizar al microscopio, por esta razón el diagnóstico clínico de los trastornos cromosómicos se realiza en cromosomas en metafase. Durante esta etapa las fibras empiezan a contraerse y arrastrar a los centrómeros de los cromosomas de manera que los cromosomas se ordenan en el plano ecuatorial de la metafase, formándose la placa metafásica.
- *Anafase*. Comienza con la división de los centrómeros y la separación física de las cromátides hermanas. Esta separación ocurre a la vez en todos los cromosomas. La tracción realizada por las fibras del huso origina el desplazamiento de las cromátides hermanas hacia los polos opuestos del huso. Cada cromátida es un cromosoma hijo o cromosoma anafásico. La célula contiene 92 cromosomas separados en dos grupos de 46 situados en los polos opuestos de la célula. La anafase termina cuando los cromosomas se agrupan en los dos polos de la célula y los cinetocoros desaparecen.

- *Telofase.* En esta fase los cromosomas se relajan y desenrollan dejando de ser visibles al microscopio. Las fibras de microtúbulos desaparecen. La membrana nuclear se recompone alrededor de cada juego de cromosomas y aparecen dos núcleos separados dentro de la célula. En muchas células la división del citoplasma (citocinesis) ocurre a la vez que la telofase.
- *Citocinesis.* Consiste en la división del citoplasma, y en el reparto entre las dos células hijas de los componentes citoplasmáticos que se habían duplicado durante la interfase. En las células animales, en la región ecuatorial aparece un surco en la membrana plasmática, recubierto internamente por microfilamentos, creando un anillo contráctil que se estrecha de forma gradual hasta que el citoplasma se parte y se separan las dos células hijas.

Como consecuencia del ciclo celular se forman a partir de una única célula progenitora dos células hijas que contienen la misma dotación genética que la célula progenitora. Durante la mitosis, cada cromosoma del juego diploide se comporta de manera independiente, es decir, no se relacionan los cromosomas homólogos maternos y paternos.

Recursos web

WWW

En el vídeo sobre la mitosis que puedes visionar a partir del primer QR se describe el proceso de división celular de mitosis. Y en el vídeo accesible mediante el segundo QR podrás descubrir cómo funciona el proceso de división celular de la meiosis.

1.

2.

Actividad propuesta 2.10

Responde a las siguientes cuestiones:

a) ¿Qué es el ciclo biológico? Haz una representación mostrando sus fases.
b) ¿En qué fase se produce la duplicación del ADN?
c) ¿Qué es la división mitótica? ¿Cuál es su importancia biológica? ¿De qué fases consta?
d) ¿Qué es el huso mitótico? ¿A partir de qué estructuras se forman? ¿Qué función tiene?

B) Meiosis

La meiosis es un tipo especial de división celular a través del cual se forman gametos haploides a partir de células precursoras diploides. Es el tipo de división celular que origina los gametos: espermatozoides y óvulos.

1 célula madre (2n) ⟶ 4 células hijas (n)

Durante la meiosis se producen dos divisiones celulares, pero antes de la segunda división no hay duplicación del ADN, por lo que el número de cromosomas se reduce a la mitad.

En el proceso de meiosis se distinguen las siguientes etapas:

- Interfase premeiotica: es semejante al proceso ya estudiado para la mitosis, incluye las fases *G1, S y G2*. Durante la misma se duplica el ADN.
- Meiosis I: es un proceso largo y complicado que difiere de la mitosis.
- Interfase de la meiosis: es una etapa corta y sin duplicación del ADN.
- Meiosis II: se trata de un proceso prácticamente similar a la mitosis.

C) *Meiosis I*

La meiosis I es una división reduccional, ya que en ella se obtienen dos células hijas con la mitad de cromosomas que la célula madre. Consta de 4 etapas que tienen los mismos nombres que la mitosis (profase, metafase, anafase y telofase), aunque los procesos implicados en alguna de ellas son bastantes distintos (figura 2.15).

TOMA NOTA

> La meiosis es un tipo de división celular que conduce a la formación de los gametos. A partir de células diploides se forman células haploides diferentes entre sí. Durante la profase de la meiosis I se produce un emparejamiento de los cromosomas homólogos y un intercambio de material genético.

- *La profase de la meiosis I* es una etapa larga. Durante la misma ocurre un hecho de gran importancia, los cromosomas homólogos se aparean e intercambian material genético.

  Para facilitar su estudio se consideran los siguientes estadios: leptoteno, cigoteno, paquiteno, diploteno y diacinesis:

  - *Leptoteno*: los cromosomas se contraen y se hacen visibles.
  - *Cigoteno*: los cromosomas homólogos se empiezan a emparejar lado con lado, este proceso se denomina sinapsis. Este apareamiento es muy específico, juntándose los cromosomas gen a gen. La unión puede empezar por cualquier punto del cromosoma y se extiende a lo largo de los mismos. Los dos cromosomas se mantienen unidos gracias a una estructura proteica denominada complejo sinaptotémico. Cada par de cromosomas homólogos unidos mediante la sinapsis forma una tétrada o bivalente, formado por cuatro cromátides y dos centrómeros. Los cromosomas X e Y, al no ser homólogos, solo se emparejan en sus extremos, ya que estos contienen regiones homólogas denominadas regiones pseudoautosómicas (par I y par II).
  - *Paquiteno*: durante este periodo ocurren unos acontecimientos claves de la meiosis: tiene lugar un entrecruzamiento (*crossing-over*, en inglés) y la recombinación gené-

tica; en este proceso los cromosomas homólogos intercambian el material genético. Los puntos de entrecruzamiento se denominan quiasmas. Se originan cromosomas paternos que contienen parte de genes del cromosoma materno y viceversa. El número de entrecruzamientos es variable, en la especie humana es de 2 a 3 por bivalente (figura 2.15).

- *Diploteno*: se separan los centrómeros de los cromosomas de los bivalentes, proceso conocido como desinapsis, pero la separación no es completa, los dos cromosomas homólogos quedan unidos por los quiasmas originados por los entrecruzamientos.
- *Diacinesis* continua la condensación cromosómica, los cromosomas quedan unidos solo por las puntas. Cerca del final de la profase I se rompe la membrana nuclear y se forma el huso.

- *Metafase I*: los cromosomas bivalentes se alinean en el plano ecuatorial formando la placa metafásica. Cada microtúbulo de un polo se une al centrómero de un cromosoma homólogo, mientras que el microtúbulo del polo opuesto se une al centrómero del otro cromosoma homólogo. Los cromosomas quedan situados en el plano ecuatorial de la célula formando la placa metafásica.
- *Anafase I*: se separan los cromosomas homólogos y son atraídos hacia polos opuestos. Aunque los cromosomas homólogos se separan, las cromátides hermanas permanecen y se desplazan juntas.
- *Telofase I*: los cromosomas llegan a los polos opuestos y el citoplasma se divide (citocinesis I).

  Al final de la meiosis I se han originado dos células hijas, con la mitad de los cromosomas que en la célula madre, aunque el ADN de estos cromosomas está duplicado, es decir, cada cromosoma está formado por dos cromátidas, aunque ya no son cromátidas idénticas debido a que han intercambiado material genético.
- *Intercinesis*: es el periodo comprendido entre la meiosis I y la meiosis II; en ella se forma de nuevo la membrana nuclear rodeando los cromosomas agrupados en cada polo, los cromosomas se relajan, los filamentos del huso desaparecen.

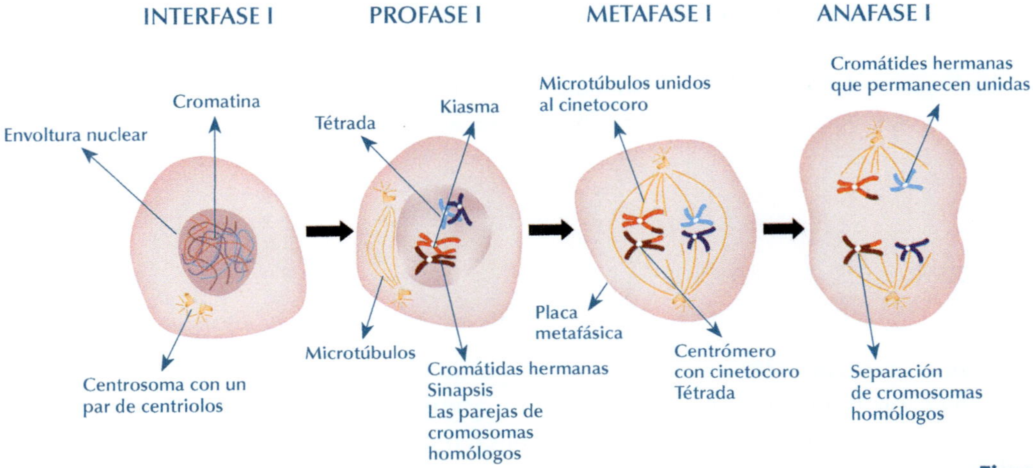

Figura 2.15
Esquema de la meiosis I

D) Segunda división meiótica o meiosis II

Tiene lugar después de una corta interfase en la que no se produce duplicación del ADN. La primera etapa es la profase II, en ella los cromosomas se empiezan a condensar y la membrana nuclear comienza a desaparecer. La metafase II es similar a la de la mitosis (figura 2.16).

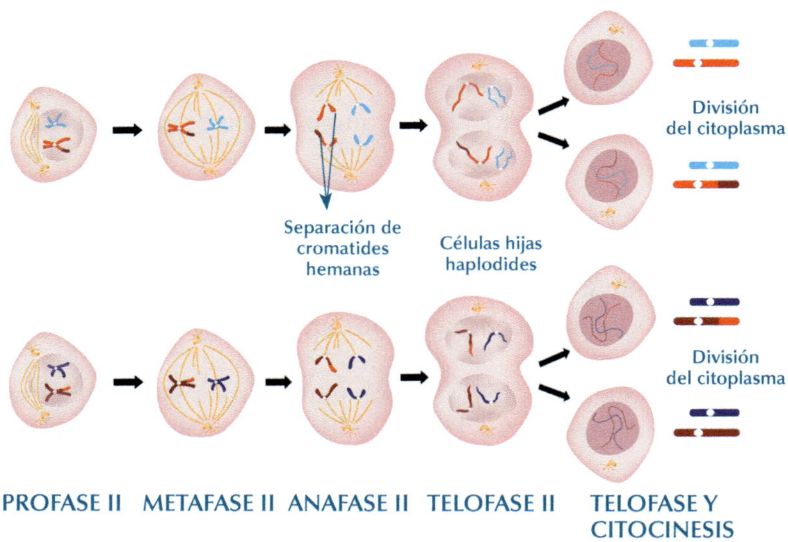

Figura 2.16
Esquema de la meiosis II

En la anafase II, los cinetocoros de las cromátides hermanas se separan y las cromátides son atraídas hacia los polos opuestos.

En la telofase II, las cromátides alcanzan los polos opuestos del huso y comienza a formarse la membrana nuclear y los cromosomas empiezan a relajarse. Por último el citoplasma se divide (citocinesis II).

Actividad propuesta 2.11

Responde las siguientes preguntas:

a) ¿En qué consiste la división meiótica? ¿Cuál es su importancia biológica?
b) ¿Qué acontecimientos claves ocurren en la profase I de la meiosis?

E) Consecuencias de la meiosis

La meiosis comprende dos divisiones, por lo que se crean 4 células. El número de cromosomas se reduce a la mitad, de modo que las células originadas son haploides. Las células que se producen durante la meiosis son genéticamente diferentes entre sí y a su progenitora.

Las diferencias entre las células generadas por meiosis se deben, por una parte, al entrecruzamiento entre los cromosomas homólogos que mezcla los alelos en el mismo cromosoma y da lugar a nuevas combinaciones. Por otra, es producto de la distribución aleatoria de los cromosomas durante la anafase I. La distribución aleatoria de los cromosomas materno y paterno mezcla los alelos de diferentes cromosomas para dar origen a nuevas combinaciones. Estos procesos pueden producir una inmensa variación genética entre las células formadas en la meiosis y son los responsables de que los hermanos presenten fenotipos diferentes.

F) Espermatogénesis y ovogénesis

Se designa como gametogénesis al proceso que conduce a la formación de los gametos. En el caso de gametos masculinos (espermatozoides) se denomina espermatogénesis, mientras que la formación de gametos femeninos (óvulos) se denomina ovogénesis. Estos procesos tienen lugar en las gónadas (testículos y ovarios). Allí las células germinales primordiales diploides, oogonias en mujeres y espermatogonias en varones, sufren procesos de mitosis, crecimiento y diferenciación, formándose oocitos primarios y espermatocitos primarios, que siguen siendo células diploides. Estas células pueden entrar en la meiosis I. Una vez completada la meiosis I son haploides y se denominan espermatocitos u oocitos secundarios. Después de la meiosis II se forman espermátides y óvulos (figura 2.17).

Una de las diferencias entre la meiosis masculina y la femenina es que partir de cada espermatogonia se forman 4 espermátides que tras un proceso de maduración se convierten en 4 espermatozoides. Mientras que en la ovogénesis solo se forma un óvulo a partir de una ovogonia. Esto es debido a que durante la ovogénesis, en la citocinesis de la meiosis I, tiene lugar una distribución desigual de los componentes del citoplasma, de tal forma que la mayor parte del citoplasma es cedido a uno de los oocitos secundarios. La célula con menor contenido citoplasmático se denomina primer corpúsculo polar, que puede a su vez dividirse dando lugar a dos corpúsculos polares. Durante la segunda citocinesis a la hora de formar los óvulos de nuevo se produce una distribución citoplasmática desigual, originándose un óvulo y un segundo corpúsculo polar. Solo el óvulo puede ser fecundado, mientras que los corpúsculos polares generalmente se desintegran. Por tanto, el resultado de la meiosis de una ovogonia es la formación de un solo óvulo.

FUNDAMENTAL

Tanto la espermatogénesis como la ovogénesis se producen por meiosis celular, pero presentan diferencias en el momento en el que se inicia, la duración de la meiosis y en el número de gametos que se forman a partir de una célula que entra en meiosis.

Otra diferencia entre la ovogénesis y la espermatogénesis es que la formación de espermatozoides ocurre de forma continuada durante toda la vida adulta en un hombre, mientras que la formación de gametos femeninos es un proceso discontinuo. En el hombre la espermatogénesis se inicia en la pubertad y tiene lugar a lo largo de toda su vida; el proceso de formación de un espermatozoide dura aproximadamente 70 días. La ovogénesis comienza antes del nacimiento, durante su desarrollo prenatal, las ovogonias se dividen por mitosis para formar los ovocitos primarios antes del tercer mes del desarrollo fetal. Durante la gestación se forman más de 6 millones de ovocitos primarios, en el momento del nacimiento se encuentran parados en la profase I de la meiosis.

Antes de la ovulación, los niveles hormonales hacen que se complete la meiosis I y se forme un ovocito secundario que es ovulado. En humanos, la segunda división meiótica no se inicia hasta que ese ovocito secundario es fecundado. Solo cuando el espermatozoide entra en contacto con el ovocito secundario se inicia la meiosis II, en la que se genera el óvulo y el segundo corpúsculo polar es expulsado. El óvulo recién creado fusiona su núcleo con el del espermatozoide formando el cigoto.

La mayor parte de los trastornos cromosómicos se producen durante la meiosis. Errores en la distribución de los cromosomas originan gametos con cromosomas de más o de menos.

Los errores también pueden ocurrir en las primeras divisiones mitóticas; si ocurre en un número suficiente de células puede producir una enfermedad clínicamente significativa. En algunas circunstancias los errores mitóticos están relacionados con el cáncer.

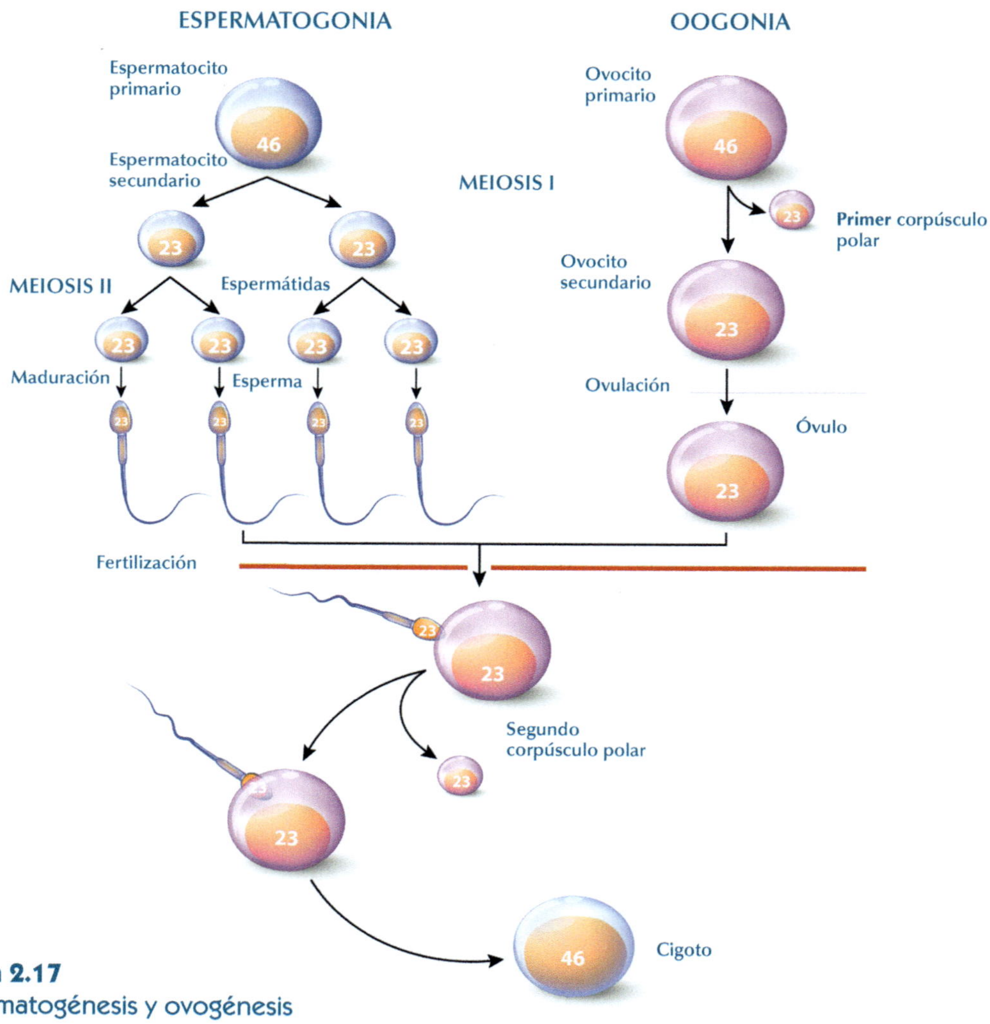

Figura 2.17
Espermatogénesis y ovogénesis

Actividad propuesta 2.12

Elabora un cuadro en el que aparezcan las semejanzas y diferencias entre la mitosis y la meiosis y otro con las semejanzas y diferencias entre la ovogénesis y la gametogénesis.

2.3. Nomenclatura básica en genética

Algunos términos importantes en genética son los siguientes:

- *Genoma*: conjunto de la información genética codificada en una o varias moléculas de ADN (ácido desoxirribonucleico), donde están almacenadas las claves para la diferenciación de las células que forman los diferentes tejidos y órganos de un individuo.
- *Locus*: es un lugar específico del genoma donde se encuentran determinadas características, no tienen por qué ser genes. Ejemplos de *locus* son D1S80 y HUDH01.
- *Loci de un genoma*: conjunto de *locus*.
- *Alelo*: formas alternativas de un mismo gen.
- *Homocigoto*: cuando los dos alelos de ambos cromosomas coinciden.
- *Heterocigoto*: cuando los dos alelos de ambos cromosomas son diferentes.
- *Hemicigoto*: cuando solo está presente uno de los alelos de un gen.
- *Alelo recesivo*: se manifiesta en el fenotipo de un individuo solo si este es homocigótico para dicho alelo.
- *Alelo dominante*: se manifestará en el fenotipo de los individuos homocigóticos y heterocigóticos.
- *Haplotipo*: bloque del genoma que tiende a heredarse intacto de una generación a otra.
- *Herencia epigenética*: transformaciones hereditarias que no implican cambios en el ADN.
- *Genotipo*: genoma completo de una persona.
- *Fenotipo*: características que expresa.
- *Mutación germinal*: mutación originada en los gametos; es heredable.
- *Mutación somática*: mutación en células somáticas; no se hereda.

Resumen

- Cada cromosoma está formado por una hebra de ADN unido a proteínas. Es una estructura dinámica que presenta diferentes grados de compactación.
- Cada especie tiene un número específico de cromosomas. El genoma nuclear humano se encuentra distribuido en 23 parejas de cromosomas, del cromosoma 1 al 22 se denominan autosomas, los cromosomas X e Y son los cromosoma sexuales. Los cromosomas sexuales en la mujer son homólogos, incluyen dos cromosomas X, en cambio en el hombre incluyen un cromosoma X y un cromosoma Y. Estos cromosomas sexuales difieren en tamaño y en contenido de genes, no obstante, presentan dos regiones situadas en los extremos de ambos cromosomas que comparten unas secuencias comunes (regiones pseudoautosómicas). En el cromosoma Y se encuentra el gen SRY, que es responsable del fenotipo masculino. En las mujeres, uno de sus cromosomas X se inactiva al azar en cada célula, se trata de un mecanismo de compensación de la dosis génica.
- La cromatina es el conjunto de cromosomas del núcleo. Se denomina eucromatina a la parte de la cromatina que expresa la información genética y heterocromatina a la que no lo hace. La heterocromatina puede ser constitutiva si no contiene genes, o bien facultativa cuando en determinadas situaciones se inactiva.
- Las células diploides (2n) poseen dos series de cromosomas homólogos, todas las células somáticas son diploides. Las *células haploides* (n) solo poseen una serie de cromosomas, los gametos (óvulos y espermatozoides) son células haploides.

- Los cromosomas humanos tienen una morfología particular. Presentan unos componentes básicos que cumplen funciones importantes (centrómero, telómeros, brazos p y q, satélites). Los cromosomas ocupan territorios específicos dentro del núcleo.
- Las células eucariotas describen un ciclo celular que consta de una interfase y un periodo de división.
- La interfase abarca las fases G1, S y G2; en la fase S se produce la duplicación del ADN. El periodo de división incluye la mitosis y la citocinesis.
- La mitosis es un tipo de división celular que permite obtener, a partir de una célula progenitora, dos células hijas idénticas entre sí e idénticas a la progenitora y consta de 5 etapas: profase, prometafase, metafase y anafase. La meiosis es un tipo especial de división celular de la que resultan, a partir de una célula progenitora diploide, cuatro células haploides diferentes entre sí, es el tipo de división mediante el cual se forman los gametos.

Ejercicios propuestos

1. ¿Qué diferencia existe entre cromosoma, cromatina y cromátida?
2. ¿Todas las células somáticas de una persona tendrán los mismos cromosomas?
3. Haz un esquema de los cambios que sufre la hebra de ADN a lo largo del ciclo celular.
4. Cuando una célula sufre una mitosis, ¿cuántas células se forman? ¿Y si sufre una meiosis?
5. Si una célula tiene 24 cromosomas y sufre una meiosis, ¿cuántas células se forman?, ¿cuántos cromosomas presentan las células formadas?
6. ¿Por qué es necesario que durante la gametogénesis se produzca una meiosis?
7. ¿Qué ocurriría si hay un fallo en la meiosis I?
8. ¿Por qué la edad avanzada es un factor de riesgo para tener hijos con alteraciones en los cromosomas?
9. Explica por qué a partir de un ovocito primario, por meiosis solo se forma un óvulo.
10. Razona por qué los hermanos son diferentes a pesar de haber heredado cromosomas de ambos padres.
11. ¿Cuál es la diferencia en estructura y función entre la eucromatina y la heterocromatina?
12. ¿Qué cromosoma tiene más genes, el cromosoma X o el cromosoma Y? ¿Qué gen del cromosoma Y determina el fenotipo masculino?
13. ¿Qué tipo de proteínas entran a formar parte de los cromosomas? Cita 3 ejemplos.
14. Describe la función de los cromosomas.
15. ¿Qué relación existe entre las histonas y el ADN?
16. Indica en qué fase del ciclo celular se produce la duplicación del material genético.

Supuesto práctico

➲ Tras el accidente en la central nuclear de Vandellós, dos parejas acuden a consulta de reproducción. En la primera pareja, el varón era trabajador de la central nuclear. En la segunda pareja, la mujer era la que trabajaba en la central nuclear. Ambas parejas quieren saber el riesgo para su descendencia. El médico genetista le indica a la primera pareja que esperen un tiempo de seguridad de medio año para tener hijos, mientras que a la segunda pareja le aconseja que tendrá que realizar un diagnóstico prenatal en caso de embarazo a lo largo de toda su vida fértil o recurrir a donantes de óvulos.

- Indica qué riesgo tienen estas parejas de cara a su descendencia.
- Justifica la diferencia en el consejo genético recibido en ambas parejas.

TEST DE AUTOEVALUACIÓN

1. El número de cromosomas en las células somáticas humanas es de:

☐ *a)* 23.
☐ *b)* 44.
☐ *c)* 46.
☐ *d)* 22.

2. Los cromosomas están formados:

☐ *a)* Por una doble cadena de ADN unido a proteínas.
☐ *b)* Por una cadena de ARN.
☐ *c)* Por una doble hélice de ARN unido a proteínas.
☐ *d)* Por una doble hélice de ADN.

3. El primer nivel de compactación del ADN es:

☐ *a)* Nucleosoma.
☐ *b)* Cromosoma.
☐ *c)* Las asas cromosómicas.
☐ *d)* El solenoide.

4. En relación con los cromosomas humanos, es correcto que:

☐ *a)* Los acrocéntricos tienen los dos brazos iguales.
☐ *b)* Los metacéntricos no tienen brazos cortos.
☐ *c)* El cromosoma Y es metacéntrico.
☐ *d)* Los submetacéntricos tienen un brazo corto y un brazo largo.

5. Los telómeros de los cromosomas tienen como función:

- ☐ *a)* Proteger los extremos de los cromosomas.
- ☐ *b)* Iniciar la replicación del ADN.
- ☐ *c)* Unirse a los hilos del huso acromático.
- ☐ *d)* Todas las opciones son correctas.

6. La expresión de los genes está influenciada:

- ☐ *a)* Por la condensación del ADN.
- ☐ *b)* Por la modificación química de las histonas.
- ☐ *c)* Las regiones activas están más descondensadas.
- ☐ *d)* Todas las opciones son correctas.

7. En relación con los autosomas en humanos, es correcto que:

- ☐ *a)* Corresponden a los cromosomas X e Y.
- ☐ *b)* Hay 23 parejas.
- ☐ *c)* Hay 22 parejas.
- ☐ *d)* Ninguna de las opciones anteriores es correcta.

8. En relación con la heterocromatina, es correcto que:

- ☐ *a)* Nunca expresa la información genética.
- ☐ *b)* No contiene genes.
- ☐ *c)* Se encuentra descondensada.
- ☐ *d)* Ninguna de las opciones anteriores es correcta.

9. Durante la mitosis:

- ☐ *a)* Se forman 2 células iguales.
- ☐ *b)* Consta de una duplicación y dos divisiones.
- ☐ *c)* La primera etapa es la metafase.
- ☐ *d)* Ninguna de las opciones anteriores es correcta.

10. Durante la meiosis:

- ☐ *a)* Se produce un intercambio de material genético.
- ☐ *b)* Se forman 4 células iguales.
- ☐ *c)* Es el tipo de división para obtener células somáticas.
- ☐ *d)* Es similar en el hombre y en la mujer.

SOLUCIONES:

1. a b **c** d
2. **a** b c d
3. **a** b c d
4. a b c **d**
5. **a** b c d
6. a b c **d**
7. a b **c** d
8. a b c **d**
9. **a** b c d
10. **a** b c d

Parte II

Técnicas citogenéticas

3

Organización del laboratorio de citogenética

Objetivos

- ✓ Conocer la estructura de un laboratorio de citogenética.
- ✓ Identificar las áreas de trabajo, los equipos y materiales básicos de cada una de ellas.
- ✓ Dominar las técnicas realizadas en cada área.
- ✓ Saber manipular el material y los reactivos en condiciones de esterilidad.
- ✓ Aprender las normas de bioseguridad y los protocolos de eliminación de los residuos generados.

Mapa conceptual

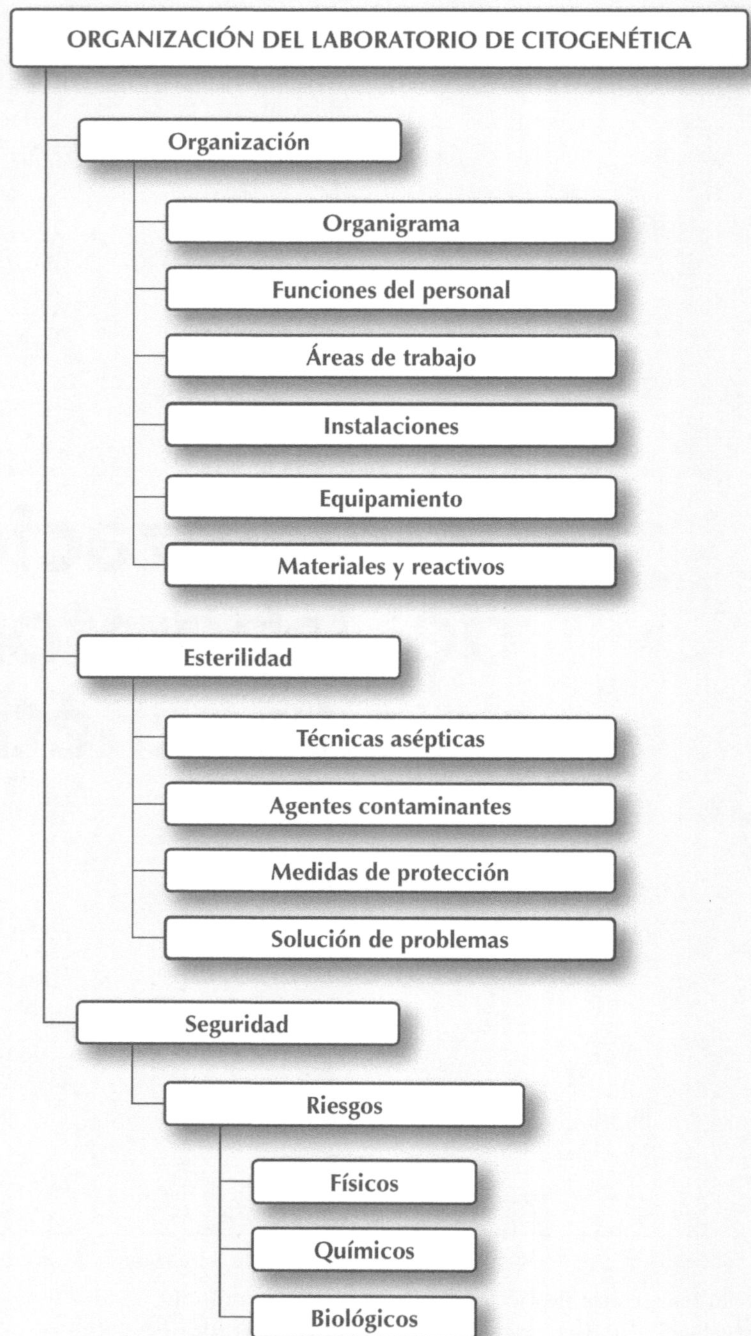

Glosario

Organigrama. Forma en la que se estructura el personal de una unidad de trabajo, en orden creciente de responsabilidad.

PNT. Procedimientos Normalizados de Trabajo, incluye todos los protocolos de trabajo y mantenimiento de los equipos que han sido revisados y validados por el director del laboratorio y por los responsables de área.

3.1. Introducción

El objetivo final de los laboratorios de citogenética es el estudio de los cromosomas de la muestra recibida del paciente, con el fin de detectar o descartar la presencia de anomalías cromosómicas que justifiquen el fenotipo clínico del paciente. Todo el procesamiento de la muestra desde su llegada al laboratorio hasta la emisión del informe por parte del facultativo debe realizarse siguiendo unas normas de calidad y seguridad. La Asociación Europea de Citogenetistas, en su *newsletter* n.° 29, de enero de 2012, publicó unas directrices generales para garantizar la calidad de los laboratorios de citogenética. Dichas directrices establecen la necesidad de una organización del trabajo (organigrama), un personal técnico y facultativo con la formación y experiencia adecuada; y por último, unas instalaciones y equipamiento apropiados para conseguir la máxima eficacia en las pruebas realizadas. Por otra parte, dado que la citogenética clínica está en continua renovación, es necesario que todo el personal implicado realice una formación profesional continuada.

En este capítulo se describe cómo se organiza y estructura un laboratorio de citogenética. Se muestran las áreas de trabajo junto con los equipos y las técnicas realizadas en cada una de ellas. También se describen las características del material necesario y las normas de utilización en condiciones de esterilidad y bioseguridad.

FUNDAMENTAL

El objetivo de un laboratorio de citogenética es realizar el análisis cromosómico de las muestras que llegan con el fin de ayudar al diagnóstico clínico.

3.2. Organigrama

Hay diferentes legislaciones y estructuras en la organización de laboratorios citogenéticos en Europa. En España existen laboratorios de citogenética públicos y también privados. La mayoría de los laboratorios públicos están incluidos en hospitales de referencia, otros dependen de universidades y fundaciones públicas. En el sector privado, numerosos laboratorios realizan análisis citogenéticos de forma específica o bien dentro de una cartera de servicios más generales.

A pesar de la variedad de centros, todos ellos poseen un organigrama del personal con niveles crecientes de responsabilidad (figura 3.1). La composición del organigrama dependerá del carácter público o privado y si está incluido o no en un laboratorio general. En todos los casos, la máxima responsabilidad corresponde al director o supervisor del laboratorio.

El personal del laboratorio incluye:

- *El director o supervisor del laboratorio.* Es el responsable del día a día y del control del laboratorio. Coordina las distintas secciones del laboratorio. Proporciona atención directa a los médicos solicitantes de las pruebas (en los centros públicos) o de los clientes (en los centros privados). Se encarga de supervisar las técnicas utilizadas y la posibilidad de implementación y validación de nuevas técnicas.

  Por debajo del director o supervisor del laboratorio se encuentran los coordinadores de cada sección (citogenética, biología molecular).
- *El responsable de la sección de citogenética.* Debe ser un científico/médico de alto nivel, con la adecuada cualificación y experiencia en las operaciones de laboratorio y en citogenética clínica. Su función es la de supervisar directamente todo el trabajo de diagnóstico. Controla las técnicas y el personal asociado. Soluciona los posibles problemas que puedan surgir. Controla todas las etapas del proceso de análisis, desde la recepción de las muestras hasta la emisión del informe e interpretación de los resultados. Dependiendo de la carga de trabajo podrá disponer de 1 o más facultativos y personal técnico.
- *El personal facultativo* controlará la calidad de las muestras. Realizará el estudio, análisis e interpretación de los resultados obtenidos y emitirá el correspondiente informe. El personal facultativo debe disponer de la suficiente formación y experiencia.
- *El personal técnico.* Se encarga de la recepción, el procesamiento de las muestras recibidas en el laboratorio. Está encargado también de gestionar el *stock* de los reactivos, esterilización de la zona estéril. Los miembros del personal deben tener la formación y experiencia adecuada para el tipo de técnicas que se están realizando.
- *El personal de prácticas.* Todo el personal en prácticas debe seguir un programa de formación con un supervisor designado.
- *Personal auxiliar.* Incluye el personal de limpieza del laboratorio.
- *El personal administrativo*, además de las tareas administrativas, también puede encargarse de: preparar informes citogenéticos, el almacenamiento y la recuperación de los registros citogenéticos y responder a consultas generales al departamento.

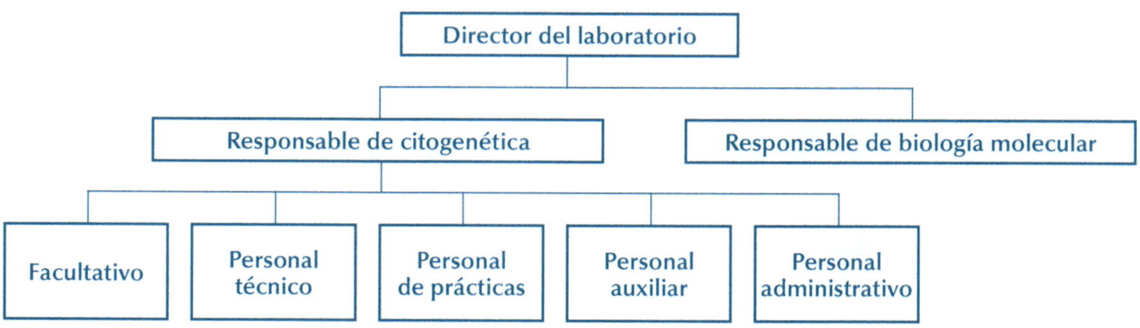

Figura 3.1
Organigrama de un laboratorio de genética

Actividad propuesta 3.1

Indica el personal que incluye un laboratorio de citogenética. Explica en qué consisten las funciones de cada uno de ellos.

3.3. Personal

El personal que trabaje en los laboratorios de citogenética debe tener la formación y experiencia adecuada para la realización de las técnicas previstas en las diferentes áreas de trabajo.

Tanto el *director o supervisor* del laboratorio como los *responsables de sección y facultativos* deben poseer una amplia formación en citogenética clínica, tanto en sus aspectos técnicos como diagnósticos. Deben realizar una formación continuada con el fin de actualizar sus conocimientos e incorporar nuevas técnicas que permitan un diagnóstico más preciso.

El personal técnico debe tener la formación de técnico superior en análisis clínico, y un entrenamiento en las técnicas de citogenética. Es importante que tengan cualidades como el orden, responsabilidad, capacidad de trabajo en equipo e iniciativa personal. Deben realizar una formación continuada.

Todo el personal del laboratorio debe conocer los PNT (procedimientos normalizados de trabajo) y las normas de esterilidad y bioseguridad.

El número de personas que conforman el laboratorio de citogenética depende de la carga de trabajo diagnóstico del laboratorio, del grado de automatización y complejidad de los análisis realizados.

El número de personas debe ser suficiente para garantizar que no ocurran demoras innecesarias en el procesamiento de las muestras y que se proporciona la cobertura apropiada durante ausencias por bajas o vacaciones. Las cargas de trabajo que el laboratorio adopte deben garantizar la aplicación de la norma ISO. Debe asignarse el tiempo suficiente para el desarrollo del trabajo y para la formación profesional continua del personal.

3.4. Personal técnico

En este apartado se describen las funciones y la formación del personal técnico de un laboratorio de citogenética.

3.4.1. Funciones del personal técnico

Las funciones de cada uno de los integrantes del laboratorio de citogenética deben estar perfectamente establecidas y definidas, de esta forma el trabajo se realizará con eficacia y calidad. El personal técnico tiene asignadas las tareas que abarcan desde la recepción de la muestra hasta el momento en el que está lista para su análisis. El estudio cromosómico, la interpretación y elaboración del informe corresponde al personal facultativo.

Las funciones del personal técnico corresponden a las tareas que se van realizar en cada zona de trabajo y son las siguientes:

- Recepción, registro e identificación de las muestras, comprobando que cada muestra corresponde a la petición adjunta.
- Conservación y preparación de las muestras para ser procesadas.
- Siembra, seguimiento y mantenimiento de los cultivos según el tipo de muestra.
- Procesado de los cultivos y obtención de las extensiones con las metafases.
- Bandeo y tinción de las extensiones.
- Preparación de los reactivos.
- Almacenamiento, conservación y control de las muestras procesadas.
- Calibración, limpieza y mantenimiento de los equipos.
- Control del *stock* de los reactivos necesarios.
- En los laboratorios en los que poseen equipos automáticos de captura de metafases, el personal técnico se ocupará de la carga de extensiones y programación de estos equipos.
- El personal técnico entrenado puede realizar en la parte de estudio que corresponde el cariotipado de las muestras, siempre bajo la supervisión de un facultativo.

FUNDAMENTAL

El personal técnico es el encargado de todos los procesos realizados con las muestras desde su llegada al laboratorio hasta que están listas para su estudio.

Actividad propuesta 3.2

Indica las funciones del personal técnico. ¿Cuál consideras que es la más importante? ¿Por qué?

3.4.2. Formación del personal técnico

El personal técnico de un laboratorio de citogenética debe poseer la titulación de técnico de laboratorio clínico. La formación teórica la realiza en el centro formativo; la formación práctica la recibe durante un periodo de prácticas tuteladas en centros de trabajo.

Para realizar la formación en técnicas citogenéticas será necesario un periodo de formación en un laboratorio de citogenética de 3 a 6 meses. De igual forma, deben realizar una formación continuada para mantenerse al día en las nuevas técnicas.

3.5. Procedimientos de laboratorio

Todos los procedimientos normalizados de trabajo (PNT) y protocolos deben ser autorizados y validados por el director del laboratorio y por los responsables de su sección. Estos PNT deben ser conocidos y seguidos por todo el personal del área correspondiente. Deben ser actualizados anualmente.

Es recomendable que el laboratorio de citogenética participe en controles de calidad internos y externos con el fin de garantizar que se siguen protocolos de trabajo adecuados y eficaces.

Las muestras que se analizarán pueden extraerse en el mismo centro o en otros centros. Se pondrá a disposición de los centros remitentes las condiciones de extracción, conservación y envío de las muestras para cada tipo de estudio. A su vez, el laboratorio debe tener políticas para remitir las muestras a otros laboratorios en aquellos casos que requieran técnicas más especializadas de las que no se dispone localmente, por ejemplo, análisis de rotura de cromosomas, *microarray*, secuenciación, etc.

Actividad propuesta 3.3

Explica qué es un PNT y las consideraciones que hay que tener en cuenta. ¿Cada cuánto tiempo hay que actualizar los PNT?

3.6. Instalaciones

El lugar de trabajo debe ser adecuado para el trabajo de laboratorio, y debe tener la seguridad adecuada para evitar el acceso al laboratorio de personal no autorizado. Debe garantizar los mínimos accidentes de trabajo para empleados y visitantes y ha de ajustarse a las normas de salud y seguridad, así como a las normas ISO 15189.

Las instalaciones contarán con un área técnica y un área de estudio en las que se realizaran diferentes procesos dentro del análisis citogenético (figura 3.2).

Las tareas de cada área se realizan en unas zonas específicas que requieren un equipamiento y unas instalaciones adecuadas a las técnicas que se van a realizar en cada una de ellas.

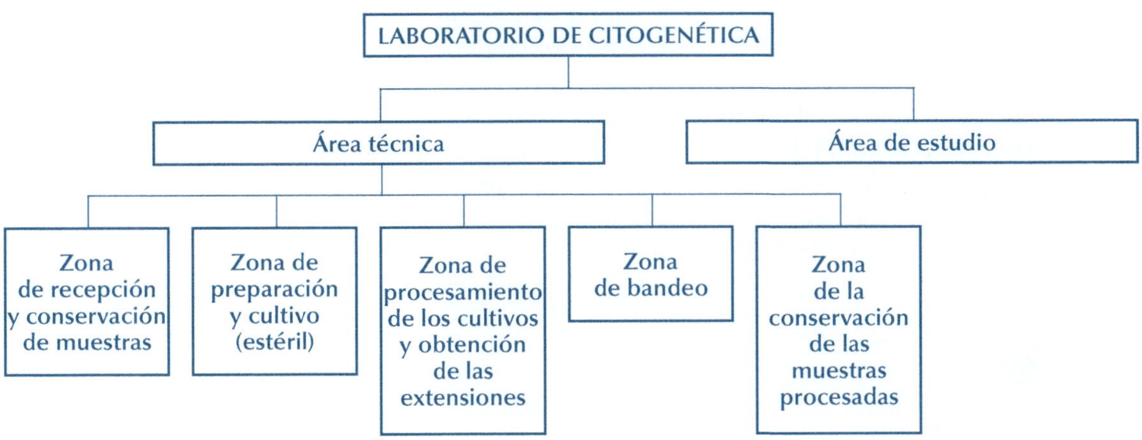

Figura 3.2
Áreas de un laboratorio de citogenética

3.6.1. Área técnica

En el área técnica se realizarán las siguientes tareas:

- Recepción, registro y conservación de las muestras hasta su estudio.
- Preparación y cultivo de las muestras.

- Procesamiento de los cultivos y obtención de las extensiones cromosómicas para su posterior estudio.
- Conservación de las muestras preprocesadas y posprocesadas.
- Realización de técnicas de FISH y *array*-CHG.

Se encuentra dividida en las siguientes zonas:

- *Zona de recepción, registro, conservación y preparación de las muestras para su estudio.* Tendrá los equipamientos necesarios para recibir, registrar y distribuir las muestras a las secciones correspondientes. Dispondrá de una bancada de trabajo con un lector de código de barras, un ordenador con conexión a la base de datos del laboratorio y neveras para la conservación de muestras.

  En esta zona se realizan las siguientes tareas:

  - *Se revisan las muestras y la hoja de petición.* Se le asigna a cada muestra un código de referencia.
  - *Se introducen los datos de cada paciente.* Código, datos demográficos del paciente: edad, sexo, indicación, datos familiares. Alteraciones clínicas. Datos del facultativo que ha solicitado el estudio: centro, servicio.
  - *Se conservan las muestras hasta su procesamiento.* Dependiendo del tipo de muestra será necesario un procesamiento no superior a 24 horas. Conservación generalmente en nevera de 4-10 °C. Nunca congelar.
  - Comprobar que las muestras de sangre no estén hemolizadas.

- *Zona estéril para la preparación y siembra de las muestras y mantenimiento los cultivos.* En algunos casos se requiere una preparación de las muestras antes de proceder a su cultivo. Por ejemplo, las muestras de líquido amniótico tienen que ser centrifugadas previamente con el fin de concentrar las células en la alícuota; en las muestras de vellosidades coriales debe discriminarse el tejido fetal del materno; las técnicas de *array*-CGH requieren una extracción de ADN. Los cultivos se mantendrán en el interior de estufas incubadoras a 37 °C con o sin atmósfera de CO_2. El equipamiento necesario consistirá en cabina de flujo laminar, estufas con entrada de CO_2, microscopio de contraste de fases, lupa, sistemas de extracción de ADN, centrífugas.

Toma nota

> Las muestras, antes y durante su cultivo, se manipularán en el interior de una cabina de flujo laminar, situada en una habitación en la que se mantiene un cierto grado de esterilidad. En esta zona se prepararán los medios de cultivo y los reactivos, que deben ser estériles.

- *Zona de procesamiento.* En ella se realiza el procesamiento de los cultivos y posterior obtención de las metafases en portaobjetos. En esta etapa ya no es necesario mantener las condiciones de esterilidad. El procesamiento incluye incubación con diferentes reactivos, lavados y centrifugados de la muestra. El equipamiento necesario consistirá en estufas o baños termostatizados, centrífugas, cabina de extracción de gases, ya que los lavados de la muestra se realizan con una mezcla de metanol/acético que desprende gases irritantes, microscopio de contraste de fases para controlar la calidad de las metafases obtenidas. Para la obtención de las metafases en los portaobjetos es necesario mantener unas condiciones ambientales controladas de temperatura y humedad.

- *Zona de bandeo* en la que las preparaciones con las metafases se someterán a un proceso de bandeo y tinción que permita su visualización e identificación al microscopio.

  El equipamiento necesario en esta zona consiste en un baño termostatizado, cubetas de tinción y microscopio para controlar la calidad de las bandas.
- *Zona de conservación de las muestras procesadas* (muestras recibidas, muestras procesadas, extensiones de las metafases). Las muestras se conservarán durante un periodo de tiempo establecido.

FUNDAMENTAL

Los laboratorios que realizan técnicas de citogenética molecular incluirán:

- Una zona para la técnica de FISH. En ella se realizará la hibridación de las muestras con sondas fluorescentes. El equipamiento de la zona técnica consistirá en un baño termostatizado y un equipo hibridizador. En esta zona se trabajará en semipenumbra para evitar la degradación de las sondas fluorescentes.
- Una zona de *array*-CGH requiere como equipamiento específico un equipo de extracción de ADN, equipo para la hibridación de la muestra, un escáner.

- Una zona para la técnica de FISH. En ella se realizará la hibridación de las muestras con sondas fluorescentes. El equipamiento de la zona técnica consistirá en un baño termostatizado y un equipo hibridizador. En esta zona se trabajará en semipenumbra para evitar la degradación de las sondas fluorescentes.
- Una zona de *array*-CGH requiere como equipamiento específico un equipo de extracción de ADN, equipo para la hibridación de la muestra, un escáner.

3.6.2. Área de estudio de los cromosomas

En el área de estudio se realizará el estudio cromosómico y la elaboración y emisión de los informes citogenéticos. Las tareas realizadas son las siguientes:

- Búsqueda de metafases manual al microscopio o automatizada mediante equipos de captura automática.
- Realización del cariotipado de las metafases.
- Estudio del cariotipo: contaje de cromosomas y revisión de la estructura de los cromosomas.
- Interpretación de los resultados obtenidos y emisión del informe.

El equipamiento necesario en esta área consiste en microscopio óptico de alta calidad, robot de captura automática de metafases (opcional), cariotipadores (microscopio conectado a un ordenador que posee un *software* de análisis del cariotipo e impresoras).

La zona de estudio de FISH requiere un microscopio de fluorescencia y un cariotipador con un *software* de análisis de FISH.

La zona de estudio de *array*-CGH consta de un ordenador con un *software* de análisis de los datos obtenidos.

Actividad propuesta 3.4

Elabora un cuadro en el que figuren las distintas áreas con sus correspondientes zonas. En cada zona se anotarán las tareas asignadas y los equipos necesarios.

3.7. Equipos del laboratorio de citogenética

Los laboratorios de citogenética requieren, como se vio en el apartado anterior, un equipamiento específico en cada una de las zonas de acuerdo con las tareas que se van a realizar. El equipamiento incluye unos equipos mínimos o imprescindibles y unos equipos opcionales.

Debe realizarse anualmente una revisión del equipamiento esencial. Todos los equipos e instalaciones en el laboratorio han de cumplir los requisitos establecidos dentro de la Comunidad Europea (Directiva 93/68/CEE).

Resulta esencial realizar un mantenimiento de forma rutinaria y un registro de dicho mantenimiento, además de comprobar de forma regular la seguridad de los equipos eléctricos y documentar dicha comprobación.

Para evitar demoras innecesarias debido a fallos del equipo es muy recomendable un servicio de mantenimiento para los principales elementos de los equipos (por ejemplo, los sistemas de análisis).

FUNDAMENTAL

Para minimizar fallos en los equipos, todo el equipo esencial debe estar duplicado (es decir, dos incubadoras, dos centrifugadoras, etc.). Si algún elemento imprescindible no es está duplicado por cualquier razón, el laboratorio debe tener planificadas las alternativas para superar cualquier fallo en los equipos que afectan el trabajo de laboratorio.

3.7.1. Equipamiento mínimo

El equipamiento mínimo de un laboratorio de citogenética convencional está formado por los siguientes equipos:

- Cabina de flujo laminar.
- Incubadoras o estufas con o sin entrada de CO_2.

- Centrífugas de tubos de 10-15 mL que permitan alcanzar 3.000 rpm.
- Baños termostatizados.
- Balanzas de precisión.
- pH-metro.
- Microscopios ópticos (visible y fluorescencia).
- Neveras y congeladores (–20 °C).

Si se realizan técnicas de FISH y de *array*-CGH, será necesario el equipamiento citado en el apartado anterior.

A) Cabina de flujo laminar

Las cabinas de flujo laminar permiten trabajar en condiciones de esterilidad, evitan de esa forma la contaminación de los cultivos.

Tienen la peculiaridad de que el aire entra por la parte superior de la cabina y atraviesa un filtro que esteriliza el aire que entra en la cabina, la corriente de aire sale por la parte inferior de la cabina, evitando que el aire del exterior entre en el interior de la cabina.

Estas cabinas suelen llevar incorporado un tubo de luz ultravioleta que debe de encenderse 30 minutos antes de utilizar la cabina para esterilizar su interior (figura 3.3) y apagarse en antes de empezar a trabajar para evitar quemaduras por luz UV.

El flujo de aire también debe de ponerse en marcha 20 minutos antes de empezar a trabajar, con el fin de asegurar un ambiente estéril en el interior de la cabina.

Figura 3.3
Cabina de flujo laminar

Actividad propuesta 3.5

Indica qué actividades deben realizarse en el interior de la cabina de flujo laminar. ¿Qué precauciones hay que adoptar para trabajar en una cabina de flujo laminar?

B) Incubadoras

La temperatura óptima requerida por las células y tejidos humanos es de 37 °C, por tanto los cultivos celulares deberán colocarse en una incubadora que mantenga esta temperatura sin fluctuaciones de más de ±0,25 °C. Temperaturas más elevadas afectan a la velocidad de división celular, pero por encima de un límite se produce una inhibición del crecimiento debido a la desnaturalización de las proteínas. Temperaturas inferiores a la óptima disminuyen el metabolismo celular.

TOMA NOTA

Es importante monitorizar cuidadosamente la temperatura del interior de la incubadora utilizando un termómetro con una sonda conectada a una alarma que alerte cuando la incubadora sobrepase los límites aceptables, o un sistema de anulación que proteja los cultivos del mal funcionamiento. Se recomienda que el centro disponga de sistemas de alarmas monitorizadas.

Se utilizan dos tipos de incubadoras, las que poseen entrada de CO_2 y las que no la poseen.

Las estufas sin entrada de gases son más sencillas y baratas, se utilizan para cultivos cerrados; es decir, cultivos en los que los tubos o recipientes están herméticamente cerrados. Los sistemas cerrados son, en general, más utilizados, ya que no requieren de sistemas de regulación de gas y humidificación, con todos los problemas que esto puede causar.

Las estufas que se utilizan para cultivos en sistemas abiertos poseen una entrada de CO_2 y aire húmedo en las concentraciones establecidas (95% de aire con un 5% de CO_2), con una presión de 15-75 mmHg. Concentraciones más elevadas inhiben el crecimiento celular.

Los cultivos abiertos necesitan un grado de humedad adecuado para evitar la evaporación de los medios de cultivo. La forma más simple de mantener la humidificación de la incubadora es colocar una bandeja de agua en el estante más bajo, aunque algunos diseños incorporan ya una bandeja extraíble. Tales bandejas deben esterilizarse en autoclave con regularidad y rellenarse con agua estéril. Puede añadirse benzoato de sodio a esta agua para reducir el riesgo de infección por hongos y levaduras; se trata de una sustancia química inocua.

FUNDAMENTAL

Nunca deben añadirse fungicidas, antibióticos y bactericidas volátiles (incluyendo Panabath) al agua de la bandeja de humidificación de la incubadora, ya que tales sustancias son volátiles y pueden causar daños en la incubadora y también pueden ser perjudiciales para los cultivos abiertos.

C) Microscopios

En los laboratorios de citogenética se utilizan varios tipos de microscopios: microscopio invertido, óptico, lupas, microscopio vertical y de fluorescencia.

Los microscopios invertidos se utilizan para observar el crecimiento de los cultivos (figura 3.4).

Los microscopios ópticos se emplean habitualmente para el estudio de las metafases teñidas con Giemsa (figura 3.5).

Los microscopios de fluorescencia son adecuados cuando se trabaja con sondas fluorescentes, generalmente se usan en la técnica de FISH. Se basan en el fenómeno de la fluorescencia y permiten una mayor sensibilidad y resolución en la detección microscópica.

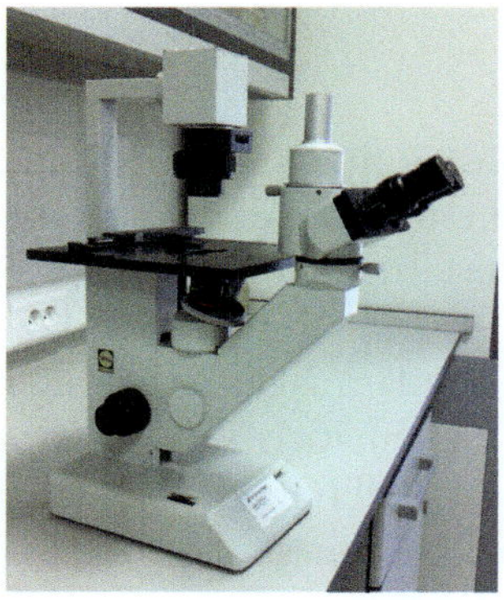

Figura 3.4
Microscopio invertido

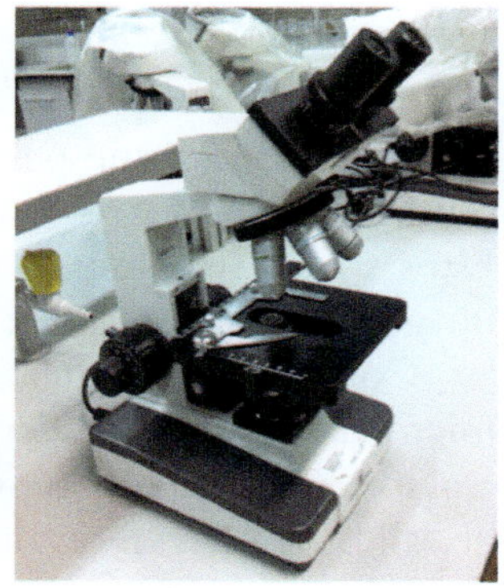

Figura 3.5
Microscopio óptico

Recuerda

✓ Los microscopios deben tener una calidad estándar. Es importante también la familiarización inicial con el microscopio en términos de alineación de la trayectoria de la luz y el enfoque, su mantenimiento y limpieza. Estas características se describen en detalle en los manuales suministrados con los microscopios. Debe de realizarse procedimientos adecuados de mantenimiento.

✓ Los objetivos generalmente utilizados para la observación de los cromosomas son el de 10x para buscar las metafases y el de 100x para su análisis. Los objetivos de alta potencia requieren de aceite de inmersión.

Actividades propuestas

3.6. Explica la diferencia entre un microscopio óptico, uno invertido y de fluorescencia.
3.7. ¿Qué tipo de microscopio utilizarías en cada una de las siguientes situaciones?

a) Para ver las células de un cultivo en crecimiento.
b) Para ver cromosomas con la técnica de FISH.
c) Para ver células teñidas con Giemsa.

3.7.2. Equipamiento opcional

Junto con los equipos mínimos, algunos laboratorios disponen de otros equipos opcionales que facilitan el trabajo. Entre ellos:

- Ordenadores con cariotipadores.
- Robot de captura de imágenes.
- Contadores de células (si se hace citogenética hematológica).
- Equipo para la extracción automática de ADN (en los laboratorios en los que se realizan estudios de *array*-CGH).

A) *Cariotipadores*

Son sistemas que permiten la obtención del cariotipo a partir de imágenes de metafases capturadas mediante *software* de análisis de imagen especializados en la obtención del cariotipo. Estos sistemas funcionan de forma interactiva, de tal forma que es posible seleccionar en la imagen los objetos que se van a analizar.

Constan de un microscopio para la captación de la imagen, una cámara de televisión con microadaptador, un ordenador, un coprocesador matemático capaz de resolver a tiempo casi real los complejos cálculos operativos relacionados con el tratamiento de imágenes, un monitor de salida de imagen de alta resolución, una consola compuesta por el teclado y un cursor, para el manejo del programa y la utilización manual del mismo durante los procesos interactivos, un monitor de trabajo, periféricos para el almacenamiento de imágenes, impresora (matricial o láser) de imágenes (figura 3.6).

Algunos laboratorios con una gran carga de trabajo disponen de robot de captura de imágenes en los que es posible programar hasta 80 muestras (figura 3.7). El equipo realiza un escaneado de los portaobjetos y captura el número de metafases establecido, con unos criterios de selección previamente programados. Estos equipos agilizan enormemente la fase de estudio.

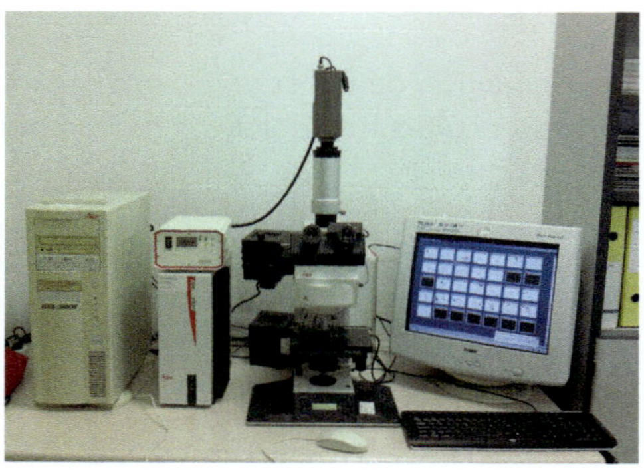

Figura 3.6
Cariotipador

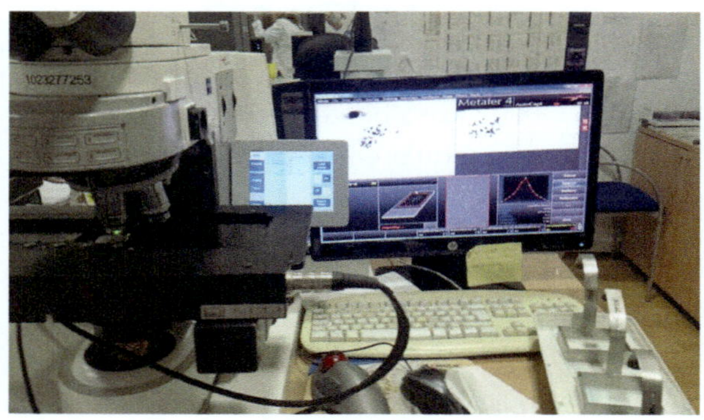

Figura 3.7
Robot de captura de imágenes

Actividad propuesta 3.8

Indica en qué consisten los equipos cariotipadores. ¿De qué elementos constan?, ¿cuál es su utilidad? A continuación, busca en la web algunas marcas comerciales de estos equipos.

3.8. Materiales y reactivos

El material fungible utilizado en el laboratorio de citogenética incluye: recipientes de cultivo, tubos para la recogida y transporte de muestras, pipetas Pasteur de plástico estériles y no estériles, puntas de micropipeta estériles y no estériles, portas esmerilados, cubres de diferentes tamaños, cubetas de tinción, bisturí, tijeras, pinzas, sistemas de esterilización por filtrado, agujas, jeringas, recipientes de cristal o plástico para la preparación de reactivos.

Los reactivos necesarios incluyen: medios de cultivo, solución de antibiótico, agentes mitógenos (fitohemaglutinina), suero bobino fetal o sueros artificiales activadores del crecimiento celular, solución de tripsina, solución de colagenasa, cloruro potásico, colcemid, soluciones salinas PBS, fosfato potásico y fosfato sódico, Giemsa, aceite de inmersión, ácido acético glacial, metanol, etanol, nitrato de plata, gelatina, hidróxido bárico, ácido clorhídrico, citrato sódico.

Los recipientes o sustratos sobre los que las células son cultivadas son de gran importancia, no deben ser tóxicos para las células. Generalmente se utilizan recipientes de plástico de poliestireno estériles desechables. Para los cultivos en suspensión se emplean tubos de 10-15 mL, para transporte se suelen utilizar tubos de 50 mL (figura 3.8). Para los cultivos en monocapa se pueden emplear: frascos Roux, tubos truncados, placas Petri, placas multipocillos o frasco con cámara portaobjetos.

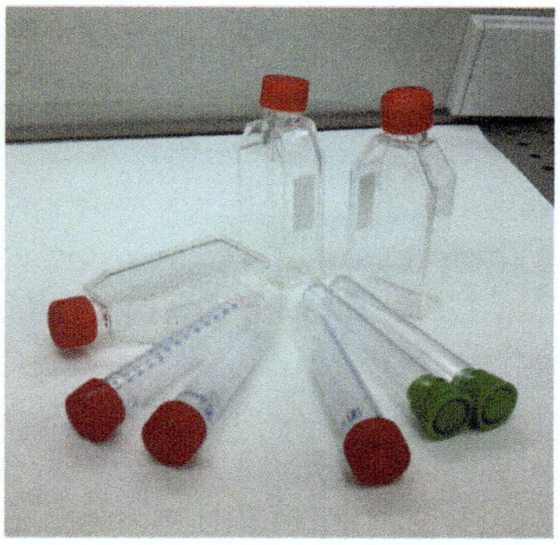

Figura 3.8
Tubos de cultivo o de transporte de muestra

- *Los frascos Roux* se presentan en diferentes tamaños (figura 3.9) y se utilizan para cultivos en monocapa.
- *Los tubos truncados* (figura 3.10) se caracterizan por presentar una superficie plana. Se utilizan particularmente en los casos donde se requieren varios cultivos paralelos de una cantidad limitada de la muestra (por ejemplo, líquido amniótico).

  Cuando se trabaja con atmósfera de CO_2, los tapones de los tubos no se enroscan totalmente para permitir la entrada de CO_2. Los tubos se colocan en posición tumbada para aumentar la superficie de contacto entre el medio de cultivo y la atmósfera de CO_2. Se debe tener un especial cuidado de no llenar más de la cuenta estos tubos, ya que son especialmente propensos a las fugas.
- *Las placas Petri* se suelen utilizar para el cultivo de tejidos (vellosidades coriales, restos fetales procedentes de abortos, muestras de biopsia).
- *Los contenedores* para las muestras de sangre o médula para cariotipo deben contener como anticoagulante heparina litio. Es posible obtener preparaciones de cromosomas a partir de muestras que llegan en contenedores incorrectos, incluso los que carecen de anticoagulante, aunque las preparaciones no tienen después la calidad adecuada.

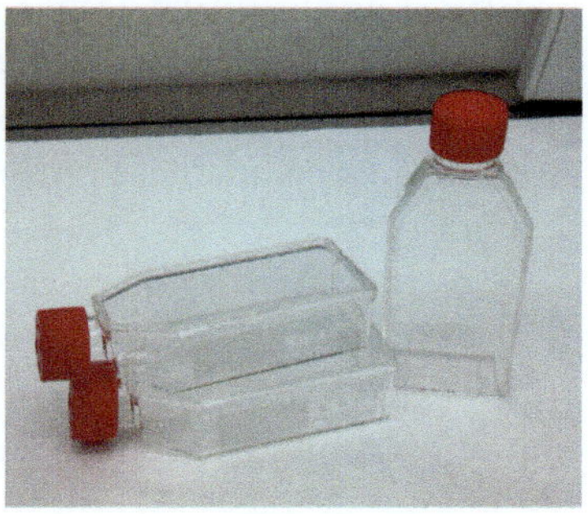

Figura 3.9
Frasco Roux

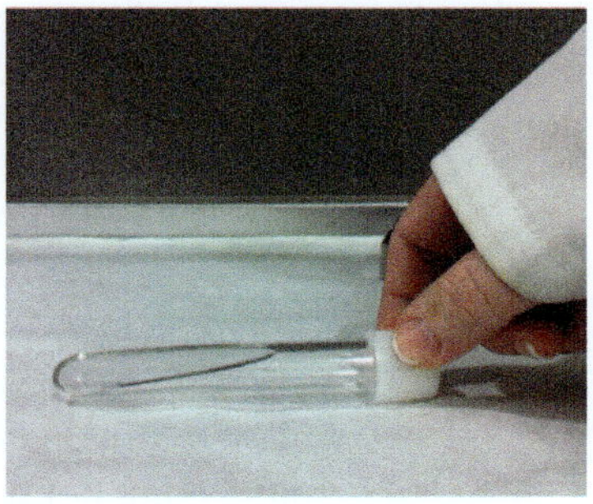

Figura 3.10
Tubos truncados

Actividad propuesta 3.9

Cita los distintos tipos de recipientes utilizados para el cultivo celular en citogenética. Indica la utilidad de cada uno de los recipientes. ¿Qué condición deben cumplir estos recipientes?

3.9. Medios y aditivos

Los medios de cultivo contienen una combinación de sales y glucosa que controlan el pH y la presión osmótica y que proporciona una fuente de energía. La base de todos los medios de cultivo es una solución salina equilibrada.

Las soluciones salinas balanceadas, además de formar la base de medios de cultivo, se utilizan para reconstituir otros reactivos tales como tripsina, colcemid.

Las células pueden sobrevivir durante un breve tiempo en este tipo de soluciones salinas, pero si han de ser cultivadas por periodos más largos los medios de cultivo deben contener más nutrientes. Cada medio de cultivo es específico para cada tipo de célula a cultivar, deben tener un pH de 7,4, una concentración de sales osmóticamente balanceada (isotónica) que contenga nutrientes y factores de crecimiento requeridos para el cultivo celular.

Un medio de cultivo contendrá de forma general: agua, sales, glucosa, vitaminas, suero, aminoácidos como la L-glutamina, factores de crecimiento (mitógenos), reguladores de pH (HEPES), indicadores de pH (rojo fenol) y antibióticos (penicilina y estreptomicina).

Se pueden obtener comercialmente medios de cultivo adecuados a cada tipo celular. Estos medios comerciales son sometidos a estrictos controles de calidad que incluyen la comprobación de la esterilidad, las propiedades funcionales, propiedades bioquímicas y físicas y los niveles de endotoxina.

Los medios y soluciones salinas equilibradas se pueden suministrar tanto en forma líquida como en polvo. Los medios líquidos pueden estar listos para su uso (1x) o ser suministrados en una concentración (10x) que se compra a granel; estos últimos son más económicos, pero requieren dilución previa a su uso.

L-Glutamina es un aminoácido que se añade normalmente a los medios poco antes del uso, ya que es inestable a temperatura ambiente. Se almacena a –20 °C. Algunos medios de cultivo vienen suplementados con L-glutamina, pero aun así debería añadirse fresca para garantizar la máxima eficacia.

Existe comercialmente una gran variedad de medios de cultivo. Algunos están listos para ser utilizados, mientras que a otros es necesario añadirle algún elemento. Los medios más empleados son RPMI 1640, Ham's F10 y Chang.

> **◎ Fundamental**
>
> El tipo de medio que se va a utilizar depende de las características de las células que tienen que cultivarse.

El medio RPMI 1640 (Roswell Park Memorial Institute) es el más usado para la obtención del cariotipo en linfocitos de sangre periférica. Carece de suero bovino fetal, por tanto habrá que incorporarlo al medio de cultivo; también se le suele añadir los antibióticos penicilina y estreptomicina. En el caso de cultivos cerrados se le añade como regulador de pH el HEPES.

El medio Ham's F10 es especialmente útil para cultivos en monocapa, se suele utilizar para el cultivo de fibroblastos procedente de líquido amniótico y para muestras de vellosidades coriales y tejidos. No contiene suero bovino fetal, por tanto habrá que añadirlo al medio final. También es necesario añadir los antibióticos penicilina y estreptomicina. En el caso de cultivos cerrados se le añade como regulador de pH el HEPES.

El medio Chang es complejo y bastante inestable. Pero tiene la ventaja de acortar un 50% el tiempo de cultivo de células fetales. También estimula los cultivos que están creciendo mal en los medios de cultivo convencionales. Tiene incorporada una pequeña cantidad de suero, por lo que no necesita que se le complemente con suero, pero sí que hay que incorporarle L-glutamina y antibióticos.

Actividad propuesta 3.10

Indica la diferencia entre el medio F-10 y el medio Chang. ¿Qué ventajas e inconvenientes tienen cada uno de ellos?

3.9.1. Sistemas tampón

El crecimiento de las células en un medio de cultivo nutricionalmente completo es óptimo en un medio en el que se mantiene estable el pH en un intervalo de 7,2-7,4. Los medios estabilizan el pH de dos formas: con una atmósfera gaseosa de CO_2 y los que lo equilibran con HEPES.

3.9.2. Sueros y sustitutos

Los laboratorios citogenéticos utilizan para cultivos de tejidos humanos suero humano o bovino; ambos pueden obtenerse comercialmente.

No se conoce con exactitud el mecanismo por el cual el suero ayuda al desarrollo de los cultivos celulares, se ha sugerido que posee factores de crecimiento que facilitan la síntesis de ADN y desencadenan reacciones citoplasmáticas que inducen a la transcripción y traducción de ADN y a la síntesis de proteínas para los procesos del ciclo vital celular.

Se suelen utilizar tres tipos de sueros bovinos: suero de ternera fetal (FCS), suero de ternero recién nacido (NCS) (tomado de animales de 10 días de edad o menos) y suero de ternera (CS) (tomado de animales 10 semanas de edad o menos). El más eficaz, pero también el más caro, es el FCS. El suero se conserva congelado a –20 °C.

El suero debe ser añadido a todos los medios de cultivo mencionados anteriormente (con la excepción de medio de Chang), a concentraciones variables del 10 al 30% dependiendo del tipo de cultivo. Un exceso de suero resulta perjudicial para las células, mientras que su escasez no permite que el cultivo alcance el crecimiento máximo.

Un inconveniente de la utilización de suero es la posibilidad de contaminación del cultivo, ya que constituye un suplemento muy nutritivo. Otro inconveniente son las fluctuaciones en su composición en los diferentes lotes debido a que el suero es un fluido biológico.

Por otra parte puede contener agentes infecciosos, principalmente micoplasmas. Por tanto, el FCS debe de ser testado por las casas comerciales para garantizar que posee la concentración óptima de metabolitos y que está libre de agentes patógenos.

El *sustituto Serum-Ultroser G* se ha desarrollado como un sustituto de suero. Se incluyen en su formulación aquellos factores identificados en el suero que son esenciales para el crecimiento celular, tales como factores de crecimiento, factores de adhesión, oligoelementos minerales, hormonas, proteínas de unión y vitaminas. También se incluye un factor de inhibición de tripsina.

Aunque se afirma que la variación de lote no es un problema que afecte al Ultroser G, algunos laboratorios han detectado que sí hay variación en los lotes que producen algunos efectos en los cromosomas. No obstante, muchos laboratorios consideran que el Ultroser G es adecuado para utilizarse en medios de cultivo tales como F10 si se utiliza con una concentración muy baja de FCS (5%).

Actividad propuesta 3.11

Cita los distintos tipos de sueros que se utilizan en los medios de cultivo, así como su utilidad e inconvenientes.

3.9.3. Agentes mitógenos

Los agentes mitógenos son sustancias que inducen la división celular. Para el estudio de los cromosomas es necesario que las células estén en división. En las muestras de sangre, los linfocitos son células diferenciadas que no se dividen, pero en presencia de un agente mitógeno entran en división. Los agentes mitógenos que se suelen utilizar son fitohemaglutinina A, pokeweed, concanavalina A y LPS.

La fitohemaglutinina A (PHA) es el agente mitógeno más utilizado en los laboratorios de citogenética. Estimula inespecíficamente la proliferación de células T. Provoca un aumento en la síntesis de ARN en las células in vitro tras 24 h de cultivo. Las primeras mitosis se ven alrededor de 48 h, con olas en intervalos de 24 horas a partir de entonces. Por lo tanto, los cultivos se cosechan en periodos de 48, 72 o 96 horas.

TOMA NOTA

Los cultivos de linfocitos necesitan la adición al medio de cultivo de un agente mitógeno que induzca en ellos la división celular.

3.10. Esterilidad en el laboratorio de citogenética

Muchos microorganismos crecen más rápidamente que las células humanas en los medios de cultivo, agotan los nutrientes del medio y producen sustancias tóxicas para las células cultivadas. Por lo tanto, es esencial que todos los cultivos se mantengan en condiciones estériles.

3.10.1. Procedimientos que pueden originar la contaminación de los cultivos

Hay varias formas en las que el personal que manipula las muestras puede introducir inadvertidamente contaminantes en un cultivo, las más comunes son las siguientes:

- Al tocar artículos estériles que pueden entrar en contacto directo con la muestra, medio de cultivo o el interior de recipientes de cultivo. Por ejemplo, al rozar el cuello del frasco con la mano cuando se enrosca el tapón.
- Toser, hablar, estornudar o respirar directamente sobre artículos estériles que entran en contacto directo con el cultivo.
- Inclinarse sobre los artículos estériles de modo que los contaminantes del pelo puedan caer sobre ellos.
- Poner artículos estériles en el banco de trabajo y luego reutilizarlos.
- Tocar con una superficie no estéril la superficie de un artículo estéril que ha de estar en contacto directo con la muestra, el medio de cultivo o el interior del recipiente de cultivo.
- Trasladar la mano o el brazo a través de un recipiente de cultivo abierto que puede causar que caigan contaminantes en el cultivo (por ejemplo, desplazar el brazo sobre una placa Petri abierta al recoger un botella).

3.10.2. Manipulación de muestras en condiciones de esterilidad

Hay muchas maneras de reducir al mínimo el riesgo de introducir contaminantes en los cultivos: trabajar en un ambiente estéril manteniendo la mayor limpieza e higiene posible en los equipos; pero la más importante es una buena técnica aséptica por parte del personal.

A) Trabajo en el área estéril

La siembra y manipulación de los cultivos se realizará en condiciones estériles, para ello se trabajará en el interior de una habitación estéril. Esta área debe de cumplir las siguientes condiciones:

- Estará aislada del resto del laboratorio.
- Las ventanas y puertas deberán estar cerradas.
- No se intercambiarán los equipos con el resto de las zonas del laboratorio.
- Poseerá una luz ultravioleta que se encenderá al menos 30 minutos antes de iniciar el trabajo en su interior.
- Se mantendrá limpia y ordenada, y contendrá solo los elementos esenciales para el trabajo, ya que el almacenamiento de elementos innecesarios favorece la acumulación de polvo que alberga contaminantes.
- Las bancadas de trabajo se limpiarán y desinfectarán diariamente antes y después de su uso.
- Los suelos se limpiarán y desinfectarán diariamente con los productos adecuados.
- Existirá el menor movimiento posible mientras que el cultivo está en curso para que el polvo no sea indebidamente perturbado.
- Se utilizará material estéril desechable.
- Se eliminarán de forma regular los residuos generados.
- No es aconsejable la presencia de un fregadero en la sala de cultivos, ya que estos albergan muchos contaminantes.

FUNDAMENTAL

La manipulación de los cultivos en condiciones de esterilidad constituyen un aspecto básico en el laboratorio de citogenética.

B) *Equipamiento del área estéril*

En los laboratorios de citogenética, los procedimientos de siembra de los cultivos y preparación de reactivos se realizarán en el interior de una cabina de flujo laminar que proporciona un flujo de aire estéril.

El interior de la cabina ha de limpiarse antes y después de su utilización con alcohol al 70% o un bactericida o desinfectante de alcohol como la clorhexidina. Se debe encender la luz ultravioleta de la cabina al menos 30 minutos antes de su utilización.

Las cabinas estarán situadas fuera de las corrientes de aire, puertas, flujo del aire acondicionado. Si se produce un vertido sobre la superficie de trabajo de la cabina, se recogerá de inmediato y se desinfectará la superficie.

Las estufas o incubadoras deben limpiarse y desinfectarse regularmente de acuerdo con los protocolos establecidos. Este aspecto es especialmente importante cuando se trabaja con sistemas de cultivo abiertos. Se abrirán lo menos posible para evitar la entrada de agentes contaminantes.

Los sistemas de aire acondicionado han de estar equipados con filtros específicos que eviten la entrada y diseminación en el área estéril de agentes contaminantes. Deben mantener una temperatura adecuada para evitar el sobrecalentamiento de la zona, especialmente en las épocas de calor intenso. El flujo de aire que emiten estos equipos no puede incidir directamente sobre las cabinas de flujo laminar, ni sobre las estufas de cultivo.

C) *Técnicas asépticas*

Las técnicas asépticas que debe seguir el personal son las siguientes:

- Lavarse las manos con un jabón bactericida como el que utilizan los cirujanos (por ejemplo, Hibiscrub®); se utilizarán guantes estériles.
- Es necesario el uso de bata o uniforme lavado o esterilizarse periódicamente, en ningún caso se trabajará con ropa y zapatos de calle.
- El cabello largo ha de recogerse hacia atrás para que no caiga en los cultivos.
- Es aconsejable retirar anillos, relojes y pulseras de las manos.
- Debe trabajarse sin interrupción; antes de empezar las actividades se colocará todo el material necesario en el interior de la zona de trabajo, previamente desinfectado.
- Hay que evitar las corrientes de aire en el interior de la cabina, por lo que los movimientos de los brazos en el interior de la cabina deberán ser lentos.
- Se recomienda que permanezca el menor número de personas posible en la habitación mientras se esté cultivando.
- Deben dominarse las diferentes técnicas que intervienen en la manipulación de las pipetas, jeringas, recipientes de cultivo y otros artículos de cultivo de tejidos.

- Cuando se trabaja con varios cultivos a la vez es esencial no provocar una infección transversal. Para evitarlo se utilizarán solo una vez los artículos que entrarán en contacto directo con el cultivo, medio de cultivo o en el interior de recipientes de cultivo; por ejemplo, debe usarse una pipeta nueva para cada cultivo.

Actividad propuesta 3.12

Tras la lectura de este apartado, resuelve las siguientes cuestiones:

a) Indica por qué es importante realizar una buena técnica aséptica.
b) Describe las medidas que deben tenerse en cuenta para trabajar con varios reactivos.
c) ¿Qué precauciones se tomarán cuando se utiliza la cabina de flujo laminar?

3.10.3. Esterilización

Todos los artículos que puedan entrar en contacto directo con los cultivos o los medios de cultivo deben ser estériles, y esto se puede lograr mediante irradiación, calor o filtración.

- *Irradiación*: los plásticos disponibles comercialmente para cultivo de tejidos normalmente se esterilizan con irradiación gamma, pero esto nunca se lleva a cabo en el laboratorio de citogenética de rutina. Alternativamente se puede utilizar una corta exposición a la luz UV.
- *Calor*: se puede aplicar tanto calor seco como calor húmedo. El calor seco se utiliza principalmente para aparatos tales como material de vidrio que no se daña por las altas temperaturas. El calor húmedo es más adecuado para materiales que pueden ser dañados por temperaturas muy altas, y se aplica por lo general en forma de vapor a presión utilizando un autoclave. Los instrumentos metálicos que se emplean para manejar muestras, tales como pinzas, tijeras, solo requieren una rápida esterilización de la punta. Esto se puede lograr sumergiendo una longitud apropiada del instrumento en etanol al 70% y prender la llama al rojo vivo (debe dejarse enfriar antes de manipular la muestra).
- *Filtración:* se utiliza para esterilizar reactivos líquidos que pueden ser destruidos por el calor. Esto se logra al hacerlos pasar a través de un filtro de un tamaño de poro más pequeño que organismos contaminantes, por lo general de 0,22 o 0,45 µm. Hay comercialmente disponibles sistemas de filtración (Millipore y Flow Laboratories). Cuando hay que filtrar material biológico como suero es preferible utilizar un sistema de filtración con presión en lugar de por succión, ya que este último puede generar CO_2, que, a su vez, altera el pH.

TOMA NOTA

La mayoría de los reactivos y aparatos de cultivo de tejidos se pueden obtener de proveedores comerciales ya esterilizados. Esto es mucho más cómodo y rápido, pero aumenta sustancialmente el coste de dichos artículos. En consecuencia, muchos laboratorios prefieren economizar haciendo su propia esterilización.

3.10.4. Antibióticos y fungicidas

Suponiendo que todos los elementos para el cultivo de tejidos han sido esterilizados, y que se ha aplicado una buena técnica aséptica (con la ayuda de una cabina de seguridad) el riesgo de infección en el cultivo debe ser mínimo. Así, el uso de antibióticos y fungicidas en los medios de cultivo son una segunda barrera de seguridad para contrarrestar los posibles contaminantes que puedan introducirse. Estos nunca deben considerase como una alternativa a la buena técnica aséptica.

Dado que los antibióticos y, en particular, fungicidas pueden tener un efecto inhibitorio sobre el crecimiento de células humanas en cultivo de tejidos; su uso debe reducirse al máximo, tanto en términos de la cantidad de diferentes variedades utilizadas como de la concentración.

- *Bacterias.* Las fuentes de bacterias suele ser la superficie de la piel y de las mucosas respiratorias. El tratamiento de este tipo de contaminaciones se realiza mediante el uso de antibióticos. Los más utilizados en el cultivo de tejidos son la penicilina (100 unidades/mL) y streptomicina (100 μg/mL), kanamicina (concentración final en el medio de cultivo, 100 μg/mL) y gentamicina (50 μg/mL).
- *Levaduras y hongos.* Con la excepción de ciertas levaduras que son contaminantes normales de la piel, las infecciones fúngicas se introducen a través del agua o del aire. Los dos fungicidas de uso común para el cultivo de tejidos son nistatina y anfotericina B. De estos, nistatina es menos perjudicial para las células humanas cultivadas que la anfotericina B. Ambos se mantienen estables en los medios de cultivo a 37 °C durante un máximo de 3 días y se utilizan en las siguientes concentraciones finales: nistatina 50 μg/mL, anfotericina B 2,5 μg/mL.

> **FUNDAMENTAL**
>
> Tanto los antibióticos como los fungicidas pueden tener un efecto inhibitorio sobre el crecimiento de células humanas en los cultivos; su uso debe reducirse al máximo y no sustituyen a una adecuada técnica aséptica.

3.10.5. Fuentes de contaminación

Todos los laboratorios han sufrido brotes de contaminación alguna vez. Es muy importante tratar de rastrear la fuente del brote y eliminarla si es posible. Es esencial la identificación de los organismos contaminantes, lo que permite conocer si la fuente de la contaminación es ambiental o humana. Las fuentes comunes de contaminación son las siguientes:

- *Las muestras.* Particularmente el material *post mortem* (muestras de abortos o de la piel) puede estar infectado antes del cultivo y originar una infección cruzada de otros cultivos dentro de la estufa de cultivo. Es aconsejable mantener los cultivos de muestras "limpias" como líquido amniótico en una incubadora separada de las muestras "de riesgo".
- *El operador.* Sobre todo si se tiene una infección leve de las vías aéreas superiores. Es aconsejable evitar realizar cultivos celulares mientras se sufre de alguna dolencia, leve ya que puede aumentar el riesgo de infectar a los cultivos.

- *Cabina de seguridad defectuosa.* Estas han de ser revisadas con regularidad, y los filtros deben ser cambiados.
- *Los medios de cultivo o los aparatos contaminados.* Esto a veces se produce en lotes defectuosos de artículos suministrados comercialmente, o puede resultar de la esterilización insuficiente.
- *Fuente de contaminación concentrada en el laboratorio.* Tal como el aire acondicionado, baños de agua o fregaderos sucios.
- *Estufas de cultivo.* En las estufas de con entrada de CO_2, el gas que entra puede suponer un alto riesgo de contaminación.

Actividad propuesta 3.13

Indica las posibles fuentes de contaminación de los cultivos. Explica cómo trabajar para evitar estas fuentes de contaminación.

3.10.6. Procedimientos en caso de contaminación

Cualquier cultivo, medios o reactivos contaminado debe desecharse rápidamente.

- *Las infecciones bacterianas* generalmente se manifiestan rápidamente, dando un aspecto turbio al medio de cultivo. Si el medio de cultivo contiene un indicador de pH como el rojo fenol, si se vuelve de color amarillo refleja un pH ácido, lo que hace sospechar una infección bacteriana.
- *Si la infección es por levaduras,* estas no se detectan hasta al cabo de unos días, especialmente si se utiliza un fungicida. En estos casos los cultivos también tienen una apariencia amarilla turbia, pero un examen con un microscopio invertido x100 revelará células microbianas más grandes de las que se ven con la contaminación bacteriana. Cuando existe una contaminación fúngica normalmente se observa primero la aparición en el medio de cultivo de una gran colonia peluda. El examen microscópico de los cultivos revelará la presencia de micelios filamentosos.
- *La presencia de una infección viral o por micoplasmas* muestra una apariencia poco saludable de las células y la aparición en el cultivo de células inusuales que no producen colonias con un crecimiento activo. Hay disponibles comercialmente kits especiales para la detección de infección por micoplasma.

Con cada lote de reactivos o artículos estériles para ser utilizados deben registrar los siguientes datos:

- El número de lote del fabricante y la fecha de recepción de todas las entregas.
- Para la reconstitución de los medios y reactivos: el nombre del operador, la fecha, los números de los lotes de todos los componentes utilizados.
- Para la limpieza y esterilización de equipos y utensilios, el nombre del operador, fecha y una breve descripción del procedimiento utilizado.
- Fecha de apertura si los productos están destinados para su uso posterior.

Los registros anteriores serán de gran ayuda en caso de ser necesario rastrear el origen de un brote de contaminación. A pesar de estas medidas estrictas a veces no es posible aislar la fuente exacta del brote de contaminación. En estos casos, si se toman las precauciones anteriores, y todos los cultivos infectados se eliminan, debe finalmente desaparecer el brote.

Actividad propuesta 3.14

Indica las posibles fuentes de contaminación, el aspecto de los cultivos, las medidas preventivas y los protocolos que deben seguirse en caso de contaminación.

RECUERDA

✓ Tras un episodio de contaminación siempre existe el riesgo de recurrencia. Los brotes siempre deben registrarse con el fin de saber si hay un patrón de recurrencia, ya que pueden estar asociados con actividades como la decoración que puede estar teniendo lugar, o pueden tener una influencia estacional.

3.11. Seguridad en los laboratorios de citogenética

El trabajo en los laboratorios de citogenética presenta, al igual que en cualquier otro laboratorio de análisis, los riesgos generales de cualquier instalación y los riesgos específicos del trabajo diagnóstico originados por la exposición a agentes físicos, químicos y biológicos. El laboratorio ha de disponer de protocolos de seguridad adecuados.

TOMA NOTA

El responsable del laboratorio debe implantar y promover medidas de seguridad que todo el personal conocerá y respetará.

Los riesgos en los laboratorios de citogenética pueden ser físicos, químicos y biológicos:

- *Los riesgos provocados por los agentes físicos* en un laboratorio de citogenética incluyen: daño en la piel debido a una exposición a la luz ultravioleta utilizada en el área estéril si se trabaja en su interior sin apagarla. Quemaduras por calor cuando se usa el mechero al realizar las extensiones, heridas o cortes debido al empleo de bisturí, tijeras, agujas, lesiones por fallo de las centrífugas.
- *Los riesgos originados por agentes químicos* provienen del uso de productos químicos inflamables, tóxicos, cancerígenos o corrosivos que pueden provocar quemaduras, intoxicaciones y riesgo de desarrollar cáncer.
- *Los riesgos originados por agentes biológicos* corresponden a la utilización de muestras biológicas de pacientes que pueden contener agentes patógenos peligrosos, como son el virus de la hepatitis B o el VIH.

Para cada uno de los riesgos es necesario tomar las medidas de seguridad y normas de protección adecuadas. En el cuadro 3.1 se reflejan para cada uno de los riegos las medidas de seguridad correspondientes.

Cuadro 3.1
Riesgos en los laboratorios de citogenética y medidas de seguridad

Riesgo		Medida de seguridad
Físico	Quemadura por luz UV	• Asegurarse de apagar la luz UV antes de iniciar el trabajo
	Quemaduras por calor al utilizar los mecheros	• No acercar nunca las manos a los mecheros
	Cortes con el bisturí	• Asegurar bien la hoja al bisturí y trabajar con precaución
	Pinchazos con agujas	• No volver a enfundar las agujas, tirarlas a un contenedor adecuado
	Lesiones por fallo de las centrifugas	• Equilibrar siempre la centrífuga • Realizar el mantenimiento adecuado
	Quemaduras por agentes químicos	• Utilizar guantes protectores • Conservar los reactivos corrosivos en el interior de armarios de seguridad
Químico	Intoxicaciones por ingestión de productos químicos	• No consumir bebidas ni alimentos en el interior del laboratorio • Almacenar los reactivos en los contenedores originales • Identificar correctamente todas disoluciones o reactivos preparados • No pipetear reactivos con la boca • Utilizar mascarillas y guantes • Transportar los reactivos en el interior de recipientes que eviten su derramamiento en caso de rotura
	Intoxicación por inhalación de gases tóxicos	• Manejar los reactivos volátiles en el interior de cabinas con extractor de gases • Mantener los reactivos inflamables en el interior de armarios de seguridad
	Intoxicaciones por CO_2	• Comprobar de forma regular las llaves de paso del gas
Biológico	Contagio de enfermedades infecciosas	• Utilizar guantes y mascarilla • Vacunación contra la hepatitis B • Información de toda muestra infecciosa • Evitar el contacto directo con la piel • Lavarse las manos cada vez que se tocan muestras o reactivos • Utilizar siempre uniforme de trabajo en el interior del laboratorio • No llevar el uniforme en comedores y cafeterías
	Riesgos asociados a las instalaciones	• Protocolos de actuación en caso de emergencias

FUNDAMENTAL

En general, es importante que todo el personal conozca y respete las normas generales de seguridad, las normas preventivas y la forma de actuación en caso de accidente.

El laboratorio debe de disponer de los equipos de seguridad: extintores, dispositivo de lavado de ojos, duchas.

3.11.1. Protocolos de actuación en caso de accidente

El responsable del laboratorio debe asegurarse de que todo el personal conozca los protocolos de actuación en caso de accidente, los dispositivos de seguridad, las rutas de evacuación y los puntos de reunión tras la evacuación. Se deben realizar simulacros de forma periódica.

3.12. Gestión de residuos

Los residuos generados en el laboratorio se eliminarán siguiendo el protocolo establecido de acuerdo a la normativa existente a tal efecto.

Los residuos generados son de tres tipos: residuos asimilables a los urbanos, biológicos/sanitarios y residuos químicos. La eliminación de residuos sigue la misma normativa que cualquier otro laboratorio de diagnóstico clínico.

La mayoría de los hospitales o laboratorios tienen reglas estrictas en cuanto a la eliminación de las muestras patológicas y objetos potencialmente infectados que se han utilizado para el cultivo de tejidos, y es esencial que estas se cumplan.

3.12.1. Gestión de residuos químicos

La gestión de los residuos químicos incluyen los siguientes aspectos:

- Clasificar y etiquetar correctamente los residuos químicos (disolventes, soluciones acuosas, ácidos, sólidos).
- Diluir los ácidos y bases con agua hasta menos del 5-10%.
- No desechar al vertedero objetos impregnados.
- Recoger en recipientes los disolventes orgánicos.
- Evitar la acumulación de residuos en el laboratorio.
- No mezclar residuos sólidos con líquidos, ni se podrá eliminar ningún residuo químico dañino por el desagüe o en la basura genérica.
- Utilizar contenedores (garrafas) de polietileno translúcido aptos para los residuos, tanto sólidos como líquidos, de los grupos I a VII. Los contenedores se dispondrán en un lugar del laboratorio que facilite su retirada.

TOMA NOTA

Pueden emplearse envases originales procedentes de productos siempre que estén correctamente etiquetados y marcados.

3.12.2. Gestión de residuos biosanitarios

Para la gestión de los residuos biosanitarios se seguirán las siguientes pautas:

- Clasificar el material de desecho en categorías:
  - *Grupo I.* Residuos urbanos o asimilables a urbanos: generales (papel, cartón, comida, vidrio, mobiliario).
  - *Grupo II.* Residuos sanitarios no específicos: no producen riesgos a la salud pública y proceden de pacientes no infecciosos (material de curas, yesos, textil fungible, ropas, objetos y materiales de un solo uso).
  - *Grupo III.* Residuos sanitarios específicos o de riesgo. Presentan riesgo y tiene medidas especiales de prevención (residuos sanitarios infecciosos, agujas y material cortante, restos de animales en centros experimentales y de investigación).
  - *Grupo IV.* Aquellos cuya gestión, tanto intracentro como extracentro, está sujeta a requerimientos especiales desde el punto de vista higiénico y medioambiental (citotóxicos, químicos y químicos peligrosos).

- En el manejo de residuos generados se seguirán las siguientes recomendaciones:
  - Acondicionar un contenedor para depositar cada tipo de residuo en función de los requisitos de gestión.
  - Los objetos afilados incluyendo agujas de jeringas, pipetas y hojas de bisturí se colocan normalmente en un contenedor disponible en el mercado.
  - Los plásticos y los materiales que no sean objetos de vidrio del grupo III se colocan en bolsas desechables que pueden ser esterilizados en autoclave o incinerados.
  - Los objetos de vidrio se suelen tratar por separado e incinerarlos antes de su eliminación.
  - Se dispondrá de contenedores para líquidos volátiles, muestras orgánicas (desechos de extracción de ADN), desechos de *buffers*, sustancias cancerígenas (guantes, puntas, microtubos, papel, etc.).
  - Siempre que sea posible, reutilizar los envases de los productos para envasar los correspondientes residuos peligrosos.
  - Los recipientes serán adecuados, identificables y fácilmente diferenciables.
  - Todos los laboratorios que generen residuos peligrosos deberán contar con una persona encargada de que la eliminación y recogida de residuos se realice correctamente, al igual que el almacenamiento de reactivos. Esta tarea recaerá normalmente en el técnico de laboratorio.
  - Los residuos se almacenan en los puntos o áreas específicas destinadas para tal fin. El almacenamiento de residuos no podrá exceder de los periodos especificados por la legislación vigente aplicable.

FUNDAMENTAL

Para la gestión de cada tipo de residuos sanitarios generados se solicitarán los servicios de un gestor autorizado.

- Está prohibido verter a la red de colectores públicos:
  - Materias que impidan el correcto funcionamiento o el mantenimiento de los colectores.
  - Sólidos, líquidos o gases combustibles, inflamables o explosivos, o irritantes, corrosivos o tóxicos.
  - Microorganismos nocivos o residuos reactivos.
- Se pueden reducir los vertidos:
  - Realizando los procesos cuidadosamente para evitar errores y repeticiones.
  - Estableciendo medidas para corregir situaciones de derrame y evitar la necesidad de limpieza.
  - Eligiendo los agentes de limpieza que permitan reducir la contaminación por vertidos tanto en volumen como en peligrosidad.
  - Recogiendo los vertidos, segregándolos en origen, realizando pretratamientos antes de verterlos o entregándolos a gestores autorizados.

Actividad propuesta 3.15

Tras la lectura de este apartado resuelve las siguientes cuestiones:

a) Explica qué es un residuo biosanitario y cita los diferentes tipos.
b) Describe las acciones totalmente prohibidas en la manipulación de residuos.

Resumen

- La función de los laboratorios de citogenética es el análisis cromosómico de muestras de pacientes con el fin de ayudar al diagnóstico clínico. Todo el proceso desde la llegada de la muestra al laboratorio hasta la emisión del informe debe realizarse siguiendo unas normas de calidad y seguridad. Es necesaria una organización del trabajo de tal forma que cada miembro del personal sepa con exactitud sus tareas asignadas y los protocolos de trabajo. El personal incluye: un director técnico, unos responsables de sección, facultativos, técnicos, auxiliares, administrativos y personal en prácticas. Todo el personal debe tener la formación y experiencia adecuada para las tareas que tiene asignadas. El número de componentes del personal del laboratorio debe ajustarse a la carga de trabajo del laboratorio.
- El personal técnico tiene asignadas tareas que abarcan desde la recepción de la muestra hasta el momento en el que está lista para su análisis. El estudio cromosómico, la interpretación y la elaboración del informe corresponde al personal facultativo. Es necesaria la formación continuada del personal del laboratorio.

- Los laboratorios deben disponer de procedimientos normalizados de trabajo (PNT) autorizados y validados por el director del laboratorio y por los responsables de su sección, estos PNT deben ser conocidos y seguidos por todo el personal del área correspondiente y deben ser actualizados anualmente.
- El laboratorio debe disponer de las instalaciones adecuadas que permitan realizar un trabajo con seguridad y eficacia. Las instalaciones contarán con un área técnica y un área de estudio en las que se llevarán a cabo diferentes procesos dentro del análisis citogenético. Cada área dispondrá de diferentes zonas en las que se realizarán los procesos que incluyen desde la llegada de la muestra al laboratorio hasta la obtención los resultados.
- Cada zona contará con el equipamiento y los materiales con las características necesarias para los procedimientos realizados en ellas.
- El trabajo en el laboratorio debe llevarse a cabo siguiendo unos protocolos de esterilidad y bioseguridad. La gestión de los residuos seguirá la legislación vigente.

Ejercicios propuestos

1. Haz un esquema del organigrama de un laboratorio de citogenética.
2. Elabora un cuadro en el que aparezca la función y formación del personal del laboratorio.
3. Indica las áreas que existen y las zonas dentro de cada área.
4. Indica los procesos que se realizan en el área de cultivos y los equipos utilizados en ellas.
5. ¿En qué área se produce el análisis de los cromosomas? ¿Qué equipos hay en ella?
6. Explica el funcionamiento de una cabina de flujo laminar.
7. ¿Qué precauciones debe tenerse en el uso de las centrífugas?
8. Indica las precauciones que deben considerarse en la utilización de las cabinas de flujo laminar.
9. ¿Con qué objetivo del microscopio es necesario utilizar aceite de inmersión?
10. Cita las tareas que se realizan en el interior de las cabinas de flujo laminar.
11. ¿Cuáles son los equipos mínimos necesarios en un laboratorio de citogenética?
12. Razona por qué es necesario seguir una adecuada técnica aséptica.
13. Cita los tipos de riesgos que existen en un laboratorio de citogenética.
14. Indica qué precauciones deben seguirse en el vertido de elementos a la red de colectores públicos.
15. Cita los residuos biosanitarios que se pueden generar en un laboratorio de citogenética.

Práctica 3.1

Preparación de 100 mL medio de cultivo para la obtención del cariotipo a partir de sangre periférica

Objetivos	Familiarizarse con el trabajo siguiendo unas normas de esterilidad y preparar medio de cultivo en condiciones estériles.
Fundamento teórico	La realización de los cultivos celulares requiere trabajar en condiciones de esterilidad y asepsia para evitar la contaminación de los medios de cultivo. La presencia de microorganismos en los medios de cultivo conlleva la inhibición del cultivo celular. Entre las técnicas asépticas se encuentra: utilizar material estéril, trabajar en el interior de una cabina de flujo laminar que proporciona un ambiente de trabajo estéril, adicionar antibióticos a los medios de cultivo y trabajar siguiendo unas normas de asepsia. Los medios de cultivo empleados en citogenética se pueden adquirir ya listos para ser utilizados o bien se prepararán en el laboratorio. La manipulación debe realizarse evitando su contaminación. El medio de cultivo completo que se utiliza para análisis cromosómicos a partir de sangre periférica contiene el medio de cultivo RPMI, antibióticos, suero bovino fetal y fitohemaglutinina. A partir del medio completo se obtienen alícuotas de 5 mL que se conservan a –20 °C hasta su utilización. Durante la preparación del medio de cultivo es fundamental utilizar todo el material y reactivos estériles, trabajar en el interior del ambiente estéril que proporciona la cabina de flujo laminar y utilizar una adecuada técnica de asepsia que prevenga la contaminación de los medios durante su manipulación.
Equipos	• Cabina de flujo laminar.
Materiales	• Gradilla. • 25 tubos de poliestireno estériles de 10 mL. • Pipeta Pasteur de 3 mL estéril de plástico. • Rotulador indeleble. • Recipiente para los deshechos.
Reactivos	• Frasco de 100 mL de RPMI. • Frasco de 25 mL de antibiótico (penicilina). • Frasco de 25mL fitohemaglutinina. • Frasco con 20 mL de suero bovino fetal. • Solución desinfectante.
Procedimiento	1. Preparación de la superficie de trabajo siguiendo las técnicas asépticas: • Desinfección de la superficie de la cabina de flujo laminar. • Encendido de la luz UV durante 15-30 minutos. • Encendido del flujo laminar 10 minutos antes de iniciar el trabajo en la cabina. • Apagado de la luz UV y encendido de la luz de la cabina. 2. Preparación de todo el material necesario en el interior de la cabina. 3. Preparación del medio de cultivo: • A la botella de 100 mL de RPMI se añaden: 20 mL de suero, 2 mL de la solución de antibiótico y 1,5 mL de la solución de fitohemaglutinina. • Se homogeneiza la mezcla. • Se distribuyen 5 mL del medio completo en cada tubo.

Procedimiento	• Se rotulan los tubos con el tipo de medio de cultivo. • Se guardan los tubos en una gradilla en el congelador a –20 °C con una etiqueta con la fecha. **4.** Se recoge todo el material utilizado y se desinfecta la cabina. **5.** Se apaga el flujo laminar y la luz de la cabina.
Cuestiones	**1.** Explica cómo funciona una cabina de flujo laminar. Incluir una imagen. **2.** Detalla las acciones que hay que realizar para trabajar en el interior de la cabina de flujo laminar. **3.** Señala las precauciones que se han de tener en cuenta. **4.** Indica qué cantidades se deben añadir si se parte de 500 mL de RPMI.

TEST DE AUTOEVALUACIÓN

1. En el organigrama de un laboratorio de citogenética, marca la opción incorrecta:

☐ *a)* El director del laboratorio es el responsable máximo.
☐ *b)* El personal técnico es el encargado de realizar los informes.
☐ *c)* Todo el personal debe recibir una formación continuada.
☐ *d)* El número personas que integran el personal del laboratorio debe ajustarse a la carga de trabajo.

2. En relación con los PNT en un laboratorio, es correcto que:

☐ *a)* Son los informes de incidencias.
☐ *b)* Son los inventarios del *stock* de reactivos.
☐ *c)* Son los protocolos normalizados de trabajo.
☐ *d)* Son establecidos y validados por el personal técnico.

3. El control del *stock* de reactivos es una tarea del personal:

☐ *a)* Personal técnico.
☐ *b)* Director del laboratorio.
☐ *c)* Personal administrativo.
☐ *d)* Personal facultativo.

4. La cabina de flujo laminar se encuentra dentro de:

☐ *a)* La zona estéril.
☐ *b)* El área de estudio.
☐ *c)* Las zonas de conservación de las muestras.
☐ *d)* La zona de bandeo de las muestras.

5. Los microscopios invertidos se encuentran:

- ☐ *a)* En el área de estudio.
- ☐ *b)* En la zona estéril.
- ☐ *c)* En la zona de procesamiento de las muestras.
- ☐ *d)* En la zona de bandeado.

6. No es un equipo imprescindible en un laboratorio de citogenética:

- ☐ *a)* Cabina de flujo laminar.
- ☐ *b)* Microscopios ópticos.
- ☐ *c)* Robot de captura automática.
- ☐ *d)* Estufas incubadoras.

7. En la cabina de flujo laminar es incorrecto que:

- ☐ *a)* Se debe trabajar con la lámpara ultravioleta encendida.
- ☐ *b)* El aire entra estéril gracias a su paso por un filtro.
- ☐ *c)* En ella se realiza la siembra de los cultivos.
- ☐ *d)* No deben situarse enfrente de la puerta.

8. En relación al medio de cultivo comercial de RPMI, es correcto que:

- ☐ *a)* Es el más utilizado para los cultivos de fibroblastos de líquido amitótico.
- ☐ *b)* Contiene suero bovino fetal.
- ☐ *c)* Está listo para ser usado.
- ☐ *d)* Es el más utilizado en los cultivos de linfocitos de sangre periférica.

9. En relación con la fitohemaglutinina, es correcto que:

- ☐ *a)* Es un agente mitógeno.
- ☐ *b)* Es un antibiótico.
- ☐ *c)* Es un antifúngico.
- ☐ *d)* Ninguna de las opciones anteriores es correcta.

10. Una de las siguientes actuaciones no es una correcta técnica aséptica:

- ☐ *a)* Utiliza guantes durante la manipulación de muestras.
- ☐ *b)* Lavarse las manos antes y después de manipular muestras.
- ☐ *c)* Llevar el uniforme de trabajo fuera del laboratorio.
- ☐ *d)* No llevar relojes o pulseras cuando se trabaja en el interior de la zona estéril.

SOLUCIONES:

1.	a	**[b]**	c	d
2.	a	b	**[c]**	d
3.	**[a]**	b	c	d
4.	**[a]**	b	c	d
5.	a	**[b]**	c	d
6.	a	b	**[c]**	d
7.	**[a]**	b	c	d
8.	a	b	c	**[d]**
9.	**[a]**	b	c	d
10.	a	b	**[c]**	d

4

Técnicas de obtención de cromosomas

Objetivos

- ✓ Conocer las diferentes muestras que pueden ser cultivadas, su forma de obtención, conservación y manipulación para estudios citogenéticos.
- ✓ Aprender a realizar los distintos tipos de cultivo celular en citogenética: líquido amniótico, vellosidad corial y sangre periférica.
- ✓ Saber aplicar las técnicas de obtención, mantenimiento y propagación de cultivos.
- ✓ Determinar el número y la viabilidad celular.
- ✓ Dominar la aplicación de las técnicas de obtención de las extensiones, tinción y bandeo de los cromosomas.

Mapa conceptual

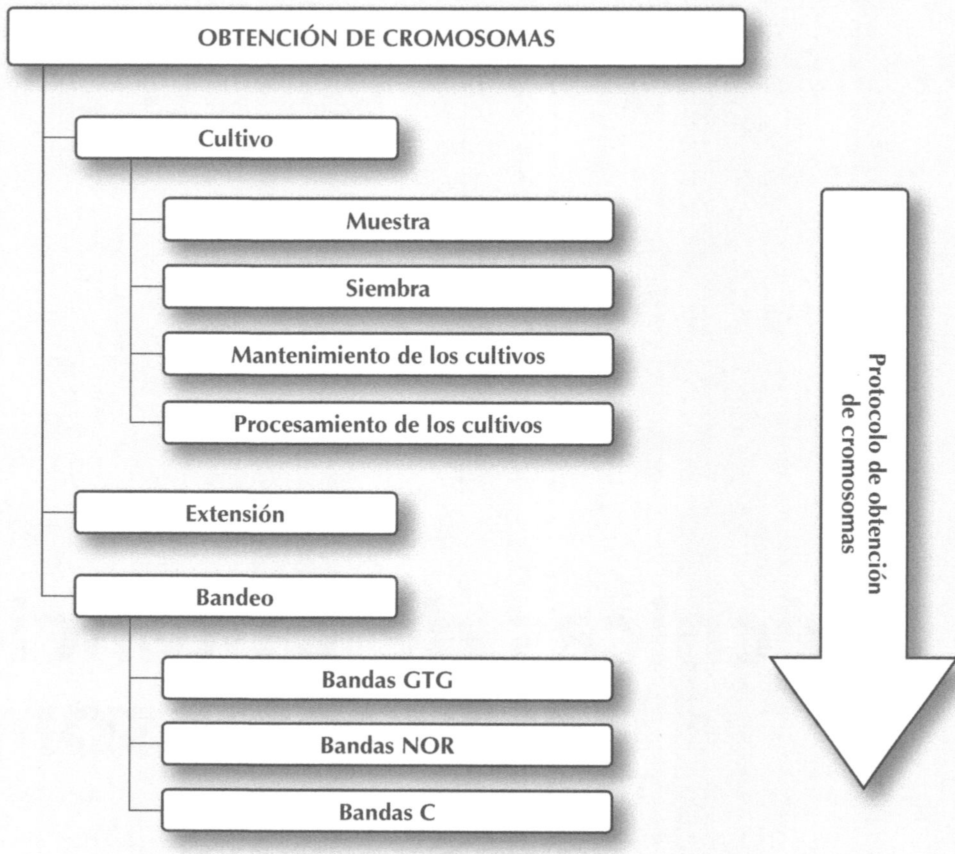

Glosario

Agente mitógeno. Sustancia que induce a dividirse a unas determinadas células.

Célula somática. Son todas las células del cuerpo excepto las sexuales (óvulos y espermatozoides).

Cordocentesis. Extracción de sangre fetal por punción en el cordón umbilical fetal.

Enzima proteolítica. Enzima que degrada las proteínas.

Índice mitótico. Proporción de células en división.

Mosaicos celulares. Presencia de células en un individuo con una dotación cromosómica diferente.

Procesos oncohematológicos. Alteraciones oncológicas que afectan a las células sanguíneas.

Trofoblasto. Es la capa de células que se forman alrededor del óvulo fecundado entre el quinto y séptimo día después de la fecundación.

Vellosidades coriales. Tejido de origen fetal formado por prominencias cónicas situadas en el saco amniótico.

4.1. Introducción

El análisis citogenético consiste en la visualización de los cromosomas. Es decir, la obtención del cariotipo de una persona con el fin de detectar la presencia de alteraciones en el número o en la estructura de los cromosomas.

Al revisar las técnicas de obtención de cromosomas hay que distinguir entre el cariotipo constitucional y el hematológico. En ambos casos siguen unas pautas generales comunes, si bien varían en algunos aspectos.

El cariotipo constitucional es el que está presente en todas las células de un individuo, excepto en las células sexuales (óvulos y espermatozoides) y se mantiene invariable a lo largo de toda la vida del individuo. En los procesos oncohematológicos la dotación cromosómica de algunos tipos de células puede variar dependiendo de la evolución del proceso, se habla entonces de cariotipo hematológico.

Para la visualización de los cromosomas resulta esencial que estos se encuentren en su estado de máxima condensación, es decir, en estado de metafase.

La visualización directa de las metafases solo es posible en tejidos que dividen espontáneamente, es decir, aquellos que tienen una proliferación rápida, tales como las gónadas, médula ósea y trofoblasto, o en los tejidos con tumores. Para el resto de las células es necesario realizar un cultivo celular. Por tanto, el cultivo *in vitro* de células y tejidos humanos constituye una parte básica del trabajo en cualquier laboratorio de diagnóstico citogenético.

Una vez realizado el cultivo y obtenidos los cromosomas metafásicos, para la visualización de los cromosomas al microscopio hay que extender los cromosomas en un portaobjetos y aplicar técnicas de tinción y bandeado que permitan su contaje e identificación.

Cada laboratorio tiene un método de cultivo para el análisis cromosómico ligeramente diferente, ya que existen muchos factores que influyen en el cultivo celular (temperatura, humedad, etc.). No obstante, las técnicas utilizadas en cada laboratorio se basan en los mismos principios comunes.

A continuación se describen cada uno de los tipos de cultivos celulares y las técnicas de obtención de los cromosomas a partir del material cultivado, así como las técnicas de tinción y bandeo, para las muestras más habituales empleadas en los laboratorios de citogenética para la obtención del cariotipo constitucional. En capítulos posteriores se revisarán las técnicas de obtención del cariotipo hematológico.

4.2. Técnicas de obtención y mantenimiento de los cultivos

El objetivo de los cultivos celulares en citogenética es obtener un número suficiente de células en metafase que permitan el análisis cromosómico. Los protocolos de cultivo varían dependiendo del tipo de célula cultivada.

Antes de profundizar en los protocolos de cultivo para cada tipo de tejido es conveniente revisar algunos aspectos generales de los cultivos.

4.2.1. Tipos de cultivos celulares

Existen varias clasificaciones de los cultivos celulares dependiendo de las condiciones en las que estos se realicen:

Los cultivos celulares se pueden clasificar, según el estado en el que se encuentran las células en el cultivo, en dos tipos:

- *Cultivos en suspensión*. Las células cultivadas están en suspensión en el medio de cultivo. Este tipo de cultivo es el empleado para el cultivo de linfocitos de sangre periférica o de médula ósea. Suelen se cultivos de corta duración (24-72 horas), por lo que no necesitan cambios de medio, ya que los nutrientes no llegan a agotarse.
- *Cultivos en monocapa*. Las células se pegan al fondo del recipiente de cultivo y forman colonias. Se utiliza para el cultivo de fibroblastos y células de tejidos sólidos. Son cultivos de larga duración (8 a15 días) y los nutrientes se agotan, por lo que es necesario renovar el medio cada 2 o 3 días. Dado que las células crecen pegadas al fondo del frasco de cultivo, para su posterior procesamiento será necesario despegarlas mediante un tratamiento con una enzima proteolítica (tripsina).

En función de si se realizan o no subcultivos, los cultivos se clasifican en primarios (los que proceden del inicial) y cultivos secundarios, que se derivan de los resembrados.

◎ FUNDAMENTAL

Un subcultivo consiste en despegar las células de un cultivo en monocapa y resembrarlas en otros frascos con el fin de estimular la división celular.

Dependiendo de la forma en que mantienen el pH del medio, se pueden clasificar en cultivos cerrados y abiertos:

- *Los cultivos cerrados* son aquellos en los que los tubos o recipientes están herméticamente cerrados. Estos cultivos llevan HEPES para amortiguar los cambios del pH. Los sistemas cerrados son, en general, preferidos por muchos laboratorios de citogenética, ya que no requieren de sistemas de regulación de gas y humidificación, evitando los problemas que esto puede causar. Permiten el uso de incubadoras más sencillas.

- *Los cultivos abiertos* son aquellos en los que los recipientes se dejan entreabiertos dentro de la incubadora, que posee una atmósfera con un 95% de aire y un 5% de CO_2. Esta composición evita que el CO_2 formado durante el metabolismo celular abandone el medio de cultivo, lo que provoca una alcalinización de este.

TOMA NOTA

El mantenimiento del pH del medio de cultivo entre los límites 7-7.4 es fundamental para la supervivencia de las células. Se puede conseguir añadiendo un *buffer* como el HEPES al medio de cultivo, o bien con una atmósfera de CO_2.

Actividades propuestas

4.1. Indica la diferencia entre un cultivo en suspensión y otro en monocapa.
4.2. Explica la utilidad del CO_2 en los cultivos abiertos.

4.2.2. Determinación del número y viabilidad celular

En el cultivo de algunos tipos de muestras, especialmente en el análisis cromosómico en enfermedades oncohematológicas, la cantidad de muestra que se va a sembrar debe ajustarse a la densidad celular. La densidad óptima para cultivos de médula ósea es de 10^6 células/mL, por tanto es necesario conocer la densidad celular de las muestras. Para determinarla existen varios métodos: desde los métodos manuales como es el contaje al microscopio con una cámara de Neubauer, hasta los métodos automatizados como el Coulter.

Al establecer los cultivos celulares es importante conocer la viabilidad celular, es decir, el porcentaje de células vivas con respecto al número total de células. Un porcentaje bajo en viabilidad celular ocasiona problemas en el desarrollo de los cultivos celulares.

La viabilidad celular puede determinarse midiendo la integridad de las membranas celulares mediante la utilización de tintes como la eritrosina o el azul trypan. Si las células no están vivas, la membrana no está íntegra, por tanto, el colorante penetra en el interior de la célula y éstas aparecerán teñidas al observarlas al microscopio.

4.2.3. Muestras para análisis cromosómico

Para realizar un análisis cromosómico se pueden tomar diferentes muestras (sangre, médula ósea, tejidos). En principio, se pueden estudiar los cromosomas de cualquier célula que sea capaz de entrar en división celular. No obstante, dependiendo de que el estudio sea en muestras de personas nacidas (posnatales), no nacidas (prenatales), en productos de abortos o procesos oncohematológicos, se utilizan diferentes muestras. En el cuadro 4.1 se refleja el tipo de muestra habitualmente utilizado para cada tipo de estudio.

CUADRO **4.1**
Muestra utilizada en función del tipo de estudio

Tipo de estudio	Tipo de muestra
Posnatales	• Linfocitos de sangre periférica
Prenatales	• Fibroblastos procedentes de líquido amniótico • Vellosidades coriales • Sangre del cordón umbilical obtenida por cordocentesis
Productos de abortos	• Cualquier tipo de tejido
Oncohematológico	• Médula ósea • Sangre periférica

FUNDAMENTAL

Todas las muestras para el análisis citogenético deben ser extraídas y conservadas en condiciones estériles, y llegar lo antes posible al laboratorio. Las células sobreviven durante unos días si se refrigeran, pero mueren si se congelan o se exponen a altas temperaturas.

Actividad propuesta 4.3

Indica la condición que debe cumplir un tejido para poder realizarle un estudio citogenético. ¿Conoces algún tejido cuyas células no cumplan dicha condición?

4.3. Cultivo de linfocitos de sangre periférica para estudios citogenéticos constitucionales

La sangre periférica es el tejido humano más fácil de obtener. Actualmente, el estudio del cariotipo constitucional de una persona se realiza sobre un cultivo de células blancas de la sangre: basófilos, eosinófilos, neutrófilos, monocitos y linfocitos. Se trata de células nucleadas capaces de sufrir división celular cuando se agrega un agente mitógeno.

Se suele utilizar sangre total en lugar de células blancas solo, ya que los eritrocitos y los otros componentes celulares de la sangre no interfieren por lo general en la división de los linfocitos en el cultivo. El agente mitógeno de uso común en el laboratorio de citogenética para cultivo de linfocitos T es la fitohemaglutinina (PHA); se trata de una mucoproteína que se encuentra naturalmente en el guisante rojo (Phaseolus vulgaris). Se comporta de una manera similar a un antígeno extraño, estimula la división de los linfocitos mediante el aumento de la síntesis de ADN.

Actividad propuesta 4.4

Cita el nombre del agente mitógeno utilizado generalmente en el cultivo de linfocitos de sangre periférica para el estudio citogenético.

RECUERDA

✓ El cariotipo constitucional es la dotación cromosómica que tienen todas células somáticas y que no cambia a lo largo de la vida.

4.3.1. Condiciones preanalíticas de las muestras

A continuación se describen las condiciones a las que se va a someter a la muestra antes de llevar a cabo los estudios citogenéticos.

A) Obtención

La sangre se obtiene normalmente por *venopunción* en niños y adultos, aunque en casos de niños muy pequeños también se puede obtener *sangre capilar* aunque en ocasiones se consigue una calidad inferior en los resultados. En el caso de los recién nacidos muertos, la sangre se obtiene por *punción intracardiaca*. También pude obtenerse sangre fetal por *punción de los vasos del cordón umbilical*, aunque esta sangre puede estar deteriorada si no se extrae inmediatamente después del parto. En el cuadro 4.2 se refleja para cada tipo de paciente el tipo de sangre a utilizar para el cultivo.

CUADRO **4.2**
Procedencia de la muestra en función del tipo de paciente

Tipo de paciente	Procedencia
Niños y adultos	Sangre periférica por venopunción
Mortinatos	Punción intracardiaca
Recién nacidos	Sangre capilar
Fetos durante el embarazo o en el momento del nacimiento	Sangre del cordón umbilical

TOMA NOTA

La muestra debe adjuntar bien identificadas la procedencia y condiciones de extracción en que se ha realizado.

B) Conservación

Las muestras deben procesarse lo antes posible, aunque pueden conservarse de 2 a 4 días a 4 °C. No deben *congelarse nunca* ni someterse a altas temperaturas, ya que origina la muerte de las células.

La sangre ha de recogerse en un tubo estéril que contenga como anticoagulantes heparina de litio de sodio o bien se puede añadir 0,1 mL de 5,000 UI/mL a la jeringa de muestreo.

El anticoagulante evita la formación de un coágulo que atrapa las células sanguíneas. No debe utilizarse EDTA, ya que es tóxico para las células y afecta negativamente al cultivo celular.

Actividades propuestas

4.5. Razona por qué las muestras para cultivo celular no deben de congelarse nunca.
4.6. Indica el tipo de tubo utilizado para recoger una muestra de sangre para análisis cromosómico.

C) Rechazo

Las muestras hemáticas coaguladas o que no se encuentren en el contenedor adecuado darán lugar a fallo en los cultivos. Estas muestras deberán rechazarse; no obstante, con frecuencia es necesario tratar tales cultivos, especialmente si la muestra es "preciada" (por ejemplo, de un neonato o muerte fetal). En estos casos se puede intentar el cultivo, aunque los resultados obtenidos suelen ser de muy baja calidad.

4.3.2. Siembra de la muestra

Para el análisis cromosómico es necesario tener un número suficiente de células en división. El cultivo celular se inicia con la siembra o inoculación de una alícuota de la muestra en el medio de cultivo. Al sembrar la muestra hay que tener en cuenta varios factores:

A) Cantidad de sangre que sembrar

La cantidad de sangre que sembrar debe ajustarse a las características de la muestra (edad del paciente, salud, sexo, estado emocional, tratamientos, situación geográfica), ya que varía la cantidad y vitalidad de los linfocitos presentes en la muestra.

En el cuadro 4.3 se reflejan las cantidades de muestra recomendada en los diferentes grupos de pacientes para un volumen final de medio de cultivo de 10 mL.

En algunas ocasiones no hay crecimiento celular en la muestra cultivada. Las causas del fallo del cultivo pueden deberse a la obtención y conservación de la muestra (muestra no recogida en el contenedor adecuado, muestra no fresca, conservación no adecuada) y circunstancias particulares que rodean al paciente (trastornos de la sangre relacionados con infecciones, leucemias, toma de medicación). En el caso de los mortinatos, las células pueden estar muertas a su llegada al laboratorio. Se observa la lisis de los glóbulos rojos (muestras hemáticas).

CUADRO 4.3
Cantidad de sangre total que sembrar en función del paciente

	Volumen de sangre (mL)	Volumen de medio (mL)
Adulto normal	0,8	10
Niños y jóvenes	0,6	10
Embarazadas y posparto	1	10

Actividad propuesta 4.7

Indica el volumen de muestra que se debe sembrar en 5 mL de medio de cultivo si esta corresponde a la de un niño.

B) Medios para el cultivo de linfocitos

El medio generalmente utilizado para el cultivo para de linfocitos humanos es el RPMI 1640 (Roswell Park Memorial Institute). Se trata de un medio de pH 7,4 y una concentración de sales osmóticamente balanceada (260-320 mOsm/kg) que contiene agua, sales, glucosa, vitaminas nutrientes. El medio RPMI puede obtenerse con o sin glutamina. La glutamina es generalmente el factor limitante del crecimiento celular debido a que es inestable en el medio de cultivo. Por ello, el medio comercial debe enriquecerse con glutamina cuando se realiza el cultivo celular.

Al medio RPMI se le añaden una serie de complementos:

- L-glutamina.
- Fitohemaglutinina.
- Antibióticos, como penicilina y estreptomicina.
- HEPES (regulador de pH) o atmosfera de CO_2, con un indicador de pH (rojo fenol).
- Suero bovino fetal (FCS), que aporta factores de crecimiento.

C) Protocolo de preparación de medio de cultivo completo

Añadir a la botella de medio de RPMI de 100 mL las siguientes cantidades de reactivos reflejadas en el cuadro 4.4:

CUADRO 4.4
Componentes del medio RPMI 1640 completo

Material	Concentración	Volumen (mL)
RPMI 1640	1x	100
Suero bovino fetal	–	20
Antibióticos	2 × 10.000 IU/mL	2
Fitohemaglutinina	–	1,5
L-glutamina	200 mM (100x)	1

Nota: Mezclar, homogeneizar y fraccionar en alícuotas de 5 mL. Guardar a –20 °C hasta su uso.

D) Procedimiento de siembra

La siembra se ha de realizar en condiciones estériles y en el interior de la cabina de flujo laminar, previamente conectada la luz ultravioleta durante 20 minutos, y desinfectada la superficie de trabajo. Se ha de utilizar una adecuada técnica aséptica para no contaminar los cultivos.

Protocolo de siembra de linfocitos de sangre periférica

- Se homogeneiza la muestra, se toma con una micropipeta con punta estéril la cantidad adecuada de sangre completa y se añade esta cantidad en 5 mL de medio de cultivo completo previamente precalentado a 37 °C.
- Se cierra el tubo de cultivo, se homogeneiza y se introduce en el interior de la estufa de 37 °C.
- Se deposita tumbado y con el tubo cerrado en sistemas de cultivo sin CO_2, y un poco desenroscado en cultivos abiertos con atmósfera de CO_2.

E) Tiempo de cultivo

El ciclo celular de los linfocitos tarda aproximadamente 24 h en completarse. La primera mitosis tiene lugar a las 48 horas tras la adición de la PHA. Los ciclos de mitosis se repiten cada 24 horas, es decir 48, 72 y 96 h (primero, segundo y tercer ciclo de división celular). Para obtener cromosomas visibles al microscopio es necesario añadir agentes que detengan las células en el estado de metafase.

Cuando se realiza la siembra de la muestra de sangre, se alcanza el máximo de actividad mitótica a las 72 horas, degenerando a los 9 días (figura 4.1). Por tanto, a efectos de rutina *el tiempo de cultivo debe ser de 72 horas*, más allá de este tiempo no aumenta el índice mitótico y comienza a agotarse el medio de cultivo, por lo que no se aconseja alargar el tiempo de cultivo más allá de 72 horas.

RECUERDA

✓ El tiempo de cultivo para cultivos de sangre periférica para análisis citogenéticos constitucionales es de 72 horas.

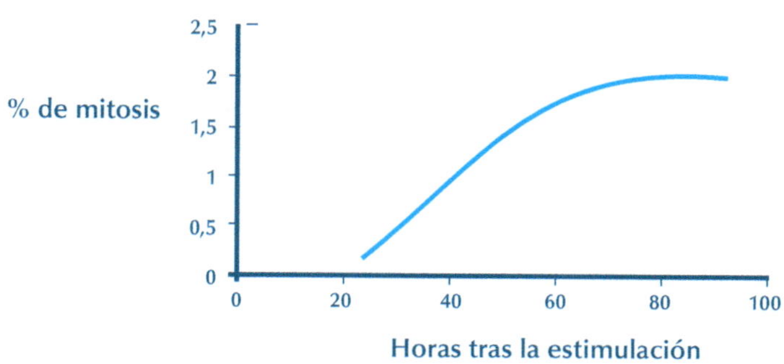

Figura 4.1
Porcentaje de células en mitosis en función del tiempo transcurrido tras la estimulación con PHA de linfocitos de sangre periférica

Actividades propuestas

4.8. ¿En los cultivos de linfocitos de sangre periférica, aumentar el tiempo de cultivo más allá de 72 horas incrementa el número de células en metafase obtenidas? Razona la respuesta.

4.9. Explica cómo influiría en el número de células en metafase obtenidas si reducimos el tiempo de cultivo a 48 horas.

4.3.3. Técnicas de cultivos y obtención de los cromosomas

Una vez transcurridas las 72 horas de cultivo, se alcanza mayor índice mitótico; llegado este momento es necesario parar la división celular en esta etapa de metafase, antes de que los cromosomas vuelvan a entrar en estado de interfase, en el que se encuentran de nuevo descondensados. El proceso de parada de los cultivos se denomina en terminología citogenética como "cosecha" o "sacrificio del cultivo". Para ello se utilizan inhibidores del huso acromático, de modo que se bloquee el ciclo celular en la etapa de metafase.

RECUERDA

✓ La cosecha o sacrificio del cultivo consiste en la parada de las células en la etapa de metafase debido a la adición de colcemid.

A) Inhibidores del huso acromático

Existen varios productos químicos que previenen la formación de las fibras del huso que se insertan en el centrómero de cada cromosoma antes de la división mitótica y tiran de las cromátidas separándolas en la anafase. Estos productos químicos incluyen vinblastina, colchicina (análogo del colcemid).

El colcemid es el nombre comercial de Ciba-Geigy para deacetylmethylcolchicine. Se suministra en forma líquida en solución salina equilibrada de Ham's o en forma liofilizada que se prepara con una solución salina tamponada con fosfato (PBS). Ambos tienen una concentración de 10 mg/mL.

El tiempo en colcemid es proporcional al índice de metafase, a mayor tiempo de colcemid más células se pararan en el estado de metafase, pero *una exposición prolongada al colcemid da como resultado una reducción de la longitud del cromosoma*, ya que los cromosomas en metafase se vuelven progresivamente más corto con el tiempo.

Por lo tanto, se debe buscar una situación intermedia en la que haya un número suficiente de metafases con cromosomas de una morfología suficientemente alargada para facilitar la buena resolución de bandas. Este "compromiso" se estima en 1,5 a 2 h de tratamiento colcemid para cultivos no sincronizadas.

Actividad propuesta 4.10

Responde a las siguientes cuestiones:

a) Explica qué significa el término citogenético "sacrificio o cosecha del cultivo". ¿Cómo lo llevarías a cabo? Cita uno o más inhibidores del huso acromático.
b) Explica qué es el colcemid y su mecanismo de acción. ¿Qué consecuencias tiene una exposición prolongada al colcemid?

B) Protocolo de tratamiento con colcemid

A las 72 horas de cultivo a 37 °C, el índice mitótico de las muestras alcanza su valor máximo. Con la finalidad de parar las células en división en el estado de metafase se añade el colcemid a los cultivos siguiendo el siguiente protocolo:

■ Protocolo de tratamiento con colcemid

- Sacar los cultivos del incubador.
- Añadir 0,2 mL de la solución *stock* de colcemid por cada 10 mL de medio de cultivo.
- Mezclar.
- Incubar a 37 °C durante 45-60 minutos.

C) Tratamiento con una solución hipotónica

Una vez paradas las células en el estado de metafases, se someten a un tratamiento con una solución hipotónica que origina en hinchamiento de los cromosomas.

Una solución hipotónica es una disolución con una concentración salina menor que en el citoplasma de las células, por la ley de ósmosis habrá un movimiento de H20 desde la solución hipotónica al interior de la célula a través de la membrana celular. *Esto origina que las células se hinchen y estallen muchos de los eritrocitos* (la solución celular adquiere un tono marrón debido a la lisis de los eritrocitos, la hemoglobina que da el color rojo al cultivo se convierte en hematina, que es de color marrón oscuro). Si apareciesen coágulos marrón oscuro, hay que eliminarlos con una pipeta, ya que estos engloban a las células dando lugar a un índice mitótico bajo. Tras el tratamiento con el choque hipotónico las células deben tratarse suavemente, sin movimientos bruscos que den lugar a metafases incompletas. Hay que evitar pasar el pellet a través de pipetas con puntas estrechas.

Por lo tanto, el tratamiento hipotónico es una etapa crítica que requiere un control exacto de su duración. Este procedimiento sirve para complementar el tratamiento colcemid y ayuda a la dispersión de los cromosomas.

Protocolo del choque hipotónico

- Pasado el tiempo del tratamiento con el colcemid, se centrifugan las muestras 10 minutos a 1.000 rpm.
- A continuación se elimina el sobrenadante por aspiración.
- Se resuspende el pellet y se añaden por goteo 10 mL de una solución hipotónica de KCl 0,075 M previamente precalentada a 37 °C, se mezcla suavemente.
- Se incuba en un baño a 37 °C durante 10 minutos.

Actividad propuesta 4.11

Explica por qué el tratamiento con la solución hipotónica es una etapa crítica en el procesamiento de los cultivos.

RECUERDA

✓ El tratamiento con la solución hipotónica hincha las células. Es una etapa crítica y su duración debe estar bien controlada.

D) Fijación

El fijador habitual (Carnoy) para preparaciones de cromosomas es una mezcla recién hecha de 3 partes de alcohol (etanol absoluto o metanol) y una parte de ácido acético glacial. Si se cambia la proporción (3:1) se afecta de forma negativa la morfología de los cromosomas. Esta mezcla debe conservarse en frio hasta su utilización.

El tratamiento con el fijador precipita ácidos nucleicos, por lo tanto los cromosomas son fijados al material circundante y ayuda a la eliminación de citoplasma y restos celulares.

Mediante la mezcla de metanol y ácido acético en las proporciones anteriores se logra un equilibrio óptimo entre la mejor fijación de los cromosomas y la eliminación de material celular circundante. Algunos protocolos proponen eliminar el choque hipotónico y a continuación añadir el fijador (protocolo siguiente), mientras que otros sugieren, una vez realizado el choque hipotónico, añadir una pequeña porción de fijador a la solución hipotónica.

Una vez pasado los 10 minutos del choque hipotónico se sigue el protocolo de fijación.

Protocolo de fijación

- Se centrifuga la muestra 10 minutos a 1.000 rpm y se descarta el sobrenadante.
- Se resuspende el pellet y se añaden, gota a gota y mediante agitación suave para que se mezcle conforme cae, 5 mL de una solución fría, recién preparada de fijador.
- Se mantiene 20 minutos en el congelador a –20 °C.
- Se centrifuga 10 minutos a 1.000 rpm, se descarta el sobrenadante y se vuelve añadir 5 mL de fijador.

- Se centrifuga de nuevo, repitiendo la operación un total de 3 veces (el sobrenadante debe quedar transparente).
- A partir de este momento las muestras pueden conservarse a 4 °C hasta el día siguiente o hacer las extensiones a continuación.

Un exceso de exposición a ácido acético origina la rotura prematura de la membrana celular dando lugar a la pérdida de cromosomas.

Tanto el alcohol como el ácido deben mantenerse en recipientes herméticos para evitar que absorban agua. El alcohol que contiene agua no hidrata bien las células, ocasionado resultados negativos en la obtención de las metafases. Esto es debido a que la evaporación del alcohol desempeña un papel muy importante en la separación de los cromosomas en las metafases cuando se hacen las extensiones.

Una fijación insuficiente da lugar a metafases con material amorfo sobre los cromosomas que posteriormente interferirá en la obtención de bandas. El aspecto de las metafases en esta situación es acristalado como de "huevo frito".

Actividad propuesta 4.12

Resuelve las siguientes cuestiones sobre la solución fijadora:

a) Cita los componentes de la solución fijadora.
b) Indica las precauciones que se han de seguir con la solución fijadora.
c) Explica las consecuencias que tiene una sobre exposición a la solución fijadora.

RECUERDA

✓ El fijador es una mezcla de metanol: acético (3:1), es muy importante no invertir las proporciones. Debe prepararse nuevo cada día y conservarse en recipientes cerrados y a 4 °C para evitar la evaporación.

4.3.4. Técnicas de obtención de las extensiones

Para poder estudiar los cromosomas al microscopio, el pellet celular se extiende sobre un portaobjetos. Hay gran variedad de métodos para la preparación de las extensiones.

Independientemente del método de extensión, los portaobjetos deben estar limpios y libres de grasa para asegurar una buena difusión de los cromosomas. La mejor manera de lograrlo es por inmersión, primero en metanol absoluto y luego en agua desionizada.

En algunos laboratorios lavan los portas con detergente, o los sumergen en una disolución de mezcla crómica. Pero en estos casos deben enjuagarse muy bien para eliminar los restos de detergente, ya que de lo contrario se forma una película que se tiñe con el colorante.

Los portas limpios se pueden almacenar en agua destilada o metanol si se utilizan húmedos. Para realizar la extensión se centrifuga el tubo con la muestra, se elimina parte del sobrenadante de tal forma que quede aproximadamente el doble de volumen que botón celular y se resuspende y se hacen de 4 a 8 extensiones para cada cultivo.

A) Método húmedo

Se utilizan portas limpios y desengrasados, enjuagados con agua destilada y mantenidos en metanol frío durante 1 hora; para su utilización se introducen en una cubeta con agua destilada fría.

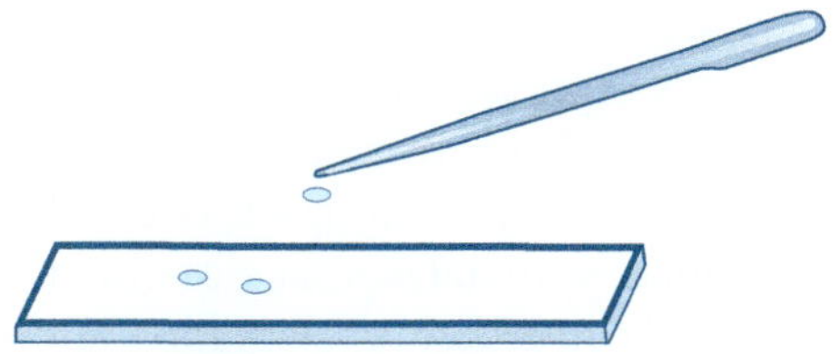

Figura 4.2
Extensión del material en el portaobjetos

Para realizar la extensión se toma uno de estos portas, se escurre un poco el agua y se mantiene en posición horizontal. El porta debe presentar una película de agua uniforme en toda la superficie. Se introduce en una pipeta Pasteur una pequeña cantidad de la suspensión celular. A continuación se dejan caer cuidadosamente 3 gotas en tres posiciones diferentes del porta dejando que se abran las gotas (figura 4.2). Se observa cómo se abre la gota. Se acerca ligeramente a la llama y seca la parte inferior del porta y los dos extremos. En algunos laboratorios dejan secar el porta sobre una placa caliente.

A medida que se abre la gota por la evaporación del alcohol se difunden los cromosomas.

B) Método de flameado

Se utilizan portas sumergidos en fijador. Se toma el porta y se deja escurrir un poco el fijador, a continuación se dejan caer 3 gotas de suspensión celular a lo largo del porta y se flamea la extensión. A continuación se deja secar a temperatura ambiente.

En algunos laboratorios realizan la extensión con portas secos en una cabina en la que se mantiene controlada la humedad y la temperatura, con el fin conseguir unas condiciones de trabajo estandarizadas y evitar las fluctuaciones estacionales.

Un exceso de humedad y temperaturas elevadas provoca una difusión mayor de los cromosomas. Por el contrario, un ambiente seco impide que se difundan los cromosomas, obteniéndose metafases cerradas.

Actividades propuestas

4.13. Explica por qué deben utilizarse portas desengrasados para realizar las extensiones. ¿Cuál es la mejor manera de limpiarlos? Investiga otras formas de limpiarlos, sus ventajas e inconvenientes.

4.14. Indica las consecuencias que tiene sobre la calidad de las extensiones un ambiente atmosférico con un grado alto de humedad.

C) Calidad de las extensiones cromosómicas

La extensión del material en los portas es una etapa crucial, ya que las metafases se abren al secarse el material en el porta. Se examinan las preparaciones bajo el microscopio de contraste de fases; debe observarse la densidad de células y metafases, la distribución de los cromosomas en la metafase y el grado de condensación de los cromosomas. La densidad celular se ajusta diluyendo o concentrando la suspensión celular si es necesario. Una alta densidad celular provoca un retraso en el secado de la extensión, mientras que un bajo número de metafases dificulta el análisis cromosómico.

Distribución de los cromosomas en la metafase: los cromosomas deben aparecer todos en la metafase y con el menor número de cromosomas superpuestos. Si las metafases están muy cerradas (figura 4.3a) los cromosomas aparecen cruzados y no será posible su identificación. Si se rompen las membranas celulares, las metafases aparecen muy abiertas (figura 4.3b) y pueden perderse los cromosomas, hay dispersión. En ambos casos hay que repetir la extensión variando las condiciones hasta obtener una calidad óptima.

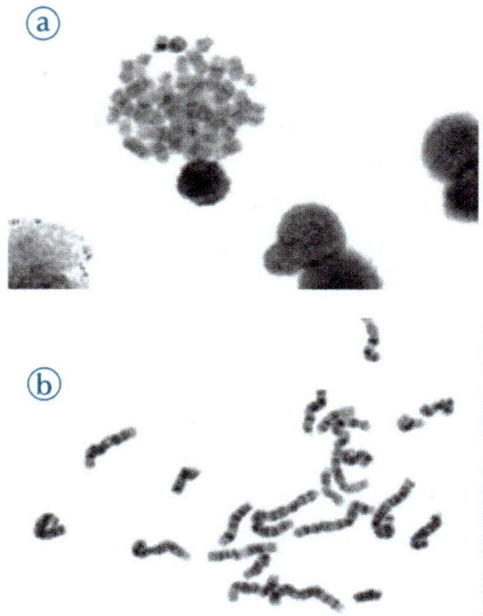

Figura 4.3
Metafases no aptas:
a) metafases cerradas;
b) metafases con dispersión

Morfología de los cromosomas: los cromosomas deben presentar un grado de condensación óptimo para poder realizar las técnicas de bandeo. Si los cromosomas están muy condensados, no se bandearán correctamente y el nivel de resolución será muy bajo. Por el contrario, si están excesivamente descondensados, a menudo forman marañas que hacen difícil su identificación.

La calidad de la extensión está influenciada por la temperatura (altas temperaturas pueden causar un exceso de difusión y la rotura de las células, originando la dispersión de las metafases, mientras que las bajas temperaturas pueden inhibir la apertura de las metafases). Otro factor que influye es la humedad (un grado de humedad elevado retrasa el tiempo de evaporación del fijador, aumentando la dispersión de los cromosomas). Esto es debido a diferente velocidad de evaporación del fijador en función de la humedad y de la temperatura. Hay disponibles cabinas comerciales para la realización de extensiones que mantienen constantes la temperatura y la humedad. En el cuadro 4.5 se reflejan los posibles problemas encontrados al realizar las extensiones y las posibles soluciones.

CUADRO 4.5
Problemas encontrados al realizar las extensiones y posibles soluciones

Problema	Posible causa	Solución sugerida
Pocas metafases pero muchas células	• No se ha completado la división celular	• Aumentar el tiempo de colcemid
Pocas metafases y pocas células	• Demasiada lisis	• Reducir el tiempo del choque hipotónico o aumentar su concentración • Manejar las muestras con cuidado, no pipetear

[.../...]

Cuadro 4.5 (cont.)

Metafases cerradas	• No se han hinchado las células con el choque hipotónico	• Aumentar el tiempo del choque o reducir su concentración • Dejar caer las gotas en el porta desde más altura
	• Secado muy rápido de la gota	• Aumentar el grado de humedad y la temperatura ambiente • Dejar secar las extensiones sobre una placa a 40 °C
Metafases muy abiertas, con dispersión	• Demasiada lisis	• Manejar las muestras con cuidado, no pipetear
	• Secado lento de la preparación	• Reducir el grado de humedad. Mantener la suspensión celular a –20 °C 1 hora antes de la extensión • Diluir con fijador
Cromosomas muy cortos y condensados	• Tratamiento con colcemid muy largo	• Reducir el tiempo del colcemid o su concentración

Actividad propuesta 4.15

Cita los problemas que pueden aparecer al realizar las extensiones. Investiga si, además de las posibles causas sugeridas en el cuadro 4.5, existen otras que puedan dar lugar al mismo problema.

4.3.5. Tinción con Giemsa

Las extensiones una vez secas pueden teñirse con una disolución de Giemsa al 2% en *buffer* fosfato. Para ello se cubre el porta con la solución de tinción, se deja 10 minutos, se lava con agua destilada y se deja secar.

Con este proceso se obtienen metafases en las que todos los cromosomas están teñidos uniformemente. Con esta técnica podemos contar el número de cromosomas y la morfología de cada uno, pero no es útil para identificar cada cromosoma (figura 4.4). Se obtiene lo que en citogenética se denomina "morfológico". Mediante la tinción con Giemsa solo es posible detectar alteraciones en el número total o por grupos de los cromosomas, no permite saber qué cromosoma está en exceso o en defecto.

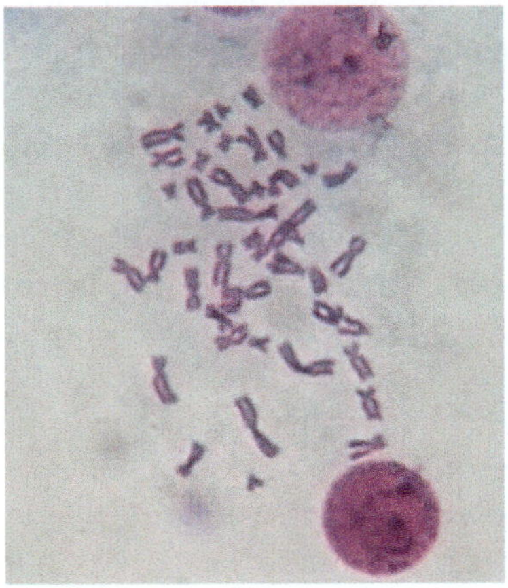

Figura 4.4
Metafase teñida con Giemsa observada al microscopio con el objetivo de 100x

Actividad propuesta 4.16

Tras la lectura de este apartado, resuelve las siguientes cuestiones:

a) Indica el colorante utilizado para teñir los cromosomas de las metafases.
b) Indica cómo se denomina una extensión teñida a la que no se le aplica ninguna técnica de bandas.

4.4. Técnicas de bandeo cromosómico

Las técnicas de bandeo originan una serie de marcas en forma de bandas y subbandas a lo largo de cada cromosoma (blancas, negras y grises) características para cada cromosoma que permiten su identificación individual y el estudio de su estructura para determinar la presencia de anomalías cromosómicas en su estructura.

Hay descritas numerosas técnicas de bandas, pero las más utilizadas en los laboratorios de citogenética son las bandas GTG, CGB y NOR.

4.4.1. Bandas GTG

Las bandas G por tripsina (utilizando Giemsa) es la técnica que se utiliza habitualmente para la obtención del cariotipo. Consiste en un tratamiento con tripsina antes de la tinción con Giemsa o Wright. La tripsina digiere las proteínas; en las zonas de mayor condensación de los cromosomas la digestión será peor, se observarán zonas transversales oscuras, que contienen ADN rico en bases A-T que replica tardíamente y son pobres en genes constitutivos. Las regiones menos condensadas aparecerán más claras; contienen ADN rico en G-C, que replica tempranamente y tienen muchos genes constitutivos (figura 4.5).

Cada cromosoma posee unas bandas claras y oscuras características que permiten su identificación; en la figura 4.6 se observa un cariotipo humano con bandas GTG.

Dependiendo del grado de condensación de los cromosomas, estos pueden aparecer más largos o más cortos. A mayor longitud de los cromosomas, mayor será el número de bandas que se podrán observar, por tanto mayor será la resolución del cariotipo. La resolución necesaria es de un mínimo de 450-550 bandas (suma de todas las bandas de los 46 cromosomas) (figura 4.7).

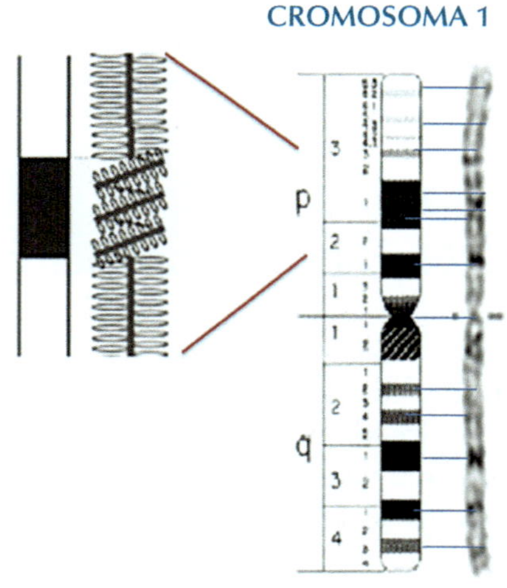

Figura 4.5
Las bandas oscuras corresponden a las regiones de mayor condensación de la cromatina
Fuente: adaptado de Niimura Y. *et al. In Silico Chromosome Staining: Reconstruction of Giemsa Bands from the Whole Human Genome Sequence*. Proc. Natl. Acad. Sci., USA, 2002, Jan, 22th; 99(2):797-802. Epub, 2002, Jan, 15th

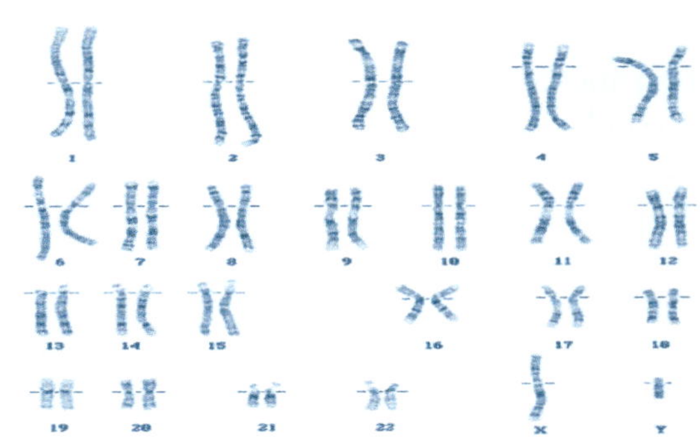

Figura 4.6
Cariotipo humano con bandas GTG

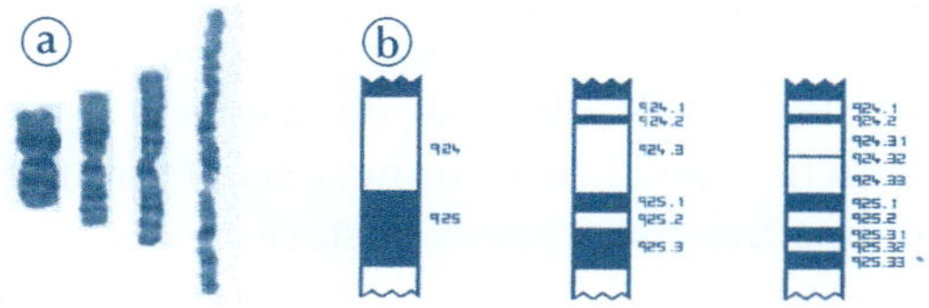

Figura 4.7
a) Cromosoma 1 con diferentes grados de resolución, de menor a mayor (de izquierda a derecha);
b) idiograma de una banda del cromosoma 1
Fuente: NHS National Genetics Education and Development Centre Supporting Genetics Education for Health, 2009. www.geneticseducation.nhs.uk.

A medida que los cromosomas están menos condensados, cada banda a su vez se subdivide en subbandas. El tiempo de tratamiento con la tripsina es un punto clave para conseguir metafases de buena calidad (figura 4.8a). Un tratamiento escaso de tripsina provoca que no aparezcan bandas en los cromosomas, mientras que un tratamiento excesivo origina una digestión de todo el cromosoma, apareciendo hinchado (figura 4.8b).

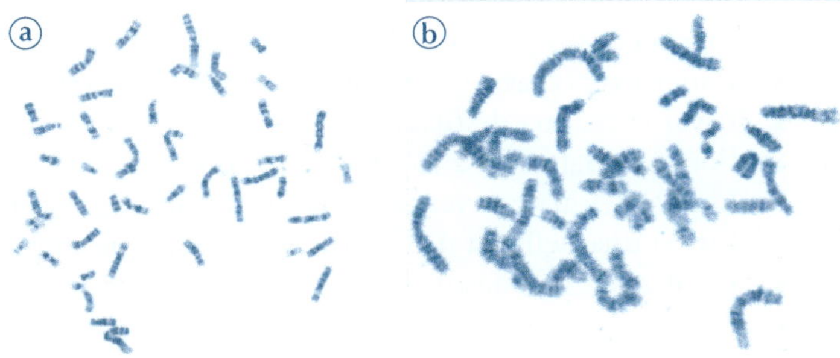

Figura 4.8
a) Metafase con el tratamiento correcto de tripsina; b) metafase con exceso de tripsina no óptima para análisis

Protocolo de bandas GTG

- Poner los portas a 60 °C al menos 16 horas antes.
- Preparar solución de tripsina e incubar a 37 °C.
- Pasa por la solución de tripsina durante 18-28 segundos para sangres periféricas (verificar el tiempo cada día, varía según temperatura y humedad).
- Lavar en agua destilada fría.
- Teñir con solución de Giemsa al 2% durante 10 minutos.
- Lavar en agua corriente.

4.4.2. Bandas CBG

Las bandas CBG consisten en un tratamiento con ácido clorhídrico, hidróxido de bario y tinción con Giemsa, de ahí su nombre. Se utilizan para observar la heterocromatina constitutiva de los cromosomas (figura 4.9a). Esta se encuentra en todos los centrómeros y en la región subcentromérica de los cromosomas 1, 9, 16 y el extremo final del brazo largo del cromosoma Y (figura 4.9b). Para su observación se realiza un tratamiento con ácido HCl y $Ba(OH)_2$ que digiere todo el cromosoma excepto las regiones más condesadas, que corresponden a la heterocromatina constitutiva. Posteriormente se tiñe con Giemsa durante 45 minutos.

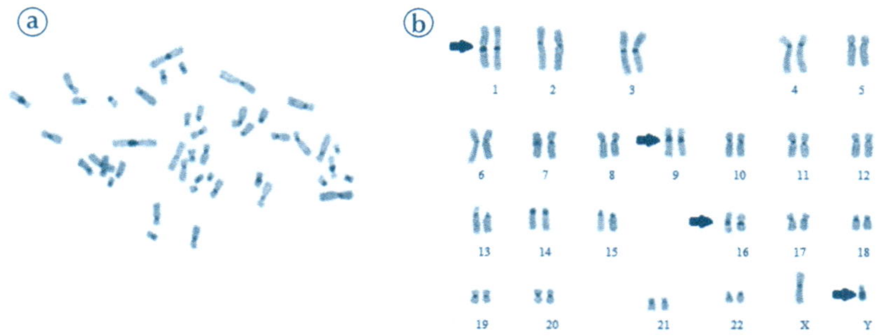

Figura 4.9
a) Metafase con bandas CBG; b) cariotipo con bandas CBG

■ Protocolo de bandas CBG

- Envejecer los portas a 65 °C en estufa durante 1 día.
- Poner los portas a temperatura ambiente en HCl 0,2N durante 30 minutos.
- Lavar con agua destilada.
- Poner el $Ba(OH)_2$ a 37 °C 10-15 min.
- Lavar en agua corriente sin sacar el porta del coplin porque al contacto con el CO_2 se forma una película de carbonato cálcico que impide que se bandeen.
- Lavar con agua destilada tres veces al menos.
- Incubar las preparaciones en 2X SSC a 65 °C durante 2 horas.
- Lavar en agua destilada.
- Deshidratar en etanol 70 y 90% y dejar secar al aire.
- Teñir con Giemsa durante 45 min.
- Lavar y secar las preparaciones.

Observaciones: el tiempo de ClH (30 a 60 min) y $Ba(OH)_2$ (5 a 10 min a 50 °C o 15 min a 37°) puede variarse si no se digiere bien la eucromatina.

Es importante que se lave bien el hidróxido, de lo contrario queda una capa sobre las metafases que impide que se vean las bandas.

4.4.3. Bandas NOR

Las bandas NOR permiten la visualización de las regiones de los organizadores nucleolares de los cromosomas mediante el tratamiento con nitrato de plata.

Los organizadores nucleares contienen genes para las subunidades 18S y 28 S de los ARNr. Mediante las bandas NOR se tiñen unas proteínas adyacentes a las regiones de los organizadores nucleolares; estas regiones se encuentran en los satélites de los cromosomas acrocéntricos, aunque *no todos los cromosomas acrocéntricos tienen satélites, así cada individuo tiene un patrón característico de bandas NOR* (figura 4.10).

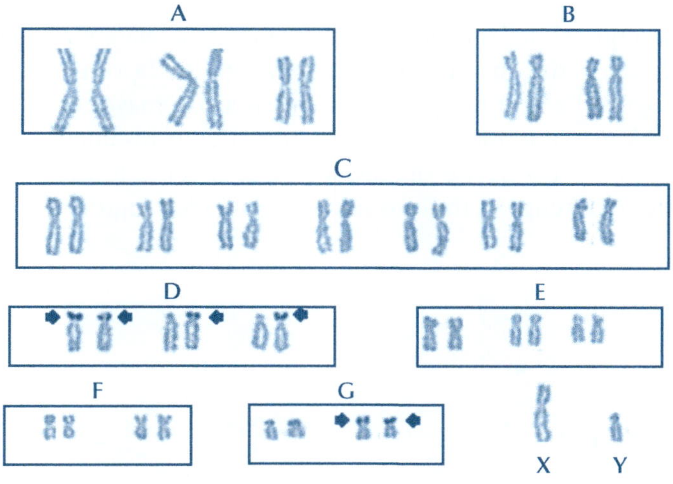

Figura 4.10
Cariotipo masculino con bandas NOR

Protocolo de las bandas NOR

- Sobre extensiones recién hechas y sin haberles dado llama.
- Poner sobre la placa con la muestra 2 gotas de solución de gelatina y 4 de solución de nitrato de plata. Mezclar las soluciones.
- Cubrir con un cubre.
- Incubar en una estufa a 70 °C hasta que la solución adquiera color oro viejo.
- Quitar el cubre y lavar bien con agua destilada y dejar secar.
- Teñir con Giemsa durante 45 segundos.

Las bandas NOR y bandas C son útiles para detectar variantes ocasionales de la morfología (heteromorfismos).

Estas alteraciones son generalmente benignas y reflejan diferencias en la cantidad o tipo de secuencias de ADN satélite en un determinado lugar del cromosoma.

Actividad propuesta 4.17

Tras la lectura de este apartado resuelve las siguientes cuestiones:

a) Explica el efecto que realiza la tripsina sobre los cromosomas e indica qué efecto ejerce sobre las metafases un exceso de tratamiento con tripsina.
b) Indica la utilidad de las bandas CBG. ¿Cuál dirías que es el paso más crítico del protocolo de bandas CBG?, ¿qué consecuencias puede tener un error en dicho paso?
c) Indica las estructuras que se tiñen con las bandas NOR. ¿Por qué son importantes dichas estructuras?

4.5. Cultivo de linfocitos sincronizados. Cariotipo de alta resolución

En los cultivos no sincronizados la proporción de células en metafase y prometaphase tempranas es más bajo que el de las células en metafases o metafase tardía debido a la forma en que el colcemid detiene la mitosis. Por lo que la mayor parte de los cromosomas obtenidos están en la fase de metafase tardía, con un grado de condensación mayor que en los de prometafase o metafase temprana. A mayor grado de condensación, menor resolución de bandas. Con el fin de obtener cromosomas con bandas de alta resolución se han modificado las técnicas convencionales, de tal forma que se obtengan cromosomas más alargados (figura 4.11).

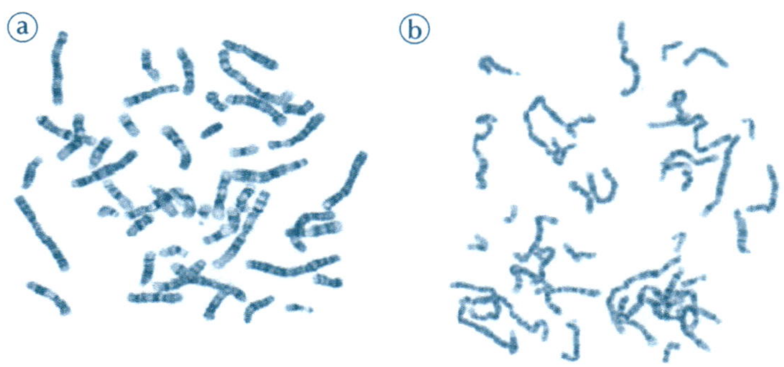

Figura 4.11
a) Cromosomas procedentes de cultivos no sincronizados; b) cromosomas procedentes de cultivos sincronizados

No existen agentes que detengan células en el estado de profase o prometafase, pero sí es posible bloquear en etapas más tempranas del ciclo celular (en la etapa de síntesis) de modo que cuando los cultivos posteriormente se desbloqueen, todas las células estarán en la misma fase (sincronizadas) para completar su división. Si el colcemid se añade en una etapa temprana, permite obtener una alta proporción de células en profase, prometafase o células en metafase temprana. En estos casos se recomienda una exposición corta al colcemid.

- *Agentes sincronizantes*. Uno de los agentes químicos que origina el bloqueo en etapas tempranas de la división celular es metotrexato (MTX), que es un análogo de ácido fólico (FA), originándose una disminución de la timidina que a su vez es necesaria para la síntesis de ADN. Por tanto, las células se bloquean antes de la síntesis de ADN. El bloqueo del MTX puede ser eliminado lavando (opcional) y añadiendo timidina. Debe controlarse con precisión el periodo óptimo entre la liberación del bloqueo y la adición del colcemid.

  Es importante que la exposición al colcemid sea mínima para evitar la condensación de los cromosomas.

  En lugar de la timidina también se puede utilizar la bromodesoxiuridina (BrdU) para desbloquear el efecto del MTX, en este caso la duración es de 17 horas. La BrdU tiene la ventaja adicional de inhibir ligeramente la condensación de cromosomas.

  Existen kits comerciales que traen estos reactivos en las cantidades apropiadas para conseguir las bandas de alta resolución.

Protocolo para la obtención de cromosomas de alta resolución

- Se siembra la muestra de igual forma que en el cultivo estándar.
- Se incuba durante 48 horas aproximadamente en estufa a 37 °C.
- Tras ello se añaden 100 µl de solución de MTX y se incuba durante 17 horas a 37 °C.
- Se cambia el medio de cultivo y se remplaza con medio nuevo sin fitohemaglutinina.
- Después de ello se añaden 100 µl de solución de timidina B y se incuba 5 horas a 37 °C.
- Se añade colcemid diluido y se incuba de 10 a 15 minutos. En esta etapa también se pueden añadir agentes anticontráctiles, como el Bromuro de etidio.

El procesamiento siguiente del cultivo es similar al cultivo convencional.

4.6. Cultivo celular en diagnóstico prenatal

El diagnóstico citogenético prenatal tiene como objetivo el estudio de las dotación cromosómica del feto, para ello se pueden utilizar distintas muestras: fibroblastos procedentes de líquido amniótico, vellosidades coriales o sangre procedente del cordón umbilical. Cada una de estas muestras tiene su aplicación específica.

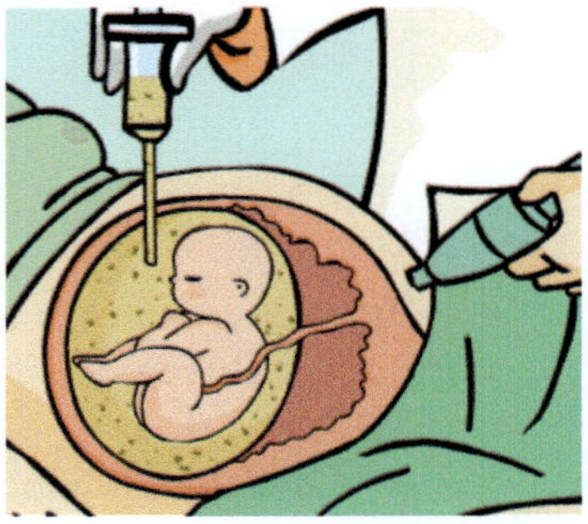

Figura 4.12
Esquema de una amniocentesis
Fuente: http://lagenetica.info

4.6.1. Cultivo celular de fibroblastos de líquido amniótico

El líquido amniótico se obtiene mediante amniocentesis realizada a partir de la semana 14 de gestación, ya que antes no hay suficiente líquido amniótico y la concentración de fibroblastos es baja. La amniocentesis consiste en la extracción de líquido amniótico por punción transabdominal bajo control ecográfico (figura 4.12).

Actividades propuestas

4.18. ¿Qué son las bandas de alta resolución? Explica la técnica empleada para lograr una mayor resolución de las bandas.

4.19. Resuelve las siguientes cuestiones:

a) Comenta las distintas técnicas de diagnóstico prenatal.
b) El cultivo de fibroblastos de líquido amniótico ¿es una técnica invasiva o no invasiva?

A) Células que se van a cultivar

La morfología de células que se encuentran en el líquido amniótico es heterogénea. Las muestras que se van a cultivar son fibroblastos, que proceden de la descamación del tejido epitelial del feto que cubre los sistemas respiratorio, digestivo y urogenital. Son células que se dividen de forma espontánea, por tanto, en el medio de cultivo no es necesario añadir ningún agente mitógeno.

Cuando la suspensión celular se coloca por primera vez en medio de cultivo celular las células parecen "escamosas", redondeadas y con aspecto aplanado, ya que están flotando en el medio. Durante el crecimiento se observan células de diferente tamaño y morfología. Principalmente se desarrollan con un aspecto largo y delgado, con un núcleo central más redondeado.

A veces se observan células grandes, poliploides que se originan durante el cultivo.

Al extraer el líquido amniótico a menudo se puede contaminar con células sanguíneas maternas que pueden dar una apariencia de color rosa a las muestras. Los macrófagos maternos se cree que tienen una supervivencia limitada en los cultivos, pero se puede dividir durante los primeros 7 días. Por lo tanto, pueden suponer un problema si el sacrificio se realiza dentro de este tiempo. Dado que, sin embargo, no sobreviven durante más de 14 días, y que los macrófagos maduros se eliminan mediante tripsinización, raramente se encuentran en el cultivo de rutina.

B) Condiciones preanalíticas de la muestra

Par a tener éxito en los cultivos son fundamentales las condiciones preanalíticas de las muestras, estas incluyen:

- *Cantidad.* La cantidad óptima requerida para el cultivo celular es de 20 mL. Cuando las muestras son más pequeñas, el éxito del cultivo depende del número de células viables presentes. Este número depende a su vez de factores tales como la edad gestacional y el estado de la muestra (por ejemplo, si es hemático o marrón, tiempo desde su extracción, etc.).
- *Envío de la muestra. Contenedores de la muestra.* Las muestras de líquido amniótico pueden llegar: en la misma jeringa con la que se realizó la extracción, o en tubos estériles de 10 mL. En el caso de llegar en tubos, estos deben ser de poliestireno, estériles y cónicos, de manera que se puedan centrifugar directamente sin la necesidad de transferencia a otro recipiente (minimizando así el riesgo de contaminación y la pérdida de células).
- *Condiciones de envío.* Temperatura ambiente dentro de las primeras 24 horas de toma de muestra.
- *Tiempo preanalítico.* Es importante también el intervalo de tiempo transcurrido entre la extracción de la muestra y su siembra. El líquido amniótico puede sobrevivir durante 24 a 48 h si se refrigera a 4 °C, pero es preferible sembrarlo lo antes posible.

Actividad propuesta 4.20

Indica el tipo de células que se cultivan en diagnóstico prenatal a partir de líquido amniótico. ¿Qué agente mitógeno añadirías al medio de cultivo para lograr su división?

¿A qué temperatura deben de mantenerse las muestras de líquido amniótico durante su envío al laboratorio? ¿Qué consecuencias crees que tendría exponer la muestra a temperaturas superiores?

C) Datos que registrar de la muestra

Para un correcto cultivo y posterior análisis de las muestras es necesario tener en cuenta una serie de datos acerca de la muestra, así para cada una de ellas se anotará:

- *Datos demográficos:*
  - Nombre y apellidos de la paciente, edad de la paciente.
  - Edad gestacional.
  - Historia obstétrica anterior.
  - Indicación de la amniocentesis.
  - Datos ecográficos.
  - Datos del médico y centro solicitante de la prueba.
- *Datos acerca de la muestra:*
  - Fecha en la que se realizó la amniocentesis.
  - Fecha de recepción de la muestra en el laboratorio.
  - Cantidad de muestra.
  - Apariencia de la muestra: color ("rosa" y por lo tanto un poco manchado de sangre, marrón), turbidez, el tamaño del botón celular después de la centrifugación.
  - Incidencias.

El líquido amniótico recibido se suele dividir en dos alícuotas de 10 mL utilizando tubos de poliestireno estériles que permitirán realizar dos cultivos en paralelo con dos medios de cultivo diferentes, de esta forma se evita perder la muestra si el medio de cultivo está defectuoso.

Los dos tubos con las alícuotas deben de estar perfectamente rotulados con el código del paciente, el primer apellido, el tipo de medio y la fecha.

Existen varios medios de cultivo comerciales especiales para líquido amniótico. Algunos es necesario completarlos (medio Ham's F10), otros en cambio vienen con todos los aditivos, listos para su uso (medio Chang).

D) Siembra de la muestra

Una diferencia importante entre los cultivos de fibroblastos con el de sangre es que el cultivo de sangre es en suspensión, mientras que los fibroblastos se pegan al fondo del frasco o tubo y crean colonias. Los 3 primeros días tras la siembra es conveniente no mover los cultivos para evitar que se despeguen los fibroblastos.

Protocolo de cultivo de líquido amniótico

- Se numeran dos tubos de cultivo de poliestireno estériles de base plana o dos frascos Roux, en ellos se anota: código del paciente, el primer apellido, el tipo de medio y la fecha.
- Se centrifugan los tubos con la muestra a 1.000 rpm durante 10 min.

- Eliminar el sobrenadante de cada parte alícuota, con una jeringa o una pipeta estériles, dejando aproximadamente 0,5 mL de sobrenadante por encima del sedimento sin removerlo.
- Transferir el sobrenadante a un recipiente universal, para estimaciones de alfa-fetoproteína (AFP) y acetilcolinesterasa (AChE).
- Resuspender cada sedimento y añadir 5 mL de medio de cultivo Ham's F10 a uno de los tubos y 5 mL de medio Chang al otro tubo. Transferir al tubo o frasco de cultivo.
- Es aconsejable realizar una fotografía de los tubos originales y de los procesados.
- Descartar los tubos originales.
- Guardar los tubos procesados en los incubadores (37 °C / 5% CO_2) por un periodo de 6 días.
- Es conveniente guardar cada cultivo en un incubador diferente.

E) Mantenimiento de los cultivos

El tiempo necesario para obtener un número suficiente de fibroblastos en división varía de una muestra a otra, pero suele estar entre 10-15 días.

Dado que en este tiempo se agotan los nutrientes del medio de cultivo, es necesario realizar un cambio del medio.

Este cambio es sencillo de realizar por simple decantación, ya que las colonias de fibroblastos permanecen pegadas al fondo del frasco de cultivo. Se debe revisar el crecimiento en microscopio de fase invertida al sexto día y realizar un cambio de medio de cultivo dos veces por semana.

Actividad propuesta 4.21

Explica la razón por la que se aconseja en los cultivos de líquido amniótico realizar dos cultivos en paralelo con dos medios diferentes, así como la razón por la que es necesario un cambio de medio en los cultivos de fibroblastos de líquido amniótico.

F) Seguimiento de los cultivos

Cada cultivo lleva su propio ritmo, por lo que es necesario su chequeo casi diario mediante el microscopio de contraste de fases, y cuando haya suficientes células en división pasar al sacrificio del cultivo. Si se deja demasiado tiempo el cultivo, las colonias crecen muy rápidamente y pueden entrar en contacto con otras, inhibiéndose la división celular, por lo que es importante realizar un seguimiento casi diario de los cultivos.

En la figura 4.13 puede observarse el desarrollo de un cultivo celular de fibroblastos de líquido amniótico. Aunque en la imagen D se observan muchas células, la calidad del resultado sería subóptima, ya que al chocar unas colonias con otras se inhibe la división celular. En el caso D se debe realizar un subcultivo.

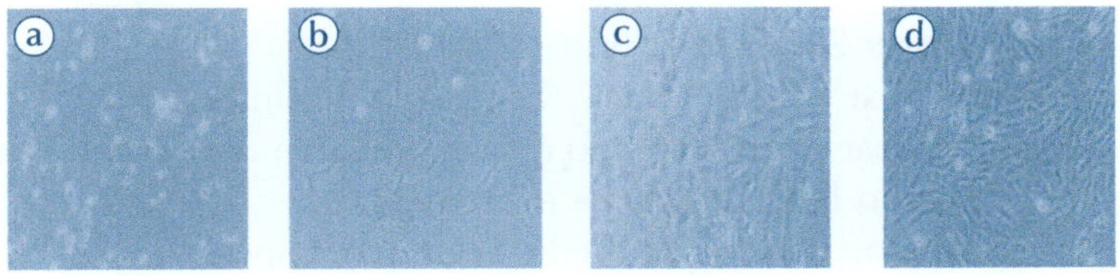

Figura 4.13
Colonias de un cultivo de fibroblastos de líquido amniótico: a) a las 24 horas; b) a las 48 horas; c) a los 7 días; d) a los 10 días

G) *Realización de subcultivos celulares*

Cuando los cultivos van muy lentos, es posible activarlos realizando un subcultivo, para ello se despegan las colonias de los frascos de cultivo mediante un tratamiento con tripsina y se resiembra en tubos nuevos.

Protocolo de subcultivo

- Desechar el medio de cultivo, poner 1 mL de tripsina con EDTA.
- Lavar y desechar, y volver añadir 2 mL de tripsina con EDTA, incubar en la estufa a 37 °C durante 3 minutos. De esta forma se despegan las células del fondo del frasco.
- Golpear el fondo plano del tubo ligeramente con los dedos, asegurando que se han despegado las células de la monocapa.
- Adicionar 5 mL de medio de cultivo correspondiente (Ham's F10 o Chang) según corresponda.
- Transferir a dos tubos previamente rotulados completando hasta 5mL con medio de cultivo.
- Comprobar en el microscopio invertido la correcta distribución de las células.
- Guardar los tubos procesados en los incubadores (37 °C / 5% CO_2).
- Revisar el crecimiento a las 24 horas y decidir si se realiza el sacrificio. En caso negativo seguir revisando los cultivos a diario y realizar cambios de medio si se considera oportuno.
- Anotar los datos de seguimiento de las muestras.

Nota: Si el crecimiento celular es elevado, se desechan células y se completa con medio de cultivo correspondiente (Ham o BIO-AMF-2) hasta 5 mL.

H) *Tripsinización*

El día anterior al sacrificio de los cultivos de monocapa se realizará una tripsinización del cultivo. Esta operación estimula la división de los fibroblastos, aumentando el índice mitótico.

El procedimiento de tripsinización es similar al descrito para la realización de los subcultivos, la única diferencia es que el material despegado se vuelve a dejar en el mismo tubo.

Protocolo de tripsinización

- Desechar el medio de cultivo, poner 1mL de tripsina con EDTA.
- Lavar y desechar.

- Añadir 2 mL de Tripsina con EDTA.
- Incubar en estufa a 37 °C durante 3 minutos.
- Golpear el fondo plano del tubo ligeramente con los dedos, asegurando que se han despegado las células de la monocapa.
- Adicionar 3 mL de medio según corresponda.
- Comprobar en el microscopio invertido la correcta distribución de las células.
- Guardar los tubos procesados en los incubadores (37 °C / 5% CO_2).

Nota: se sacrificarán todos los cultivos de cada caso, guardando las células fijadas hasta que el caso se informe.

I) *Técnicas de parada o sacrificio de los cultivos en monocapa y obtención de los cromosomas metafásicos*

Una vez trascurrido el tiempo de cultivo, y tripsinizado el día anterior se pasa al sacrificio del cultivo. Para ello se sigue el siguiente protocolo:

Protocolo del sacrificio de cultivos de líquido amniótico

- Añadir al cultivo 200 µL de Colcemid.
- Incubar a 37 °C durante 1 hora.
- Desechar el medio de cultivo, poner 1 mL de tripsina con EDTA.
- Lavar con medio de cultivo sin suero y desechar.
- Volver a añadir 2 mL de tripsina con EDTA e incubar en estufa a 37 °C durante 3 minutos.
- Golpear el fondo plano del tubo ligeramente con los dedos, asegurando que se han despegado las células de la monocapa.
- Comprobar en el microscopio invertido el correcto levantamiento de las células; adicionar 3 mL de medio de cultivo sin suero bovino fetal, con el fin de parar la acción de la tripsina.
- Transferir las células a un tubo cónico.
- Centrifugar a 1.000 rpm durante 10 minutos.
- Retirar el sobrenadante (con pipeta Pasteur de plástico) y resuspender el botón celular suavemente.
- Añadir 5 mL de solución de choque hipotónico de 0,075 M KCl gota a gota.
- Dejar el tubo en reposo en baño termostático a 37 °C durante 15 minutos.
- Añadir 1 mL de solución de fijación (gota a gota).
- Centrifugar a 1.000 rpm durante 10 minutos.
- Retirar el sobrenadante y resuspender el botón celular.
- Añadir 5 mL de solución de fijación gota a gota mezclando suavemente y dejar en reposo a –20 °C durante 30 minutos.
- Centrifugar a 1.000 rpm durante 10 minutos.
- Retirar el sobrenadante y añadir 5 mL de solución de fijación.
- Centrifugar a 1.000 rpm durante 10 minutos.
- Retirar el sobrenadante y resuspender el botón celular.
- Añadir 5 mL de solución de fijación y guardar la muestra a 4 °C hasta su extensión.

J) *Problemas en los cultivos y posibles soluciones*

La mayoría de los laboratorios consideran una tasa de éxito del 98% como razonable para cultivo de líquido amniótico de rutina.

Si no se obtiene un resultado la causa puede ser debida a problemas técnicos en cualquier etapa del proceso (por ejemplo, fallo en la incubadora, contaminación, medio de cultivo defectuoso etc.) (cuadro 4.6). En ocasiones utilizar medio Chang mejora los cultivos.

CUADRO 4.6
Problemas encontrados en los cultivos de fibroblastos de líquido amniótico y sus posibles causas

Problema	Causa
No hay células viables presentes en la muestra	Embarazos tardíos (20 semanas o más)
No hay suficientes células en la muestra	Muestras tomadas antes de las 16 semanas de gestación
Crecimiento de células no adecuadas	Presencia de células grandes
Muestras hemáticas	Durante la punción se ha atravesado algún capilar o tejido trofoblástico
Muestras marrones	Se debe a hemorragias antiguas

Actividades propuestas

4.22. Explica el efecto que tiene la tripsinización de los cultivos de fibroblastos de líquido amniótico. Razona tu respuesta comentando cómo interacciona la tripsina con el fibroblasto.
4.23. Indica cuál puede ser la posible causa de un líquido amniótico de color marrón. Cita otros tres problemas en los cultivos de fibroblastos de líquido amniótico y sus posibles causas.

4.6.2. Cultivo de vellosidades coriales

Con el fin de obtener resultados más precoces en el diagnóstico prenatal se ha desarrollado la técnica de análisis cromosómico fetal en vellosidades coriales CVS.

Junto con el cultivo a largo plazo se suele realizar una FISH directa en la muestra sin cultivar, para descartar de forma rápida (24 horas) las aneuploidías más frecuentes (trisomía 21,13 y 18, y alteraciones numéricas de los cromosomas sexuales. O bien aplicar la técnica QF-PCR, que permite descartar aneuploidías y además a su vez determinar si en la muestra hay contaminación materna.

Los medios de cultivo y las condiciones de cultivo son similares a las descritas para líquido amniótico. Se realizan cultivos en monocapa tanto en el medio F10 como en el medio Chang.

Al igual que con los cultivos de fibroblastos de líquido amniótico, para el éxito de los cultivos de vellosidades coriales en necesario que las condiciones preanalíticas de las muestras sean las adecuadas. Estas incluyen:

- *Condiciones para la obtención.* Las muestras pueden ser tomadas por diferentes medios, el más popular es la aspiración transcervical o transabdominal. Dependiendo de la habilidad de la persona que toma las muestras, las muestras de vellosidades coriónicas pueden estar mezcladas con sangre materna, decidua y el moco cervical.

  Es importante que se utilice un control ecográfico mientras se realiza la extracción de las vellosidades para tomar la muestra apropiada.
- *Conservación, envío (en su caso) de la muestra.* Las vellosidades coriales obtenidas por punción transabdominal o transcervical deben colocarse en recipiente estéril con medio de transporte (RPMI 1640 + antibiótico).

  Envío: temperatura ambiente dentro de las primeras 24 horas de toma de la muestra.
  Mantenimiento hasta su procesamiento: temperatura ambiente.
- *Preparación de muestras.* En el interior de las campanas flujo laminar. Es necesario realizar un lavado de la muestra; para ello se debe:

  – Transferir la muestra vellosidades coriales a placa Petri estéril (60 × 15 mm). Lavar con medio de transporte o con medio de cultivo hasta quitar restos de sangre y coágulos.
  – Separar vellosidades coriales bajo microscopio estereoscópico (lupa), con cuidado de no seleccionar decidua materna. Según la cantidad y calidad de la muestra, decidir el número de cultivos que se van a realizar por muestra (1 a 2 cultivos).

Actividad propuesta 4.24

Indica las condiciones en las que deben de mantenerse las muestras de vellosidades coriales durante su envío al laboratorio. ¿Qué pruebas se realizan en las muestras de vellosidades coriales además del cultivo?

A) Protocolo de siembra de vellosidades coriales

El cultivo de vellosidades coriales se realiza en monocapa con un medio de cultivo similar al empleado para el cultivo de fibroblastos de líquido amniótico. Las muestras de vellosidades deben ser sometidas a un procesamiento previo a su siembra en el que se seleccionan las vellosidades coriales separándolas del resto de los tejidos, se trocean y se les somete a un tratamiento con tripsina y colagenasa para conseguir fragmentos más pequeños que faciliten el crecimiento de las colonias de células. El protocolo que se debe seguir es el descrito a continuación.

Protocolo de siembra de vellosidades coriales

- Rotular dos tubos truncados (micros) por cada estudio de vellosidades coriales, en donde constará: el código del paciente, apellido de paciente, fecha de procesamiento y medio de cultivo empleado.
- Cortar las vellosidades coriales en pequeños explantes y trocear bien con bisturí hasta que quede una masa.

- Transferir a 1-2 tubos cónicos estériles (según los cultivos que se vayan a poner) los explantes y añadir 3 mL de medio de cultivo BIO-AMF-2.
- Centrifugar 10 minutos a 1.000 rpm, decantar sobrenadante.
- Añadir 3 mL de tripsina EDTA e incubar durante 30 min a 37 °C en estufa. Centrifugar 10 min a 1.500 rpm, decantar sobrenadante.
- Agregar 1 mL de colagenasa (1,2 mL) e incubar durante 10 min a 37 °C en estufa. Centrifugar a 1.000 rpm. Desechar el sobrenadante.
- Resuspender las vellosidades en 3 mL de medio de cultivo, homogeneizar con suavidad y trasvasar al tubo micro.
- Registrar los datos de la muestra (aspecto, cantidad, etc.).
- Descartar los tubos originales.
- Guardar los tubos procesados en los incubadores (37 °C / 5% CO_2) durante 6 días.
- Revisar el crecimiento en microscopio de fase invertida al sexto día.
- Cambiar de medio de cultivo días alternos.
- Seguir revisando el crecimiento en microscopio de fase invertida hasta la tripsinización.

El resto del proceso es similar al de los cultivos de líquido amniótico vistos en el apartado anterior.

4.6.3. Cultivo celular de sangre procedente del cordón umbilical fetal

En algunas ocasiones es necesario realizar un cultivo de sangre obtenida del cordón umbilical fetal, el procedimiento se denomina *cordocentesis*. La muestra extraída se cultiva con el mismo protocolo que el de sangre periférica.

Otras veces es preciso realizar cultivos de muestras procedentes de tejidos sólidos (piel, cartílago, músculo). El cultivo es similar al de fibroblastos de líquido amniótico. Pero resulta necesaria la disgregación previa del tejido mediante procedimientos físicos (troceado) o enzimáticos (tratamiento con tripsina y colagenasa). Hay que tener en cuenta que no son aptas las muestras en formol.

Actividad propuesta 4.25

¿Qué tipo de muestras se pueden utilizar para el diagnóstico citogenético prenatal? ¿Qué ventajas e inconvenientes tiene cada una de ellas?

Resumen

- Para el estudio de los cromosomas es necesario realizar un cultivo celular. Se puede realizar el estudio cromosómico en cualquier tejido; si las células de ese tejido no se dividen de forma espontánea, se añade al cultivo un agente mitógeno que estimule la división celular.
- Los cultivos se clasifican dependiendo del estado de las células cultivadas en suspensión o en monocapa, y dependiendo de si utilizan o no CO_2, en abiertos o cerrados.

- Las muestras utilizadas para estudios cromosómicos deben estar lo más frescas posibles. Su transporte y mantenimiento debe realizarse en condiciones estériles y entre 4 °C y 10 °C), nunca deben congelarse.
- Para estudios citogenéticos constitucionales se realiza un cultivo de linfocitos de sangre periférica estimulados con fitohemaglutinina con medio RPMI 1640 con antibióticos y suero bovino fetal. Se trata de cultivos en suspensión; el tiempo de cultivo es de 72 horas a 37 °C.
- Una vez realizado el cultivo será necesaria la obtención de los cromosomas, "sacrificio o cosecha" del cultivo. Este proceso es similar a todos los tipos de cultivo. Consiste un tratamiento con colcemid, que detiene la división celular en el estado de metafase; a continuación se someten a un choque hipotónico que hincha las células y posterior fijación de los cromosomas con una solución de metanol acético 3:1. A continuación se realiza la extensión del material sobre un portaobjetos. Este es un paso crítico en el que las metafases se abren y se fijan al porta. Se deben chequear las extensiones para asegurarse de que la calidad sea óptima. El siguiente paso es la tinción con Giemsa o la aplicación de técnicas de bandas, generalmente bandas GTG. En algunas ocasiones es necesaria la utilización de otras técnicas de bandas, como son las bandas C o las NOR.
- En los casos en los que se requieren cromosomas más largos se recurre a la técnica de sincronización de los cultivos.
- Para estudio citogenético prenatal se utilizan muestras de líquido amniótico, vellosidades coriales y en algún caso excepcional sangre de cordón. Tanto las muestras de líquido amniótico como las vellosidades coriales se cultivan en monocapa, el tiempo medio de cultivo es de 12 días y requieren cambio de medio y tripsinización. El medio empleado suele ser Ham F10 o Chang. No necesitan agente mitógeno. El sacrificio, extensión y bandeo es similar al de las muestras de sangre periférica.

Ejercicios propuestos

1. ¿Por qué la técnica de cultivo es básica en los laboratorios de citogénetica?
2. ¿En qué etapa del ciclo celular son visibles los cromosomas al microscopio óptico?
3. ¿Qué factores externos hacen variar los resultados de los cultivos para estudios citogenéticos?
4. ¿Qué es un agente mitógeno? Cita alguno.
5. ¿Cuál es el tiempo de cultivo de las muestras de sangre periférica?
6. ¿Para qué se añade colcemid a los cultivos? ¿Conoces alguna sustancia qué tenga los mismos efectos que el colcemid?
7. ¿Qué ocurriría si no añadimos fitohemaglutinina a un cultivo de linfocitos de sangre periférica?

8. ¿Los linfocitos se cultivan en suspensión o en monocapa?
9. ¿Qué efecto tiene el tratamiento con el choque hipotónico sobre los cultivos de linfocitos?
10. ¿Cuál es el tiempo medio de los cultivos de fibroblastos de líquido amniótico?
11. ¿Qué ventajas tiene utilizar muestras de vellosidades coriales en el diagnóstico prenatal?
12. ¿Qué es un subcultivo? ¿Para qué se realiza?
13. ¿Qué medio de cultivo se utiliza generalmente para el cultivo de linfocitos de sangre periférica?
14. ¿Qué utilidad tienen las bandas GTG? ¿En qué consisten?
15. ¿Para qué se utiliza una atmósfera de CO_2 en los cultivos?
16. Rellena el siguiente cuadro:

Tipo de estudio	Tipo de muestra
Posnatales	
Prenatales	
Productos de abortos	
Oncohematológico	
Descartar mosaicos	

Práctica 4.1

Siembra de linfocitos de sangre periférica para la obtención del cariotipo

Objetivos	Aprender a realizar la siembra de linfocitos de sangre periférica para la obtención del cariotipo.
Fundamento teórico	La siembra de la muestra es el primer paso para la obtención del cariotipo. La muestra debe haber sido extraída en condiciones estériles y con el anticoagulante adecuado (heparina litio). Debe sembrarse lo antes posible, pero es esencial mantenerla entre 4 °C y 10 °C durante 24-48 horas. No debe nunca congelarse. Las muestras no deben estar coaguladas ni hemolizadas, ya que el cultivo no crecerá adecuadamente. Es fundamental la correcta identificación de las muestras. Para ello se comprobará que coincide el código del tubo de la muestra con el de la petición del estudio. Cada laboratorio suele asignar a cada muestra un código propio, de tal forma que se anotará el código interno en la petición, en la muestra y en el tubo de cultivo.

Fundamento teórico	Cada tipo de células requiere un medio de cultivo específico que favorece el crecimiento y división celular. Para cultivo de linfocitos de sangre periférica, el medio de cultivo empelado es el medio completo de RPMI, bien comprado ya completo o bien preparado en el laboratorio. La cantidad de muestra a sembrar depende de las condiciones del paciente. Para adultos, generalmente, es de 400 µl de sangre en 5 mL de medio de cultivo. El medio de cultivo debe estar atemperado a 37 °C antes de la siembra. Una vez sembrada la muestra, el cultivo se mantiene en una estufa a 37 °C durante 72 horas.
Equipos	• Cabina de flujo laminar. Estufa a 37 °C.
Materiales	• Gradilla. • Micropipeta de 1.000 µl. • Puntas de micropipeta estériles. • Rotulador de vidrio. • Recipiente para los deshechos.
Reactivos	• Tubo con 5 mL de medio de cultivo completo. • Tubo con la muestra de sangre.
Procedimiento	1. Comprobar que coincide el código de la petición con el del tubo con la muestra. 2. Numerar con el código del laboratorio la petición y el tubo con la muestra. 3. Comprobar que la muestra de sangre está con el anticoagulante adecuado, no está hemolizada ni presenta coágulos. 4. Preparar la cabina de flujo laminar. 5. Descongelar y atemperar a 37 °C un tubo con medio de cultivo. 6. Preparar todo el material para la siembra. 7. Numerar el tubo sembrado con el código de la muestra. 8. Homogeneizar suavemente la muestra. 9. Tomar con la micropipeta la cantidad adecuada de sangre y añadirla al tubo con 5 mL de medio de cultivo completo. 10. Cerrar el tubo sembrado, homogeneizar. 11. Conservar el tubo en el interior de la estufa a 37 °C en posición horizontal. 12. Mantener el cultivo durante 72 horas. 13. Recoger todo el material y limpiar la cabina. 14. Conservar el tubo con la muestra de sangre entre 4 °C y 10 °C.
Cuestiones	1. Indica las condiciones que debe cumplir el material utilizado. 2. Indica las condiciones en las que tiene que estar el medio de cultivo. 3. Indica el tipo de tubo en el que se recoge la muestra de sangre extraída. 4. Indica en qué condiciones se ha de mantener el cultivo (temperatura, tiempo, posición del tubo). 5. Explica por qué se le añade fitohemaglutinina y antibiótico al medio de cultivo de sangre. 6. Explica por qué es necesario realizar un cultivo celular para el estudio de los cromosomas.

Práctica 4.2

Obtención de metafases

Objetivos	Obtener metafases para análisis citogenético a partir de una muestra de sangre periférica.
Fundamento teórico	Los cultivos de linfocitos de sangre periférica necesitan un tiempo de cultivo de 72 horas para obtener el número máximo de células en división. Al cabo de este tiempo se añade colcemid con el objetivo de parar los cromosomas en la etapa de metafase. El colcemid rompe los filamentos del huso acromático mitótico. El tratamiento con el choque hipotónico origina la entrada de agua en el interior de la célula debido al efecto osmótico. Las células se hinchan y se rompen las membranas celulares. La solución fijadora origina el precipitado de proteínas y la unión de los cromosomas a los restos de membrana de la célula de la que proceden, de esa forma se evita la aparición de una "sopa de cromosomas". Con los lavados sucesivos se eliminan los restos celulares. La extensión del material en el porta provoca la apertura de las metafases y su fijación al porta. El proceso de obtención de los cromosomas es clave en el análisis cromosómico. Si las metafases que se obtienen son insuficientes o no son de calidad, no será posible su análisis.
Equipos	• Estufa a 37 °C. • Baño termostatizado a 37 °C. • Centrifugadora para tubos de 10 mL que alcance 2.000 rpm. • Vórtex.
Materiales	• Micropipeta de100 µl, puntas de micropipeta. • 2 pipetas pasteur de plástico desechables. • Vaso para los deshechos. • Cromómetro.
Reactivos	• Solución de colcemid. • Solución hipotónica de cloruro potásico (KCl 0,075M) para el choque hipotónico a 37 °C. • Solución fijadora: metanol: ácido acético glacial (3:1), a 4-10°, recién preparada y conservada en un recipiente cerrado.
Procedimiento	1. Sacar los cultivos de la estufa. 2. Añadir 0,1 mL de la solución *stock* de colcemid en 5 mL de tubo de cultivo de la muestra. 3. Homogeneizar. 4. Incubar a 37 °C durante (45-60 minutos). 5. Centrifugar 10 minutos a 1.000 rpm. 6. Descartar el sobrenadante. 7. Resuspender el pellet y añadir gota a gota 5 mL de una solución hipotónica, mezclar suavemente. 8. Incubar en un baño a 37 °C durante 10 minutos. 9. Recuerda: el tratamiento con la solución hipotónica es hinchar las células. Es una etapa crítica, su duración debe estar bien controlada. 10. Centrifugar la muestra 5 minutos a 1.000 rpm, descartar el sobrenadante. 11. Resuspender el pellet y añadir gota a gota, y mediante agitación suave para que se mezcle conforme cae, 5 mL de una solución fría, recién preparada, de fijador. 12. Mantener 20 minutos en el congelador a –20 °C. 13. Centrifugar 5 minutos a 1.000 rpm, descartar el sobrenadante.

Procedimiento	**14.** Añadir 5 mL de fijador. **15.** Centrifugar 5 minutos a 1.000 rpm. Descartar el sobrenadante. **16.** Repetir la operación un total de 3 veces (el sobrenadante debe quedar transparente). **17.** Conservar las muestras a 4 °C hasta el día siguiente o hacer las extensiones a continuación. *Recuerda:* El fijador es una mezcla de metanol: acético (3:1), es muy importante no invertir las proporciones. Debe prepararse nuevo cada día y conservarse en recipientes cerrados y a 4 °C para evitar la evaporación.
Cuestiones	**1.** Explica por qué es necesario añadir el colcemid. **2.** ¿Es necesario utilizar reactivos estériles durante la obtención de los cromosomas? **3.** Explica el efecto del choque hipotónico sobre las células. **4.** Para qué se utiliza el fijador.

Práctica 4.3

Obtención de las extensiones con las metafases y tinción con Giemsa

Objetivos	• Conocer las diferentes técnicas de extensión de las metafases en portaobjetos. • Adquirir destreza con cada una de las técnicas de extensión. • Conocer las ventajas e inconvenientes de cada una de ellas.
Fundamento teórico	Para estudiar los cromosomas al microscopio, el pellet celular se extiende sobre un portaobjetos. Hay gran variedad de métodos para la preparación de las extensiones. Para realizar un estudio cromosómico adecuado es necesario que las metafases tengan la calidad adecuada. La forma en la que se realizan las extensiones influye notablemente en la calidad de las metafases obtenidas. Independientemente del método de extensión, los portaobjetos deben estar limpios y libres de grasa para asegurar una buena difusión de los cromosomas. La mejor manera de lograrlo es por inmersión primero en metanol absoluto y luego en agua desionizada. Los portas limpios se pueden almacenar en agua destilada o metanol si se utilizan húmedos. Para realizar la extensión se centrifuga el tubo con la muestra, se elimina parte del sobrenadante de tal forma que quede aproximadamente el doble de volumen del botón celular y se resuspende y se hacen las extensiones de cada cultivo.
Equipos	• Centrífugadora. • Microscopio óptico.
Materiales	• Cubetas de tinción. • Gradillas para portaobjetos. • Mechero Bunsen. • Gradilla. • Pipetas Pasteur de plástico. • Portaobjetos lavados y desengrasados. • Cubres. • Papel para secar los portas.
Reactivos	• Agua destilada. • Fijador: metanol: ácido acético glacial (3:1) recién preparado. • Giemsa.

Reactivos	• *Buffer* A: 11,86 g de di-Sodio hidrogenofosfato anhidro (HNa_2O_4P). Aforar a 1.000 ml agua destilada estéril. Guardar a 4 °C. • *Buffer* B: 9,07 g de Potasio dihidrogenofosfato (KH_2PO_4). Aforar a 1.000 ml agua destilada estéril. Guardar a 4 °C. • *Buffer* de tinción: 2 mL de Giemsa más 100 ml *buffer* fosfato A y 100 ml de *buffer* fosfato B. • Muestra procesada. • Eukitt.
Método de extensión en porta seco	**1.** Método con porta seco. **2.** Centrifugar la muestra. **3.** Descartar el sobrenadante. **4.** Añadir 10 mL de fijador. **5.** Centrifugar 5 minutos a 1.000 rpm. **6.** Descartar el sobrenadante, dejando el doble de volumen de sobrenadante que pellet. **7.** Redisolver con cuidado el pellet. **8.** Depositar una gota del pellet en el porta seco y sostenerlo con la otra mano en posición horizontal a 1 cm de distancia entre la pipeta y el porta. **9.** Observar cómo se abre la gota. **10.** Hacer una nueva extensión pero a 5 cm y otra a 10 cm. **11.** Numerar los portas.
Método de extensión en porta húmedo	**1.** Sumergir portas en agua destilada. **2.** Pasar los portas por metanol. **3.** Introducir los portas de nuevo en una cubeta con agua destilada. **4.** Preparamos un mechero Bunsen y papel de secar. **5.** Al sacar el porta del agua debe quedar una película de agua uniforme en todo el porta. **6.** Con el porta en posición horizontal, dejar caer una gota del pellet celular en el centro del porta a 1 cm de distancia entre la pipeta y el porta. **7.** Observar cómo se abre la gota. **8.** Dar un poco de llama al porta (a una distancia de aproximadamente 15 cm encima de la llama). **9.** Secar el agua de las orillas del porta y de la parte inferior. **10.** Numerar el porta. **11.** Hacer una nueva extensión pero a 5 cm y otra a 10 cm. **12.** Dejar secar al aire libre 15 minutos.
Tinción	**1.** Una vez que los portas están secos. **2.** Cubrir el porta con la solución de tinción y dejar 10 minutos. **3.** Descartar la solución de tinción y lavar con agua destilada. **4.** Dejar secar al aire. **5.** Colocar una gota de eukitt en el porta. **6.** Colocar un cubre. **7.** Presionar un poco el cubre. **8.** Dejar secar 10 minutos. **9.** Contar al microscopio con el objetivo de 10 el número de metafases de cada uno de los portas observando la calidad de cada una de ellas (metafases abiertas o cerradas). **10.** Con el objetivo de 100x, con aceite de inmersión contar el número de cromosomas en 5 metafases.
Cuestiones	**1.** Indica el número de metafases obtenidas en cada uno de los portas. **2.** Indica en cuál de los dos métodos es mejor la calidad de las metafases obtenidas. **3.** ¿Cómo afecta la distancia a la que se deja caer la gota de muestra en la calidad de la extensión?

TEST DE AUTOEVALUACIÓN

1. En los cultivos secundarios, es incorrecto que:

- ☐ *a)* Son los que se obtiene tras la siembra celular.
- ☐ *b)* Son los que se obtiene tras el subcultivo del cultivo inicial.
- ☐ *c)* Suelen realizarse para aumentar el índice mitótico.
- ☐ *d)* Requieren una tripsinización del cultivo inicial.

2. ¿Cuáles de estas células se cultivan en suspensión?

- ☐ *a)* Fibroblastos.
- ☐ *b)* Linfocitos.
- ☐ *c)* Vellosidades coriales.
- ☐ *d)* Células epiteliales.

3. La muestra habitual para los estudios citogenéticos en un adulto es:

- ☐ *a)* Médula ósea.
- ☐ *b)* Piel.
- ☐ *c)* Líquido amniótico.
- ☐ *d)* Sangre periférica total.

4. Para el cultivo de sangre periférica para estudios constitucionales es necesario añadir como agente mitógeno:

- ☐ *a)* Colcemid.
- ☐ *b)* Cloruro potásico.
- ☐ *c)* Fitohemaglutinina.
- ☐ *d)* Poketweed.

5. Las muestras para estudios citogenéticos se conservarán a:

- ☐ *a)* A –20 °C.
- ☐ *b)* A temperatura ambiente hasta una semana.
- ☐ *c)* Refrigeradas a 4-10 °C como máximo 24 horas.
- ☐ *d)* A –4 °C hasta un mes.

6. Para estudios citogenéticos constitucionales posnatales la muestra más utilizada es:

- ☐ *a)* Sangre periférica total.
- ☐ *b)* Extracto de linfocitos.
- ☐ *c)* Piel.
- ☐ *d)* Médula ósea.

7. ¿Para recolección de las muestras de sangre periférica para estudios citogenéticos, qué tipo de contenedor se utiliza?

- ☐ *a)* Tubos con citrato.
- ☐ *b)* Tubos con EDTA.

- ☐ *c)* Tubos con heparina litio o sódio.
- ☐ *d)* Tubos para suero.

8. La cantidad de sangre periférica total que se debe sembrar en 10 mL de medio de cultivo es:

- ☐ *a)* En adultos y niños, 1 mL.
- ☐ *b)* En adultos, 0,500 mL.
- ☐ *c)* En niños, 0,8 mL.
- ☐ *d)* En adultos, 0,8, y en niños, 0,6 mL.

9. El tiempo de cultivo de sangre periférica para cariotipo constitucional es de:

- ☐ *a)* 24 horas.
- ☐ *b)* 96 horas.
- ☐ *c)* 72 horas.
- ☐ *d)* 120 horas.

10. El colcemid se utiliza para:

- ☐ *a)* Estimular la división de los fibroblastos.
- ☐ *b)* Despegar los fibroblastos del fondo del frasco de cultivo.
- ☐ *c)* Evitar la contaminación bacteriana.
- ☐ *d)* Parar las células en el estado de metafase.

SOLUCIONES:

1.	**a**	b	c	d
2.	a	**b**	c	d
3.	a	b	c	**d**
4.	a	b	**c**	d
5.	a	b	**c**	d
6.	**a**	b	c	d
7.	a	b	**c**	d
8.	a	b	c	**d**
9.	a	b	**c**	d
10.	a	b	c	**d**

5

Análisis cromosómico. Cariotipo humano

Objetivos

- ✓ Identificar las características morfológicas de los cromosomas humanos y sus patrones de bandeado.
- ✓ Realizar el recuento cromosómico y la determinación del sexo en las metafases analizadas.
- ✓ Ordenar y emparejar los cromosomas por procedimientos manuales o automáticos.
- ✓ Determinar la fórmula cromosómica.

Mapa conceptual

- ANÁLISIS CROMOSÓMICO. CARIOTIPO HUMANO
  - Clasificación de los cromosomas
  - Constitución cromosómica
  - Identificación de los cromosomas
  - Análisis cromosomático
  - Cariotipo
  - Indicaciones de cariotipo
  - Polimorfismos cromosómicos

Glosario

Cariotipo adquirido. Cariotipo adquirido por células somáticas poscigóticamente.

Cariotipo constitucional. El cariotipo de todo individuo que se inició en el cigoto.

Heterocromatina constitutiva. Heterocromatina que se encuentra cerca de los centrómeros de los cromosomas.

Índice de centrómero. Expresado como un porcentaje, se calcula tomando la longitud del brazo corto dividido por la longitud total del cromosoma.

Mosaico. Presencia de más de un tipo de células genéticamente distintas que se derivan del mismo cigoto.

Quimera. Organismo o tejido que se compone de dos o más subpoblaciones de células, genéticamente distintas, derivadas de dos cigotos diferentes.

5.1. Introducción

En el capítulo anterior se describieron las técnicas empleadas habitualmente para obtener extensiones cromosómicas, que permitan su análisis al microscopio con el fin de detectar alteraciones cromosómicas que ayuden al diagnóstico del paciente. En este capítulo se revisarán las características morfológicas junto con los patrones de bandas de los cromosomas humanos y todos los aspectos relacionados con el análisis cromosómico (selección de las metafases a estudiar, recuento cromosómico, elaboración del cariotipo, fórmula cromosómica y nomenclatura citogenética). Se consideran también aquellas alteraciones que no tienen repercusión en el fenotipo del paciente y las indicaciones más frecuentes de solicitud de un cariotipo.

Como ya se ha mencionado, cada cromosoma está formado por una cadena lineal de ADN asociada a distintas proteínas. A lo largo de la cadena de ADN se localizan los genes; y aunque la composición de genes es variable de unos cromosomas a otros, cualquier variación en el número o estructura de los cromosomas puede tener graves repercusiones.

5.2. Clasificación de los cromosomas

Los cromosomas presentan diferente tamaño y morfología; para su estudio, en 1978 el Sistema Internacional de Nomenclatura Citogenética Humana estableció clasificar los cromosomas teñidos y no bandeados en 7 grupos, nombrándolos de la A-G tal y como se refleja en el cuadro 5.1.

CUADRO 5.1
Clasificación de los cromosomas

Grupos	Cromosomas	Morfología	Tamaño
A	1-3	Metacéntricos El cromosoma 2 no es totalmente metacéntrico	Grandes
B	4-5	Submetacéntricos	
C	6-12, X	Submetacéntricos	Medianos
D	13-15	Acrocéntricos con posibles satélites	
E	16-18	El 16 es metacéntricos, el 17 y 18 son submetacéntricos	Pequeños
F	19 y 20	Metacéntricos	
G	21,22, Y	Acrocéntricos, el 21 y 22 con posibles satélites	

TOMA NOTA

Los cromosomas se clasifican en 7 grupos en función del tamaño y la morfología.

5.3. Constitución cromosómica

Las células somáticas humanas contienen 23 parejas de cromosomas. Cada miembro de la pareja de cromosomas proviene de un progenitor; así, uno de ellos procede del padre (cromosoma paterno) y el otro procede de la madre (cromosoma materno). Las parejas de los cromosomas 1-22 están presentes en todas las personas independientemente de su sexo y son homólogos, se les denomina autosomas.

La pareja 23 es diferente en el hombre a la mujer, se les denomina cromosomas sexuales o gonosomas. En la mujer los dos cromosomas sexuales son idénticos, ya que posee dos cromosomas X. Mientras que en el hombre los cromosomas sexuales son diferentes o heterólogos, ya que posee un cromosoma X y un cromosoma Y.

Actividad propuesta 5.1

Explica qué son los autosomas y cuál es el número normal en las células somáticas. ¿Conoces otro tipo de cromosomas?

5.4. Identificación de los cromosomas bandeados

Las metafases obtenidas tras el procesamiento de los cultivos pueden ser teñidas con el colorante Giemsa, es lo que en citogenética se denomina hacer "un morfológico", ya que solo se puede contar en ellas el número de cromosomas y observar la morfología de los cromosomas (figura 5.1).

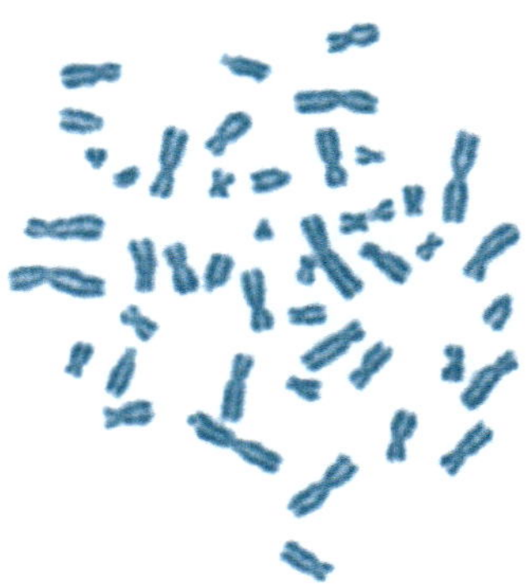

Figura 5.1
Metafase teñida con Giemsa

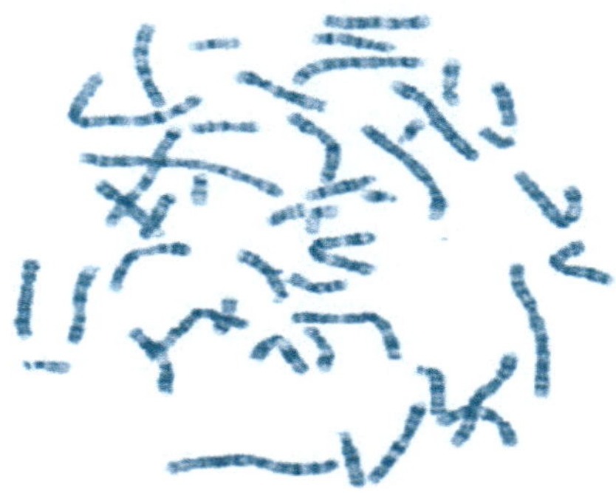

Figura 5.2
Metafase con bandas GTG

Para poder estudiar de forma individualizada cada cromosoma es necesario recurrir a técnicas de bandeo que se mencionaron en el capítulo anterior. La técnica de bandas utilizada generalmente para la identificación y el estudio de los cromosomas es el tratamiento con tripsina y tinción con Giemsa (bandas GTG). Una banda se diferencia de otra por su distinto color o intensidad de tinción. En los cromosomas bandeados con bandas GTG se observa un patrón de bandas negras, grises y blancas característico (figura 5.2) que permite su identificación inequívoca.

Recuerda

✓ Las metafases teñidas con Giemsa solo permiten estudiar el número y la morfología de los cromosomas. Para su identificación individual es necesario someter las preparaciones a técnicas de bandas.

5.4.1. Idiograma

La representación esquemática de los puntos de referencia (brazos, centrómero, telómero) y las bandas de los cromosomas se denomina *idiograma* (figura 5.3).

El centrómero divide el cromosoma en un brazo p corto y un brazo q largo. Cada brazo del cromosoma se divide en regiones, bandas, subbandas numeradas consecutivamente desde el centrómero hacia los extremos, a lo largo de los brazos p y q. La primera región más cercana al centrómero se etiqueta como 1, la siguiente sección como 2 y así sucesivamente. Los extremos de los brazos cromosómicos p y q se llaman pter y qter, respectivamente.

Por ejemplo, el cromosoma X, en el brazo p, presenta 2 regiones: Xp1, Xp2. La región Xp2, a su vez, se divide en las bandas Xp21, y Xp22. La banda Xp22, a su vez, se subdivide en las subbandas Xp22.1, Xp22.2 y Xp22.3 (figura 5.4).

Fundamental

El cariotipo es la dotación cromosómica de una persona. El idiograma es la representación esquemática del patrón de bandas G de los cromosomas humanos.

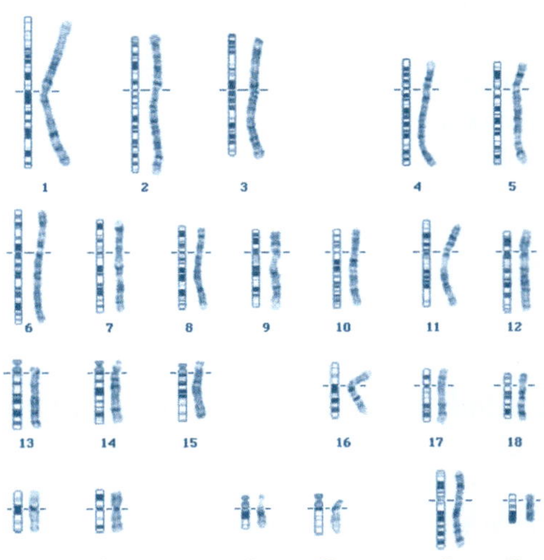

Figura 5.3
Idiograma humano
Fuente: http://biomodel.uah.es

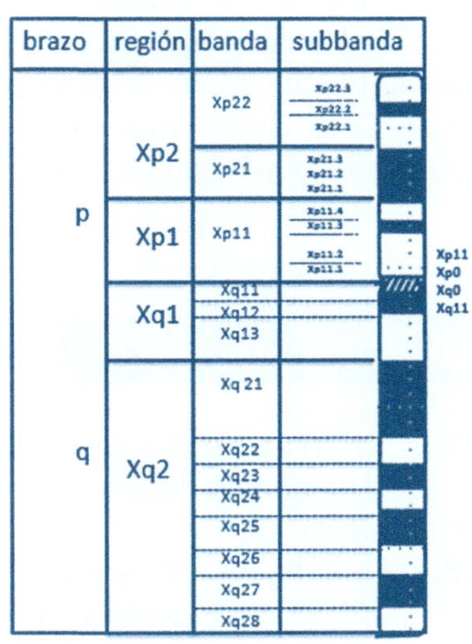

Figura 5.4
Idiograma del cromosoma X: brazos, regiones, bandas y subbandas

La numeración que aparece en una banda permite su localización. Por ejemplo, la banda 7q31.2 corresponde a la segunda subbanda de la primera banda de la tercera región del brazo q del cromosoma 7 (figura 5.5).

Para fines descriptivos, el centrómero se divide arbitrariamente en dos partes. La región que abarca desde el centro del centrómero a la primera banda en el brazo corto (p1.1) se designa p10. Del mismo modo, la región entre el centro del centrómero y la primera banda en el brazo largo (q1.1) se designa como q10. Las designaciones de las bandas p10 y q10 nos permiten describir con más precisión alteraciones cromosómicas en las que está implicado el centrómero.

Figura 5.5
Identificación de una zona cromosómica

5.4.2. Nivel de resolución de los cromosomas

Los cromosomas presentan diferentes niveles de resolución de bandas dependiendo de su nivel de condensación. A mayor condensación de los cromosomas, menor es el número de bandas que se observan. Una resolución alta de bandas permite detectar alteraciones más pequeñas.

El Sistema Internacional de Nomenclatura Humana (ISCN, *International Systems for Human Cytogenetic Nomenclature*) de 1981 proporciona una representación esquemática de los idiogramas de los cromosomas correspondientes a niveles de resolución de 400, 550 y 850 bandas de una dotación haploide. En la figura 5.6 se observa el cromosoma X con diferentes niveles de resolución. La versión de la izquierda tiene aproximadamente 400 bandas, la versión del centro corresponde a 550 bandas y la de la derecha a 850 bandas. Por tanto, ciertas bandas que aparecen como una gran zona oscura en las bandas-G en el nivel más bajo de resolución de bandas, se dividen en dos o más bandas en niveles de mayor resolución.

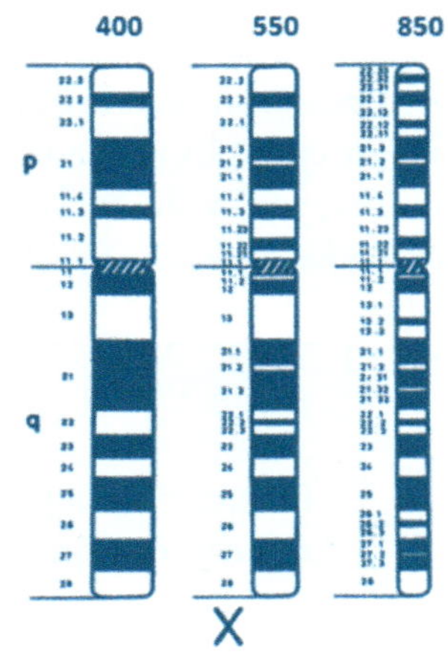

Figura 5.6
Ideograma del cromosoma X a distintos niveles de resolución (400, 550 y 850 bandas)
Fuente: modificado del ISCN, 1981

Actividades propuestas

5.2. Describe qué es el idiograma y cuál es su utilidad. A continuación, teniendo en cuenta el idiograma de la figura 5.4, indica qué representa cada uno de los siguientes números: Xq28.

5.3. En la figura 5.6, ¿qué representan los números que hay encima de las figuras (44, 550, 850)?, ¿quién proporciona los ideogramas mostrados en dicha figura?

5.4.3. Identificación de los cromosomas con bandas C y NOR

En algunas ocasiones es necesario recurrir a otros tipos de bandas, como son las bandas C y las NOR, para poder identificar una alteración cromosómica.

Con las bandas C y las NOR es posible identificar determinados cromosomas que se tienen de forma específica con este tipo de bandas. Suelen utilizarse para identificar polimorfismos cromosómicos.

Las bandas C tiñen de forma intensa la heterocromatina constitutiva de los cromosomas. Esta se encuentra en todos los centrómeros y en la región subcentromérica de los cromosomas 1, 9, 16 y el extremo final del brazo largo del cromosoma Y. Estas bandas permiten identificar alteraciones cromosómicas en las que está implicada la heterocromatina constitutiva de estos cromosomas (figura 5.7a). Las bandas C (figura 5.7b) permiten identificar el material extra observado en uno de los cromosomas 9 en bandas GTG como material heterocromático.

Las bandas NOR permiten la visualización de las regiones de los organizadores nucleolares de los cromosomas. Estas regiones se encuentra en los satélites de los cromosomas acrocéntricos, aunque no todos los cromosomas acrocéntricos tienen satélites. Permite discriminar entre los cromosomas del grupo G y el cromosoma Y, ya que aunque todos son acrocéntricos pequeños, el cromosoma Y no presenta nunca satélites. También son útiles en el caso en el que se observe material extra sobre un cromosoma acrocéntrico tanto del grupo D como G (figura 5.8). Si son satélites aparecerán teñidos de forma intensa; en cambio, si es material eucromático, se mostrará pálido. En la figura 5.8 se observa en la línea inferior material extra en las regiones p de los cromosomas 14 y en 15 con bandas GTG, en la línea superior se observan estos cromosomas con bandas NOR (línea superior), identificando el material extra como satélites.

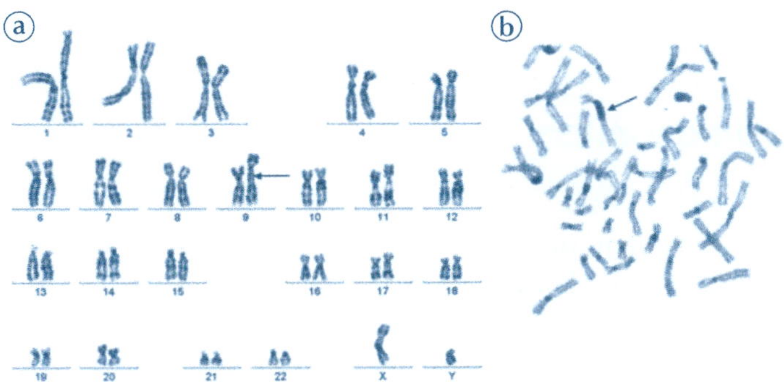

Figura 5.7
a) Cariotipo con bandas GTG; b) metafase con bandas CBG

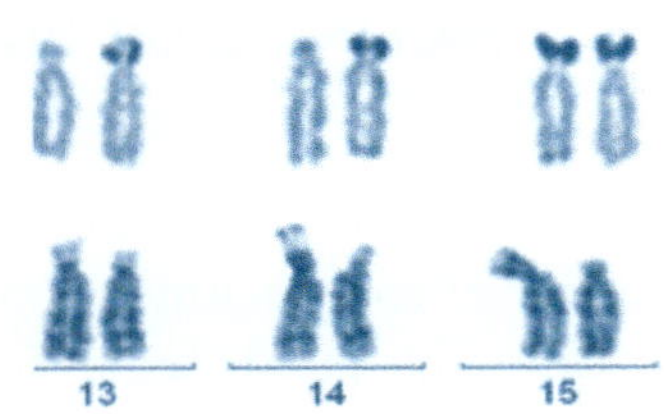

Figura 5.8
Cromosomas 13, 14 y 15 con bandas NOR (línea superior)

Actividad propuesta 5.4

Explica la utilidad de las bandas C y las bandas NOR. ¿Qué alteraciones cromosómicas permiten identificar cada una de ellas?, ¿sabrías describir cómo se obtienen?

5.5. Cromatina sexual

Se denomina *cromatina sexual* al corpúsculo que se tiñe intensamente en células somáticas de las mujeres, también se le conoce como corpúsculo de Barr. Corresponde a uno de los cromosomas X que permanece condensado, es un tipo de heterocromatina facultativa. La presencia de este corpúsculo es un mecanismo de compensación de la dosis génica, como ya se vio en el capítulo 2.

Se trata de una prueba sencilla que no requiere cultivo, ya que se realiza sobre núcleos interfásicos. Se realiza sobre raspado bucal que se extiende sobre portaobjetos y se tiñe con Papanicolau. Permite conocer de forma rápida el número de cromosomas sexuales, ya que el número de cuerpos de Barr es igual al número de cromosomas X menos 1.

FUNDAMENTAL

Un hombre no presentará ningún cuerpo de Barr, una mujer presentará 1; los hombres XXY, también presentarán un cuerpo de Barr. Aunque su estudio se utilizó en el pasado, actualmente ya no se utiliza prácticamente.

Actividad propuesta 5.5

¿Cuántos corpúsculos de Barr tiene una persona con cariotipo 47, XXX? ¿Es un hombre o una mujer?

5.6. Métodos de análisis cromosómico

El análisis de los cromosomas consiste en el contaje del número de cromosomas y la identificación y el reconocimiento de todos los patrones de bandas en cada uno de los cromosomas.

El análisis puede ser a veces subjetivo y en ocasiones no es posible establecer con certeza la naturaleza de una alteración observada. Es conveniente seguir las siguientes recomendaciones:

- Cuando se observan discrepancias entre alteraciones observadas en las células estudiadas en un mismo paciente, es necesario saber discriminar si el cambio es real, o bien se trata de un artefacto de cultivo. En estos casos es aconsejable ampliar el estudio a más metafases o, si persiste la duda, repetir la prueba.
- Hay que tener en cuenta también que durante la extensión de la muestra los cromosomas situados en el exterior de la célula pueden parecen ser mucho más grandes que aquellos en el centro de la metafase. Pero el patrón de bandas debe ser el mismo.
- El enfoque del análisis es diferente si se estudian cambios constitucionales que si se estudian cambios adquiridos. Las anomalías constitucionales están presentes en todas las células y no varían a lo largo de toda la vida de la persona. Si hay una anomalía debemos verla en todas las células, salvo que se trate de un mosaico. En cambio las anomalías adquiridas pueden aparecer solo en unas pocas células y pueden variar a lo largo de la vida de la persona, lo que dificulta el discernir si el hallazgo de una alteración en una célula aislada es real o no.

FUNDAMENTAL

El análisis cromosómico es un proceso laborioso que requiere mucho tiempo de entrenamiento antes de contar con la experiencia suficiente para encontrar "buenas metafases", contar y clasificar los cromosomas correctamente, saber discriminar entre las verdaderas alteraciones cromosómicas, los polimorfismos y los artefactos del cultivo e interpretar correctamente una alteración encontrada.

El análisis cromosómico puede realizarse por inspección directa a través del microscopio, o partir de imágenes fotográficas o imágenes generadas en un ordenador. Las imágenes suelen tener menor calidad que la observación directa. No obstante, las imágenes se utilizan para la documentación de los resultados; todos los resultados anormales deben ser documentados con la imagen correspondiente.

Actividad propuesta 5.6

Explica en qué consiste el análisis cromosómico y que consideraciones hay que tener en cuenta. ¿Qué métodos conoces para realizar el análisis cromosómico?

5.6.1. Análisis directo al microscopio

La observación directa al microscopio permite un análisis de los cromosomas más fiable, ya que se evita la distorsión que se produce en el contraste de la imagen durante su captura o fotografiado. Aunque la identificación al microscopio es un trabajo mucho más duro, sobre todo al inicio del aprendizaje.

En el microscopio se debe ajustar el contraste al máximo. El filtro con el que se consigue mayor contraste es el filtro verde.

5.6.2. Equipos cariotipadores

Los cariotipadores son equipos que permiten construir el cariotipo a partir de una imagen digital. Constan de un microscopio con cámara de vídeo acoplado a un ordenador con un *software* para obtención del cariotipo.

Presentan una estación de trabajo dedicada a la captura, el análisis, la revisión o para el mantenimiento de bases de datos. La utilización de estos equipos tiene la ventaja de que los resultados están en menor tiempo y la información puede guardarse en formato digital.

Existen diversas marcas de equipos cariotipadores, con ligeras variaciones en las prestaciones, pero en general los pasos que se siguen suelen ser los siguientes:

- Se introduce el código del caso en estudio, en algunos equipos es posible incluir también el nombre del paciente, el nombre del médico, el tipo de muestra, la indicación del estudio, el resultado y el diagnóstico citogenético que se obtuvo.

- Se capturan las imágenes con el microscopio, que lleva acoplada una cámara que está conectada al ordenador.

FUNDAMENTAL

Este sistema es la manera más rápida y más fácil de hacer un cariotipo, es un método comúnmente utilizado para el diagnóstico de rutina y de investigación.

- Se abre la imagen que se va a estudiar.
- Se ajusta el contraste, ya que los cromosomas pueden variar en su tinción.
- Se realiza el contaje de la metafase, para ello se va marcando sobre la imagen cada uno de los cromosomas. El número de cromosomas que se marcan aparecen en la pantalla.
- Es posible identificar cada cromosoma sobre la imagen.
- Para la obtención del cariotipo, de manera automática el programa recorta los cromosomas que se encuentran separados, dejando los que se encuentran juntos o superpuestos para que sean recortados de manera manual con las herramientas de corte del programa.
- Una vez recortados todos los cromosomas, se abre otra ventana donde se visualiza el cariotipo. Se comprueba y recoloca cada cromosoma en su sitio.

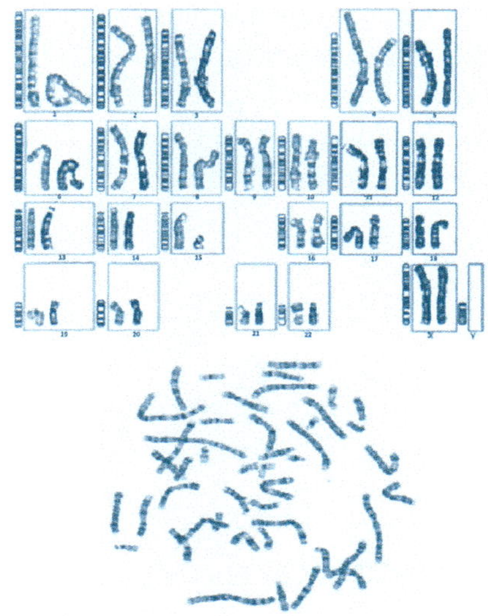

Figura 5.9
Análisis cromosómico con un equipo de cariotipado automático

  En la pantalla con la imagen del cariotipo es posible cambiar los cromosomas de sitio y recolocarlos correctamente, girarlos, aumentarlos o disminuirlos de tamaño.
- Se comprueba el patrón de bandas de cada pareja de cromosoma comparándolo con su correspondiente idiograma (figura 5.9).
- En caso de observar una alteración se puede marcar sobre la imagen una flecha o una anotación.
- Una vez completado el análisis se realiza el informe.

Todas las imágenes quedan guardadas y pueden ser revisadas si fuese necesario.

Actividad propuesta 5.7

Explica qué es un equipo cariotipador y cuál es su utilidad. Indica los pasos que se deben seguir en su utilización.

5.6.3. Localización de las metafases apropiadas para análisis

Para encontrar las metafases apropiadas para el análisis es necesario realizar un rastreo sistemático de toda la preparación. Para conseguir una mayor eficiencia se suele realizar con un objetivo de menor potencia (10x); una vez localizada una metafase, se pasa al objetivo de 100x para su análisis o captura. No debe iniciarse la búsqueda lejos de las esquinas de la extensión, ya que las células tienden a permanecer cerradas donde se ha aplicado la suspensión celular.

Las metafases deben tener la calidad y la resolución de bandas apropiada dependiendo de la indicación del análisis. Con cromosomas de baja resolución hay riesgo de pasar inadvertidas alteraciones pequeñas; por otra parte, si los cromosomas están muy alargados se necesita mucho tiempo incluso para alguien con gran experiencia. Hay que tener precaución de seleccionar metafases que no estén muy cerradas y tengan muchos cromosomas solapados, ya que no serán aptas para su análisis, pero tampoco deben estar demasiado abiertas, de tal forma que se pierdan cromosomas.

TOMA NOTA

La elección de metafases de buena calidad es fundamental para realizar un análisis de calidad.

Los cromosomas deben tener la resolución de bandas apropiada y presentar el menor número posible de solapamientos.

Actividad propuesta 5.8

Indica las consecuencias que pude tener analizar metafases con un nivel bajo de resolución y calidad. ¿Cómo localizarías las metafases adecuadas para el análisis cromosómico?

5.6.4. Buscador automático de metafases

Los buscadores automáticos de metafases realizan un barrido de todo el porta y encuentran automáticamente las metafases en cualquier extensión, tanto las teñidas con Giemsa como con fluorocromos. Las metafases detectadas se almacenan automáticamente como imágenes en miniatura en una galería de información general, y pueden ser traspasadas al ordenador que posee el programa de cariotipado. Estos equipos pueden funcionar de forma aislada conectados a un único equipo, o bien pueden estar conectados a un entorno multiusuario a través de una red que transfiere, junto con las imágenes de cada caso, datos como el código del caso, la designación del porta o coordenadas.

FUNDAMENTAL

Los equipos buscadores automáticos de metafases mejoran el rendimiento y la calidad, permiten un cómodo y rápido análisis cromosómico. Aunque no todos los laboratorios los tienen.

5.6.5. Análisis cromosómico

El análisis de una metafase al microscopio es un proceso sistemático que incluye el contaje del número de cromosomas y la comparación banda a banda de cada uno de los cromosomas homólogos.

La referencia de una metafase en particular se realiza anotando las coordenadas del microscopio. Pero hay que tener en cuenta que estas coordenadas varían de unos microscopios a otros. También puede utilizarse un *England finder* o anotar el microscopio que se ha utilizado.

La referencia de un cromosoma particular en la metafase se realiza imaginando una esfera de un reloj situado en el centro de la imagen en estudio.

El contaje cromosómico puede realizarse sobre extensiones no bandeadas teñidas con Giemsa (morfológicos) o bien sobre metafases con bandas GTG. El análisis se inicia contando los cromosomas.

RECUERDA

✓ Para facilitar el contaje, se subdivide la metafase en dos o tres secciones. La asociación entre los satélites del cromosoma acrocéntricos puede conducir a errores al pensar que se trata de un solo cromosoma, en lugar de dos.

Los pasos que se siguen son los siguientes:

- En primer lugar se localizan los cromosomas del grupo A (1-3), se compara su tamaño y la posición del centrómero en los dos cromosomas homólogos.
- Se pasa a los cromosomas del grupo B (4-5), son los submetacéntricos más grandes, en ellos no es posible distinguir uno de otro.
- Se sigue con los cromosomas acrocéntricos pequeños: el grupo G (21-22), incluido el cromosoma Y, que a veces es posible identificarlo.
- A continuación se identifican los cromosomas metacéntricos pequeños: el grupo F (19-20).
- Se continúa con los submetacéntricos del grupo E (16-18); normalmente es posible distinguirlos.
- Finalmente quedan los submetacéntricos del grupo C (6-12 incluido la X); el contaje esperado es de 15 en un hombre normal y 16 en una mujer normal.

El número de metafases a contar depende de la indicación, es aconsejable contar un mínimo de 30 metafases, que permiten descartar mosaicos del 10-15%. Para mosaicos de baja frecuencia se deben analizar al menos 200 células.

Actividad propuesta 5.9

Describe en qué consiste el análisis cromosómico. ¿Cómo realizarías la referencia de una metafase en particular?, ¿debes tener alguna consideración especial?

A continuación, indica el número de metafases que deben contarse como mínimo. ¿por qué? ¿existe algún caso en el que sería conveniente contar más metafases?

A) Estudio de los cromosomas

El análisis cromosómico sin realizar el cariotipo puede efectuarse sobre una imagen fotográfica de la metafase, impresa en papel, sobre la que vamos identificando cada cromosoma. O bien directamente al microscopio; en este caso, en una hoja se pueden ir dibujando los cromosomas, que se pueden representar por círculos, rayas, etc. Conforme se van identificados los cromosomas de cada sección se van marcando como vistos (figura 5.10).

Figura 5.10
Propuesta de análisis cromosómico manual
Fuente: Czepulkowski, B. *Analyzing Chromosomes*, BIOS Scientific Publishers Ltd

En las preparaciones con bandas, cada cromosoma debe ser localizado de forma individual y comparar cada uno de los patrones de bandas entre los dos cromosomas homólogos. Los telómeros son especialmente importantes. Si se observa una discrepancia entre los patrones de bandas de los dos cromosomas homólogos, deben revisarse otras metafases hasta que sea posible decidir si existe o no una alteración.

El número de células para analizar mediante bandas GTG depende de la indicación del estudio, la calidad de la extensión y de la experiencia del citogenetista. El análisis de 5 metafases de buena calidad suele ser suficiente; en cambio, si son de mala calidad, aunque se analicen más metafases no se podrá dar un resultado con garantía.

Cuando se observa una anomalía en una metafase, el número de metafases estudiadas se amplía hasta identificar con precisión la alteración y, además, tener la seguridad de que dicha alteración es real; ya que pueden producirse cambios aleatorios que no son clínicamente significativos.

FUNDAMENTAL ◎

Las alteraciones que afectan a una sola célula no constituyen una anormalidad.

La calidad de las bandas es crucial para ver anomalías sutiles como microdeleciones. La pérdida de cromosomas al azar o la presencia de cromosomas superpuestos en los que no se pueden distinguir las áreas particulares de un cromosoma pueden afectar negativamente a la precisión de los análisis. Este tipo de metafases no tiene el nivel de calidad requerido para el análisis.

Las Directrices para Programas de Evaluación de Calidad Clínica Citogenética del Reino Unido (National External Quality Assessment for Cytogenetic) (NEQAS, 1994) establecieron unas categorías de banda con una puntuación para cada nivel de bandas, así como una descripción de las bandas de referencia que permiten asignar el nivel de resolución de una metafase (cuadro 5.2). Asignaron también en nivel de calidad requerido en función de la indicación del estudio.

CUADRO 5.2
Puntuación de la calidad de una metafase en función de su nivel de resolución de bandas y bandas de referencia requeridas en cada nivel

Puntuación/descripción	Descripción de las bandas y bandas de referencias requeridas
0/no hay bandas	• No es posible emparejar los cromosomas homólogos • La causa suele ser una tinción demasiado oscura, o que las células son simplemente resistentes a los intentos de las bandas
2/hay pocas bandas	• Se observan aproximadamente 150 bandas por conjunto haploide • Aunque no se pueden establecer los detalles finos, sí es posible distinguir el cromosoma 8 del 9, y el cromosoma 4 del 5 (figura 5.11)
4/moderada	• Se observan aproximadamente 400 bandas por conjunto haploide. Ejemplos de esta calidad son dos bandas distintas en el 8p y 9p, y tres bandas distintas en 5ql4, 5q2l y 5q23 (figura 5.12)
6/buena	• Se observan aproximadamente 550 bandas por conjunto haploide. Ejemplos de esta calidad es percibir tres bandas en 11 p y cuatro bandas en 18q. Esta resolución permite distinguir la banda 7q35 y la banda 22q 13.2 (figura 5.13)
8/excelente	• Se observan aproximadamente más de 550 bandas por conjunto haploide. Ejemplos de esta calidad es identificar en el cromosoma 6 las bandas 6q24, 6q25.2 y 6q26, en el cromosoma 11 las bandas 11pl4.1 y 11pl4.3, en el cromosoma 15 la banda 15ql2 y en el cromosoma 20 distinguir 2 bandas oscuras en 20p

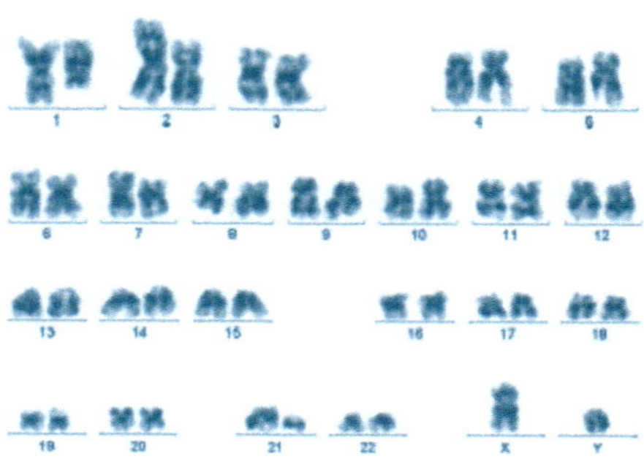

Figura 5.11
Bandas de poca calidad (aproximadamente 150 bandas)

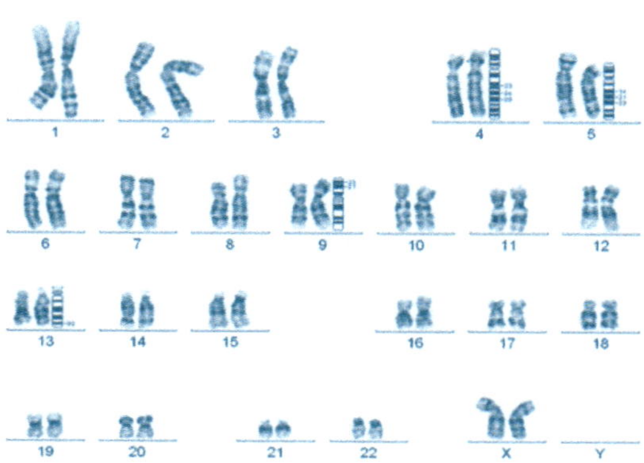

Figura 5.12
Bandas de calidad moderada (aproximadamente 400 bandas)

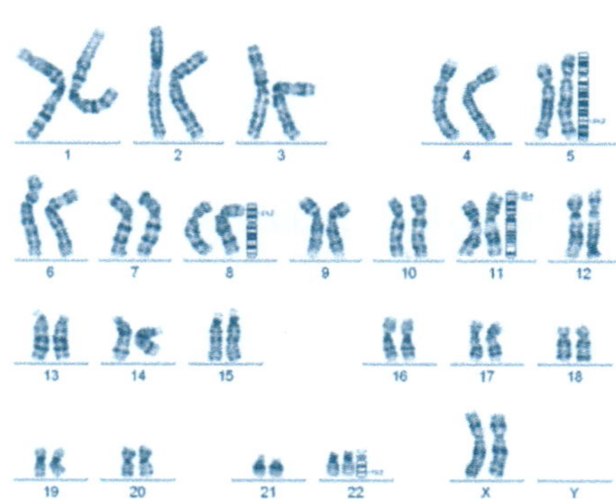

Figura 5.13
Bandas de calidad buena (aproximadamente 550 bandas)

Dependiendo de la indicación del cariotipo, el análisis tiene unos requerimientos específicos referentes al número de células contadas, analizadas y la calidad de dichas células. En el cuadro 5.3 se recogen los requerimientos del análisis en función de la indicación y las alteraciones que pueden encontrase.

Cuadro 5.3
Puntuación de la calidad de una metafase en función de su nivel de resolución de bandas y bandas de referencia requeridas en cada nivel

	N.º de células analizadas	N.º de células contadas	Alteraciones
Recién nacidos Niños pequeños con malformaciones congénitas o retraso en el desarrollo	5	20-30 contadas (si se sospecha una anomalía numérica o estructural	Grandes síndromes cromosómicos Síndromes de microdeleción
Niños en la pubertad	5	30-200 si se sospecha un mosaico	Alteraciones de los cromosomas sexuales
Infertilidad	5		Descartar alteraciones balanceadas

Actividad propuesta 5.10

Responde a las siguientes preguntas:

a) ¿Cuál es el número de metafases con bandas GTG que debe analizarse de forma general?
b) Según las Directrices para Programas de Evaluación de Calidad Clínica Citogenética del Reino Unido (*National External Quality Assessment for Cytogenetic*, NEQAC, 1994), ¿qué puntuación tienen unas bandas de aproximadamente 550 bandas?

5.6.6. Artefactos y alteraciones cromosómicas originadas por el cultivo

En el análisis de las metafases en ocasiones en posible encontrar imágenes anormales provocadas por una sobrexposición a la tripsina. Estos son artefactos y deben ser ignorados.

Cabe señalar que cuando se analiza sangre periférica, si el paciente ha tenido una infección viral pueden observarse muchos cambios extraños y aleatorios en los cromosomas, incluso en más de una imagen.

Por otra parte, también se pueden encontrar reagrupamientos cromosómicos o cromosomas que se rompen de forma espontánea en algunas células normales, estos hallazgos se denominan artefactos de cultivo. El nivel de alteraciones adquiridas durante el cultivo es distinto entre individuos, también varía de unos laboratorios a otros y depende de la forma de realizar los cultivos y las extensiones cromosómicas. En general, el índice de artefactos de cultivo suele ser bajo y normalmente no interfiere con el análisis de cariotipos constitucionales. Sin embargo, sí que suponen un problema de interpretación, especialmente en el diagnóstico prenatal y en los estudios de muestras oncohematológicas.

Actividad propuesta 5.11

Explica qué es un artefacto en una metafase y cómo se identifica. ¿En qué situaciones pueden suponer errores en la interpretación?

5.7. Cariotipo: definición y uso

El cariotipo refleja las características de todos los cromosomas del núcleo de la célula que se han visto al microscopio, expresadas a través de un código establecido por convenio (ISCN). El cariotipo es característico de cada especie. El cariograma es la representación gráfica del cariotipo (figuras 5.11, 12 y 13). En el cariograma, los pares de cromosomas homólogos se clasifican por grupos (A-G) y se ordenan de acuerdo a su morfología y orden decreciente de tamaño. Los términos cariotipo y cariograma se utilizan indistintamente en el ámbito clínico.

Para el cariotipado se comparan los patrones de bandas de los dos cromosomas homólogos en cada una de las parejas de cromosomas; también es posible comparar el cromosoma individuo con ideogramas estándar [por ejemplo, ISCN (1981).

Algunos laboratorios preparan rutinariamente cariotipos de todos los casos. Otros solo lo hacen para documentar el caso o cuando hay un reordenamiento complejo.

La obtención del cariotipo/cariograma se realizaba en un principio a partir de los cromosomas recortados de fotografías de metafases, actualmente se pueden hacer con analizadores automáticos.

WWW — Recurso web

En la página web del Hospital Sant Joan de Déu (Hospital pediátrico de Barcelona) es posible descargar una aplicación en la App Store, diseñada para los profesionales y estudiantes interesados en los análisis citogenéticos que deseen aprender y mejorar la forma de realizar cariotipos humanos. Puedes acceder a través del QR adjunto.

5.8. Estudios de alta resolución

Las bandas de alta resolución permiten identificar alteraciones muy pequeñas con metafases con una resolución de más de 550 bandas (figura 5.14). La técnica consiste en detener las células en la etapa de profase o prometafase de la división celular, cuando los cromosomas no están totalmente condensados. Para este fin se emplean métodos de sincronización del ciclo celular como se refirió en el capítulo 3. El bandeo de alta resolución, debido a la gran dificultad y cantidad de trabajo que requiere, solo se utiliza cuando se sospecha una anomalía estructural en regiones cromosómicas específicas. El *American College of Medical Genetics* (ACMG) recomienda que el bandeo de alta resolución debe reservarse para casos de síndrome de microdeleción/microduplicación, en el cual su diagnóstico generalmente requiere de cromosomas con una resolución superior a 550 bandas. Aunque la tendencia actual si se sospecha un síndrome de microdeleción o microduplicación es realizar una técnica de citogenética molecular (FISH o *array*-CGH).

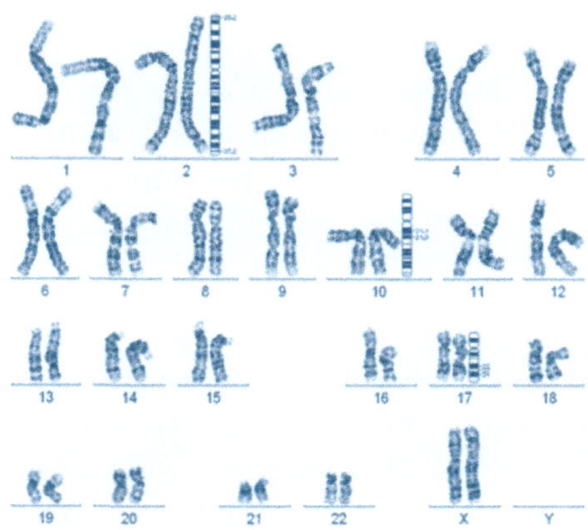

Figura 5.14
Cariotipo con bandas de alta resolución

Actividad propuesta 5.12

Explica la utilidad del cariotipo de alta resolución. ¿Para qué casos debe reservarse el bandeo de alta resolución según el ACMG?

5.9. Nomenclatura citogenética

Las primeras bases en la nomenclatura cromosómica se establecieron en los Congresos Internacionales de citogenética humana, celebrados los años 1960, 1963 y 1966, en Denver, Londres y Chicago. La primera nomenclatura se basó en cromosomas no bandeados, debido a que en esa época aún no se habían estandarizado las técnicas de bandeo cromosómico. En esta primera nomenclatura se describieron y organizaron los cromosomas por tamaño, localización del centrómero y proporción relativa de los brazos cromosómicos. Los cromosomas se ordenaron en parejas, de la 1 a la 23, cada pareja se incluyó en uno de los siete grupos (A-G), en función del tamaño y la morfología. Se propuso un sistema estandarizado para describir la dotación cromosómica y las alteraciones de cromosomas no bandeados.

En 1971, un año después de publicarse las técnicas de bandeo cromosómico, en la conferencia de París se diseñó el ideograma con las bandas típicas de cada cromosoma a distintos niveles de resolución. Se señalaron las reglas para describir los cromosomas bandeados, las regiones, bandas y subbandas cromosómicas. En sucesivas reuniones internacionales (París, 1975; Estocolmo, 1977; París, 1990; Memphis 1994) se fueron actualizando los criterios de la nomenclatura cromosómica.

En la reunión de 1995 se propuso el sistema para la nomenclatura citogenética internacional que se conoce como ISCN (*International System for Human Cytogenetic Nomenclature*). El ISCN estableció un sistema abreviado para describir las anomalías cromosómicas estructurales y un sistema detallado que incluye todos los parámetros necesarios para describir de forma detallada una alteración cromosómica.

En 1976, en el 5.º Congreso Internacional de Genética Humana de Ciudad de México se creó el Comité Permanente para la Nomenclatura de la Citogenética Humana, que desde entonces pública periódicamente recomendaciones para la nomenclatura citogenética, la última guía publicada es ISCN 2013, que incorpora los últimos avances en las técnicas de citogenética molecular. En el cuadro 5.4 se recogen algunas de las abreviaturas de la nomenclatura cromosómica.

TOMA NOTA

El ISCN establece todos los aspectos referentes a la identificación cromosómica y su nomenclatura, Se trata de un sistema de nomenclatura internacional que permite describir de forma detallada las anomalías cromosómicas.

CUADRO 5.4
Algunas abreviaturas de la nomenclatura cromosómica

Símbolo	Significado
+	Ganancia de un cromosoma completo
–	Pérdida de un cromosoma completo
/	Separación entre dos líneas celulares
[ ]	Número de metafases contadas
p	Brazo corto del cromosoma
q	Brazo largo del cromosoma
dup	Duplicación de
del ( )( )	Deleción de
ins	Inserción de
inv ()()	Inversión de
t (;) (:)	Translocación de
mar	Fragmento de ADN que no se sabe de dónde procede, y se le designa como "cromosoma marcador"
mos	Mosaico
dic	Cromosoma dicéntrico (con dos centrómeros)
dn	Alteración cromosómica no heredada de los padres, "de novo"
h	Región de heretocromatina
i()	Isocromosoma (cromosoma con dos brazos iguales, ya sean p o q)
ish	Cariotipo estudiado por FISH
mat	Alteración cromosómica de origen materno
pat	Alteración cromosómica de origen paterno
Ph	Cromosoma de Philadelfia
psu dic	Cromosoma pseudodicéntrico
rcp	Translocación recíproca
rob	Translocación robertsoniana

[.../...]

CUADRO 5.4 (CONT.)

tel	Telómero
r()( )	Cromosoma en anillo
tri	Trisomía
trp	Triplicación de una porción de un cromosoma

5.9.1. Fórmula cromosómica

La fórmula cromosómica refleja la forma simplificada de un cariotipo. En la fórmula cromosómica se escribe primero el número total de cromosomas (incluidos los sexuales), seguido de una coma, tras la cual se escriben los cromosomas sexuales, ya sea XX o XY o las variaciones que estén presentes. La fórmula cromosómica de una mujer con cariotipo femenino normal es 46,XX, y la de un hombre normal es 46,XY.

Si existen aberraciones numéricas o estructurales de los autosomas, estas se escriben a continuación, tras otra coma siguiendo un orden establecido (primero se escriben las que corresponden a los cromosomas de menor numeración). Cuando hay un mosaico, es decir, coexisten dos o más poblaciones celulares diferentes, los cariotipos correspondientes a cada una se escriben separados por una barra.

La fórmula cromosómica de las alteraciones cromosómicas se revisará en el siguiente capítulo.

FUNDAMENTAL

En muchas ocasiones, el término cariotipo se utiliza para hablar de la fórmula cromosómica; por ejemplo, se dice que una mujer cromosómicamente normal tiene cariotipo 46,XX.

5.10. Indicaciones para estudio de cariotipos

Las indicaciones para estudio de cariotipos incluyen:

- *Múltiples malformaciones congénitas y retraso mental de etiología desconocida.* La mayoría de las alteraciones cromosómicas originan un cuadro clínico que incluye: discapacidad intelectual, retraso global del desarrollo, retraso mental, rasgos dismórficos y malformaciones congénitas.
- *Historia familiar con anomalías cromosómicas.* Los portadores sanos de anomalías cromosómicas pueden originar gametos desbalanceados que originan fetos inviables que acaban en abortos espontáneos o hijos portadores. Por este motivo siempre que se detecta una alteración cromosómica en un paciente se debe realizar un estudio familiar para detectar otros posibles portadores.
- *Productos de la concepción.* El 50% de los abortos espontáneos presentan alteraciones cromosómicas, bien de novo o heredada de forma desbalanceada de uno de los progenitores, por este motivo está indicado realizar un estudio de cariotipo a los restos del aborto y a la pareja.

- *Baja talla en mujeres e hipogenitalismo.* Las mujeres que presentan monosomía del cromosoma X (síndrome de Turner) muestran un fenotipo clínico en el que las características más significativas son amenorrea y baja talla.
- *Hipogonadismo.* Las anomalías en los cromosomas sexuales son causa de alteraciones en el desarrollo sexual. Hombres con un cromosoma X extra sufren hipogonadismo e infertilidad.
- *Infertilidad masculina.* Una de las causas de infertilidad masculina es la presencia de alteraciones cromosómicas balanceadas (inversiones o translocaciones cromosómicas) que no afectan fenotípicamente al portador, pero sí pueden afectar la espermatogénesis.
- *En los donadores de gametos*, se debe de asegurar que no son portadores de anomalías cromosómicas que puedan trasmitir a la descendencia.

5.11. Polimorfismos cromosómicos que afectan a las regiones heterocromáticas

Algunos cromosomas en algunas personas sanas presentan variaciones en su estructura. Estas variaciones generalmente son debidas a variaciones de tamaño en las regiones heterocrómaticas de los cromosomas 1, 9, 16 y del cromosoma Y o en las regiones de los organizadores nucleolares (satélites de los cromosomas acrocéntricos) y se consideran polimorfismos, ya que no tienen repercusión fenotípica en los portadores. Otros polimorfismo son las inversiones pericéntricas que afectan a la región heterocromática de los cromosomas 1, 9, 16 e Y.

Para comprobar que se trata de polimorfismos se pueden realizar bandas C o NOR, también ayuda comprobar en los progenitores la presencia de dicho polimorfismo.

No es conveniente reflejar en el informe la presencia de los polimorfismos, ya que se pueden malinterpretar y considerar que se trata de una anomalía.

Actividad propuesta 5.13

Explica qué es un polimorfismo cromosómico y su repercusión los portadores. ¿Cómo comprobarías la existencia de polimorfismos?

Resumen

- Los cromosomas son estructuras dinámicas que alcanzan su máximo nivel de compactación durante la mitosis y se tiñen fácilmente en esta etapa, lo que permite su identificación individualizada en el microscopio óptico. Las técnicas citogenéticas están encaminadas a la obtención mediante cultivo de un número suficiente de células en metafase que permitan el análisis cromosómico.
- Mediante la tinción con Giemsa los cromosomas humanos presentan diferente morfología que permite su clasificación en cinco grupos, dependiendo de la posición del centrómero y del tamaño relativo de sus brazos p y q. No obstante, para la identificación individualizada de cada cromosoma es necesario recurrir a técnicas de bandeo; las más utilizadas son las bandas GTG, que incluyen un tratamiento con tripsina y Giemsa.

- La obtención del cariotipo consiste en la ordenación de los cromosomas por parejas y por grupos. El estudio del cariotipo permite la detección de alteraciones cromosómicas. Existe una nomenclatura estandarizada (ISCN) para identificar cada una de las regiones cromosómicas y las posibles alteraciones cromosómicas. Es importante considerar que no todas las alteraciones cromosómicas tienen efectos sobre el individuo, algunas aparecen en la población sana y son consideradas polimorfismos.
- Para realizar un correcto análisis de los cromosomas hay que seguir unos protocolos de calidad que incluyen el número de metafases a estudiar y el nivel de resolución necesario. También es importante saber discriminar los posibles artefactos del cultivo.

Ejercicios propuestos

1. Relaciona las siguientes estructuras cromosómicas con su definición:

   a) Bandas NOR; *b)* satélite; *c)* Idiograma
   d) fórmula cromosómica; e*)* centrómero; *f)* heterocromatina.

   1. Representación esquemática del patrón de bandas G cromosómico.
   2. Es la representación simplificada de la dotación cromosómica de un individuo.
   3. Bandas que permiten detectar la presencia de satélites cromosómicos.
   4. Constricción primaria que divide al cromosoma en dos brazos.
   5. Componente que habitualmente rodea al centrómero y está presente en cantidad importante en los cromosomas 1, 9, 16 e Y.

2. Indica el grupo al que pertenecen los cromosomas acrocéntricos grandes. Describe su morfología. ¿Y los pequeños?
3. Describe las ventajas e inconvenientes del análisis cromosómico al microscopio.
4. Indica el número de metafases que se deben contar en los estudios de cariotipo rutinarios, ¿cuál es el número recomendado si se sospecha un mosaico cromosómico?
5. Escribe el significado de los siguientes símbolos:

   a) Del.
   b) +.
   c) –.
   d) r.
   e) [ ].

6. Explica en qué consiste y qué utilidad tienen las bandas de alta resolución.
7. Escribe la fórmula cromosómica de un hombre que tiene un cromosoma 21 extra.
8. Escribe la fórmula cromosómica de una mujer a la que le falta un cromosoma X.

9. Explica qué es el ISCN y su utilidad. ¿Quién es el encargado de la publicación periódica de las recomendaciones para la nomenclatura citogenética?
10. Describe qué es la fórmula cromosómica y que información se incluye en ella. ¿Cómo escribirías la existencia de un mosaico? ¿Y de una aberración numérica?
11. Cita cinco indicaciones para el estudio de cariotipo.
12. Enumera cinco patologías en las que está indicada la realización de un análisis cromosómico.

Práctica 5.1

Contaje de cromosomas

Objetivos	• Aprender a contar cromosomas al microscopio. • Saber identificar cromosomas con diferente morfología.
Fundamento teórico	El número de cromosomas de todas las células somáticas es idéntico, y en los seres humanos este número es igual a 46. La presencia de un cromosoma extra o la falta de un cromosoma tienen consecuencias graves en los individuos. A partir de cromosomas teñidos con Giemsa se obtiene lo que en citogenética se llama "un morfológico", que permite contar y observar morfología de los cromosomas. Para la búsqueda de metafases de utiliza el objetivo 10x, pero para la observación de los cromosomas es necesario utilizar el objetivo de 100x con aceite de inmersión.
Equipos	• Microscopio.
Materiales	• Portas con extensiones.
Reactivos	• Aceite de inmersión.
Procedimiento	**1.** A partir de las extensiones obtenidas en la práctica 4.3. **2.** Con el objetivo de 10x buscar una metafase. **3.** Centrar el campo de visión. **4.** Poner una gota de aceite de inmersión y enfocar con el objetivo de 100x. **5.** Anotar las coordenadas de la metafase. **6.** Dibujar en un folio la metafase. **7.** Contar el número de cromosomas. **8.** Repetir el proceso con 5 metafases. **9.** Fotografiar 3 metafases diferentes de las anteriores.
Cuestiones	**1.** Indica el número de cromosomas de cada una de ellas. **2.** Localiza y marca 4 cromosomas acrocéntricos pequeños. **3.** Marca 6 cromosomas acrocéntricos grandes. **4.** Marca 4 cromosomas metacéntricos pequeños.

Práctica 5.2

Obtención del cariotipo morfológico

Objetivos	• Aprender a reconocer por grupos los cromosomas humanos. • Saber elaborar un cariotipo morfológico a partir de una fotografía. • Saber escribir e interpretar la fórmula cromosómica normal.
Fundamento teórico	El cariotipo consiste en la ordenación de los cromosomas por grupos en función de su tamaño y forma. Se ordenan de mayor a menor tamaño, del 1 al 23 por parejas y se agrupan en 7 grupos: A, B, C, D, E, F y G, la pareja 23 corresponde a los cromosomas sexuales. Las metafases teñidas con Giemsa "morfológicos" permiten conocer el número total de cromosomas y detectar la presencia de una anomalía cromosómica numérica. El cariotipo morfológico, además de proporcionar información sobre el número de cromosomas, permite conocer el sexo cromosómico de un individuo.
Materiales	• Imágenes impresas de las fotografías realizadas en la práctica 5.1. • Patrón de un cariotipo. • Tijeras y pegamento.
Procedimiento	**1.** Recortar los cromosomas de la fotografía 1 de la práctica 5.1. **2.** Ordenar y pegar los cromosomas por grupos según el patrón del cariotipo. **3.** Repetir el procedimiento con las fotografías 2 y 3.
Cuestiones	**1.** ¿Cuántos cromosomas del grupo G contiene? **2.** ¿Cuántos cromosomas del grupo C contiene? **3.** ¿Cómo se denomina el cariotipo obtenido? **4.** ¿Qué tipo de anomalías se podrían detectar con este tipo de preparaciones? **5.** Indica la fórmula cromosómica en cada uno de los cariotipos obtenidos. **6.** Indica el sexo cromosómico de la muestra.

TEST DE AUTOEVALUACIÓN

1. En relación con el cromosoma 9, es correcto que:

☐ *a)* Pertenece al grupo C.
☐ *b)* Es un cromosoma metacéntrico.
☐ *c)* Es un cromosoma acrocéntrico.
☐ *d)* Ninguna de las opciones anteriores es correcta.

2. Los cromosomas se clasifican:

- ☐ *a)* En orden creciente de tamaño.
- ☐ *b)* Según su morfología.
- ☐ *c)* En cinco grupos.
- ☐ *d)* Según su tamaño y morfolofogía.

3. En relación con el cromosoma Y, se puede afirmar que:

- ☐ *a)* Es un autosoma.
- ☐ *b)* Está presente en todas las personas.
- ☐ *c)* Es un cromosoma acrocéntrico.
- ☐ *d)* Es un cromosoma de pequeño tamaño.

4. La fórmula cromosómica de una mujer normal es:

- ☐ *a)* 46,XY.
- ☐ *b)* 46,XX.
- ☐ *c)* 45,X.
- ☐ *d)* 46XX.

5. En relación con una metafase morfológica, es correcto que:

- ☐ *a)* Se consigue al someter la preparación a un tratamiento con tripsina.
- ☐ *b)* Permite identificar cada cromosoma.
- ☐ *c)* Permite saber el sexo de una persona.
- ☐ *d)* Ninguna de las opciones anteriores es correcta.

6. La banda Xp22 se encuentra:

- ☐ *a)* En el brazo corto de un cromosoma X.
- ☐ *b)* En la región 2 del brazo p de un cromosoma X.
- ☐ *c)* En la banda 2 de la región 2 del brazo p de un cromosoma X.
- ☐ *d)* Todas las opciones son correctas.

7. En relación con los centrómeros, es correcto que:

- ☐ *a)* Dividen al cromosoma en dos brazos iguales.
- ☐ *b)* Divide al cromosoma en brazo p y q.
- ☐ *c)* En los cromosomas metacéntricos está colocado en el extremo del cromosoma.
- ☐ *d)* Todas las opciones son correctas.

8. En relación con las bandas C, se puede afirmar que:

- ☐ *a)* Se utilizan para la identificación de los cromosomas de forma rutinaria.
- ☐ *b)* Tiñe las regiones eucromáticas.
- ☐ *c)* Tiñe los satélites de los cromosomas.
- ☐ *d)* Permite identificar polimorfismos de las regiones heterocromáticas de los cromosomas 1, 9, 16 e Y.

9. En relación con el idiograma, es correcto que:

- ☐ *a)* Es la ordenación de los cromosomas obtenidos en un cultivo celular.
- ☐ *b)* Representa el cariotipo de una persona.
- ☐ *c)* Es la representación esquemática del patrón de bandas de los cromosomas.
- ☐ *d)* Son bandas de muy alta resolución.

10. En relación con los polimorfismos, es correcto que:

- ☐ *a)* Son frecuentes en las regiones heterocromáticas.
- ☐ *b)* No tienen repercusiones en el fenotipo.
- ☐ *c)* Son variaciones normales en la estructura de los cromosomas.
- ☐ *d)* Todas las opciones son correctas.

SOLUCIONES:

1.	**a**	b	c	d
2.	a	b	c	**d**
3.	a	b	**c**	d
4.	a	**b**	c	d
5.	a	b	**c**	d
6.	a	b	c	**d**
7.	a	**b**	c	d
8.	a	b	c	**d**
9.	a	b	**c**	d
10.	a	b	c	**d**

6

Anomalías cromosómicas. Aplicaciones diagnósticas de las técnicas citogenéticas

Objetivos

- ✓ Identificar las anomalías cromosómicas numéricas.
- ✓ Reconocer las anomalías cromosómicas estructurales.
- ✓ Determinar y saber interpretar una fórmula cromosómica de las anomalías cromosómicas.

Mapa conceptual

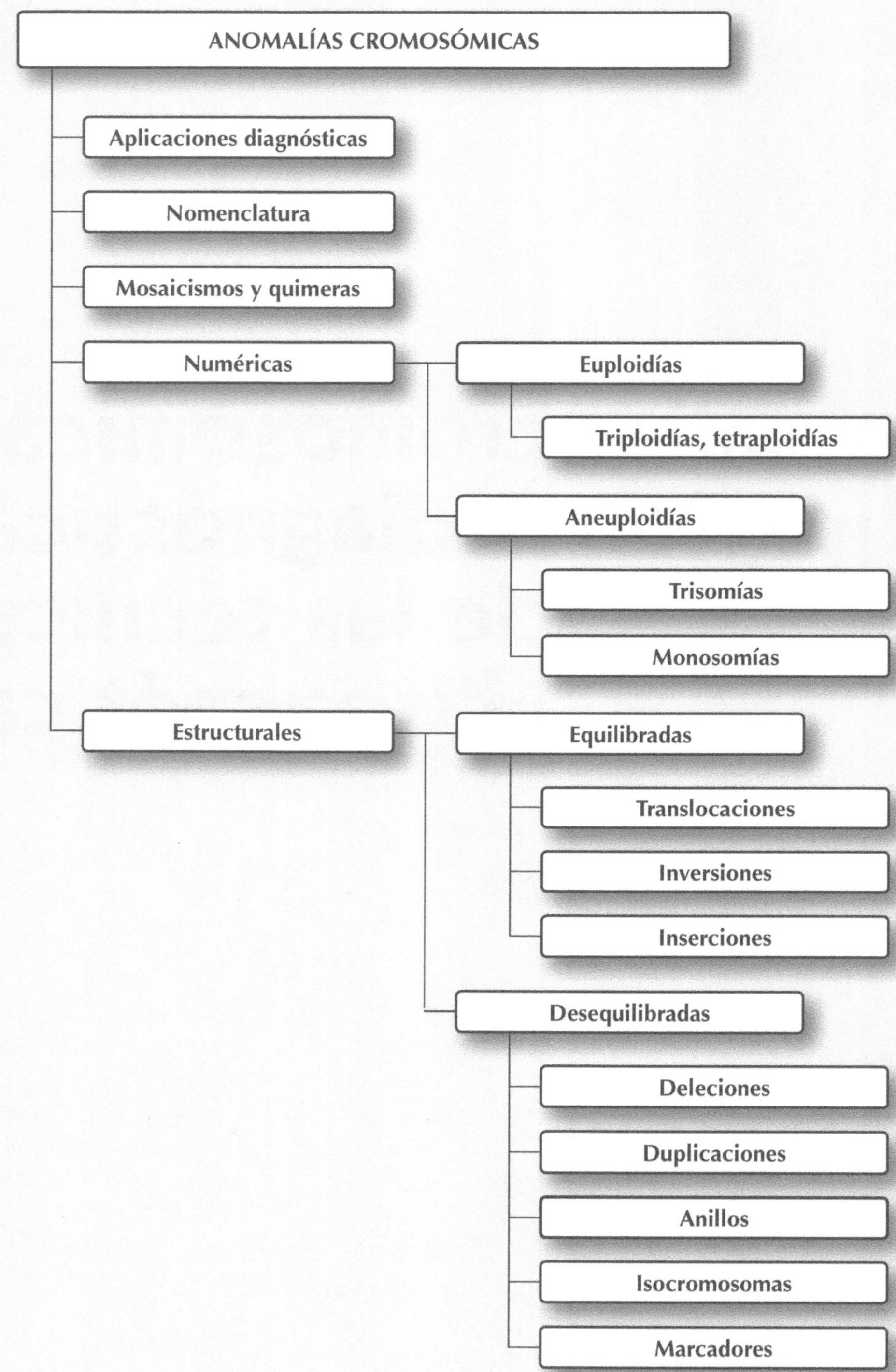

Glosario

Clinodactilia. Curvatura de los dedos en el plano transverso.

Cubitus valgus. Deformidad en la que el antebrazo, con el brazo extendido, tiene un ángulo con respecto a la línea del cuerpo superior a lo normal.

Displasia de las caderas. Alteración de la articulación de la cadera.

Epicantus. Pliegue en el lado interno de ojo.

Hipertelorismo. Marcada separación entre los ojos.

Hipogonadismo. Poco desarrollo de las gónadas.

Morbilidad. Cantidad de personas que enferman en un lugar y periodo de tiempo determinado en relación a la población total.

Muerte perinatal. Muerte que se produce durante el nacimiento.

Occipucio. Porción posterior e inferior de la cabeza.

Sindactilia. Fusión de dos o más dedos.

6.1. Introducción

El desarrollo de las técnicas citogenéticas ha permitido el descubrimiento de que muchas alteraciones clínicas descritas se deben a una anomalía cromosómica. Hasta el momento se han identificado más 100 síndromes cromosómicos, y este número va en aumento a medida que se desarrollan nuevas técnicas de citogenética molecular.

Aunque cada uno de los síndromes cromosómicos por separado es raro, en conjunto contribuyen de forma importante a la morbilidad y mortalidad. Existen alteraciones cromosómicas en el 0,7-0,8% de los recién nacidos vivos, en el 5% de las muertes perinatales y en el 50% de los abortos espontáneos del primer trimestre. Estas observaciones indican que la mayoría de las concepciones cromosómicamente anormales no son viables y terminan en abortos espontáneos. Las anomalías cromosómicas que son compatibles con la vida pueden causar diversas alteraciones fenotípicas que dependen del cromosoma implicado y, en último término, de los genes afectados en dicha alteración. En general, la pérdida de material cromosómico es peor tolerada que la ganancia.

Por otra parte, las alteraciones cromosómicas adquiridas que se presentan en células somáticas contribuyen al desarrollo de una proporción significativa de procesos malignos, tanto en la vida adulta como en la edad infantil.

En este capítulo se revisan los diferentes tipos de anomalías cromosómicas y su implicación en los estudios citogenéticos constitucionales.

6.2. Clasificación de las anomalías cromosómicas

Las anomalías cromosómicas pueden clasificarse en dos grandes grupos: alteraciones en el número de cromosomas (anomalías numéricas) o bien a alteraciones en la estructura de los cromosomas (anomalías estructurales). Una tercera categoría está relacionada con la presencia en una persona de diferentes constituciones cromosómicas en dos o más líneas celulares, corresponden a mosaicos o a quimeras.

Tanto las anomalías numéricas como las estructurales a su vez pueden clasificarse en diferentes tipos y subtipos (figura 6.1).

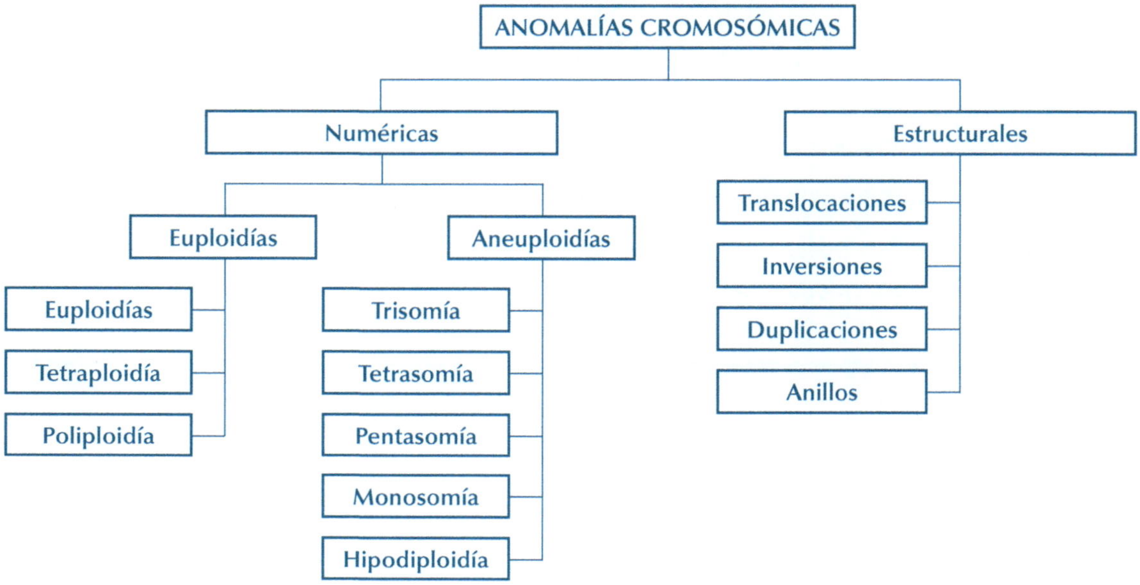

Figura 6.1
Clasificación de las anomalías cromosómicas

6.3. Anomalías numéricas

Las anomalías numéricas se originan por la pérdida o ganancia de uno o más cromosomas.

Se clasifican en euploidías (verdaderas ploidías) y aneuploidías (falsas ploidías).

6.3.1. Euploidías

Las euploidías o verdaderas ploidías tienen múltiples copias de la dotación haploide, en ellas el número de cromosomas es múltiplo de la serie haploide (n). Así, una célula triploide tiene 3n (3 × 23) = 69 cromosomas, la tetraploide presenta 4n (4 × 23) = 92 cromosomas.

Suelen ser letales. En la especie humana la triploidía es relativamente frecuente en las muestras estudiadas de abortos espontáneos. Es raro que esos fetos lleguen a término, y si llegan a nacer, mueren al poco tiempo.

- *Triploidía.* Es la presencia de 3n cromosomas (figura 6.2). La fórmula cromosómica puede ser: 69,XXX, 69,XXY, 69,XYY. También puede presentarse en mosaico, con una línea normal y otra línea triploide.

Estos fetos no son viables, se originan abortos precoces, nacimientos prematuros y muertes perinatales. Tienen un pronóstico de vida muy severo.

Existen varios mecanismos que pueden conducir a una triploidía:

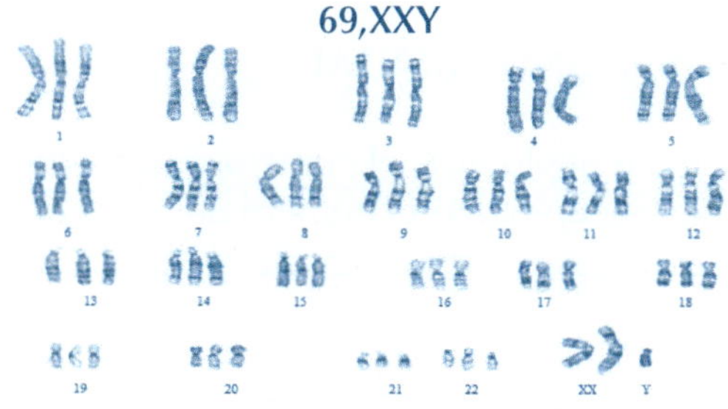

Figura 6.2
Cariotipo triploide, 69,XXY

- Fracaso en la maduración de la división meiótica en el óvulo o espermatozoide. Cuando hay predominio de material materno, se denomina *diginia*; por el contrario, cuando el predominio es paterno, se denomina *diandria*.
- Fecundación de un óvulo haploide por 2 espermatozoides haploides, se denomina dispermia.

Cuando la triploidía resulta por la presencia de un juego o dotación cromosómica adicional es de origen paterno (diandria y dispermia) la placenta se desarrolla excesivamente. Por el contrario, cuando la triploidía resulta por un juego adicional de cromosomas de origen materno, hay predominio de material cromosómico materno (diginia), en estos casos la placenta no se desarrolla, siendo esta muy pequeña.

Actividad propuesta 6.1

Responde a las siguientes cuestiones:

a) Cita los dos grandes grupos en los que se clasifican las anomalías cromosómicas.
b) Cómo se denomina la alteración en la que el cariotipo es de 69,XXX.
c) ¿Qué consecuencias suelen tener este tipo de alteraciones?

6.3.2. Tetraploidía

Es la presencia de 4n (92) cromosomas. La fórmula cromosómica suele ser: 92,XXXX, 92XXYY. La mayoría de las gestaciones tetraploides se acompañan de cambios morfológicos que incluyen: crecimiento intrauterino retardado, microcefalia, dismorfias faciales, malformaciones en los miembros, malformaciones internas importantes. El pronóstico es muy grave. Estos fetos no suelen llegar a término.

El origen de las tetraploidías puede deberse a un mecanismo de endorreduplicación (duplicación de los cromosomas sin división celular). En los cultivos celulares en ocasiones se suelen encontrar células tetraploides originadas por las propias condiciones del cultivo, en este caso se consideran *artefactos* del cultivo.

◎ FUNDAMENTAL

En las euploidías, el número de cromosomas es de: 69 (3n), 92 (4n), 5n 115; en cambio, en las aneuploidías el número de cromosomas puede ser: 45, 47, 48.

6.3.3. Aneuploidías

También llamadas falsas ploidías. Las células aneuploides son aquellas cuyo número de cromosomas no es múltiplo del número cromosómico haploide básico (n), poseen un cromosoma o más en exceso o en defecto. Si se pierde uno de los cromosomas homólogos se denomina: monosomía.

Si se ganan uno, dos o tres cromosomas homólogos se denominan trisomía, tetrasomía y pentasomía, respectivamente.

Se originan por un fallo de no disyunción durante la división meiótica I o en la II (figura 6.3). Si uno de los gametos recibe dos copias de uno de los pares de cromosomas homólogos (disomía), al otro gameto le faltará ese cromosoma (nulisomía). Los gametos disómicos, al unirse al otro gameto, dan lugar a fetos trisómicos. El gameto nulisómico, al unirse al otro gameto, da lugar a fetos nonosómico. También puede originarse por fallos en el reparto de los cromosomas en las dos células hijas durante la mitosis.

Figura 6.3
Mecanismos de no disyunción; en la meiosis I (figura de la derecha) o en la meiosis II (figura de la izquierda)

No se conoce con exactitud la causa de la no disyunción. Existe una relación entre la edad de la madre y la incidencia de la trisomía 21, debido probablemente al envejecimiento en la mujer de sus ovocitos primarios, que están presentes en ella antes de su nacimiento.

Las consecuencias de las aneuploidías suelen ser graves, originan la muerte en el periodo prenatal o neonatal o bien dan lugar a individuos polimalformados. Suelen presentar retraso mental.

Actividad propuesta 6.2

Explica la diferencia entre trisomía y triploidía y uno de los posibles mecanismos que conducen a la aneuploidía.

A) Monosomía

Se denomina *monosomía* a la ausencia de un cromosoma. La monosomía en autosomas es incompatible con la vida, solo se han descrito algunos pocos pacientes con monosomía 21. La monosomía del cromosoma X en mujeres origina el síndrome de Turner, caracterizado por una serie de rasgos fenotípicos, los más característico son la baja estatura y la amenorrea primaria.

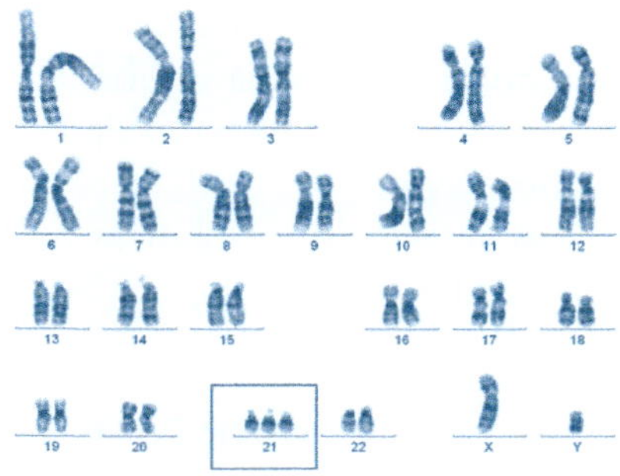

Figura 6.4
Cariotipo masculino con trisomía 21 libre, 47,XY,+21

B) Trisomía

Es la presencia de un cromosoma extra. Las trisomías más frecuentes en cariotipos constitucionales son las que afectan a los cromosomas 21, 13, 18, X e Y. También se han descrito pacientes con trisomías en otros cromosomas (8, 9, 12), pero suelen presentarse en mosaico.

Las otras trisomías autosómicas son incompatibles con la vida; por ejemplo, la trisomía 16 es común en abortos espontáneos del primer trimestre del embarazo.

La presencia de un cromosoma sexual adicional (X o Y) tiene efectos fenotípicos menos severos.

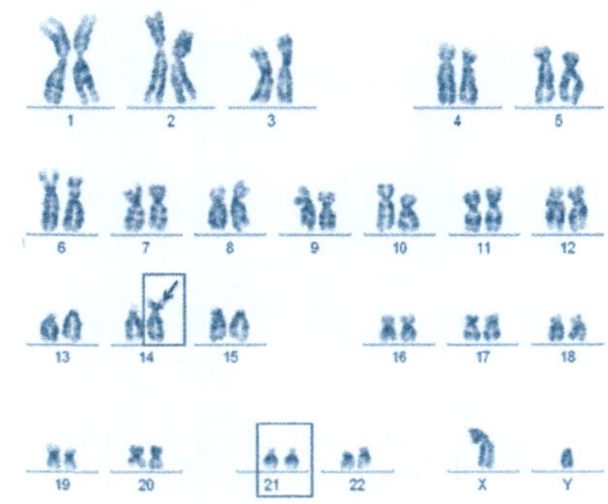

Figura 6.5
Cariotipo masculino con trisomía 21 por translocación de un 21 sobre un 14. 46,XY,t(14;21)

- *Trisomía 21 o síndrome de Down*. Es la trisomía que se da con mayor frecuencia. Se origina por la presencia de un cromosoma 21 extra. Este cromosoma extra puede estar libre, presentando 3 cromosomas 21 independientes, la fórmula cromosómica es: 47,XX,+21 o 47,XY,+21 (figura 6.4). Otro tipo de trisomías 21, con 46 cromosomas, es la trisomía 21 por translocación. Ocurren cuando uno de los cromosomas 21 está unido a otro cromosoma acrocéntrico (del grupo D o del grupo G). Un ejemplo de trisomía 21 por translocación de un cromosoma 21 sobre uno 14 se puede observar en la figura 6.5, la fórmula cromosómica es 46,XY,t(14;21).

RECUERDA

✓ No todos los pacientes con trisomía 21 tienen 47 cromosomas. Uno de los cromosomas 21 puede estar unido a otro cromosoma, generalmente un cromosoma acrocéntrico, de tal forma que al contar los cromosomas individuales se obtiene un valor de 46, en estos casos la trisomía se ha producido por translocación. En muchos casos esta alteración ha sido heredada de uno de los progenitores que presentan 45 cromosomas debido a que uno de los dos cromosomas 21 está unido a un cromosoma acrocéntrico. Estas personas son portadoras sanas, pero sufren riesgo de tener hijos con trisomía 21.

El riesgo de recurrencia para la pareja que ha tenido un hijo previo con trisomía 21 es diferente si la trisomía es libre (el riesgo es del 2%), o es por translocación, en la que uno de los padres es portador sano de la translocación, en este último caso el riesgo de recurrencia es mucho mayor.

Las características clínicas de los pacientes con síndrome de Down están reflejadas en el cuadro 6.1.

CUADRO 6.1
Características del síndrome de Down

Anomalías craneofaciales	• Cabeza estrecha • Occipucio plano • Nuca plana y corta, con abundante piel en la nuca • Ojos oblicuos dirigidos hacia arriba • Epicantus, hipertelorismo • Manchas en el iris y estrabismo • Nariz pequeña plana • Boca pequeña con labios gruesos, da la sensación que la lengua no cabe • Lengua con aspecto agrietado • Dientes irregularmente implantados • Orejas de implantación baja, conducto auditivo estrecho
Anomalías de las extremidades	• Manos toscas, dedos cortos • El quinto dedo suele presentar clinodactilia • Pliegue de flexión palmar medio y distal suelen estar fusionados. En los pies, marcada separación entre el dedo gordo y el segundo

- Gran hipotonía abdominal. Hiperlaxitud ligamentosa. Hiperflexibilidad articular
- Displasia de las caderas
- Marcado descenso del sistema inmunológico, gran susceptibilidad para las infecciones respiratorias. Riesgo de leucemia mielobástica aguda
- Mortalidad importante durante el primer año de vida, si bien a media que cumple años aumenta su probabilidad de supervivencia

- *Trisomía 18 o síndrome de Edwards.* Se debe a la presencia de un cromosoma 18 extra (figura 6.6). La fórmula cromosómica es 47,XX,+18 en mujeres y 47,XY,+18 en hombres.

  Es la segunda aneuploidía más frecuente, se da en 1 de cada 8.000 recién nacidos, con predominio femenino, 4 de cada 5 son niñas. El pronóstico es muy grave, con una supervivencia muy corta (mueren al nacer, no sobreviven más allá de los tres meses).

Actividad propuesta 6.3

Responde a las siguientes cuestiones:

a) ¿Cuál es la monosomía que es compatible con la vida? Explica qué características presenta.

b) ¿Cuáles son las trisomías de los autosomas que pueden llegar a nacer y la monosomía de los cromosomas sexuales más frecuente?

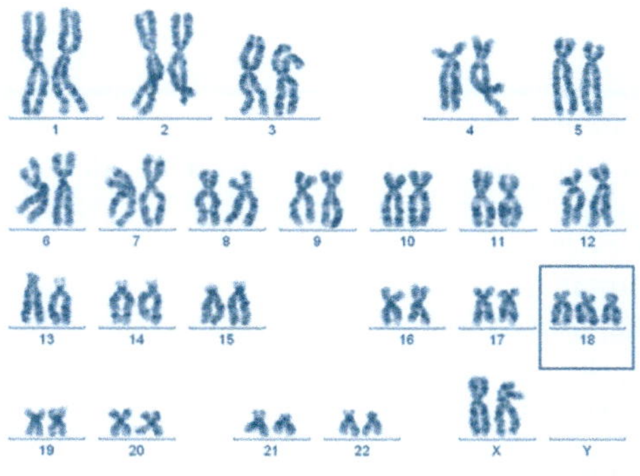

Figura 6.6
Cariotipo femenino con trisomía 18

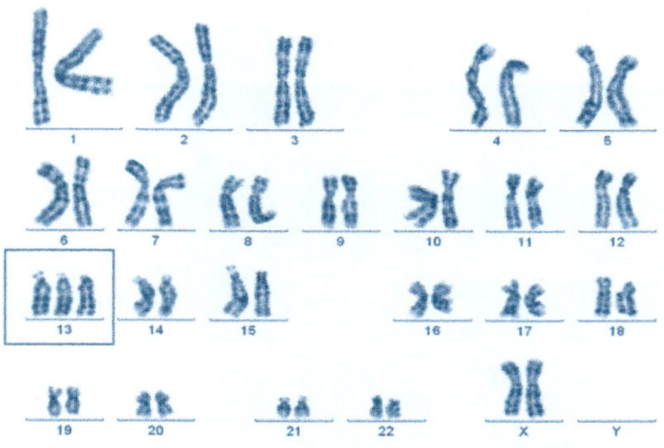

Figura 6.7
Cariotipo femenino con trisomía 13 o síndrome de Patau

Las características clínicas de los pacientes con síndrome de Edwards están reflejadas en el cuadro 6.2.

CUADRO **6.2**
Características del síndrome Edwards

Anomalías craneofaciales	• Cabeza con rasgos faciales pequeños y delicados • Microcefalia, Occipucio prominente • Orejas displásicas de implantación baja • Nariz pequeña • Micrognatia (mandíbula corta) • Cuello corto • Fisura labial y palatina • Boca y ojos pequeños
Anomalías de las extremidades	• Esternón corto, pelvis estrecha • En las manos los dedos tienen una posición característica con el dedo meñique y el índice situado sobre el medio y el anular • Pies en mecedora, talón prominente, región plantar convexa • Uñas hipoplásicas
• Hipertonía (musculatura tensa) • Escaso peso al nacer • Malformaciones cardiacas digestivas, renales genitales	

- *Trisomía 13 o síndrome de Patau.* Se debe a la presencia de un cromosoma 13 extra (figura 6.7). La fórmula cromosómica es 47,XX,+13 en mujeres y 47,XY,+13 en hombres.

  La frecuencia es de 1 por cada 20.000 recién nacidos vivos. La supervivencia es muy pequeña, mueren antes del primer año de vida.

Las características clínicas de los pacientes con síndrome de Patau están reflejadas en el cuadro 6.3.

CUADRO 6.3
Características del síndrome Patau

Anomalías craneofaciales	• Abombamiento de la frente • Malformaciones cráneo faciales, cardiacas, intestinales, del sistema nervioso • Microcéfalos, hipertelorismo • Orejas bajas y mal formadas • Fisura labial y palatina, aspecto de hocico de liebre • Nariz plana pudiendo presentar un solo orificio • Fallos en el cierre de las fontanelas
Anomalías de las extremidades	• Manos con los dedos flexionados (manos en puño) • Pulgar en retroflexión • Polidactilia y sindactilia • Uñas estrechas y convexas con aspecto de canal • Anomalías en las suturas de la línea media

- *Otras trisomías*. Otras trisomías compatibles con la vida son la trisomía 8 y la 9, pero siempre se aparecen en mosaico. El fenotipo clínico dependerá del grado de mosaicismo y la distribución del mosaico en los diferentes tejidos. La trisomía 9 se caracteriza por presentar rasgos dismórficos, anomalías esqueléticas, genitales anómalos y cardiopatía. La trisomía 8 se caracteriza por presentar retraso mental moderado, estrabismo y anomalías esqueléticas.

  Las alteraciones numéricas de los cromosomas sexuales se tratarán en el apartado de anomalías de los cromosomas sexuales.

Actividad propuesta 6.4

Explica por qué algunas personas con trisomía 21 tienen 46 cromosomas individuales.

Escribe la fórmula cromosómica del síndrome de Edwards y describe alguno de los rasgos fenotípicos.

6.4. Anomalías estructurales

Los reordenamientos cromosómicos estructurales se producen como consecuencia de roturas cromosómicas seguidas de reagrupaciones con una configuración incorrecta.

Las anomalías estructurales pueden ser equilibradas o no equilibradas. En los reordenamientos equilibrados el complemento cromosómico está completo, no hay pérdida o ganancia de material genético; por lo tanto, no suelen tener consecuencias negativas en sus portadores, salvo en los casos en los que los puntos de rotura afectan a genes importantes. No obstante, la presencia de alteraciones cromosómicas, aunque sean equilibradas, conlleva un riesgo de tener hijos con alteraciones cromosómicas no equilibradas, debido a la formación de gametos desbalanceados durante la segregación de los cromosomas durante la meiosis.

Los reordenamientos cromosómicas no equilibrados suelen tener consecuencias clínicas cuyo grado de severidad depende del material genético implicado en la alteración.

En el cuadro 6.4 se reflejan los tipos de alteraciones cromosómicas estructurales dependiendo de si son equilibradas o desequilibradas.

CUADRO **6.4**
Tipos de alteraciones cromosómicas estructurales

Alteraciones cromosómicas equilibradas	• Translocaciones (recíprocas y robertsonianas) • Inserciones • Inversiones
Alteraciones cromosómicas no equilibradas	• Deleciones • Duplicaciones • Cromosomas en anillo • Isocromosomas • Cromosomas marcadores

6.4.1. Translocaciones

Una translocación se define como el intercambio de material genético entre dos cromosomas. Las translocaciones se suelen clasificar en dos tipos (recíprocas y robertsonianas) dependiendo del origen de los fragmentos implicados.

- *Una translocación recíproca* ocurre con la rotura en los brazos (p o q) ambos cromosomas, seguida del intercambio de sus segmentos y de la formación de dos nuevos derivados cromosómicos.
- *Una translocación robertsoniana* es un tipo particular de translocación, en la cual los puntos de rotura están localizados en o cerca de los centrómeros de dos cromosomas acrocéntricos.

TOMA NOTA

Las anomalías cromosómicas equilibradas no suelen afectar fenotípicamente a los portadores, pero sí que suponen un riesgo para su descendencia. Es habitual que se asocien a infertilidad y abortos espontáneos recurrentes.

En una translocación se produce rotura en dos cromosomas no homólogos seguida de un intercambio de fragmentos. Pueden producirse translocaciones entre cualquier cromosoma. Muchas translocaciones son familiares.

A) Translocaciones recíprocas

Una translocación recíproca implica una rotura en, al menos, dos cromosomas no homólogos, con intercambio de fragmentos (figura 6.8). Generalmente, el número de cromosomas se mantiene en 46. Si el intercambio recíproco se produce entre fragmentos más o menos del mismo tamaño, este solo podrá detectarse en detalle por técnicas de bandeo cromosómico o por FISH.

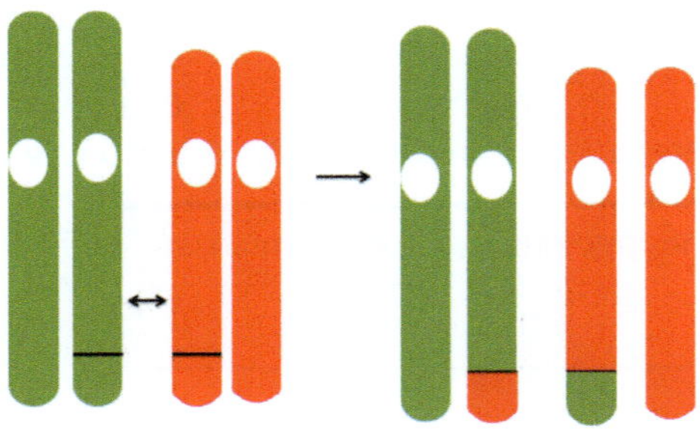

Figura 6.8
Esquema de una translocación recíproca

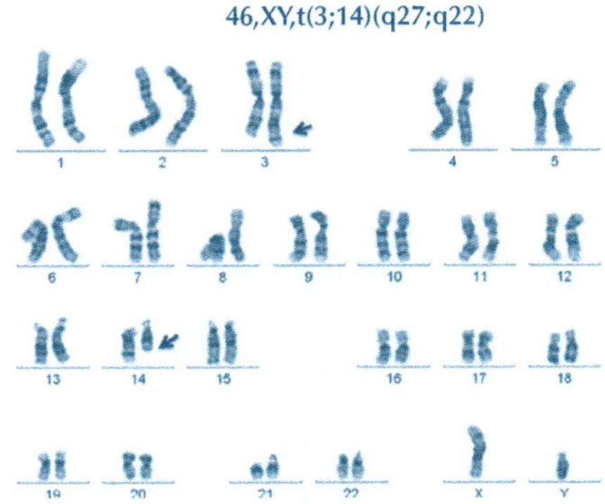

Figura 6.9
Cariotipo masculino con translocación recíproca entre los cromosomas 3 y 14

La figura 6.9 muestra un cariotipo masculino con presencia de una translocación recíproca entre los cromosomas 3 y 14, con puntos de corte en el cromosoma 3 en la banda q27 y en el cromosoma 14 en la banda q22, la fórmula cromosómica en el cariotipo de la figura es: 46,XY,t(3;14)(q27;q22).

Los portadores de estas translocaciones suelen ser portadores sanos, pero, como ya se ha apuntado anteriormente, pueden sufrir riesgo de tener descendencia con una dotación cromosómica desbalanceada. Normalmente, este riesgo se encuentra entre el 1 y el 10%, ya que los embriones formados no suelen ser viables. Es frecuente la presencia de abortos recurrentes.

Actividad propuesta 6.5

Explica que es una translocación y los tipos que existen. ¿Qué consecuencias tiene la presencia de una translocación balanceada?

B) *Translocaciones robertsonianas*

Una translocación robertsoniana es el resultado de una rotura en dos cromosomas acrocéntricos tanto del grupo D como del grupo G, en los centrómeros o muy cerca de ellos, con la siguiente fusión de sus brazos largos (figura 6.10). Este tipo de translocación recibe el nombre de fusión céntrica.

Los brazos cortos de cada cromosoma generalmente se pierden, aunque su pérdida no tiene repercusiones clínicas, ya que contienen solo genes para el ARN ribosómico, de los que hay múltiples copias en los otros cromosomas acrocéntricos. El número total de cromosomas se reduce a 45.

En algunas ocasiones estos pequeños fragmentos no se pierden y dan lugar a pequeños microcromosomas. Al no existir pérdida ni ganancia importante de material genético, es un reordenamiento funcionalmente equilibrado.

La incidencia en la población general es aproximadamente de 1/1.000. La más común de las translocaciones robertsonianas es la translocación entre de los cromosomas 13 y 14.

Figura 6.10
Esquema de la formación de una translocación robertsoniana

La figura 6.11 muestra un cariotipo femenino, con 45 cromosomas debido a la presencia de una translocación robertsoniana entre los cromosomas acrocéntricos 13 y 14. La fórmula cromosómica en este caso es: 45,XX,t(13;14)(p11;p11).

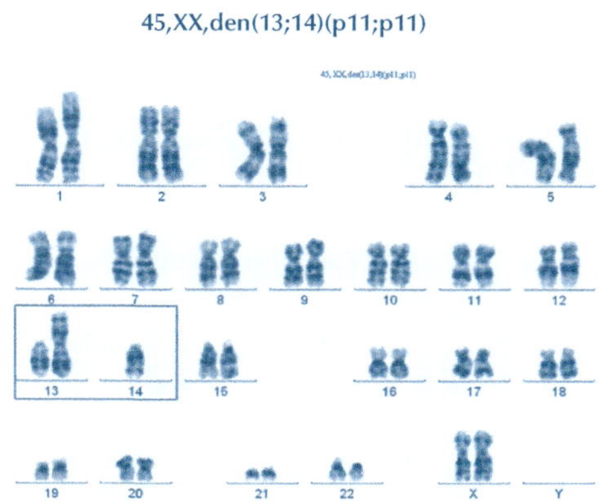

Figura 6.11
Cariotipo femenino con translocación robertsoniana entre los cromosomas 13 y 14

> **FUNDAMENTAL**
>
> Las translocaciones pueden ser recíprocas o robertsonianas. En las robertsonianas equilibradas, el número de cromosomas es 45. Si hay 46 cromosomas, junto con la translocación hay una trisomía del cromosoma de uno de los translocados.

6.4.2. Inserciones

Una inserción se produce cuando un segmento de un cromosoma se inserta en otro cromosoma (figura 6.12). Se trata de una translocación no recíproca. Se producen 3 puntos de corte, dos en el cromosoma que pierde el fragmento y uno en el cromosoma en el que se inserta. El fragmento puede insertarse con la misma orientación que tenía en el cromosoma de referencia (inserción directa) o bien puede insertarse en la orientación opuesta (inserción-inversión).

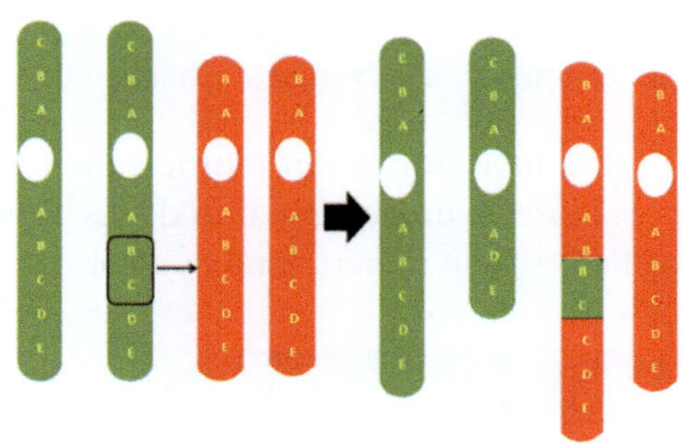

Figura 6.12
Esquema de una inserción directa

6.4.3. Inversiones

Una inversión se debe a dos roturas en un mismo cromosoma seguida de una nueva fusión del segmento roto, en la misma posición que ocupaba pero con orientación contraria (figura 6.13). Si el segmento invertido contiene el centrómero, esta se denomina *inversión pericéntrica* (figura 6.14). Si solo contiene un segmento de un brazo p o q del cromosoma, se denomina *inversión paracéntrica* (figura 6.15).

La figura 6.14 muestra el cariotipo masculino con una inversión pericéntrica del cromosoma 9, con puntos de corte p11 y q13, la fórmula cromosómica es: 46,XY,inv(9)(p11q13). Esta inversión es una de las más frecuentes, se considera un polimorfismo y no tiene repercusiones fenotípicas.

Las inversiones que afectan a la región de heterocromatina de los cromosomas 1, 9, 16 e Y son variantes polimórficas. Otras inversiones polimórficas que afectan a regiones de heterocromatina son: inv(2)(p11q13), inv(3)(p11q11), inv(3)(p11q12), inv(3)(p13q12), inv(5)(p13q13) y la inv(10)(p11.2q21.2).

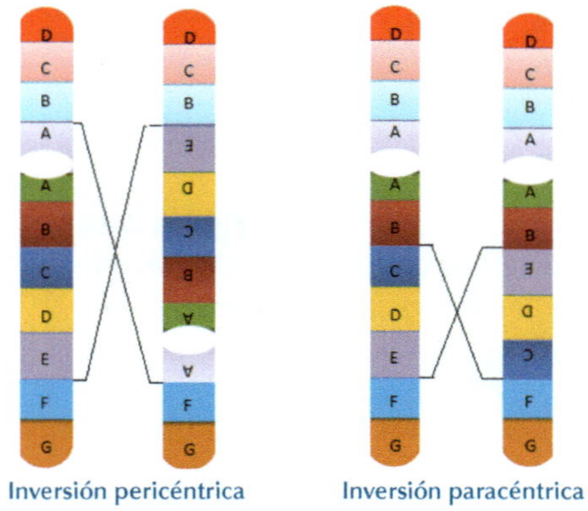

Figura 6.13
Esquema de la inversión

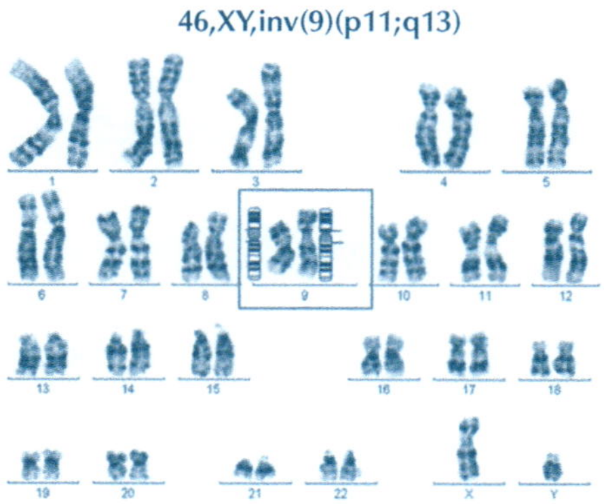

Figura 6.14
Cariotipo de una inversión pericéntrica del cromosoma 9 (variante polimórfica)

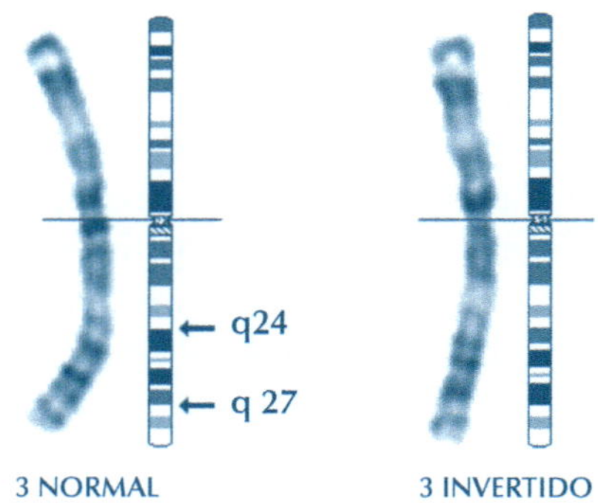

Figura 6.15
Inversión paracéntrica del cromosoma 3
Fuente: http://biomodel.uah.es

Las inversiones son reordenamientos equilibrados que raramente causan problemas en los portadores, a menos que uno de los puntos de rotura afecte a un gen importante funcionalmente. Pero sí que tienen consecuencias en la descendencia.

Actividad propuesta 6.6

Explica las siguientes cuestiones:

a) ¿En qué consiste una inserción? ¿En qué se diferencia con la translocación?
b) ¿En qué consisten las inversiones cromosómicas? Cita los tipos que existen.

6.4.4. Deleciones

Una deleción es la pérdida de un segmento cromosómico, dando como resultado una monosomía para ese segmento y por tanto una haploinsuficiencia de los genes situados en dicho fragmento.

Las deleciones de un segmento terminal del cromosoma se denominan deleciones terminales (figura 6.16), las deleciones de segmentos no terminales se denominan deleciones intersticiales.

Una deleción extensa es incompatible con la vida y, como regla general, cualquier deleción de más del 2% del genoma total haploide es letal.

Hoy, las deleciones se reconocen a dos posibles niveles. Una deleción microscópica o cromosómica se puede visualizar con el microscopio y deleciones submicroscópicas que no son visibles al microscopio óptico con las técnicas citogenéticas convencionales (cariotipo con bandas GTG), pero que sí que pueden ser detectadas con técnicas de citogenética molecular (FISH, *array*-CGH).

TOMA NOTA

La gravedad de las deleciones dependen del tamaño del fragmento deleccionado y de su contenido en genes. Las regiones subtelómericas son muy ricas en genes, las deleciones de estas regiones suelen relacionarse con síndromes clínicos graves.

Se han descrito numerosos síndromes, como el de Wolf-Hirschorn, o el síndrome de Cri du Chat (maullido de gato) (figura 6.17), que presentan pérdidas de material genético en los brazos cortos de los cromosomas 4 y 5, respectivamente. Actualmente, con la ayuda de las técnicas de FISH y *array*-CGH se están descubriendo nuevos síndromes de microdeleción y microduplicación, ya hay más de 100 nuevos síndromes de microdeleción.

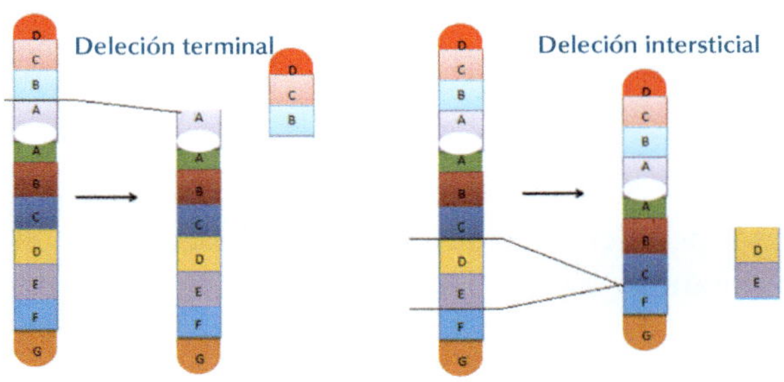

Figura 6.16
Esquema de la deleción terminal e intersticial

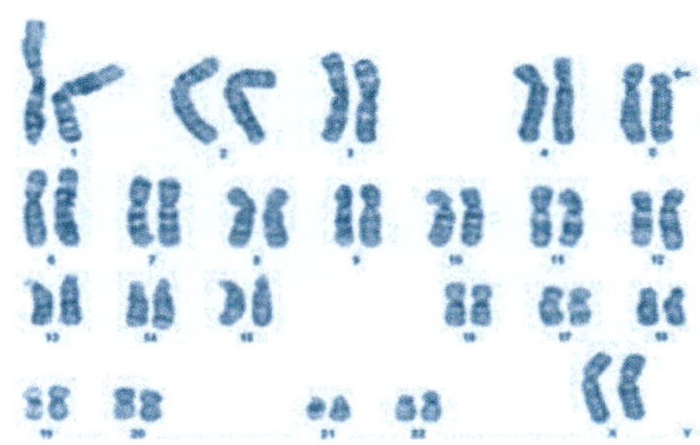

Figura 6.17
46,XX, del (5) (p14->pter) síndrome de Cridu-Chat
Fuente: www.sci.ubu.ac.th

Actividad propuesta 6.7

Explica las consecuencias que pueden tener las deleciones cromosómicas y de qué depende su gravedad.

6.4.5. Duplicaciones

Una duplicación es la presencia de dos copias de un segmento cromosómico, habitualmente en tándem con la secuencia original (figura 6.18). El segmento duplicado puede tener la misma orientación que la secuencia original (duplicación directa), o puede tener una orientación opuesta (duplicación con inversión). Las consecuencias de estas alteraciones dependen del fragmento duplicado, pero en general son menos graves que las deleciones.

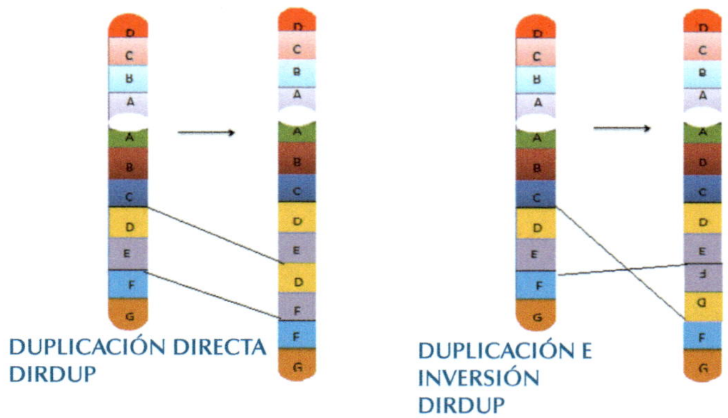

Figura 6.18
Esquema de la duplicación directa e inversa

Actividad propuesta 6.8

Explica las consecuencias que pueden tener las duplicaciones cromosómicas y los dos tipos de duplicaciones que pueden originarse.

6.4.6. Cromosomas en anillo

Un cromosoma en anillo se forma cuando se rompe el cromosoma en ambos brazos y a continuación se unen los dos extremos formando un anillo, los dos fragmentos distales se pierden (figura 6.19).

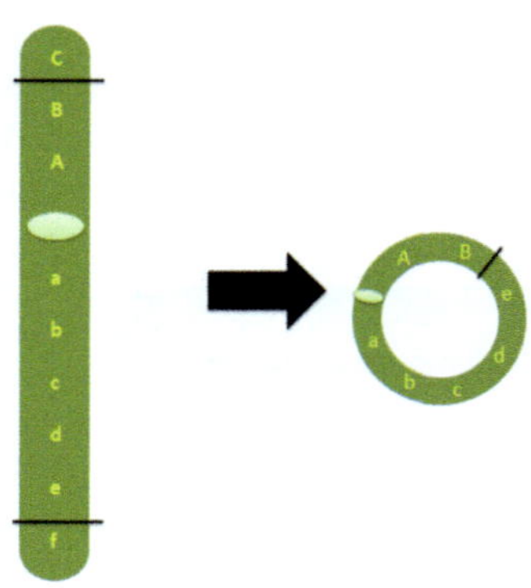

Figura 6.19
Formación de un cromosoma en anillo

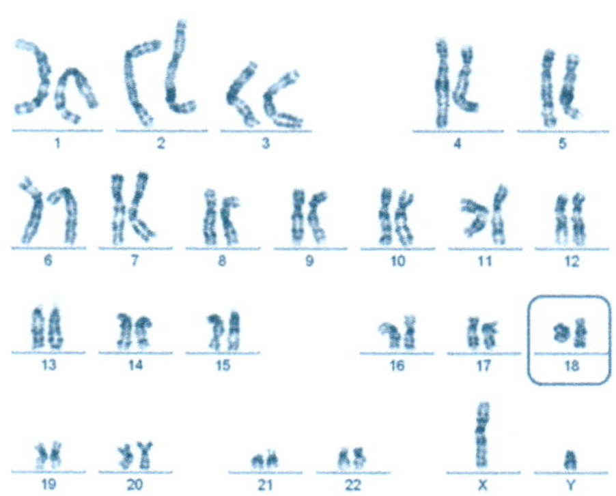

Figura 6.20
Cariotipo masculino con presencia de un cromosoma 18 en anillo

La presencia de un anillo en un autosoma suele tener efectos graves, ya que las regiones de los telómeros son muy ricas en genes.

Los cromosomas en anillo tienen problemas durante la división mitótica y a veces se pierden, dando lugar a una presentación en mosaico de dos líneas celulares, una línea que presenta el anillo y otra línea con células monosómicas para el cromosoma que presenta el anillo.

En la figura 6.20 se observa un cariotipo masculino con presencia de un cromosoma 18 en anillo, la fórmula cromosómica es: 46,XY,r(18).

6.4.7. Isocromosomas

Un isocromosoma consiste en un cromosoma que contiene dos copias de uno de los brazos, y ninguna copia del otro brazo.

Habrá isocromosomas del brazo p, o bien isocromosomas del brazo q. El resultado es una trisomía del brazo duplicado y una monosomía del otro brazo.

La explicación más probable para la formación de un isocromosoma es la división transversal, en lugar de longitudinal, a nivel del centrómero durante la separación de las cromátides hermanas en la división celular (figura 6.21). La mayoría de los isocromosomas encontrados están formados por los dos brazos largos del cromosoma X: i(Xq), representan el 20% de los casos del síndrome de Turner.

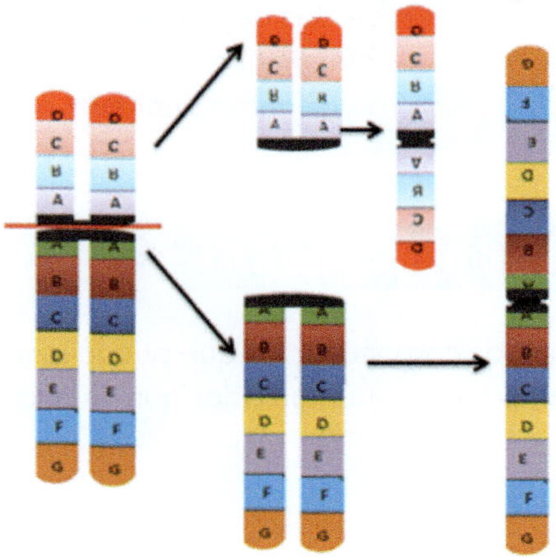

Figura 6.21
Formación de isocromosomas q y p

Actividades propuestas

6.9. Describe qué es un cromosoma en anillo. Razona si su presencia supone una pérdida de material genético.

6.10. Explica qué es un isocromosoma. Cita cuál es el isocromosoma más frecuente y con qué síndrome está relacionado.

6.4.8. Cromosomas marcadores y microcromosomas

Los cromosomas marcadores son cromosomas no identificables por citogenética convencional. Se necesita realizar la técnica de *array*-CGH para su identificación.

Las consecuencias de la presencia de un cromosoma marcador dependen de su contenido genético.

Un tipo especial de cromosomas marcadores son los microcromosomas derivados de los brazos cortos de los cromosomas acrocéntricos. El más común es el microcromosoma derivado de los brazos cortos y centrómero de un cromosoma 15.

Son cromosomas muy inestables que pueden presentarse en mosaico, con líneas celulares sin el cromosoma marcador, líneas con uno o más cromosomas marcadores. En la fórmula cromosómica se representan añadiendo +mar.

RECUERDA

✓ Las consecuencias fenotípicas de las alteraciones cromosómicas desequilibradas dependen del contenido genético del fragmentó implicado. Generalmente presentan un fenotipo que incluye retraso global del desarrollo, déficit intelectual más o menos grave y rasgos dismórficos.

Actividad propuesta 6.11

Explica las consecuencias que puede tener la presencia de un cromosoma marcador. Cita el cromosoma marcador que se encuentra con mayor frecuencia.

6.5. Mosaicismos y quimeras

Los mosaicos y las quimeras se caracterizan por presentar líneas celulares con dotación cromosómica diferente en un mismo individuo o tejido.

- *Los mosaicismos* pueden definirse como la presencia de dos o más líneas celulares en un individuo o en un tejido, con diferente constitución genética, pero derivadas del mismo cigoto. Los mosaicos cromosómicos se originan, generalmente, como resultado de la no disyunción en las primeras divisiones mitóticas durante el desarrollo embrionario. El grado de mosaicismo depende del momento en el que haya producido el fallo en la división mitótica. Si se produce en la primera división mitótica, todas las células tendrán una dotación cromosómica alterada (45 cromosomas/47 cromosomas). Si el fallo mitótico ocurre en fases más avanzadas del embrión, habrán células normales, células con 45 cromosomas y células con 47 cromosomas. En algunas ocasiones, una de las líneas celulares puede llegar a desaparecer.

  Los mosaicos más frecuentes son los correspondientes a las anomalías cromosómicas numéricas, pero también se dan mosaicos de anomalías estructurales. Los mosaicos más frecuentes son las anomalías cromosómicas numéricas de los cromosomas sexuales.

  El mosaicismo también puede existir a nivel molecular si aparece una nueva mutación a nivel somático o germinal.

  Las consecuencias de los mosaicos dependen del cromosoma implicado, del grado de mosaicismo y de la distribución del mosaico en los diferentes tejidos. Por lo general, las alteraciones en mosaico son menos graves que las alteraciones que afectan a todas las células del organismo.

- *Las quimeras* se definen como la presencia de dos o más líneas celulares genéticamente distintas procedentes de más de un cigoto. Que tras la fecundación han permanecido juntos.

Actividad propuesta 6.12

Explica la diferencia entre un mosaico y una quimera. Cita qué mosaicos se dan con mayor frecuencia.

6.6. Anomalías de los cromosomas sexuales

Los cromosomas sexuales pueden presentar tanto anomalías numéricas como estructurales. La repercusión es diferente en el hombre que en la mujer. Las alteraciones del cromosoma X en hombres son más graves que en las mujeres, debido a que el hombre solo contiene una copia de los genes localizados en el cromosoma X. En la mujer, cuando hay un cromosoma X alterado, suele producirse una inactivación selectiva del cromosoma alterado; pero en ocasiones se inactiva el cromosomas normal. Por este motivo es difícil predecir el fenotipo clínico de las alteraciones que afectan al cromosoma X en mujeres.

FUNDAMENTAL

Las alteraciones que afectan a los cromosomas sexuales en muchas ocasiones se presentan en mosaico, lo que hace difícil también predecir las consecuencias de dicha alteración. Este hecho complica especialmente el diagnóstico prenatal.

6.6.1. Anomalías numéricas de los cromosomas sexuales

Las anomalías numéricas de los cromosomas sexuales tienen menor repercusión fenotípica en los portadores que la del resto de los autosomas. Es frecuente que se presenten en mosaico.

En el cuadro 6.5 se recogen las anomalías numéricas de los cromosomas sexuales más frecuentes.

CUADRO 6.5
Anomalías numéricas de los cromosomas sexuales

En mujeres	En hombres
45,X y sus mosaicos	47,XXY
47,XXX	48,XXXY
48,XXXX	47,XYY

6.6.2. Síndrome de Turner 45,X0. Disgenesia ovárica

Son mujeres con monosomía del cromosoma X (figura 6.22). La ausencia completa de cromosoma X es siempre mortal. La fórmula cromosómica es 45,XO o 45,X. Su frecuencia es de ½.500 niñas recién nacidas. En abortos representa el 30% de las anomalías.

Son mujeres con un cuadro clínico muy característico, en ocasiones se presenta en mosaico con una línea normal (45,X/46,XX) o con otras anomalías estructurales que afectan al cromosoma X (cuadro 6.6).

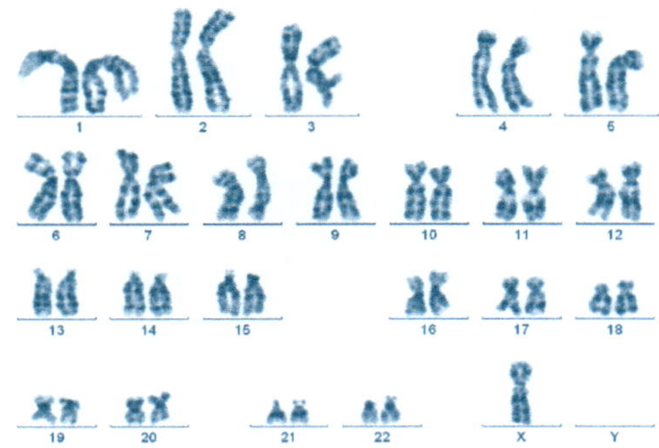

Figura 6.22
Cariotipo de síndrome de Turner

TOMA NOTA

El síndrome de Turner es la ausencia total o parcial de cromosoma X en mujeres, puede deberse a anomalías tanto numéricas como estructurales del cromosoma X. También es frecuente que se presente en mosaico.

CUADRO 6.6
Posibles fórmulas cromosómicas que conducen al síndrome de Turner

Clásica 45,X	
Alteración estructural	Isocromosomas 46.X,i (Xq) o 46,X,i (Xp) Anillos 46, r (X) Deleciones 46,X, del (Xp) o 46,X. del (Xq)
Mosaicos	45,X/46,XX 45,X/46,X,i (Xq) 45,X/46,X,i (Xp) 45,X/46,X,r (X) 45,X/46,X.i (Xq)/ 47,X,i(Xq) 45,X/46,XY 45X/46,X, del (Y)

El cuadro clínico incluye:

- En el momento del nacimiento presenta linfedema de pies y manos, bajo peso y pliegues en la nuca.
- Durante la niñez destacan por su baja talla.
- En la pubertad tienen amenorrea primaria, genitales externos e internos infantiles, los ovarios faltan o están sustituidos por bandas de tejido fibroso.
- Pequeña estatura (max., 145 cm).
- Facies de esfinge, cuello corto con implantación baja del pelo. Boca de pez, orejas de implantación baja, frente amplia. Pliegues en el cuello (*pterigium colli*).

- Nervus pigmentarios.
- Tórax en coraza. Mamilas separadas, ausencia de desarrollo mamario.
- *Cubitus valgus:* metacarpos cortos.
- Anomalías cardiacas (estrechamiento de la aorta) y renales.
- Déficit intelectual variable.

6.6.3. Síndrome del triple X

Corresponde a un cariotipo 47,XXX (figura 6.23). La frecuencia es de 1 de cada 1.000 mujeres.

El cuadro clínico es muy variable, incluye las siguientes características:

- No presentan malformaciones morfológicas evidentes.
- Déficit mental en 1,2/1.000, en algunos casos pueden desarrollar esquizofrenia.
- En la cara presentan unos rasgos característicos: boca grande con labio superior muy fino, frente despejada, raíz nasal algo ancha y de punta carnosa, rostro desafiante.
- Hipogonadismo, amenorrea, en algunos casos son fértiles.
- Talla normal.

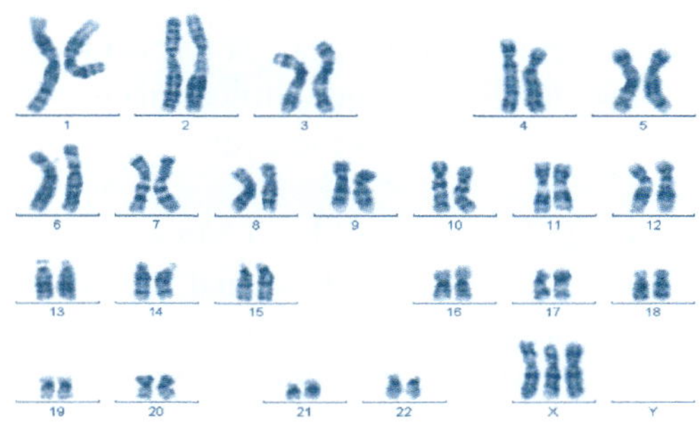

Figura 6.23
Cariotipo de mujer con triple X

6.6.4. Mujeres 48,XXXX y mujeres 49,XXXXX

También se han descrito casos, aunque raros, con cariotipo: 48,XXXX y 49,XXXXX.

Las mujeres 48,XXXX presentan problemas en el desarrollo sexual y retaso mental intenso. El coeficiente intelectual varía entre 50 y 70.

Las mujeres 49,XXXXX presentan: alteraciones óseas, cardiopatía, ausencia de ovarios o bien ovarios disgenésicos, útero atrófico. El coeficiente intelectual es variable.

Actividad propuesta 6.13

Explica las siguientes cuestiones:

a) ¿Qué es el síndrome de Turner clásico? Escribe su fórmula cromosómica. ¿Qué otras combinaciones cromosómicas originan también el síndrome de Turner?

b) ¿Cuáles son las consecuencias de tres, cuatro y cinco cromosomas X en mujeres? ¿En cuál de ellos es más grave el fenotipo?

6.6.5. Síndrome de Klinefelter

Es consecuencia de un exceso de cromosomas X en el hombre. La incidencia es de 1 por cada 1.000 varones.

Las posibles fórmulas cromosómicas son:

- 47,XXY.
- 48,XXXY.
- 46,XY/47,XXY.
- 46,XY/48,XXXY.
- 46,XY/47,XXY/48,XXXY.
- 46,XX/47,XXY.

El mayor número de cromosomas X en estos cariotipos aumenta la intensidad de las alteraciones del fenotipo y acarrea retraso mental.

Las manifestaciones clínicas no son visibles hasta la pubertad.

El cuadro clínico incluye:

- Talla alta, obesidad. Osteoporosis.
- Escaso desarrollo sexual, esterilidad.
- Ginecomastia bilateral y a veces unilateral, hipogenitalismo, atrofia testicular.
- Vello testicular tipo femenino. Azoospermia.
- Tórax lampiño, axilas con poco vello.
- Cara redonda, mandíbula triangular, imberbe.
- Hiperactividad, coeficiente intelectual normal, en algunos casos borderline y en otros retraso mental.

6.6.6. Síndrome de Fracaro 49,XXXXY

Es un síndrome originado por la presencia de 3 cromosomas extra en hombres. Es una alteración poco frecuente.

El fenotipo clínico incluye:

- Retraso mental grave.
- Malformaciones faciales: microcefalia, epicantus, raíz nasal ancha y plana, boca grande, orejas bajas, cuello corto.
- Anomalías óseas, sobre todo en los miembros superiores: displasia de la articulación del codo. Posibles anomalías vertebrales.
- Genitales masculinos en algunos casos ambiguos.

En el 15% de estos pacientes la alteración se encuentra en mosaico.

6.6.7. Síndrome 47,XYY

Corresponde a un exceso de cromosomas Y (figura 6.24), las posibles fórmulas cromosómicas son: (47,XYY,48,XXYY, 49,XXYYY, 46,XY/47,XYY).

Es característica su talla elevada. Pueden ser individuos normales, pero algunos pacientes presentan trastornos de conducta y debilidad mental con tendencia a la agresividad. Otras características son: el hipogonadismo, ambigüedad genital, obesidad, ginecomastia, retraso mental.

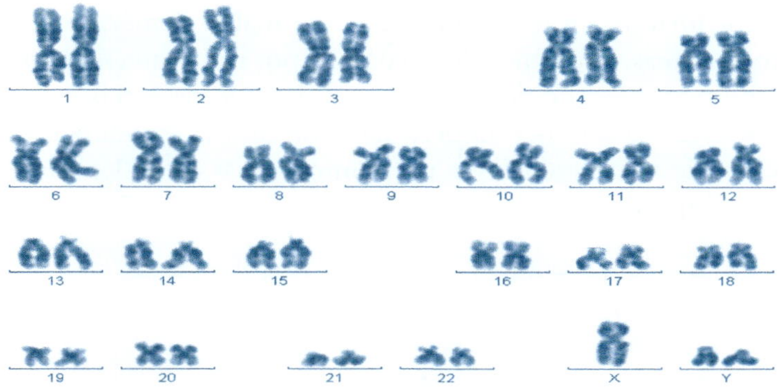

Figura 6.24
Cariotipo de un paciente con doble Y

6.6.8. Anomalías estructurales de los cromosomas sexuales

Tanto el cromosoma X como el cromosoma Y pueden sufrir alteraciones cromosómicas estructurales similares al resto de los autosomas.

Las deleciones en el brazo Yp, si implican la pérdida del gen SRY, están asociadas a un fenotipo femenino. Deleciones del brazo Yq que afectan a los genes de la azoospermia puede originar infertilidad masculina.

Las inversiones en el cromosoma Y se consideran variantes polimórficas.

Las alteraciones estructurales del cromosoma X en hombres suelen ser graves. En mujeres suelen ser leves y se consideran variantes menos graves del síndrome de Turner.

También pueden producirse translocaciones entre un autosoma y un cromosoma sexual.

Interesante

Para la supervivencia debe haber al menos un cromosoma X. La adición de copias suplementarias de cromosomas sexuales produce alteraciones en el desarrollo y da lugar a problemas somáticos y mentales. Conforme aumenta el número de copias, los trastornos se vuelven más graves.

Actividad propuesta 6.14

Explica las consecuencias que puede tener la presencia de un cromosoma X extra en un hombre y por qué es más grave la pérdida de una región del cromosoma X en un hombre que en una mujer.

6.7. Nomenclatura cromosómica de las alteraciones cromosómicas

Para escribir la fórmula cromosómica de las alteraciones que afectan a los cromosomas se utiliza la nomenclatura ISCN ya comentada en el capítulo anterior. Cada alteración se representa mediante un símbolo (cuadro 5.4).

En la fórmula cromosómica de las anomalías numéricas se escribe primero el número total de cromosomas, a continuación separado por una coma se escriben los cromosomas sexuales y a continuación separado por una coma el símbolo de + si hay un cromosoma extra o – si hay una monosomía, seguido del número del cromosoma afectado. Por ejemplo, la fórmula 47,XX,+8 corresponde a la presencia de un cromosoma 8 extra. La fórmula 45,XY,–7 corresponde a un cariotipo masculino con monosomía del cromosoma 7.

◎ FUNDAMENTAL

En el ISCN 2013 se reflejan las indicaciones para una formulación cromosómica estandarizada de cada una de las alteraciones cromosómicas.

Los reordenamientos cromosómicos estructurales se especifican ya sea por abreviaturas de una o tres letras de la aberración. El número de los cromosomas implicados se indica entre paréntesis inmediatamente después del símbolo que describe el reordenamiento. Si están involucrados dos o más cromosomas, se separan por punto y coma. Si está implicado un cromosoma sexual, este siempre aparece en primer lugar, pero todos los demás cromosomas se enumeran en orden numérico. El siguiente conjunto de paréntesis indica los puntos de corte donde los cromosomas se han roto, separados por (;). La primera anotación hace referencia al primer cromosoma y la segunda al segundo cromosoma.

Por ejemplo, la fórmula cromosómica 46,XX,t(X;7)(p11;q34) corresponde a un cariotipo femenino que presenta una translocación entre los cromosomas X y 7. El punto de corte del cromosoma X es p11 y en el cromosoma 7 es q34.

La única excepción a esta regla es cuando se inserta un cromosoma a otro y el cromosoma que recibe la porción aparece en primer lugar, sin importar si se trata de un cromosoma sexual o autosoma o tiene un número mayor o menor que el cromosoma donante.

Cuando tres cromosomas están involucrados en una translocación compleja, en primer lugar se coloca el cromosoma implicado de número inferior, el siguiente se numera el cromosoma que recibe la porción del primer cromosoma y el último el que da el segmento al primer cromosoma. Ejemplo: 46,XX,t(9;22;ll)(q34;qll;q23).

Se trata de una translocación compleja entre los cromosomas 9, 22 y 11. El cromosoma 9 da un segmento al cromosoma 22, el cromosoma 22 lo da al cromosoma 11 y el cromosoma 11 lo da al 9.

En este caso los cromosomas no se escriben en orden numérico.

Una deleción intersticial se indica en el primer paréntesis el cromosoma implicado y en el segundo paréntesis los puntos de corte; en este caso los puntos de corte no se separan con (;).

La fórmula cromosómica 46,XY,del(7)(q22q36) corresponde a un cariotipo masculino con una deleción en el cromosoma 7 de la región comprendida entre las bandas q22 a q36.

Las inversiones paracéntrica e inversiones pericéntricas se indican por "inv". En el primer paréntesis aparece el cromosoma implicado y en el segundo los puntos de corte.

La fórmula cromosómica 46, XX,inv(2)(qllql3) corresponde a un cariotipo femenino con una inversión en el cromosoma 2 con puntos de corte en q11 y q13.

Actividad propuesta 6.15

Indica el sexo y el tipo de alteración al que corresponden las siguientes fórmulas cromosómicas:

a) 47,XX,+9.
b) 46,XY,t(13;21).
c) 47,XXY.

6.8. Aplicaciones diagnósticas de las técnicas citogenéticas

Las técnicas citogenéticas son utilizadas tanto para el estudio de enfermedades congénitas o constitucionales como para el estudio de enfermedades adquiridas.

En el estudio de enfermedades congénitas se utiliza en el diagnóstico en diversas áreas clínicas:

- En neonatología, para el diagnóstico de los síndromes clásicos (Down, Patau, Edwards), síndromes de deleción y demás reordenamientos cromosómicos desequilibrados que conducen a un fenotipo clínico.
- En pediatría, para el diagnóstico de patologías relacionadas con anomalías cromosómicas (microdeleciones y microduplicaciones): discapacidad intelectual, retraso del desarrollo, rasgos dismórficos, alteraciones de la conducta.
- En endocrinología, para el diagnóstico de las alteraciones del crecimiento y de la maduración sexual (suelen estar relacionados con alteraciones en los cromosomas sexuales).
- En ginecología e infertilidad, para el diagnóstico de amenorreas primarias, azoospermia e infertilidad.
- En diagnóstico prenatal y preimplantacional, para el estudio cromosómico antes del nacimiento ante la sospecha de que el feto sufra una alteración cromosómica.

En el estudio de enfermedades adquiridas se utiliza para el diagnóstico y seguimiento de enfermedades oncohematológicas.

Resumen

- Las alteraciones cromosómicas en conjunto son responsables de un gran número de patologías clínicas. El número de síndromes debidos a alteraciones cromosómicas se va ampliando a medida que se desarrollan nuevas técnicas de citogenética molecular.
- Las alteraciones cromosómicas pueden afectar tanto a los autosomas como a los cromosomas sexuales. Se clasifican en dos grandes grupos: anomalías numéricas y anomalías estructurales.

- En las anomalías numéricas está alterado el número total de cromosomas; si está afectada toda la serie haploide, se denominan euploidías, dentro de este grupo se encuentran las triploidías, con 3n cromosomas, y las tetraploidías, con 4n cromosomas. Si hay exceso o defecto de uno o más cromosomas, se denominan aneuploidías; si hay un cromosoma extra, se denomina trisomía; en cambio, la falta de un cromosoma se denomina monosomía. Son muy pocas las trisomías compatibles con la vida: la trisomía 21,13 y 18. Las monosomías son incompatibles con la vida, a excepción de la monosomía X en mujeres.
- En las anomalías estructurales está afectada la estructura de uno o más cromosomas. Estas anomalías pueden ser equilibradas, si no hay pérdida o ganancia de material genético, o bien no equilibradas, cuando hay pérdida de material genético. Entre las alteraciones equilibradas se encuentran: translocaciones, inserciones, inversiones. La presencia de estas alteraciones no tiene repercusión fenotípica en el portador, salvo que los puntos de corte de la alteración afecten a genes funcionalmente importantes, pero sí que tienen repercusión en su descendencia, ya que sufren riesgo de tener hijos con una dotación cromosómica desequilibrada.
- Entre las alteraciones no equilibradas se encuentran: deleciones, duplicaciones, cromosomas en anillo, isocromosomas y cromosomas marcadores. Las repercusiones de estas alteraciones dependen del contenido genético del segmento implicado en la alteración. En general, la pérdida de material genético tiene repercusiones más graves que la ganancia.
- Los cromosomas sexuales pueden presentar también anomalías cromosómicas tanto numéricas como estructurales. Las alteraciones numéricas que afectan a los cromosomas sexuales, por lo general tienen repercusiones menos graves que las que afectan a los autosomas.
- Cuando las alteraciones cromosómicas están presentes en todas las células se denominan alteraciones puras. Cuando están presentes en unas células y en otras no, se denominan mosaicos o quimeras. La gravedad de la alteración en casos de mosaicos y quimeras dependerá del grado de mosaicismo y de la distribución del mosaico en los diferentes tejidos. Son muy frecuentes los mosaicos en las alteraciones numéricas que afectan a los cromosomas sexuales.
- A la hora de describir una anomalía cromosómica se utiliza la nomenclatura reflejada en el ISCN. Las técnicas citogenéticas permiten la detección de anomalías cromosómicas que ayudan al diagnóstico de numerosas patologías clínicas.

Ejercicios propuestos

1. Cita los dos grandes grupos en los que se clasifican las anomalías cromosómicas.
2. Describe qué es una alteración cromosómica estructural y cómo se clasifican en función de la variación en la cantidad del material genético.
3. Explica la diferencia entre euploidía y aneuploidía.

4. En la siguiente tabla identifica cada una de las alteraciones que aparecen como euploidía y aneuploidía:

	Euploidía	Aneuploidía
Tetraplodía		
Monosomía		
Trisomía		
Pentasomía		
Triploidía		

5. Explica la diferencia entre una trisomía y una triploidía, ¿cuál es más grave?

6. Escribe la fórmula de las siguientes alteraciones y el nombre del síndrome originado.

   a) Mujer con 47 cromosomas, con presencia de un cromosoma 18 extra.
   b) Hombre con 47 cromosomas y presencia de un cromosoma 21 extra.
   c) Hombre con 47 cromosomas y presencia de un cromosoma Y extra.
   d) Mujer con 45 cromosomas con presencia de un solo cromosoma X.

7. Elabora un cuadro donde se recojan las anomalías estructurales y sus características principales.

8. Explica las repercusiones de una anomalía cromosómica equilibrada. Razona las repercusiones en la descendencia.

9. Si una persona tiene un cariotipo con fórmula cromosómica 45,XY,t(13;14)(p11;p11), ¿qué tipo de alteración tiene?, ¿tiene repercusiones fenotípicas?

10. Si una persona tiene un cariotipo con fórmula cromosómica 46,XX,del(5)(p14→pter), ¿qué tipo de alteración tiene? ¿tiene repercusiones fenotípicas?

11. Si una persona tiene un cariotipo con fórmula cromosómica 46,XY,inv(12)(q15q23), ¿qué tipo de alteración tiene?, ¿tiene repercusiones fenotípicas?

12. Si una persona tiene un cariotipo con fórmula cromosómica 46,XY, r(18), ¿qué tipo de alteración tiene?, ¿tiene repercusiones fenotípicas?

13. Si una persona tiene un cariotipo con fórmula cromosómica 46,XXY, ¿qué tipo de alteración tiene?, ¿tiene repercusiones fenotípicas?

14. Si una persona tiene un cariotipo con fórmula cromosómica 45,XX,t(13;21)(p11;q11), ¿qué tipo de alteración tiene?, ¿tendrá un fenotipo normal o alterado?, ¿tendrá consecuencias en su descendencia?

15. Indica la aplicación que tienen las técnicas citogenéticas en neonatología, pediatría, endocrinología, diagnóstico prenatal e infertilidad.

Supuesto práctico

➲ En la consulta de citogenética llega la muestra de un recién nacido que presenta múltiples malformaciones y fallo de sutura de la línea media del cuerpo. También llega sangre de ambos progenitores, ambos son normales. Al realizar el cariotipo en linfocitos estimulados con fitohemaglutinina y efectuar el estudio con bandas GTG, se observa el siguiente resultado:

En el niño, 46,XY,t(13;14)(q11;q11).
En la madre, 45,XX, t(13;14)(q11;q11).
En el padre, 46,XY.

- ¿Qué tipo de anomalía presenta el niño?, ¿y la madre?, ¿son equilibradas?
- ¿Por qué la madre es normal y el niño presenta malformaciones?
- ¿Qué esperanza de vida tiene el niño?
- ¿La pareja tienen riesgo de tener nuevos hijos con la misma alteración?
- ¿Tienen riesgo de tener abortos? Justifica la respuesta.

TEST DE AUTOEVALUACIÓN

1. En relación con la trisomía 18, es correcto que:

☐ *a)* Es una anomalía estructural.
☐ *b)* Afecta a los cromosomas sexuales.
☐ *c)* Los afectos pueden sobrevivir hasta la edad adulta.
☐ *d)* Es una anomalía numérica.

2. En relación con la trisomía 13, es correcto que:

☐ *a)* Es una aneuploidía.
☐ *b)* Es una anomalía equilibrada.
☐ *c)* Es un tipo de triploidía.
☐ *d)* Están implicados 3 cromosomas.

3. En relación con las duplicaciones, es correcto que:

☐ *a)* Son alteraciones numéricas.
☐ *b)* Son euploidías.
☐ *c)* Son menos graves que las deleciones.
☐ *d)* Son alteraciones equilibradas.

4. En relación con las tetraploidías, es correcto que:

- ☐ *a)* Son anomalías estructurales.
- ☐ *b)* A veces se originan en los cultivos.
- ☐ *c)* Son aneuploidías.
- ☐ *d)* Presentan 48 cromosomas.

5. La trisomía 21 ocasiona:

- ☐ *a)* Síndrome de Edwards.
- ☐ *b)* Síndrome de Turner.
- ☐ *c)* Síndrome de Down.
- ☐ *d)* Síndrome de Patau.

6. La monosomía X en mujeres ocasiona:

- ☐ *a)* El síndrome de Edwards.
- ☐ *b)* El síndrome de Turner.
- ☐ *c)* El síndrome de Down.
- ☐ *d)* El síndrome de Patau.

7. La fórmula 46,XY,r(13):

- ☐ *a)* Presenta un cromosoma 13 en anillo.
- ☐ *b)* Es una anomalía numérica.
- ☐ *c)* Presenta material genético extra en el cromosoma 13.
- ☐ *d)* Es una alteración estructural equilibrada.

8. La fórmula 46,XX[5]/45,X[25]:

- ☐ *a)* Indica la presencia de un mosaico.
- ☐ *b)* Es frecuente en los síndromes de Turner.
- ☐ *c)* Se han contado 5 células de 46,XX y 25 células con 45,X.
- ☐ *d)* Todas las opciones son correctas.

9. La fórmula 46,X,i(Xq):

- ☐ *a)* Corresponde a un caso de síndrome de Klinefelter.
- ☐ *b)* Es una variante del síndrome de Turner.
- ☐ *c)* Presenta deleción del brazo q del cromosoma X.
- ☐ *d)* Presenta duplicación del brazo p del cromosoma X.

10. En relación con las alteraciones en los cromosomas sexuales, es correcto que:

- ☐ *a)* Las anomalías numéricas de los cromosomas sexuales suelen ser menos graves que la de los autosomas.
- ☐ *b)* La ausencia de cromosoma X en hombres es incompatible con la vida.
- ☐ *c)* A mayor número de cromosomas en exceso mayor es la gravedad.
- ☐ *d)* Todas las opciones son correctas.

SOLUCIONES:

1. a b c **d**
2. **a** b c d
3. a b **c** d
4. a **b** c d
5. a b **c** d
6. a **b** c d
7. **a** b c d
8. a b c **d**
9. a **b** c d
10. a b c **d**

Parte III

Técnicas de hibridación del ADN y de la citogenética molecular

7

Técnicas de hibridación de los ácidos nucleicos

Objetivos

- ✓ Entender el proceso de hibridación con sondas fluorescentes.
- ✓ Conocer los tipos de sonda y tipos de marcaje.
- ✓ Seleccionar el tipo de sonda y de marcaje en función del sistema de detección.
- ✓ Dominar las técnicas de hibridación en soporte sólido, en preparaciones de cromosomas y en cortes de tejidos.
- ✓ Describir el proceso de hibridación, las fases y los factores que influyen en él.
- ✓ Identificar las técnicas de hibridación en soporte sólido, en preparaciones de cromosomas y en cortes de tejidos.
- ✓ Verificar el funcionamiento de la técnica.

Mapa conceptual

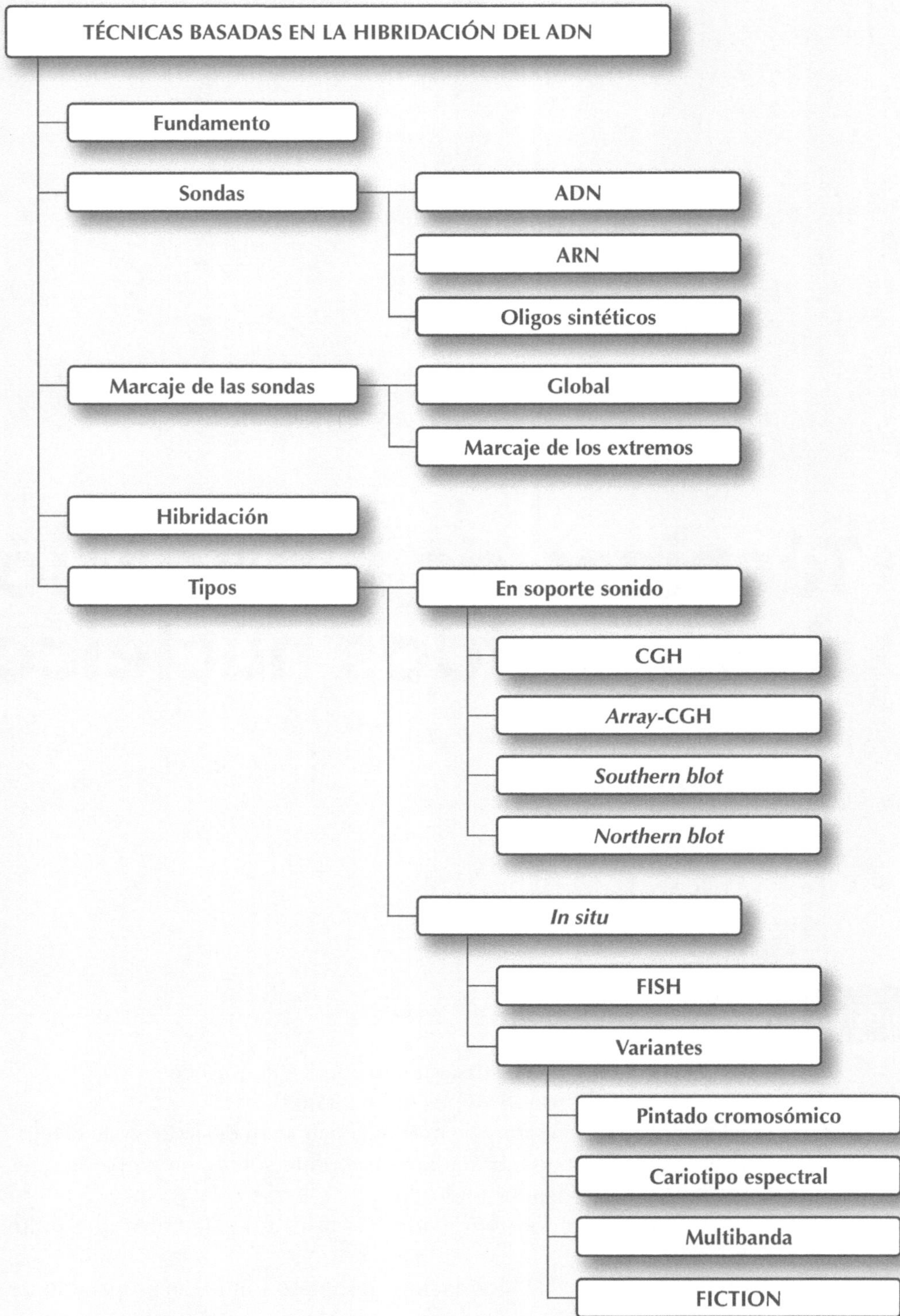

Glosario

***Array*.** Es una disposición sistemática de objetos (valores) de número fijo, por lo general ordenados en filas y columnas a modo de matriz.

CNV. (Del inglés, *copy number variation*), variación del número de copia de segmentos del ADN.

Haptenos. Parte de un antígeno que por sí sola no dispara respuesta inmune, pero sí posee especificidad.

Inmunofenotipo. Caracterización de las células según los marcadores inmunológicamente activos que hay en su superficie.

Oligonucleótido. Secuencia corta de ADN o ARN, con cincuenta pares de bases o menos.

7.1. Introducción

Las técnicas de hibridación se basan en la utilización de las reacciones de hibridación de los ácidos nucleicos con sondas específicas marcadas, de tal forma que es posible su detección una vez hibridadas a la secuencia estudiada.

Se trata de técnicas muy versátiles que incluyen *southern blot, northern blot,* hibridación *in situ*, *array*-CGH y FICTION. La hibridación de los ácidos nucleicos es fundamental para las técnicas básicas de biología molecular como son la PCR, MLPA entre otras.

Se usan habitualmente en el diagnóstico clínico para la localización de secuencias de ADN o genes relacionados con trastornos cromosómicos submicroscópicos en diversas áreas de la medicina, como son la pediatría, el diagnóstico prenatal, la oncología, la ginecología, la endocrinología, la neurología, etc. Se aplica en microbiología clínica para la identificación de microorganismos patógenos. Se utiliza también en el estudio de perfiles de expresión génica y para la comparación de especies hibridando su ADN.

En este capítulo se revisan el fundamento de las técnicas de hibridación, los factores que intervienen en la hibridación, las diferentes técnicas basadas en la hibridación del ADN, los protocolos de hibridación para cada una de ellas y sus aplicaciones.

7.2. Técnica de hibridación de los ácidos nucleicos

La hibridación de ácidos nucleicos consiste en la formación de moléculas bicatenarias o dúplex con hebras de ácidos nucleicos de distinto origen.

Durante la hibridación se produce la unión de las moléculas diana con las moléculas sonda. Para que se produzca la hibridación, las dos hebras deben tener secuencias total o parcialmente complementarias. A mayor proporción de bases complementarias y mayor longitud de las secuencias apareadas, más estable es el dúplex formado.

Para detectar la secuencia diana, una de las cadenas de ADN que participa en la hibridación debe estar marcada (figura 7.1). Cuando la sonda está marcada se denomina hibridación estándar; si es la diana la que se marca, se denomina hibridación reversa.

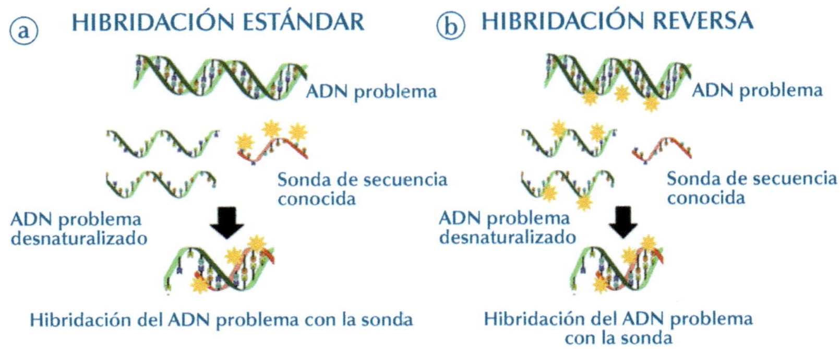

Figura 7.1
Esquema de la hibridación del ADN: a) estándar; b) reversa

> ### ◎ FUNDAMENTAL
>
> Los dúplex formados pueden contener dos hebras de ADN, una hebra de ADN y otra de ARN, o una hebra de ADN y un oligonucleótido sintético o natural. Cuando ambas cadenas son de ADN o ARN se denomina homodúplex (ADN-ADN o ARN-ARN), cuando una cadena es de ADN y la otra es de ARN se denomina heterodúplex (ADN-ARN).

Para que se produzca la reacción de hibridación se requieren dos elementos básicos:

- *La secuencia diana o "blanco"* en la muestra de ácido nucleico que se quiere identificar.
- *La sonda* o fragmento corto de ácido nucleico (ADN, ARN, oligonucleótidos naturales o sintéticos) de secuencia conocida y complementaria a la secuencia diana, marcada de alguna forma que permita su detección (radiactivo, fluorescente, etc.).

La hibridación de ácidos nucleicos es la base de muchas técnicas moleculares, como son FISH y sus variantes, FICTION, PCR (reacción en cadena de la polimerasa), el *northern blot* y *southern blot*, los *microarrays* de ADN y el *screening* de genotecas.

Los ensayos de hibridación se pueden clasificar en tres grupos:

1. *Hibridación en fase líquida*: la reacción de hibridación de la sonda con una muestra de ADN o ARN se realiza en disolución. Una vez hibridada la muestra con la sonda marcada con un reactivo luminiscente, se añade un álcali, que inactiva el cromógeno cuando la sonda está libre, pero no cuando la sonda ha hibridado con su secuencia, por lo que la luminiscencia medida por un luminómetro corresponde a la sonda hibridada. Esta metodología permite su automatización. Las técnicas que realizan este tipo de hibridación son la técnica de captura de híbrido y la técnica de ADN ramificado. Se suelen utilizar para la detección de virus.
2. *Hibridación* in situ: la sonda se aplica sobre muestras en su ubicación natural, por ejemplo: cortes de tejido, células intactas, núcleos aislados, preparaciones de cromosomas, etc. Cuando la sonda se une con su ADN complementario, emite la señal correspondiente que permite su localización.
3. *Hibridación en soporte sólido*: la muestra de ADN diana se inserta en una matriz sólida, a continuación se añade a la matriz la solución de hibridación que contiene la sonda marcada. Finalizada la hibridación, se lava la membrana para eliminar la sonda que no está unida y se detecta la sonda fijada a través del marcador. Las técnicas que utilizan este

sistema son *southern blot* y *northern blot*. En otros casos es la sonda la que se une a la matriz y es la muestra la que se marca con un reactivo fluorescente. Las técnicas que utilizan este sistema son: CGH (hibridación genómica comparada) y los *microarrays* de ADN.

7.2.1. Sondas

Las sondas (*probes*) son segmentos de ADN o ARN que han sido marcados con enzimas, sustratos antigénicos, quimioluminiscencia o radioisótopos y que se pueden unir con una alta especificidad a una secuencia complementaria de ácido nucleico.

En un principio, las sondas utilizadas se obtenían de fuentes naturales, actualmente se pueden fabricar de forma no enzimática fragmentos cortos de ADN de cualquier secuencia deseada.

Pueden ser mono o bicatenarias con un tamaño variable (desde pequeños oligonucleótidos a grandes moléculas de polinucleótidos). El tamaño de las ondas es un factor importante para la especificidad, las sondas muy pequeñas (inferiores a 14-16 nucleótidos) se unen de forma inespecífica a lo largo de todo el genoma.

Dependiendo de la naturaleza del ácido nucleico de la sonda, estas pueden ser:

- Sondas de ADN, obtenidas por clonación de ADN (tienen un tamaño de 0,1-100 kb) o productos de PCR (0,1-20 kb). Son las más utilizadas y fáciles de obtener.
- Sondas de ARN o "ribosondas", obtenidas por transcripción de fragmentos de ADN clonados en vectores especiales, en presencia de una ARN polimerasa específica. Son monocatenarias (no requieren realizar una desnaturalización previa). Los híbridos ADN/ARN son más sensibles a la presencia de ARNasas pero la unión es más fuerte.
- Sondas sintéticas: oligonucleótidos obtenidos por síntesis química (15-50 kb). En su estructura no contienen grupos fosfato, por tanto, no presentan carga eléctrica. No son degradadas por las nucleasas ni proteasas y los híbridos formados son más estables. Se suelen utilizar en las técnicas de hibridación *in situ*.

Las sondas de oligonucleótidos tienen la ventaja de hibridar más rápidamente a las moléculas blanco (diana) y pueden, bajo ciertas condiciones, detectar el cambio de un nucleótido dentro de una secuencia de ácido nucleico.

Actividades propuestas

7.1. Enumera los tres tipos de ensayos de hibridación que pueden realizarse e indica cuál de los ensayos de hibridación puede realizarse directamente sobre la misma muestra.

7.2. Explica qué es una sonda y los tipos de sondas en función de la naturaleza del ácido nucleico y las ventajas que aportan las sondas de oligonucleótidos.

7.2.2. Métodos de marcaje de las sondas

Para detectar la secuencia diana, una de las cadenas de ADN que participa en la hibridación debe estar marcada.

Hay marcadores que permiten la detección directa del híbrido (fluorocromos, marcadores radiactivos como el P^{33}, P^{32} o el tritio). Otros, en cambio, requieren unos pasos previos para poner de manifiesto la hibridación, este es el caso de los haptenos (biotina, peroxidas, dioxigenina, entre otros).

- Marcaje con isótopos radiactivos: se utiliza en las técnicas de *southern blot* y *northern blot*. La detección de los híbridos se realiza mediante autorradiografía. Con ellos se consigue una gran sensibilidad, pero tienen el inconveniente de su peligrosidad y necesitan unas instalaciones y medidas de seguridad apropiadas.
- Marcaje con fluorocromos: requieren el uso de un microscopio de fluorescencia. Inicialmente se utilizaron como fluorocromos la rodamina y fluoresceína, pero actualmente las más empleadas son las cianinas (Cy3, Cy5, Cy7). Los fluorocromos se suelen utilizar en la técnica de FISH (hibridación fluorescente *in situ*) en citogenética. Es posible usar en el mismo ensayo varias sondas marcadas con fluorocromos que emiten luz de distintos colores, lo que permite la detección simultánea de varias regiones del ADN.
- Marcaje con haptenos: los haptenos son moléculas que se unen a los nucleótidos de la sonda sin alterar la especificidad de esta. Pero no puede ser detectado directamente el híbrido. Se trata de métodos indirectos de revelado (métodos inmunológicos o métodos de afinidad química). Los haptenos utilizados generalmente son la *digoxigenina* y la *biotina*.

El marcado de la sonda debe ser estable bajo diversas condiciones de temperatura, detergentes, y no debe afectar a la reacción de hibridación.

Una vez marcada la sonda debe purificarse para eliminar el exceso de nucleótidos libres marcados con el fin de evitar posibles interferencias. Los métodos de purificación empleados suelen ser la cromatografía de absorción o cromatografía de exclusión molecular.

CUADRO 7.1
Clasificación de los métodos de marcaje

Marcaje durante la síntesis	–	
Marcaje posterior a la síntesis	Marcaje global	• Marcado por traslación de mella *(nick-translation)*
		• Marcado por cebado al azar *(random priming)*
	Marcaje de los extremos *(end-labeling)*	

A) *Marcaje de sondas durante su síntesis*

El marcaje se realiza al mismo tiempo que se sintetiza la sonda. Es el método utilizado para marcar sondas obtenidas por PCR y sondas sintéticas. Consiste en añadir ADN polimerasa y desoxinucleótidos trifosfato (dNTP) o los nucleótidos trifosfato (NTP) marcados con isótopos radiactivos o con fluorocromos. La ADN polimerasa va incorporando los nucleótidos marcados a medida que va sintetizando la sonda.

B) *Marcado por traslación de mellas* (nick-translation)

Esta técnica se utiliza para marcar tanto sondas de ADN de doble cadena como genomas completos. A la sonda que hay que marcar se añade: ADNasa I, ADN polimerasa I de *E. coli* y los cuatro tipos de nucleótidos, uno de ellos marcado.

La enzima ADNasa I produce cortes en el interior de la molécula de ADN, solo corta una de las dos cadenas en puntos aleatorios. Rompe los enlaces fosfodiéster, dando lugar a mellas en las que existen grupos 3'-OH y 5'-P libres.

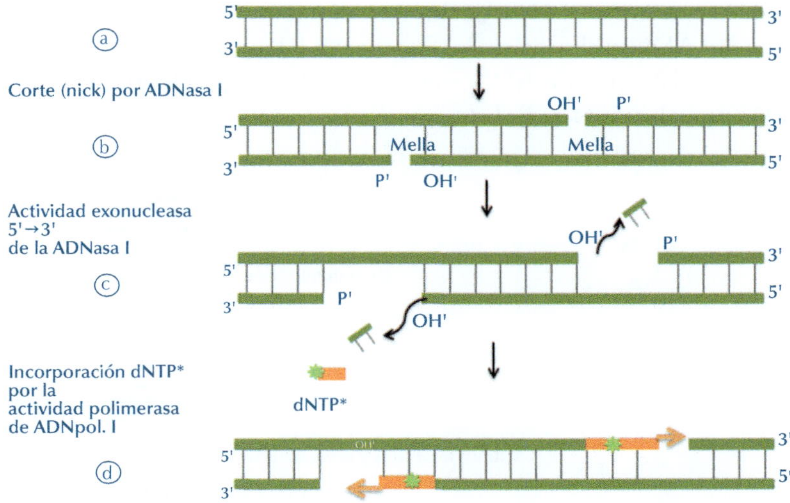

Figura 7.2
Esquema del marcado por traslación de mellas: *nick-translation*

A continuación se usa la ADN polimerasa I de *E. coli*. La enzima se introduce en la mella, y mediante su actividad exonucleásica 5'→3' elimina de forma secuencial los deoxinucleótidos del extremo 5' (figura 7.2c). Simultáneamente, su actividad polimerásica añade nucleótidos (marcados y sin marcar), en el extremo OH 3' libre (figura 7.2d). Por tanto, se debe añadir a la mezcla de reacción dNTP, sin marcar y marcados, normalmente en una proporción de 1:4. El proceso es idéntico en todas las mellas y en cada hebra ocurre en sentido opuesto.

Como resultado, las mellas se desplazan a lo largo de la cadena y se obtiene ADN con regiones marcadas en ambas hebras.

C) *Marcado por cebado al azar* (random priming)

Este método de marcado consiste en la desnaturalización por calor del dúplex de ADN, seguida de una hibridación con una mezcla de hexanucleótidos que posee todas las combinaciones posibles de seis nucleótidos. Alguno de ellos hibridará en puntos de las hebras sencillas de ADN.

TOMA NOTA

En el marcado por cebado al azar la enzima que se emplea es el fragmento de Klenow, modificado de la ADN polimerasa I de *E. coli*, que solo presenta actividad polimerasa 5'→3'.

El procedimiento se inicia con la desnaturalización de la cadena dúplex de ADN para generar cadenas simples, para ello se aumenta la temperatura hasta los 94 °C.

A continuación se añade una mezcla de hexanucleótidos que actúan como cebadores o *primers*. Alguno de ellos reconocerá una secuencia complementaria y se unirá a ella en algún punto de las dos cadenas. La unión del cebador es aleatoria. Al igual que en la técnica anterior, se añaden desoxirribonucleótidos trifosfato marcados y sin marcar.

Los extremos 3' OH de los hexanucleótidos hibridados actúan como cebadores para la actividad ADN polimerasa del fragmento Klenow que incorpora sucesivos nucleótidos. Se sintetizan así la sonda de ADN marcado (200-400 nucleótidos) complementario a las hebras del ADN inicial (figura 7.3). Estas sondas tienen una elevada actividad específica.

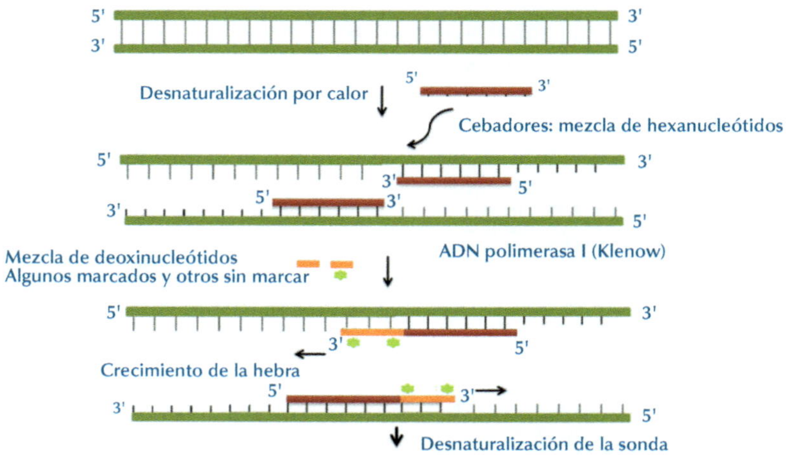

Figura 7.3
Esquema del marcaje por cebado al azar

D) *Marcaje en los extremos* (end-labeling)

Se usa para marcar fragmentos de ADN muy pequeños (100-200 pares de bases). Para el marcaje del extremo 5' se emplea una fosfatasa que elimina el grupo fosfato de los extremos 5'. A continuación se añaden nucleótidos, normalmente dATP, marcados con 32P en el grupo fosfato más externo. La enzima nucleótido quinasa añadirá el grupo fosfato marcado a los extremos 5' OH (figura 7.4).

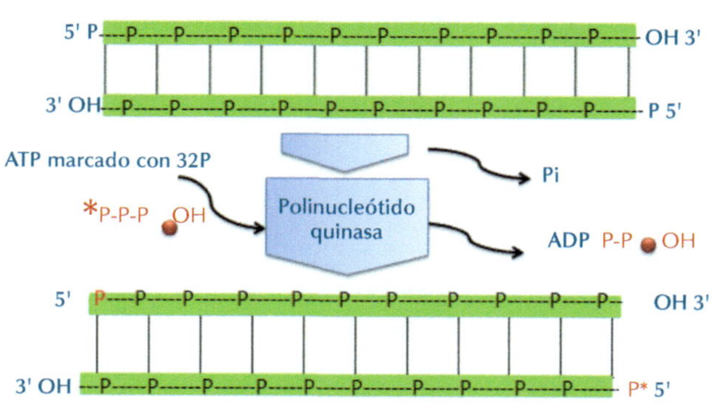

Figura 7.4
Esquema del marcaje en los extremos *(end-labeling)*

En el marcaje en los extremos se obtienen cadenas de ADN en la que sus extremos están marcados con el isótopo radioactivo 32P.

Actividad propuesta 7.3

Explica los siguientes resultados:

a) El resultado del marcado con la técnica de marcado por traslación de mellas (*nick-translation*).
b) El resultado del marcado con la técnica de cebado al azar; nombra la enzima utilizada.

7.2.3. Procedimiento de hibridación

El procedimiento de hibridación se produce en cuatro etapas: preparación de la muestra, hibridación, lavado y detección.

- Preparación de la muestra: el primer paso del proceso de hibridación consiste en la desnaturalización de la doble hélice para obtener ADN de cadena simple. De esta forma las bases de los nucleótidos quedan expuestas y disponibles para interactuar con otras moléculas de ácido nucleico de una sola cadena.

  La apertura de la hebra de doble hélice se realiza bien mediante un aumento de la temperatura o por un tratamiento alcalino. El calentamiento gradual del ADN debilita las fuerzas estabilizadoras de la doble hélice, de forma que las hebras se desenrollan hasta su total separación.
- Hibridación: se produce al mezclar las cadenas sencillas de las dianas de ADN con las cadenas de ADN o ARN simples de la sonda. Por lo tanto, la hibridación permite la formación de complejos bicatenarios no naturales de ADN:ADN y ADN:ARN.

  La duración de la etapa de hibridación depende de la concentración de la sonda y puede variar según la técnica utilizada de 30 minutos a 24 horas.

  La temperatura de hibridación depende de la Tm del híbrido. No obstante, se suelen ajustar todos los factores que afectan a la hibridación para poder utilizar temperaturas estándar (37 °C, 42 °C o 65 °C).

  Si el enfriamiento se hace lentamente sin llegar a bajar las temperaturas hasta 20-30 °C, las secuencias complementarias de la diana y la sonda pueden encontrarse y formar puentes de hidrógeno entre las hebras formándose una cadena doble en esa zona.

La calidad en la unión de las cadenas de ácidos nucleicos en un proceso de hibridación viene determinada por unos moduladores que condicionan la fidelidad o perfección en que se produce la hibridación "astringencia de la hibridación".

La astringencia es la medida de la capacidad de reconocimiento mutuo de las secuencias sonda y diana (figura 7.5).

- *Post-hibridación.* La tercera etapa corresponde al lavado o eliminación de los restos de sonda no hibridados y los híbridos imperfectos. La especificidad de la hibridación depende de esta etapa. El lavado se realiza en condiciones muy estrictas de astringencia (tampón con baja fuerza iónica, elevada temperatura y alta concentración de formamida).
- *Detección de los híbridos formados.* El último paso corresponde a la detección de las secuencias hibridadas con la técnica de detección adecuada. El método de detección dependerá del tipo de sustancia utilizado para marcar la sonda.

TOMA NOTA

Una mayor astringencia, exige una mayor complementariedad en la secuencia para que pueda producirse la hibridación, es decir, a mayor astringencia, menor es el número permitido de errores de hibridación o *mismatch* para que los híbridos sean estables.

Las condiciones de astringencia determinan la estabilidad de la doble cadena de ácidos nucleicos. Entre los moduladores de la astringencia se encuentran:

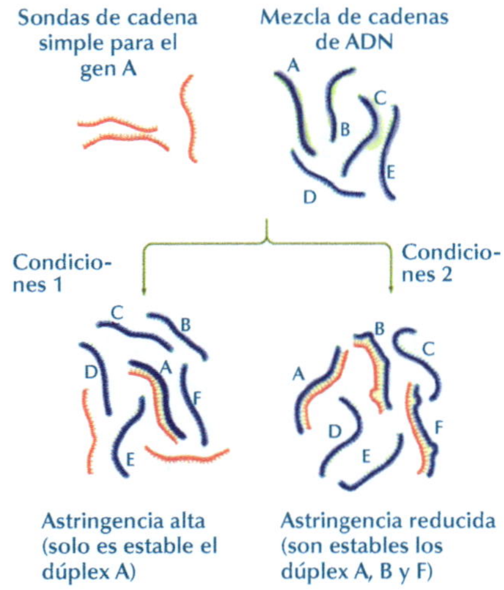

Figura 7.5
Astringencia de la hibridación en dos condiciones diferentes

- *Concentración de la sonda.* La concentración de la sonda afecta la tasa a la cual se forman los primeros enlaces entre los pares de bases de ambas secuencias. De este modo, a mayor concentración de la sonda, mayor es la tasa de realineación.
- *Composición de la sonda.* Las sondas con una mayor proporción de G-C tienden a formar uniones más estables, ya que estas dos bases forman enlaces con tres hidrógenos, a diferencia de las bases A-T, que lo forman con dos.
- *Complementariedad de las secuencias de bases.* Cualquier hibridación en la que la complementariedad sea inferior al 70% se considerará como no homóloga y, por tanto, ocurre en condiciones de baja astringencia (temperatura baja o concentración alta de sales).
- *Temperatura.* La temperatura elevada rompe los puentes de hidrógeno y separa las hebras del ADN. Esto ocurre alrededor de los 90 °C (temperatura de fusión).
- *pH y productos químicos.* El pH alto (pH>11) rompe los puentes de hidrógeno y provoca la ionización de los grupos fosfato originando la repulsión física entre las dos hebras.
- *Agentes químicos* como la urea y la formamida impiden la neutralización de los grupos fosfato de las moléculas de ADN por las sales de sodio y magnesio, disminuyen de esta forma la estabilidad del dúplex.
- *La fuerza iónica* es un factor importante en la astringencia. Si solución donde se produce una hibridación tiene una concentración baja de sales, se producirá una menor neutralización de las cargas negativas de los grupos fosfato y tendrá lugar una mayor repulsión entre las hebras; por tanto, a menor fuerza iónica mayor es la astringencia.
- *Longitud de las cadenas.* A mayor longitud de los híbridos, mayor número de puentes de hidrógeno tiene y mayor es su estabilidad. No obstante, para la hibridación *in situ* es necesario emplear sondas cortas para que puedan difundirse en la densa matriz celular.

Actividad propuesta 7.4

Responde las siguientes preguntas:

a) ¿Qué significa astringencia en la hibridación?
b) ¿Cómo influye sobre la astringencia un aumento de la temperatura y de la fuerza iónica?

◎ FUNDAMENTAL

La astringencia se modula controlando la temperatura y la concentración de sales en los pasos de hibridación y lavado. A mayor temperatura y menor fuerza iónica, mayor es la astringencia.

Estas condiciones varían según el objetivo de la prueba: Así, por ejemplo, para comparar el ADN de especies diferentes se necesitan condiciones de baja astringencia, pero para identificar mutaciones puntuales en un gen, son precisas condiciones que fuercen una hibridación muy específica.

7.3. Hibridación *in situ* (ISH)

La hibridación *in situ* es una técnica de hibridación en la que la sonda se hibrida directamente sobre la secuencia diana de un tejido, células o cromosomas localizados sobre un soporte sólido, habitualmente un portaobjetos.

La visualización de la hibridación puede realizarse por medios isotópicos, fluorimétricos (FISH) o enzimáticos colorimétricos (marcaje cromogénico CISH, SISH), y es evaluada en un microscopio de fluorescencia o de campo claro. Las sondas marcadas con isótopos se utilizan cada vez menos.

La hibridación *in situ* es una técnica importante en diversas áreas del diagnóstico clínico, tanto de anomalías cromosómicas como en patología molecular, para detectar agentes virales y carcinógenos. Tiene la ventaja de no requerir la extracción y purificación previa de los ácidos nucleicos.

Se pueden realizar las técnicas de ISH en metafases, núcleos y extensiones de tejidos.

- Pretratamiento de las muestras:
  - Las metafases se obtienen mediante el cultivo, procesado y extensión de células como ya se describió en el capítulo 4.
  - Para la obtención de núcleos basta con someter la muestra a un tratamiento con una solución hipotónica y una fijación con fijador al igual que se hace para la obtención de metafases, pero sin realizar un cultivo previo.
  - Para la hibridación de cromosomas de células procedentes de fluidos biológicos se puede realizar la extensión centrifugando previamente las muestras y descartando el sobrenadante. A continuación, el pellet se resuspende, se somete a un choque hipotónico seguido de una fijación con fijador y se realiza la extensión en un portaobjetos.
- Extensión:
  - Para la hibridación de muestras citológicas procedentes de fluidos biológicos, se realiza la extensión directamente, bien de forma manual o utilizando una citocentrífuga. La extensión obtenida se deja secar y se da un tratamiento suave de fijación con alcohol a 4 °C.
  - En el caso de hibridación de muestras de tejidos, el protocolo dependerá de si el tejido está criocongelado o fijado en formol e incluido en parafina. En ambos casos,

los portaobjetos sobre los que se realizan las extensiones tienen que someterse a un tratamiento para evitar que se despegue la muestra durante el proceso de hibridación. Este proceso suele consistir en el recubrimiento con adhesivos especiales como la polilisina o portaobjetos especiales que tienen cargas positivas y retienen la muestra con atracciones electrostáticas.

Para conseguir una buena adherencia de las muestras al portaobjetos, es conveniente incubar los portaobjetos con las muestras al menos 2 horas en una estufa a 55 °C.

Toma nota

El marcaje cromogénico de las sondas permite la evaluación de la hibridación en un microscopio de campo claro y el almacenamiento indefinido de las preparaciones.

Recurso electrónico

En el anexo web 7.1, disponible en www.sintesis.com y accesible con el código indicado en la primera página del libro, encontrarás una descripción más detallada de la técnica de hibridación *in situ* cromogénica (CISH)

7.4. Hibridación fluorescente *in situ* (FISH)

La hibridación fluorescente *in situ* (FISH) es una técnica en la que la sonda se marca con reactivos fluorescentes que permiten su visualización con luz ultravioleta.

La técnica de FISH aplicada a la detección de anomalías cromosómicas, al igual que la técnica de *array*-CGH, es considerada una técnica de citogenética molecular, ya que combinan las técnicas de citogenética convencional con las de genética molecular. Estas técnicas supusieron una revolución en el área de la citogenética, ya que permiten detectar e identificar de forma precisa un gran número de anomalías cromosómicas que hasta ese momento pasaban inadvertidas mediante las técnicas de citogenética convencional, como son microdeleciones y microduplicaciones inferiores a <3-5 Mb o reorganizaciones cromosómicas complejas y reorganizaciones crípticas.

Las técnicas de hibridación *in situ* fluorescente (FISH) y sus variantes tecnológicas (entre ellas la hibridación genómica comparada y la FISH multicolor) se basan en la capacidad de una hebra sencilla de ADN (sonda) para unirse o hibridar con su secuencia complementaria que se encuentra en células, cromosomas o tejidos preservados.

La FISH convencional aplicada al estudio cromosómico permite la identificación de cromosomas o regiones de cromosomas mediante su hibridación con sondas marcadas con un fluorocromo, que reconocen secuencias específicas en cromosomas metafásicos o interfásicos de núcleos celulares fijados en un portaobjetos (figura 7.6).

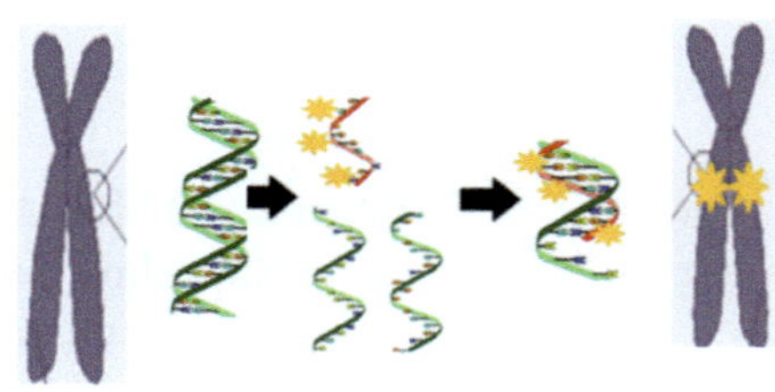

Figura 7.6
Esquema de la FISH

Actividad propuesta 7.5

Explica el fundamento de la técnica de FISH y describe sus aplicaciones en el análisis de anomalías cromosómicas.

7.4.1. Tipos de sondas utilizadas en FISH convencional

En la técnica de FISH convencional se pueden utilizar diferentes tipos de sondas en función de las estructuras que son capaces de detectar en el núcleo celular o en metafase:

- Sondas específicas de gen o *locus*.
- Sondas centroméricas.
- Sondas subteloméricas.
- Sondas de pintado cromosómico.

A) *Sondas* locus *específico LSI*

Las sondas LSI *(locus specific identifier)* hibridan con una secuencia única de ADN; es decir, son específicas para un *locus* determinado. Permiten detectar reordenamientos estructurales, deleciones y duplicaciones cromosómicas submicroscópicas de hasta 1 Mb. Se pueden utilizar tanto en metafases como en interfases.

La figura 7.7 corresponde a una imagen de FISH de una sonda de *locus* específico para el gen SRY marcada con un fluorocromo verde y una sonda control *locus* Yq11.23 en rojo.

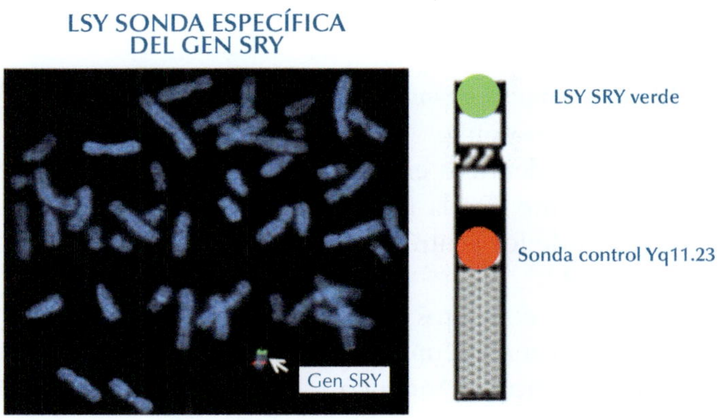

Figura 7.7
FISH con sonda de LSI del gen SRY

RECUERDA

✓ En las sondas de fusión, cuando se produce la translocación se observan las sondas fusionadas.

✓ En las sondas de *break apart*, cuando se produce la translocación se observan las sondas separadas.

Se han desarrollado dos tipos de sondas LSI que permiten detectar reordenamientos estructurales:

- *Sondas de fusión*. Cuando hay un reordenamiento, se obtiene un patrón de doble fusión que corresponde a las dos sondas fusionadas; tras la translocación suelen dar una señal amarilla (figura 7.8).

- Las sondas *break apart* tienen un patrón normal de dos fusiones y, cuando reordena, una de las fusiones "se rompe", se separa (figura 7.9). Estas sondas se utilizan principalmente en hematología.

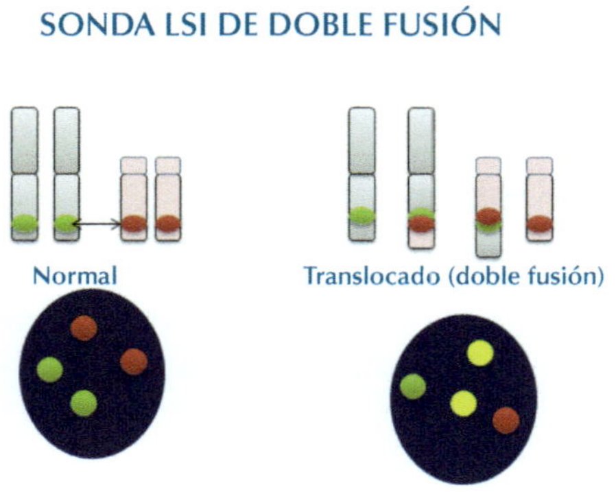

Figura 7.8
Esquema de las sondas de FISH de doble fusión

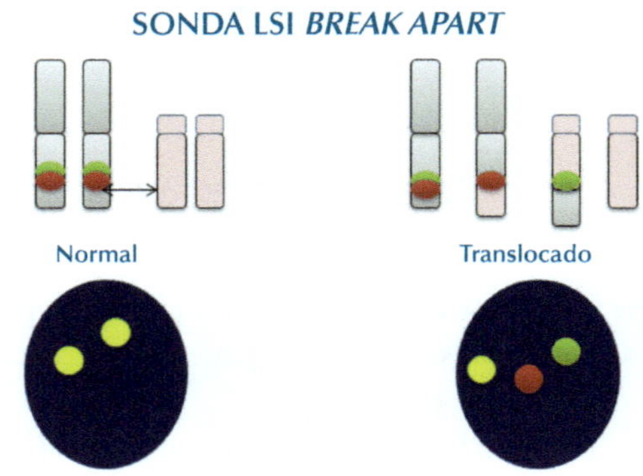

Figura 7.9
Esquema de las sondas LSI *break apart*

Actividad propuesta 7.6

Si al realizar una FISH con una sonda de doble fusión verde para la región del BCR en el cromosoma 9 y roja para la región del ABL en el cromosoma 22, tras la hibridación se observa una señal roja, una señal verde y dos señales amarillas (fusión), ¿se habrá producido la translocación entre las regiones del BCR y del ABL?

B) Sondas centroméricas o de ADN satélite o sondas CEP

Las sondas centroméricas o sondas CEP *(chromosome enumeration probe)* hibridan en las regiones repetitivas de la región centromérica del cromosoma.

Los centrómeros, a pesar de ser prácticamente idénticos en todos los cromosomas, se distinguen en un 2-3% de su secuencia, lo que permite que la mayor parte de los centrómeros individuales puedan ser distinguidos, a excepción de los centrómeros de los cromosomas 13 y 21 y de los centrómeros de los cromosomas 14 y 22.

Estas sondas son útiles para detectar cromosomas concretos e identificar alteraciones de tipo numérico, especialmente monosomías, trisomías y otras aneuploidías, tanto en metafase como en interfase, lo que las hace muy apropiadas para identificar mosaicos.

FUNDAMENTAL

Las sondas centroméricas permiten localizar los cromosomas tanto en células en interfase como en metafase.

En la figura 7.10 se reflejan los patrones de hibridación con sondas CEP que aparecen en los diferentes tipos de anomalías cromosómicas numéricas. La figura 7.11 corresponde a una imagen de FISH normal con sondas centroméricas para los cromosomas 18, X e Y.

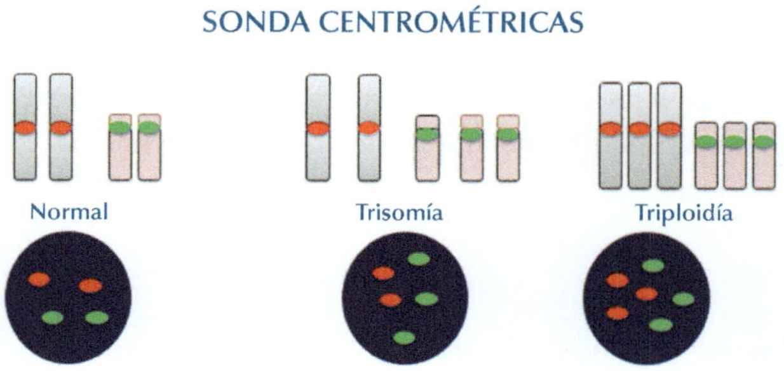

Figura 7.10
Patrones de hibridación con sondas CEP en diferentes tipos de anomalías cromosómicas numéricas

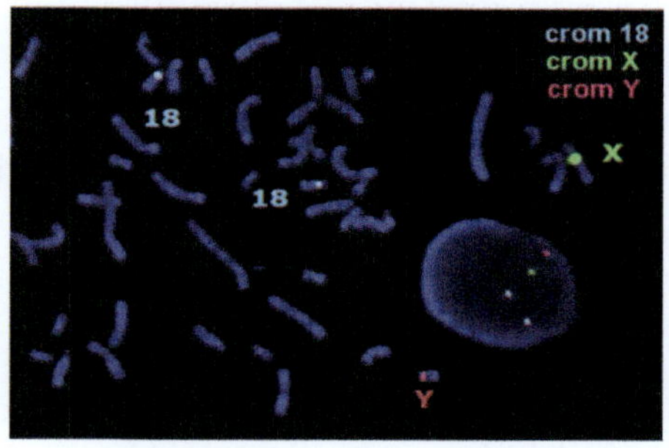

Figura 7.11
Patrones de hibridación con sondas CEP en diferentes tipos de anomalías cromosómicas numéricas

C) Sondas subteloméricas

Son sondas de ADN que identifican regiones cromosómicas próximas a los telómeros; contienen secuencias únicas que son específicas de cada cromosoma. Poseen una alta resolución y constituyen una herramienta muy útil para la detección de muchas anomalías cromosómicas que implican las regiones teloméricas; dicha identificación es importante, dado que estas regiones contienen gran cantidad de genes (figura 7.12).

TOMA NOTA

> Las sondas subteloméricas permiten detectar deleciones de las regiones de los subtelómeros de los cromosomas.

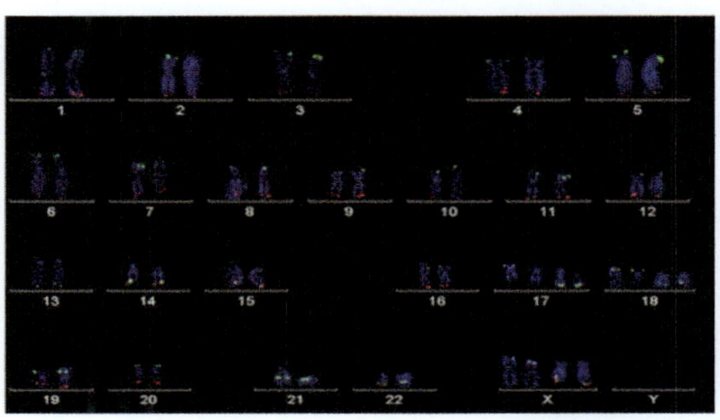

Figura 7.12
Imagen de FISH subtelomérica de todos los cromosomas

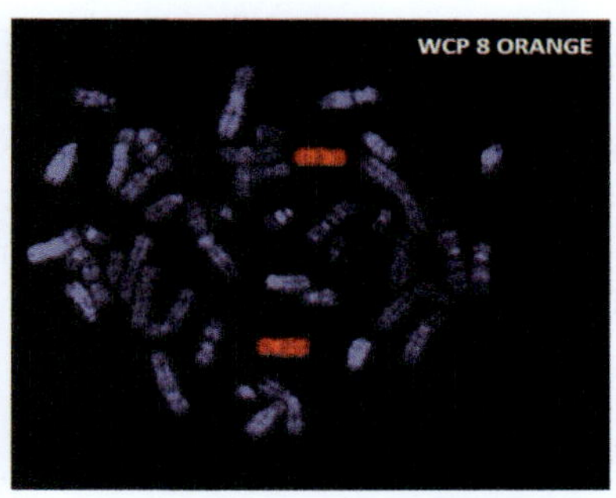

Figura 7.13
FISH con sondas de pintado cromosómico en rojo para los cromosomas 8

D) Sondas de pintado cromosómico

Las sondas de pintado cromosómico (WCP, *whole chromosome painting*)contienen un conjunto de secuencias que abarcan todo un cromosoma concreto, consiguiendo el pintado completo de los dos cromosomas homólogos correspondientes. Son de utilidad para detectar de forma rápida alteraciones numéricas y estructurales intercromosómicas que afecten a ese cromosoma específico. Se utilizan para detectar translocaciones complejas o para identificar el origen de material adicional presente en un cromosoma derivativo o en pequeños marcadores supernumerarios.

FUNDAMENTAL

Las sondas de pintado cromosómico no permiten la detección de inversiones paracéntricas, y debido a su baja resolución no es posible detectar pequeñas deleciones, duplicaciones y translocaciones (< 2-3 Mb).

Actividades propuestas

7.7. Describe qué resultado cabría esperar en una muestra de un paciente varón con trisomía 21. Se utiliza una sonda centromérica roja para el cromosoma 21, una sonda centromérica verde para el cromosoma X y una centromérica azul para el cromosoma Y.

7.8. Tras realizar una FISH con sonda subtelómerica en verde para la región subtelomerica del brazo p del cromosoma 5 y en rojo para la región subtelomérica del brazo q del cromosoma 5 se observan una señal verde y dos señales rojas. ¿Qué indica este resultado?

7.9. En un paciente se quiere descartar la presencia de una inversión en el cromosoma 9. ¿Sería adecuado utilizar una sonda de pintado del cromosoma 9 para detectar esta anomalía?

7.4.2. Técnicas derivadas de la FISH convencional

Se han desarrollado nuevas tecnologías basadas en la técnica de FISH que resuelven las carencias de las sondas "convencionales" y aportan una mayor información. Estas técnicas comprenden, entre otras, la técnica de hibridación genómica comparada (CGH, hoy prácticamente sustituida por la técnica CGH-*array*), FISH-Multicolor (M-FISH), cariotipo espectral (SKY) y FISH multibandas (M-BAND). Son herramientas muy útiles para el diagnóstico citogenético, pero tienen el inconveniente de su elevado coste, la complejidad de la interpretación de los resultados, las dificultades en la estandarización, el control de calidad y la necesidad de personal especializado para el uso de unas técnicas.

TOMA NOTA

Las técnicas de FISH y sus derivadas complementan los resultados del cariotipo convencional, pero no los sustituyen.

A) FISH-Multicolor

La FISH-Multicolor (M-FISH) permite la visualización de todos los cromosomas de una misma metafase de forma simultánea, pintando cada pareja de cromosomas homólogos de un color distinto, es decir, permite el análisis directo de todos los cromosomas en un único experimento de FISH.

Emplea simultáneamente un cóctel de 24 sondas diferentes de pintado cromosómico que hibridan todos los cromosomas de una misma metafase, permitiendo una rápida identificación de las 22 parejas homólogas de autosomas y los cromosomas sexuales (figura 7.14). Se obtiene un cariotipo en colores que permite detectar y clasificar, de forma rápida, alteraciones numéricas y estructurales intercromosómicas como translocaciones e inserciones crípticas o complejas, aneusomías y cromosomas marcadores.

En la figura 7.14, la imagen de la izquierda muestra un cariotipo con bandas GTG en el que se observa material extra en 1p. Con la FISH multicolor se identificó la alteración como una duplicación del cromosoma 1.

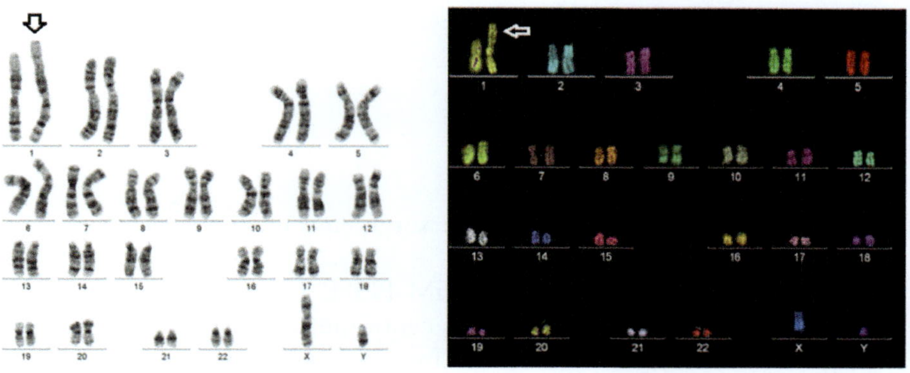

Figura 7.14
Cariotipo con bandas GTG (izquierda y con FISH (derecha) de un paciente con material extra en el cromosoma 1

B) Cariotipo espectral

El cariotipo espectral (SKY, *spectral caryotyping*) tiene una metodología similar a la M-FISH. Se diferencian en el modo de adquisición y análisis de las imágenes. Mientras la técnica de SKY requiere una única exposición a la luz fluorescente, la M-FISH requiere una secuencia de imágenes, adquiridas mediante el cambio de los filtros ópticos específicos para cada fluorocromo que, posteriormente, son alineadas de forma que coincidan en el espacio las diferentes capturas. La principal desventaja del SKY es que tras una única pero larga exposición a la luz fluorescente (aproximadamente 1 minuto), los fluorocromos pueden llegar a perder su intensidad.

TOMA NOTA

Estas tecnologías no permiten el reconocimiento de algunos puntos de rotura, como aquellos asociados con deleciones, inserciones y translocaciones de pequeño tamaño (< 500-1.500 kb), para los cuales es necesario utilizar sondas *locus* específico (LSI).

C) FISH multibandas

El bandeo multicolor (M-band) permite la diferenciación de regiones cromosómicas específicas a nivel de banda cromosómica. Se basa en ensayos individuales en los que se utilizan sondas para cada una de las regiones del par de cromosomas homólogos correspondiente. Permite detectar inversiones y reorganizaciones intracromosómicas (figura 7.15).

Inversión paracéntrica en el cromosoma 4

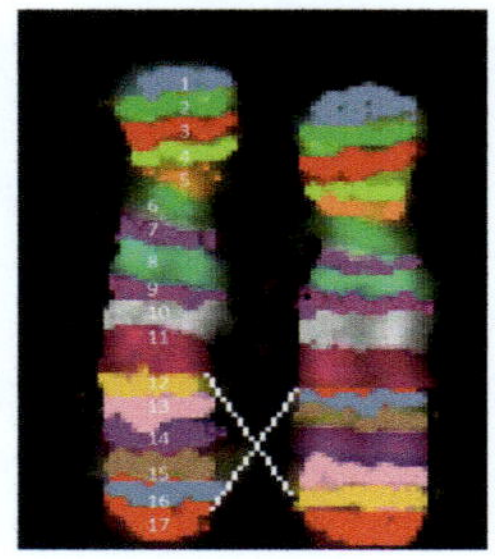

Figura 7.15
Imagen de FISH multibandas de una inversión paracéntrica en los brazos q de un cromosoma 4

Actividad propuesta 7.10

Cita alguna de las aplicaciones de la FISH multicolor y explica las aplicaciones de la FISH multibanda y la ventaja que aporta con respecto a las bandas GTG.

D) Otras técnicas basadas en la FISH

Otras técnicas basadas en la FISH, aunque son menos utilizadas, incluyen:

- *FISH multicolor centrómero específica* (cenM-FISH). Utiliza un cóctel específico de sondas para la visualización simultánea de los centrómeros de cada pareja de cromosomas homólogos en un color distinto en una misma metafase (excepto los centrómeros de los cromosomas 13 y 21).
- *FISH multicolor específica de brazos cromosómicos* (chromosome arm-specific M-FISH). En ella se pintan de colores distintos los brazos p y q de los cromosomas, con la excepción del brazo p de los cromosomas acrocéntricos y del cromosoma Y.

7.4.3. Protocolo de la técnica de FISH

El protocolo de las técnicas de FISH varía dependiendo del tipo de muestra a procesar (sangre periférica, médula ósea, líquido amniótico, etc.), del tipo de sonda a utilizar y de si se necesitan células en cultivo o se procesa la muestra directamente.

El *material celular* que puede ser utilizado como diana para la técnica de FISH depende de si es una muestra posnatal, prenatal o preimplantacional.

- Las muestras posnatales incluyen: núcleos en metafase, núcleos en interfase, sangre total, fibroblastos, médula ósea, espermatozoides, raspado bucal, orina.
- Las muestras prenatales incluyen: amniocitos, vellosidades coriónicas, sangre de cordón.
- Las muestras preimplantacionales: blastómeras.

Protocolo de la técnica de FISH

Preparación de las muestras

- Se realizará un cultivo si el estudio requiere cromosomas metafásicos, en caso contrario, a la muestra se le aplican unos lavados con: tampón de lavado o bien tampón de lisis eritrocitaria, o también con medio de lavado (medio basal con antibiótico) y se la deja resuspendida en PBS.

Sacrificio celular

Extensión

- Lavado adicional con fijador, dejando el botón celular en 1 o 2 mL según su densidad.
- Extensión de 1 o 2 gotas de la muestra con la micropipeta (si es para interfase) o bien con pipeta Pasteur y a cierta distancia (si se necesitan metafases).
- Revisión con el microscopio de contraste de fases para evaluar la calidad del material extendido y la densidad celular, y en caso necesario se realizan los ajustes apropiados.

Preparación del portaobjetos

- Envejecimiento de la preparación manteniendo las preparaciones 3 días a temperatura ambiente, o a 65 °C durante 16-18 h, o a 90 °C durante 10 minutos (con el hibridizador).
- Lavado con 2xSSC (pH7,4) a 37 °C durante 30-60 min.
- Deshidratación de la extensión en etanol 70, 85 y 100% durante un minuto en cada uno y se deja secar la preparación.

Si no se va a utilizar la preparación en ese mismo momento se debe mantener a –20 °C hasta su utilización. Si se va a utilizar en el momento se mete en el hibridizador a 37 °C durante 15 minutos.

Hibridación

- Dejar que la sonda y el tampón alcancen la temperatura ambiente y después dar pulso en la microcentrífuga para recuperar todo el volumen.
- Mezclar 1 µl de sonda, 7 µl de tampón y 2 µl de agua destilada (el volumen total de la sonda con la que se trabaja dependerá del tipo de sonda que se vaya a utilizar).
- Dar un pulso en la microcentrífuga para, de nuevo, recuperar todo el volumen.
- Añadir la sonda sobre el portaobjetos que contenga la muestra extendida.
- Sellar con un cubreobjetos y después con Parafilm.
- Colocar la preparación en el hibridizador con un programa de hibridación: 75 °C × 3 minutos y 37 °C × 24 horas (este último paso puede hacerse en cámara húmeda en el incubador).

Lavado y montaje

- Se retiran con cuidado el parafilm y el cubreobjetos.
- Se realizan los siguientes lavados con el fin de eliminar la hibridación inespecífica y la sonda sobrante:

- Lavado en solución 0,4xSSC/0.3% NP-40 a 73 °C durante 2 minutos con agitación.
- Lavado de 3 minutos en solución 2xSSC/0,1% NP-40 a temperatura ambiente.
- Se deja secar la preparación y se añaden 10 µl de contratinción DAPI y se le pone un cubreobjetos.
- Si no se va a analizar al microscopio en el momento, se dejan las preparaciones a –20 °C.
- Analizar en microscopio de fluorescencia con los filtros recomendados.

La preparación de las extensiones es común a todos los protocolos de FISH. Al igual que en citogenética convencional, es importante conseguir una buena preparación, ya sea para estudiar cromosomas (deben ser largos, bien extendidos y libres de restos citoplasmáticos) o para estudiar interfases (densidad celular apropiada).

Los procesos que incluyen sondas fluorescentes deben realizarse en oscuridad para no dañar la sonda.

7.4.4. Aplicaciones, ventajas y limitaciones de las técnicas de FISH

La técnica de FISH tienen una gran aplicación en el diagnóstico clínico debido, por una parte, a su capacidad de detectar alteraciones submicroscópicas que pasan inadvertidas con las técnicas de citogenética convencional, y por otra, a que pueden realizarse tanto sobre núcleos interfásicos como metafásicos. A continuación se citan las principales aplicaciones en las diferentes áreas clínicas.

- *En pediatría*: para el diagnóstico de síndromes de microdeleción y microduplicación. Actualmente se conocen más de 100 de estos síndromes y el número va aumentando cada año a medida que se utilizan las técnicas de citogenética molecular.
- *En el diagnóstico prenatal*: para el diagnóstico rápido de aneuploidías, se suele utilizar una combinación de sondas *locus* específicas de los cromosomas 21, 18, 13, X e Y que comprenden las aneuploidías más frecuentes. Está técnica está siendo desplazada por la técnica de QF-PCR, que permite, además de dar un resultado rápido y preciso de las aneuploidías, descartar la contaminación materna.
- *Diagnóstico preimplantacional*: para seleccionar embriones libres de una determinada anomalía cromosómica.
- *FISH de espermatozoides*: permite detectar el porcentaje de espermatozoides con anomalías cromosómicas de los cromosomas estudiados. Generalmente es posible detectar trisomías, monosomía y triploidías de los cromosomas (X, Y, 21, 13, 18).
- *FISH en enfermedades oncohematológicas:* permite la caracterización de anomalías cromosómicas para el diagnóstico y seguimiento de enfermedades oncohematológicas.

Entre las ventajas de las técnicas de FISH destaca la posibilidad de detectar alteraciones cromosómicas submicroscópicas, su rapidez y sencillez de los protocolos.

En lo que se refiere a sus inconvenientes, se encuentran su alto coste, la inestabilidad de las sondas y que es necesario conocer previamente la región alterada para utilizar las sondas correspondientes. La técnica de *array*-CGH aporta todas las ventajas de la FISH y no necesita saber previamente qué región está alterada.

Actividad propuesta 7.11

Indica el tipo de muestras que se suelen utilizar para el estudio prenatal de anomalías cromosómicas mediante FISH y explica las aplicaciones que tienen las técnicas de FISH en pediatría, en diagnóstico prenatal y en el estudio de enfermedades oncohematológicas.

7.5. Técnicas de hibridación y transferencia de ácidos nucleicos en soporte sólido

En la hibridación en soporte sólido, la muestra de ADN diana se desnaturaliza por calor y se inserta en una matriz sólida, a continuación se añade a la matriz la solución de hibridación que contiene la sonda marcada. Finalizada la hibridación, se lava la membrana para eliminar la sonda no unida y se detecta la sonda fijada a través del marcador. Las técnicas que utilizan este sistema son:

- CGH (hibridación genómica comparada).
- *Microarrays* de ADN.
- *Southern blot.*
- *Northern blot.*

7.5.1. Hibridación genómica comparada

La hibridación genómica comparada (CGH) es una técnica citogenética molecular que escanea el genoma completo, detecta cambios en el número de copia del ADN (ganancias y pérdidas) con una resolución de 5-20 Mb.

Se introdujo para el estudio de anomalías cromosómicas en tumores (cáncer de mama y de pulmón, ya que las células cancerosas acumulan anomalías cromosómicas), y en general para la identificación de reagrupamientos cromosómicos desbalanceados.

Está basada en una modificación competitiva de la técnica de FISH. Se utilizan tres tipos de muestras de ADN distintas: el ADN de la muestra problema, el ADN control (normal) y cromosomas en metafase (con cariotipo normal, normalmente XY).

Las dos muestras de ADN (de la muestra problema y de la muestra control normal) se marcan con diferentes fluorocromos, en verde el ADN problema y en rojo el ADN control. Los cromosomas en metafase se fijan en un porta y se marcan con el colorante DAPI, de esta forma se verán con color azul en el microscopio de fluorescencia.

Se mezcla el ADN muestra y ADN control en cantidades equimolares y a continuación se realiza una hibridación *in situ* de esta mezcla con los cromosomas metafásicos previamente fijados y marcados con DAPI. Los ADN de la muestra y del control competirán por hibridar en los mismos sitios.

La relación de intensidad entre las dos señales fluorescentes proporciona una medida de la relación entre el número de copias de las dos muestras de ADN genómico (figura 7.16).

Aparecerá una fluorescencia amarilla (rojo+verde) en los lugares del cromosoma en los que ambas muestras se encuentren en igual proporción. El color de los cromosomas sexuales X e Y variarán dependiendo del sexo de los individuos de la muestra y los controles.

Si la muestra a estudiar contiene una deleción, el ADN que hibridará sobre el cromosoma metafásico será el del control, habrá una prevalencia de señal roja, y al contrario, si la muestra tiene una duplicación, se observará una señal verde. La figura 7.17 muestra una imagen de CGH de un cromosoma que presenta una deleción en p (señal roja) y una duplicación en q (señal verde), las zonas normales aparecen en color amarillo.

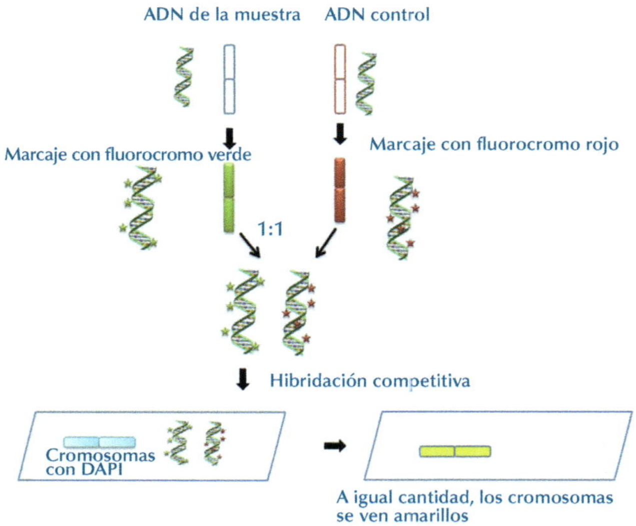

Figura 7.16
Esquema de la técnica de CGH

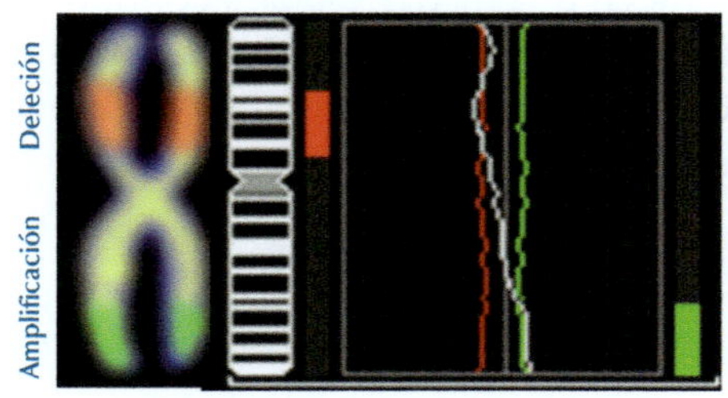

Figura 7.17
Imagen de CGH, cromosoma y perfil de hibridación

La detección se realiza con un microscopio de fluorescencia y un *software* que analiza la relación de las dos señales (roja y verde) de la muestra y del control que han hibridado sobre los cromosomas metafásicos fijados en el porta. El *software* genera un perfil (figura 7.17).

Esta técnica es capaz de detectar cambios que estén presentes en el 30-50% de las células. La muestra problema no necesita estar en metafase, por lo que no es necesario realizar un cultivo. La técnica de CGH no puede detectar reordenamientos cromosómicos equilibrados y su límite de detección es de 5 Mb. Ha sido sustituida por la técnica de *array*-CGH, que tiene el mismo fundamento pero permite detectar cambios en el número de copias a través de todo el genoma con mayor resolución y rapidez.

Actividad propuesta 7.12

Tras un análisis de una muestra con la técnica CGH se observa en el perfil de hibridación para el cromosoma 8 una desviación hacia la izquierda en la región 8p (marcada en rojo) y una desviación hacia la derecha (marcada en verde) en la región 8q. ¿Qué conclusiones se obtienen de este resultado?

7.5.2. *Array*-CGH

Los *microarrays* de CGH (*arrays*-CGH) y los *microarrays* de SNP (*arrays*-SNP) constituyen unas herramientas clave en el diagnóstico de distintas patologías en un amplio espectro de áreas clínicas.

Existen numerosos tipos de *arrays* utilizados como método diagnóstico de diversas patologías: diagnóstico genético (*array*-CGH, *array*-SNP, etc.), de expresión (*array* de ARN), de proteínas (ISAC utilizado en el diagnóstico de la alergia) y oncohematológicos.

PARA SABER MÁS

Los *array SNP* (de sus siglas en inglés *Single Nucleotide Polymorphism*, en español polimorfismos de un solo nucleótido) se utilizan para detectar polimorfismos, disomías uniparentales y pérdida de heterocigosidad. También existen combinaciones de ambos *arrays*: *array* CGH+SNP.

El *array*-CGH es una técnica de citogenética molecular mediante la cual es posible identificar y analizar alteraciones genéticas debidas a ganancia o pérdida de material genético en una muestra de ADN comparándola con una muestra de referencia.

Existen a su vez varios subtipos de *array*-CGH:

- Según su resolución (*array*-CGH 60K, *array*-180K).
- Según su utilidad (*array*-CHH prenatal, *array*-CGH oncohematológico, etc.).
- Según el tipo de sondas: BAC (*bacterial artificial chromosome*), oligonucleótidos, etc. Aunque hoy en día la mayoría son de oligonucleótidos.

Una aplicación importante de los *array*-CGH es la investigación de amplificaciones, deleciones y reordenamientos cromosómicos, que pueden ser factores etiológicos en el retraso mental, en el déficit intelectual, trastorno del aprendizaje, trastornos del espectro autista y anomalías congénitas múltiples.

A) Tecnología del *array-CGH*

La tecnología del *array*-CGH se basa en comparar el ADN del paciente con un ADN control (sin alteraciones) con el objetivo de detectar ganancias (duplicaciones) o pérdidas (deleciones) presentes en el paciente. Para ello se utiliza un *array* o matriz en el que se disponen multitud de sondas en una superficie sólida (porta). Dichas sondas son oligonucleótidos de una longitud variable, cuya secuencia es complementaria a las regiones de ADN que se quiere estudiar. Están diseñados de tal forma que están representadas todas las regiones de interés a lo largo de todo el genoma.

La técnica consiste en marcar el ADN del paciente con el fluorocromo cianina Cy3 (verde) y el ADN control con cianina Cy5 (roja). De tal forma que al añadir ambos ADN marcados (del paciente y del control) al *array* (que contiene oligonucleótidos complementarios a ambos ADN), los ADN tratarán de hibridar competitivamente para unirse a su oligonucleótido complementario (figura 7.18).

Tras la hibridación se escanea el *array* para detectar intensidad de fluorescencia del ADN hibridado:

- Si la intensidad de color es amarilla (mezcla de verde y rojo), indica que hay la misma intensidad de hibridación de ambos ADN, no hay alteración en la muestra del paciente.
- Si la intensidad de color es verde, indica que hay más hibridación de la muestra del paciente que la del control, lo que indica que hay una ganancia de material genético en la muestra del paciente.
- Si la intensidad de color es roja, indica que hay menos hibridación de la muestra del paciente, por tanto el paciente tiene una pérdida de material genético.

Protocolo del *array*-CGH

- Amplificación de los ADN.
- Marcaje de los ADN: el ADN del paciente con cianina Cy3 (verde) y el ADN control con cianina Cy5 (roja).
- Hibridación competitiva de ambos ADN en el *array*.
- Escaneado del *array* y medición de la intensidad de fluorescencia.
- Transformación por el *software* del ordenador de la "foto" del *array* con sus intensidades de fluorescencia, en los datos analizables mostrará las pérdidas/ganancias del paciente.

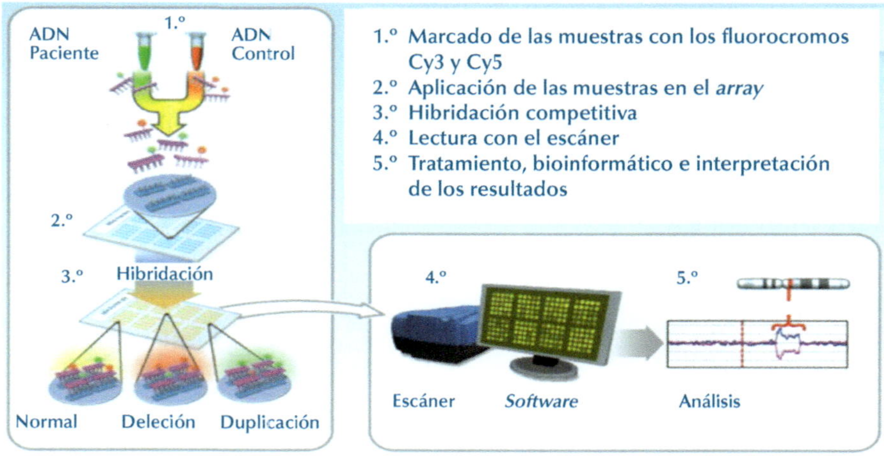

Figura 7.18
Esquema del *array*-CGH.
Fuente: www.empiregenomics.com

B) *Resolución del* array-*CGH*

La capacidad o poder de resolución de un *array* para detectar la presencia de una alteración en el número de copias de ADN en una muestra es directamente proporcional al número de sondas que se incluyen en el *microarray* para la región del genoma que se considere.

PARA SABER MÁS

En el diseño del *array* normalmente existe una gran densidad de sondas (oligonucleótidos complementarios) para las regiones más específicas que se quieran estudiar (zonas susceptibles de síndromes de microdeleción/microduplicación, genes asociados a patología, etc.), conocidas como *targeted regions*, y una menor densidad de sondas para el resto de las regiones, conocidas como *backbone*. También hay que tener en cuenta que las zonas con menor contenido en eucromatina tienen una menor presencia de sondas (zonas pericentroméricas) y que para los centrómeros y telómeros no se incluyen sondas en el *array*.

Según su resolución, los *array* pueden ser de 60K y 180K; estos valores de resolución pueden variar de unas casas comerciales a otras.

C) *Resultados e interpretación de los datos obtenidos mediante el* array-CGH

Tras el escaneado del *array*, el *software* del ordenador transforma la "foto" del *array* con sus intensidades de fluorescencia en datos. Muestra las pérdidas/ganancias detectadas a lo largo del genoma del paciente.

De todas las pérdidas o ganancias (CNV) mostradas por el *software* se decidirá, en función de unos criterios previamente establecidos, cuál de ellas debe expresarse en el informe, así como su clasificación e interpretación.

FUNDAMENTAL

El análisis para mostrar si una región está alterada (duplicada o delecionada) se basa en un análisis bioinformático realizado con un *software*. Este *software* está fundamentado en una serie de condiciones matemáticas, y debe ser expresado en el informe de los resultados.

D) *Interpretación de los resultados del* array

Las alteraciones detectadas con el *array*-CGH se consideran variaciones en el número de copias y se clasifican según la ganancia o pérdida de material cromosómico en deleciones o duplicaciones.

Las CNV, según su interpretación clínica, se clasifican en benignas, inciertas (probablemente benignas, probablemente patológicas, e inciertas) y patológicas.

WWW

Recursos web

Para la interpretación de los resultados del *array*-CGH existen muchísimas bases de datos. Algunas de las más conocidas son 1. ISCA Consortium; 2. Database of Genetic Variants; 3. Decipher; 4. UCSC Genome Browser; 5. Ensembl: NCBI.

1. 2. 3. 4. 5.

E) *Ventajas y limitaciones de la técnica de* array-CGH

Entre las ventajas se encuentran: una mayor resolución que el cariotipo o la FISH, empleo de ADN (sangre, saliva, otro tipo de fluidos, tejidos sólidos, cultivos celulares, material fijado para estudios citogenéticos o parafinas, entre otros muchos), datos más objetivos, reproducibilidad, mayor rendimiento diagnóstico, rapidez (48-72 h) y versatilidad (diseño adaptado a la utilidad clínica).

En cuanto a las limitaciones: no se suelen detectar mosaicismos de bajo grado <20-30%, no detecta reordenamientos equilibrados ni poliploidías, se necesita una mayor cantidad y calidad de ADN que las técnicas moleculares, pueden descubrir un gran número de CNV sin impacto clínico claro, que pueden dificultar el análisis o la interpretación de los resultados, y por último su alto coste, aunque cada vez es menor.

F) *Aplicación clínica del* array-CGH

La técnica de *array*-CGH permite en muchos casos un diagnóstico en niños con discapacidad intelectual, anomalías congénitas múltiples, cuadros polimalformativos, rasgos dismórficos, pacientes con trastorno generalizado del desarrollo. Hay un consenso internacional de que el estudio de *array*-CGH debe ser la primera prueba que se debe realizar en el diagnóstico de estos niños. Aportan gran información en niños con trastorno del espectro autista o déficit de atención (*array*-CGH 180K).

El *array*-CGH es de gran utilidad en el diagnóstico prenatal, ya que de forma rápida se pueden detectar en una sola prueba todos los síndromes de microdeleción y microduplicación descritos. También se puede utilizar en diagnóstico preimplantacional.

El *array*-CGH está empezando a ser utilizado en oncohematología en síndromes mielodisplásicos con cariotipo normal, pacientes jóvenes con linfomas o leucemias, linfomas no filiados, etc.

Otra de las aplicaciones de los *microarrays* es el análisis de los patrones de expresión génica de poblaciones celulares, ya que permite estudiar en un solo ensayo la expresión de miles de genes.

FUNDAMENTAL

La utilización de la técnica de *array*-CGH ha permitido aumentar el rendimiento diagnóstico, posibilitando el diagnóstico de gran parte de pacientes que con las técnicas de citogenética convencional quedaban si filiar. Esta técnica ha proporcionado a estos pacientes un tratamiento adecuado y un consejo genético a la familia.

Actividad propuesta 7.13

Señala las ventajas que aporta la técnica de *array*-CGH frente a otras técnicas citogenéticas y nombra sus principales aplicaciones.

7.5.3. *Southern blot*

La técnica de *southern blot* consiste en localizar secuencias de ADN en fragmentos de restricción, separados por electroforesis en geles de agarosa, desnaturalizados para obtener fragmentos de cadena sencilla que puedan ser transferidos a una membrana de nitrocelulosa sobre la cual quedan inmovilizados. Esta transferencia es necesaria para que pueda realizarse la reacción de hibridación. El ADN queda atrapado en la nitrocelulosa y es entonces cuando se puede hibridar con la sonda radiactiva o colorimétrica. Cada secuencia complementaria da lugar a una banda marcada que adquiere una posición determinada por el tamaño del fragmento del ADN. La reacción se puede detectar por autorradiografía, ya que las sondas se pueden marcar radiactivamente (figura 7.19).

Para su realización se parte de ADN aislado del tejido de la mayor calidad posible.

A) *Pasos de la técnica de* southern blot

1. *Digestión del ADN con enzimas de restricción.* La cantidad de ADN que se digiera depende tanto de la complejidad del ADN como de la sonda a la cual será hibridado.
2. *Separación electroforética en gel de agarosa o poliacrilamida de los fragmentos hidrolizados de ADN.* Estos fragmentos migran hacia el polo positivo debido a las cargas negativas de sus grupos fosfato. La velocidad de migración depende de su tamaño.
3. *Desnaturalización.* Tras la separación electroforética se realiza la desnaturalización de los fragmentos para obtener fragmentos de cadena sencilla que puedan ser transferidos a una membrana y sean accesibles a la sonda. Se hidrolizan parcialmente mediante un tratamiento del gel con HCl 0,2 N, desnaturalización con un una base fuerte (NaOH 0,5 M, NaCl 1,5 M) y tratamiento con solución de neutralización (Tris 0,5 M, NaCl 3 M).

4. *Transferencia de los fragmentos de ADN a membrana.* Después de neutralizar dicha disolución, el ADN monocatenario resultante se transfiere por capilaridad a un soporte absorbente (normalmente un papel de nitrocelulosa o una membrana de nailon), mediante incubación durante 15 a 20 horas en un sistema como el que aparece en la figura 7.19. De esta forma se obtiene una copia que conserva la distribución espacial de los fragmentos de ADN conseguida en el gel como resultado de la electroforesis.
5. *Hibridación.* Una vez transferido el ADN a la membrana, este se fija por calor o por exposición a luz UV. La membrana así preparada se incuba en una disolución que contiene una sonda marcada con un isótopo radioactivo (^{14}C, ^{32}P), bajo condiciones de temperatura y concentración de sales que favorezcan la hibridación. Una vez que se ha producido la hibridación, se lava el exceso de sonda no unido, de modo que la única radiactividad que quede en la membrana de nailon sea la asociada al ADN diana.
6. *Detección.* Las posiciones de hibridación de la sonda radiactiva sobre la membrana del ensayo de *southern* se detectan mediante autorradiografía. En esta técnica, la membrana de nailon se coloca, una vez lavada, junto a una película de rayos X dentro de una caja que las aísle de la luz. La película registra las posiciones donde hay desintegración radiactiva. Tras su exposición y el revelado fotográfico, el registro resultante de la hibridación de *southern* se conoce como *autorradiografía* ("autorad").

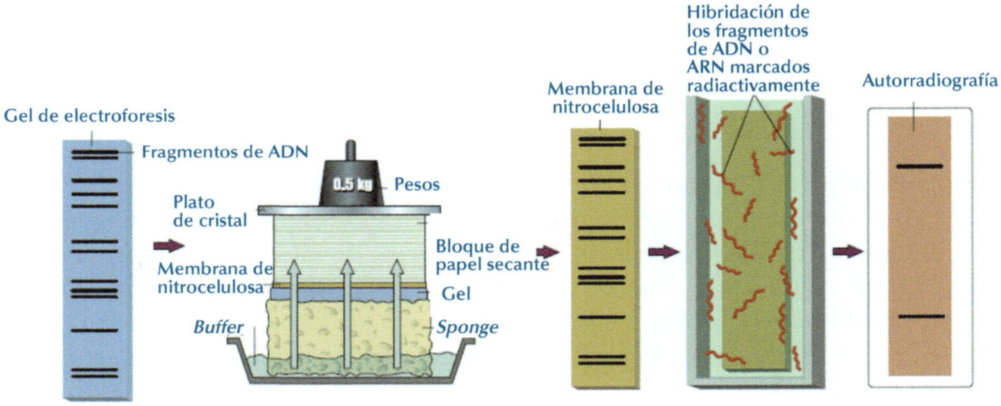

Figura 7.19
Esquema de la técnica de *southern blot*
Fuente: modificada de Karp, *Cell and Molecular Biology Concepts and Experiments.* G. John Wile and Sons, Inc

7.5.4. *Northern blot*

Es una variante del *southern blot*, pero en este caso se aplica a ARN y el método de transferencia presenta algunas modificaciones. No necesitan un tratamiento con enzimas de restricción ya que tienen un tamaño pequeño. La electroforesis se realiza en condiciones desnaturalizantes (geles de agarosa con formaldehído) con el fin de evitar la formación de apareamientos intracatenarios entre regiones de ARN con secuencias complementarias, que dificultan la migración en el gel.

El ARN es una molécula que se degrada fácilmente, lo que obliga a que todas las manipulaciones haya que hacerlas de forma rápida y evitando el contacto de la muestra con ARNasas (por ejemplo, las ARNasas presentes en las manos). Con esta técnica se detecta amplificación de expresión génica y es parcialmente cuantitativa.

Actividad propuesta 7.14

Explica las siguientes cuestiones:

a) Describe el fundamento de la técnica de *southern blot* y explica el tipo de sistema que se utiliza para la visualización de los fragmentos.
b) Señala las diferencias entre la técnica de *southern blot* y la de *northern blot* y las precauciones que hay que seguir para manipular el ARN.

Una de las aplicaciones de esta técnica es el análisis de la expresión génica, ya que permite conocer bajo qué circunstancias ambientales se expresará un gen de interés. En oncología se utiliza para conocer, por ejemplo, qué oncogenes se están expresando. Actualmente existen técnicas alternativas al *northern blot*, como son los *microarrays* o la PCR cuantitativa.

TOMA NOTA

La técnica de *southern blot* ha sido sustituida por la técnica de PCR y secuenciación.

7.5.5. Técnicas de *dot blot*, sus variantes y la técnica de captura de híbrido

A) *Hibridación en filtro o* dot blot

El *dot blot* es una técnica de hibridación rápida y económica. Permite detectar de forma sencilla la presencia de una proteína de interés o la detección de ácidos nucleicos en una muestra. En microbiología se utiliza para la detección de agentes infecciosos en muestras biológicas. También permite detectar secuencias de interés de forma simultánea en múltiples muestras. Otras de las aplicaciones de esta técnica son el control de calidad de la PCR y del marcaje de sondas. Para el marcaje pueden ser utilizadas tanto moléculas radiactivas como fluorocromos y haptenos.

Para el estudio de ácidos nucleicos el procedimiento incluye los siguientes pasos, destacar que el protocolo concreto varía según se trate del ADN o ARN diana, fijación de la muestra a un soporte sólido inerte, hibridación y cuantificación.

1. *Extracción y desnaturalización del ADN o ARN diana:* los ácidos nucleicos se someten a la acción de Na (OH) y EDTA durante diez minutos a 100 °C. Pasado ese tiempo se neutraliza la desnaturalización mediante la adición de acetato de amonio.
2. *Fijación de la muestra a un soporte sólido inerte:* el soporte utilizado para fijar los ácidos nucleicos es una membrana de nitrocelulosa o nailon previamente humedecida en un buffer. La membrana se coloca debajo de una plantilla con pocillos numerados y se depositan las muestras desnaturalizadas en los pocillos correspondientes (ver figura 7.20a). Los bordes de cada pocillo están sellados para evitar la contaminación de unas muestras con otras. El conjunto se introduce en una cámara que se conecta a un sistema de vacío.

De esta forma, los ácidos nucleicos quedan retenidos en la membrana de celulosa mientras que el resto de los reactivos son absorbidos en la cámara. Tras la fijación se realiza un lavado con 2xSSC y se desmonta el sistema. Para asegurar la fijaciónn de los ácidos nucleicos se seca la membrana en una estufa de media hora a dos horas a 80 °C. Otra forma de fijar los ácidos nucleicos a la membrana es sometiéndolos a la luz ultravioleta.

3. *Hibridación:* previo a la hibridación, las membranas de someten a un proceso de prehibridación para bloquear las posibles uniones inespecíficas. Esta solución de prehibridación contiene todos los reactivos menos las sondas. Para hibridar las muestras se desnaturalizan previamente las sondas bicatenarias (calentándolas de 95 a 100 °C y enfriándolas rápidamente). Se sustituye la solución de prehibridación con la solución de hibridación que contiene las sondas recién desnaturalizadas y se incuba con agitación de cuatro a veinticuatro horas. Tras la hibridación se realizan de dos a tres lavados con agitación con soluciones en las que se aumenta de forma progresiva la astringencia de la hibridación.
4. *Cuantificación:* para la detección de los híbridos formados, la técnica a utilizar dependerá del tipo de molécula utilizada para marcar la sonda.

   a) En el caso de *haptenos* se observarán unas manchas coloreadas en las posiciones en las que se ha producido hibridación.
   b) En el caso de *moléculas radiactivas,* se realizan varios lavados, se deja secar la membrana y se revela mediante autorradiografía. Se observarán unos puntos negros en las posiciones correspondientes a moléculas hibridadas. El marcaje con moléculas radiacgivas permite la rehibridación con otras sondas diferentes. Para la rehibridación es imprescindible que la membrana no se seque durante la autorradiografía.

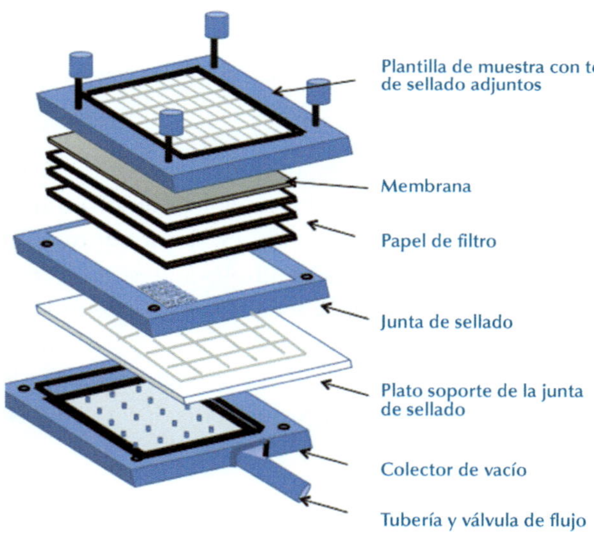

Figura 7.20a)
Esquema del sistema utilizado en la técnica de *dot blot*

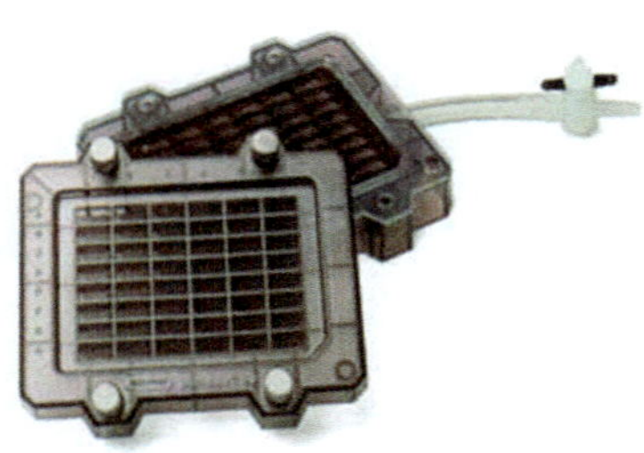

Figura 7.20b)
Equipo de *dot blot*

B) ASO dot blot

Es una técnica basada en *dot blot* que permite detectar mutaciones asociadas a patología empleando oligonucleótidos específicos de alelo (ASO).

Se realiza previamente una PCR de la región del gen que presenta las mutaciones o las variaciones alélicas.

El producto de la PCR se hibrida con oligonucleótidos específicos del alelo normal (no mutado) y de cada variante alélica.

C) Dot blot *inverso*

El *dot blot* inverso es una técnica similar al ASO *dot blot*, pero en este caso se inmovilizan en una membrana los distintos oligonucleótidos específicos de alelo (normales y mutados) sin marcar, y lo que se marca es el producto de la PCR de la región de interés.

D) Hibridación de colonias mediante dot blot

Se utiliza para detectar bacterias portadoras de una secuencia de interés.

Para la realización de esta técnica en una placa de cultivo con las colonias de bacterias se coloca una membrana de nailon, de tal forma que quede una impronta de las colonias en ella. A continuación se lisan las bacterias y se siguen los pasos indicados anteriormente (desnaturalización del ADN, fijación al soporte, etc.). Tras el revelado, en la membrana aparecerá una mancha en la posición correspondiente a la colonia de bacterias que tiene la secuencia de interés.

Esta misma técnica puede utilizarse para detectar virus que llevan una secuencia de interés (por ejemplo, fagos recombinantes que tienen una secuencia clonada).

E) Técnica de captura de híbrido

La técnica de hibridación de captura de híbrido consiste en la formación de híbridos ARN/ADN que posteriormente son capturados por anticuerpos específicos que se encuentran fijados en las paredes de pocillos de una microplaca. Si la secuencia diana es ADN, la sonda será de ARN; y si la secuencia diana es de ARN, la sonda será de ADN.

Para su detección se añaden anti-anticuerpos de los híbridos, conjugados a una enzima, que con el sustrato correspondiente da lugar a un compuesto coloreado que puede ser detectado con un lector de placas.

Esta técnica inicialmente fue utilizada para la detección del virus del papiloma, pero en la actualidad puede emplearse para la detección de un gran número de agentes infecciosos.

El proceso incluye la lisis de los virus, a continuación se realiza una hibridación seguida de una captura, amplificación y detección de la señal.

F) Tecnología del ADN ramificado

La metodología de hibridación con ADN ramificado o *branched DNA* (bDNA) es un método que inicialmente se desarrolló para amplificar la señal obtenida en la técnica de captura de híbridos. Se basa en hibridaciones consecutivas de sondas que reconocen, por una parte, la secuencia de ADN o ARN en estudio y, por otra, secuencias introducidas a la reacción para amplificar la señal. Esta técnica se utiliza en el diagnóstico clínico para cuantificación de carga génica en pacientes portadores del VIH, VHB y VHC.

El procedimiento incluye los siguientes pasos (figura 3 anexo):

1. Lisis de las partículas víricas y desnaturalización (virus ADN).
2. Hibridación con sondas específicas. Se utilizan dos tipos de sondas, las de captura y las de extensión:

   - Las sondas de captura contienen una parte de la sonda complementaria ADN o ARN viral y otra complementaria al oligonucleótido de captura fijado en la pared del pocillo de una microplaca multipocillo.
   - Las sondas de extensión están formadas por una parte complementaria al virus y la otra a un oligonucleótido preamplificador que se utiliza posteriormente.

   Hibridación en un tubo en condiciones de elevada rigurosidad.

3. Captura del híbrido: para la captura del híbrido, la mezcla de hibridación se traspasa a un pocillo de una microplaca de tal forma que el híbrido queda unido a la pared del pocillo.
4. Preamplificación: antes de la amplificación se añade al pocillo un oligonucleótido preamplificador, que tiene en un extremo una secuencia complementaria de la región no apareada de la sonda de extensión, que está unida al ácido nucleico vírico. Una vez hibridado, el oligonucleótido preamplificador va a ser el tronco en el cual se va a amplificar la señal.

   El resto del oligonucleótido preamplificador contiene numerosas secuencias cortas repetidas, complementarias de los extremos de los llamados oligonucleótidos amplificadores.
5. Amplificación: se añaden los oligonucleótidos amplificadores que se unen a las secuencias repetidas del oligonucleótidos preamplificadores, constituyendo las ramas del sistema de amplificador de señal. Los amplificadores tienen múltiples secuencias repetidas complementarias de pequeños oligonucleótidos marcados con fosfatasa alcalina.
6. Detección: para la detección de los híbridos se añaden los oligonucleótidos marcados con fosfatasa alcalina que se unen a los amplificadores, constituyendo las hojas del sistema de amplificación.
7. Revelado: para la visualización de los híbridos se añade el sustrato quimioluminiscente que dará lugar a un compuesto coloreado que se puede detectar y cuantificar con un luminómetro o lector de placas.

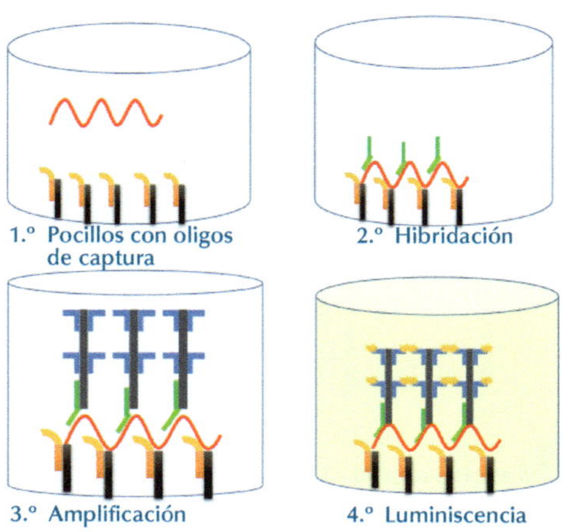

Figura 7.21
Esquema de la tecnología del ADN ramificado

7.6. FICTION

La técnica de FICTION (*fluorescence inmunophenotyping and interphase cytogenetics as a tool for the investigation of neoplasmes*) combina, en un solo experimento, el marcado inmunofenotípico fluorescente y la técnica de FISH. Permite seleccionar una determinada población celular tumoral de acuerdo con un marcador inmunofenotípico y estudiar en ella las alteraciones genéticas.

El procedimiento consiste en realizar primero una detección inmunofenotípica usando un cascada de 3 anticuerpos secundarios marcados con un mismo fluorocromo para detectar la unión de un anticuerpo primario; a continuación se realiza un tratamiento de fijación para que no se elimine el marcado inmunofenotípico durante la hibridación de la sonda de FISH. Después se realiza la técnica de FISH convencional. La interpretación de los resultados se realiza bajo el microscopio de fluorescencia, primero se seleccionan las células positivas y se analizan en ellas las señales de hibridación comparándolas con las células negativas, en las que el patrón de hibridación debe ser normal.

FUNDAMENTAL

La principal aplicación de la técnica de FICTION es el estudio de biopsias tumorales que tengan baja concentración de células neoplásicas. Las células tumorales son seleccionadas con los anticuerpos y estudiadas mediante las técnicas de FISH.

Resumen

- Las técnicas de hibridación de ácidos nucleicos con sondas específicas son la base de muchas técnicas genéticas, de patología molecular y microbiológicas.
- El proceso de hibridación requiere una secuencia diana, una sonda de secuencia complementaria a la secuencia diana, marcada de alguna forma que permita su detección (radiactivo, fluorescente, etc.).
- La FISH es una técnica de hibridación *in situ*, en la que la sonda marcada con fluorocromos se hibrida con su secuencia complementaria que se encuentra en células, cromosomas o tejidos preservados y se visualiza con luz ultravioleta. Puede realizarse tanto en cromosomas metafásicos como interfásicos. Hay disponibles diferentes tipos de sondas de FISH, dependiendo del objetivo del estudio. Se han desarrollado diferentes variantes de la técnica de FISH. La técnica CGH (hibridación genómica comparada) está basada en una modificación competitiva de la técnica de FISH, y tiene como objetivo detectar ganancias (duplicaciones) o pérdidas (deleciones) presentes en el paciente. La relación de intensidad entre las dos señales fluorescentes proporciona una medida de la relación entre el número de copias de las dos muestras de ADN genómico.
- La técnica de *array*-CGH aporta todas las ventajas de la FISH pero no necesita saber previamente qué región está alterada y detecta en un solo ensayo todos los síndromes de microdeleción y microduplicación. Los *array*-CGH tienen una amplia aplicación clínica tanto en pediatría, como en diagnóstico prenatal y preimplantacional y está empezando a ser utilizado en oncohematología.

- En las técnicas de hibridación en soporte sólido, *southern blot* y *northern blot* permiten localizar fragmentos de ADN y ARN, separados por electroforesis en geles de agarosa, desnaturalizados para obtener fragmentos de cadena sencilla y transferidos a una membrana nitrocelulosa sobre la que se hibridan con la sonda radiactiva o colorimétrica.
- En la técnica de FICTION, el marcado inmunofenotípico permite seleccionar una determinada población celular tumoral y sobre ella se estudian los resultados de la hibridación de la FISH.

Ejercicios propuestos

1. Describe el fundamento de las técnicas de FISH. ¿Qué elementos intervienen?
2. Cita las sustancias con las que se pueden marcar las sondas de ácidos nucleicos.
3. Explica el significado de astringencia de una hibridación.
4. Describe cómo influyen sobre la astringencia los siguientes factores:

   a) Temperatura.
   b) pH.
   c) Concentración de sales.

5. ¿Cómo se denomina la hibridación entre dos cadenas de ADN o ARN y entre una de ADN y otra de ARN?
6. Describe el fundamento de la hibridación *in situ* fluorescente.
7. ¿Qué precauciones se han de tener cuando se trabaja con sondas fluorescentes?
8. Cita algunas de las aplicaciones de la FISH.
9. Indica con qué se marcan las sondas para cada uno de los siguientes sistemas de detección:

   a) Con un microscopio de fluorescencia.
   b) Con un microscopio de campo claro.

10. Indica las fases del proceso de hibridación de los ácidos nucleicos. Describe los factores que influyen en el proceso de hibridación.
11. ¿Qué tipo de sondas de FISH se suelen utilizar?
12. Explica el fundamento de la técnica de *array*-CGH.
13. ¿Cómo se denominan las técnicas de hibridación de ácidos nucleicos en cromosomas fijados en un soporte sólido como es un porta?
14. Describe las técnicas de hibridación en soporte sólido. Explica un ejemplo de estas técnicas.
15. Explica a qué corresponden las siglas de la FICTION, cuál es su utilidad y cómo se selecciona en ella las células tumorales.

Supuestos prácticos

➲ Llega una muestra de líquido amniótico al laboratorio en el que solicitan una prueba de FISH prenatal para los cromosomas (13, 18, 21, X e Y). En el primer porta se hibridan con una zona centromérica roja para el cromosoma 13, una sonda centromérica verde para el X y una sonda centromérica azul para el 18; en el segundo porta se hibrida con una sonda centrómerica roja para el 21 y verde para el cromosoma Y. Al estudiar al microscopio de fluorescencia el porta 1 se observa: 2 señales rojas, una señal verde y dos señales azules. En el porta 2 se observan 3 señales rojas y una señal verde.

- ¿Tiene cariotipo femenino o masculino?
- ¿Tiene alguna anomalía cromosómica? En caso positivo, ¿de qué se trata?
- ¿Es necesario realizar un cultivo?

➲ Llega al laboratorio una muestra de un paciente con sospecha de leucemia mieloide crónica, se quiere descartar una translocación entre el cromosoma 9 y el 22. Se realiza una FISH con una sonda de fusión para esa translocación. Se observan una señal roja, una señal verde y dos señales amarillas.

- ¿Se confirma la translocación?
- Justifica los resultados.

TEST DE AUTOEVALUACIÓN

1. La astringencia de la hibridación aumenta:

   ☐ *a)* Al aumentar la temperatura.
   ☐ *b)* Al aumentar la longitud de los fragmentos.
   ☐ *c)* Al aumentar la fuerza iónica.
   ☐ *d)* Al disminuir el pH.

2. En la hibridación homodúplex, las dos cadenas son:

   ☐ *a)* ADN.
   ☐ *b)* ARN.
   ☐ *c)* ADN y ARN.
   ☐ *d)* Las opciones a y b son correctas.

3. En la hibridación *in situ* fluorescente:

- ☐ *a)* La hibridación se produce en disolución.
- ☐ *b)* Se realiza siempre con cromosomas en metafase.
- ☐ *c)* Utiliza sondas fluorescentes.
- ☐ *d)* Tiene baja sensibilidad.

4. En relación con el marcado de las sondas, es correcto que:

- ☐ *a)* El método *nick translation* marca los extremos de las sondas.
- ☐ *b)* El cebado al azar marca las sondas conforme se van sintetizado.
- ☐ *c)* El método de *nick translation* es un método de marcaje global.
- ☐ *d)* El método de marcaje de los extremos es un método de marcaje global.

5. En la técnica de CGH, los ADN de la muestra y el control:

- ☐ *a)* Se marcan con fluorocromos diferentes.
- ☐ *b)* Compiten por unirse a las mismas regiones de los cromosomas fijados en un porta.
- ☐ *c)* Se unen a las sondas pegadas en un porta.
- ☐ *d)* Tienen una alta resolución.

6. En relación con la técnica de *array*-CGH, es correcto que:

- ☐ *a)* Ha supuesto una revolución en el área de la citogenética.
- ☐ *b)* Permite detectar alteraciones equilibradas.
- ☐ *c)* Tiene baja resolución.
- ☐ *d)* Utilizan sondas marcadas unidas a una matriz.

7. En relación con el cariotipo espectral, es correcto que:

- ☐ *a)* Es una técnica de FISH que utiliza sondas centroméricas.
- ☐ *b)* Muestra un cromosoma con múltiples bandas de diferentes colores.
- ☐ *c)* Cada cromosoma aparece pintado de un color.
- ☐ *d)* Permite detectar alteraciones muy pequeñas.

8. En relación con la técnica de *southern blot*, es correcto que:

- ☐ *a)* Es una técnica de hibridación en soporte sólido.
- ☐ *b)* Detecta fragmentos de ADN.
- ☐ *c)* Se realiza una electroforesis.
- ☐ *d)* Todas las opciones son correctas.

9. En la técnica de *northern blot*:

- ☐ *a)* Los fragmentos son de ARN.
- ☐ *b)* Se realiza una digestión del ARN.
- ☐ *c)* No se necesita electroforesis.
- ☐ *d)* La hibridación es con sondas colorimétricas.

10. En relación que la técnica de FICTION, es correcto que:

- ☐ *a)* Utiliza una reacción inmunofenotípica.
- ☐ *b)* Se realiza una FISH.
- ☐ *c)* Se utiliza para estudiar anomalías cromosómicas en células tumorales.
- ☐ *d)* Todas las opciones son correctas.

SOLUCIONES:

1.	**■a**	b	c	d
2.	a	b	c	**■d**
3.	a	b	**■c**	d
4.	a	b	**■c**	d
5.	a	**■b**	c	d
6.	**■a**	b	c	d
7.	a	b	**■c**	d
8.	a	b	c	**■d**
9.	**■a**	b	c	d
10.	a	b	c	**■d**

Parte IV

TÉCNICAS DE BIOLOGÍA MOLECULAR

8

Organización de los laboratorios de biología molecular

Objetivos

- ✓ Conocer la organización y funciones del personal del laboratorio de biología molecular.
- ✓ Determinar las distintas áreas.
- ✓ Identificar los materiales y equipamiento básico.
- ✓ Aplicar las normas de manipulación del material.
- ✓ Describir las medidas de seguridad en los laboratorios de biología molecular.
- ✓ Gestionar la eliminación de residuos peligrosos.
- ✓ Detallar las medidas para un uso eficiente de los recursos.

Mapa conceptual

- ORGANIZACIÓN DEL LABORATORIO DE BIOLOGÍA MOLECULAR
  - Uso eficiente de los recursos
  - Eliminación de residuos peligrosos
  - Seguridad
  - Normas de manipulación del material
  - Organización
  - Personal
  - Funciones
  - Áreas de trabajo
  - Materiales y equipo básico

Glosario

ADNasas. Enzimas que degradan el ADN.

Amplificados. Productos de la reacción en cadena de la polimerasa.

ARNasas. enzimas que degradan el ARN.

Citotóxico. Elemento tóxico para las células.

Enfermedad multifactorial. Enfermedad producida por factores tanto genéticos como ambientales.

EPI. Elementos de protección personal en el laboratorio.

Maxtermix. Mezcla de reactivos para la PCR.

PCR. Reacción en cadena de la polimerasa.

Primers. Secuencias cortas de nucleótidos necesarios para la técnica de PCR.

QF-PCR. Técnica de biología molecular basada en la PCR; se trata de una prueba cuantitativa que utiliza fluorescencia.

8.1. Introducción

Las enfermedades humanas son el resultado de una interacción entre la constitución genética de un individuo y el ambiente. Por esta razón, el estudio genético es importante para el diagnóstico de las enfermedades de origen genético, enfermedades multifactoriales con alta frecuencia poblacional, como son las enfermedades crónicas del adulto o trastornos pediátricos y enfermedades de carácter infeccioso.

El conocimiento generado por la investigación básica en el área de biología molecular ha permitido el desarrollo y la aplicación de nuevas metodologías con fines diagnósticos, pronósticos o de seguimiento de la evolución de distintas enfermedades.

En este capítulo se muestra cómo debe organizarse un laboratorio de biología molecular, las instalaciones y equipos, el personal y las normas de trabajo, de tal forma que los resultados obtenidos tengan un impacto positivo en la salud tanto del paciente como de la comunidad.

También se revisan las medidas de seguridad en el laboratorio y el uso eficiente de los recursos disponibles que se deben de cumplir en los laboratorios de análisis clínicos.

8.2. Organización y funciones del laboratorio de biología molecular

En el laboratorio de biología molecular se combinan las técnicas de análisis genético a nivel molecular, el conocimiento científico y médico, un organigrama perfectamente definido del personal y las instalaciones adecuadas, para conseguir la máxima calidad y seguridad en los resultados.

Las *distintas técnicas utilizadas en estos laboratorios* incluyen: extracción de ácidos nucleicos, PCR punto final, PCR en tiempo real, PCR cuantitativas, electroforesis, hibridación de ácidos nucleicos y secuenciación.

La experiencia médica, científica y técnica adecuada del personal permite la aplicación de unos programas de mejora y control de la calidad que respalden la información derivada de estudios genético-moleculares. Este aspecto es importante, ya que los estudios genéticos, a diferencia de otro tipo de estudios de laboratorio, no solo tienen un valor predictivo y diagnóstico para la salud de una persona a la que se le realiza el estudio, sino que también proporciona información de sus familiares. Por lo que los resultados de estas pruebas requieren el consentimiento informado, el derecho a no ser informado y la máxima confidencialidad de los resultados obtenidos.

Los laboratorios de diagnóstico molecular, además de emitir un resultado clínicamente útil, deben ser capaces de impactar directamente en el conocimiento científico que permita avanzar hacia una mejor comprensión de la enfermedad.

◎ FUNDAMENTAL

En los laboratorios de biología molecular se integran la experiencia médica, científica y técnica con el equipamiento adecuado y unas normas de calidad que permiten obtener resultados fiables y de utilidad clínica.

8.2.1. Personal

Un elemento básico del laboratorio de biología molecular es el personal, el número de personas, la distribución en las diferentes áreas, las funciones, formación requerida y responsabilidad de cada una de ellas debe estar perfectamente definida.

La organización del trabajo y el personal del laboratorio quedan establecidos en el organigrama del laboratorio. Aunque varían de unos centros a otros, a nivel general constan de unas figuras básicas: el gerente, el director técnico o jefes de sección, los facultativos de genética molecular, técnicos formados en las tecnología de biología molecular, técnicos con formación básica y personal de apoyo que incluye al personal administrativo, responsables de calidad, personal de servicios informáticos, de limpieza, comerciales (en los privados), personal en formación. En la figura 8.1 se refleja un ejemplo de un organigrama de un laboratorio privado de biología molecular.

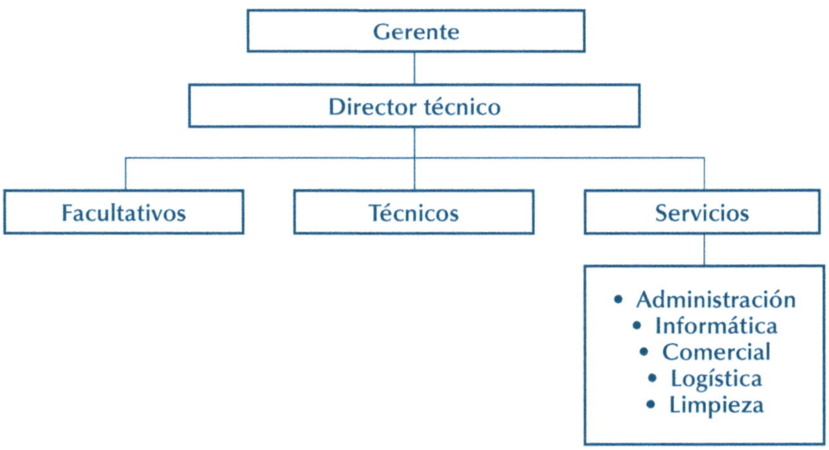

Figura 8.1
Organigrama de un laboratorio privado de biología molecular

Las funciones de cada uno de los miembros del personal se detallan a continuación.

A) Funciones del responsable de la sección o director técnico

El director técnico debe tener una amplia experiencia y formación en biología molecular. Es el responsable de garantizar la calidad de las pruebas, planificar, organizar y dirigir los programas de trabajo y actividades del laboratorio. Es también responsable del buen funcionamiento del laboratorio, del cumplimiento de la normativa vigente y del asesoramiento científico-técnico, de promover la apertura de la unidad a la comunidad universitaria y a la sociedad, de la gestión de los recursos disponibles y consecución de la financiación pública o privada para la mejora de la unidad, y de mediar en situaciones de conflicto para el buen funcionamiento de la misma.

B) Funciones del facultativo de biología molecular

Los laboratorios de biología molecular contarán con dos o más facultativos; estos deben poseer licenciados, graduados o doctorados y estar especializados en biología molecular.

Las funciones específicas del facultativo de biología molecular son:

- Realizar el análisis y la valoración de los resultados obtenidos en las diferentes pruebas.
- Elaborar los informes correspondientes a cada una de las pruebas realizadas.
- Planificar, coordinar, realizar, supervisar y evaluar las técnicas programadas en su área.
- Conocer y saber utilizar las tecnologías y los protocolos de trabajo precisos para las tareas que haya de realizar.
- Responsabilizarse de las instalaciones y equipos a su cargo.
- Adquirir el material necesario para el buen funcionamiento de la sección (bajo la supervisión del jefe de sección) y comprobar que se le da el uso apropiado.
- Gestionar administrativamente el control del trabajo en su área.
- Establecer normas y protocolos dentro de su área.
- Asistir y participar en cursos, seminarios, reuniones, conferencias y otras actividades que supongan una mejora de la calidad del laboratorio.
- Colaborar con la comunidad universitaria, participando en las tareas de difusión de las actividades de la sección de biología molecular.
- Contribuir, asesorar y prestar apoyo en las tareas de investigación y docencia de su área.
- Elaborar los informes que le sean solicitados por el jefe de sección sobre las actividades desarrolladas.

RECUERDA

✓ El personal técnico y facultativo debe tener la formación adecuada para cada una de las técnicas que deba realizar y recibir una formación continuada para disponer de un conocimiento actualizado de las nuevas técnicas que se van desarrollando.

C) Personal técnico de biología molecular

Todo el personal técnico debe conocer las normas generales y específicas del laboratorio de biología molecular antes de ser autorizado a trabajar en él. Durante el periodo de aprendizaje trabajará siempre bajo supervisión.

El personal técnico del laboratorio de biología molecular debe tener definidas con exactitud todas sus tareas. Sus funciones incluyen:

- Comprobar el buen funcionamiento de los equipos y del material a su cargo.
- Calibración, mantenimiento preventivo y puesta en marcha de los equipos utilizados.
- La preparación, conservación y limpieza del material y los reactivos necesarios para la puesta a punto de las técnicas.
- Control de los pedidos y de las existencias del material fungible y accesorios necesarios para el desarrollo de las técnicas que realice.
- Recepción, identificación y registro de las muestras recibidas, comprobando que coincide la referencia de la petición con los de la muestra, numeración e introducción de las pruebas solicitadas.
- Separación de las muestras y distribución en las respectivas áreas.
- Extracción de ADN/RN y la realización de las técnicas solicitadas (PCR, qPCR, secuenciación, etc.).
- Almacenamiento y control de las muestras estudiadas.
- Contribuir en la puesta a punto de nuevas técnicas, ensayos, demostraciones y experimentos.
- Cooperar en las actividades de divulgación del ámbito de la biología molecular.
- Colaborar en las actividades de investigación y en las prácticas docentes relativas a las técnicas de biología molecular que son el objeto de su especialización.

FUNDAMENTAL

Todas las etapas de los procesos que se realizan en un laboratorio de biología molecular estarán supervisadas por el responsable de calidad.

Actividad propuesta 8.1

Cita las funciones del personal técnico del laboratorio de biología molecular relacionadas con la puesta en marcha de los equipos, recepción y procesamiento de las muestras, control del almacén y colaboración en tareas de innovación.

8.2.2. Procesos que se realizan y personal encargado

En las pruebas realizadas en los laboratorios de biología molecular se pueden diferenciar cuatro etapas (figura 8.2), el personal encargado en cada etapa es el siguiente:

1. *La primera etapa* es la recepción de las muestra, numeración e introducción de las pruebas solicitadas. Es función del personal técnico.
2. *La segunda etapa* consiste en la separación de las muestras y distribución en las respectivas áreas. Estas tareas las realizará personal técnico de laboratorio.
3. *La tercera etapa* es la extracción de ADN /ARN y la realización de las técnicas solicitadas (PCR, qPCR, secuenciación, etc.). Estas tareas las realizará un técnico especializado en técnicas de biología molecular.
4. *La cuarta etapa* es el análisis e interpretación de los resultados y la elaboración del informe del estudio. Esta tarea la realiza un facultativo de biología molecular.

Figura 8.2
Procesos que se realizan en el laboratorio de biología molecular y personal encargado de realizarlos

Actividad propuesta 8.2

Completa el siguiente cuadro:

Etapa	Primera	Segunda	Tercera	Cuarta
Proceso	• Recepción de las muestras • Numeración • Introducción de las pruebas	Separación de las muestras y distribución de las muestras	• Extracción ADN/ARN • PCR, secuenciación, electroforesis, etc.	• Análisis e interpretación de los resultados • Elaboración del informe
Personal responsable				

8.3. Equipamiento

El equipamiento de los laboratorios de biología molecular necesario para llevar a cabo los procesos correspondientes incluye:

- PCR convencionales y de gradiente, PCR cuantitativa en tiempo real.
- Concentrador de ADN.
- Microcentrífugas.
- Campana de flujo laminar, campanas de PCR.
- Equipos de electroforesis de ADN.
- Secuenciador.
- Sistema automatizado de detección de mutaciones por hibridación.
- Sistemas de análisis de imagen.
- Horno de hibridación.
- Equipos de electroforesis de proteínas.
- Equipos para cuantificación de ADN, ARN y proteínas (espectrofotómetro y fluorímetro).
- Equipo de documentación de geles.

Además de estos, todo laboratorio de biología molecular dispone de unos equipos generales de laboratorio que incluyen:

- pH-metro.
- Balanza.
- Sonicador.
- Agitadores convencionales y de balanceo.
- Incubador-agitador.
- Equipos de refrigeración (+4 °C, –20 °C y –80 °C).
- Autoclave.
- Bombas de vacío.
- Baños termostáticos.
- Homogeneizadores.
- Microondas.

Actividad propuesta 8.3

Cita dos equipos que sean exclusivos de los laboratorios de biología molecular y cinco equipos generales que se utilizan en los laboratorios de biología molecular.

8.4. Materiales y reactivos

A) Material fungible

El *material fungible* utilizado en el laboratorio de biología molecular debe cumplir las siguientes condiciones: Será siempre desechable de un solo uso. Será estéril (grado "biología molecular") bien autoclavado o con el certificado del proveedor de que está libre de ADNasas / ARNasas. Las puntas de pipeta deben tener un filtro. Este material incluye entre otros:

- Microtubos Eppendorf.
- Tubos de centrífuga.
- Pipetas.
- Puntas de pipeta.
- Frascos, etc.

B) Reactivos

Los reactivos empleados en el laboratorio de biología molecular, al igual que el material fungible, debe ser estéril (grado "biología molecular"), bien autoclavado o con el certificado del proveedor de que está libre de ADNasas / ARNasas. Los reactivos generalmente utilizados incluyen:

- Agua ultra pura y estéril (grado "biología molecular").
- Tampones.
- Kits y reactivos comerciales: mix de PCR, polimerasas, dNTP (desocxinucleótidos trifosfatos), *primers*, etc.

FUNDAMENTAL

No se debe intercambiar componentes o mezclar lotes y se ha de trabajar con alícuotas para evitar la degradación originada por repetidas congelaciones/descongelaciones. De esta forma, en caso de contaminación se evita desechar grandes cantidades de reactivos.

8.5. Áreas de trabajo, tareas y equipos

En los laboratorios de biología molecular, dado que se hace una amplificación del ADN, el flujo de trabajo y material debe ser unidireccional para evitar posibles contaminaciones de reactivos y muestras clínicas. Debe haber una separación de los espacios físicos de forma que cada una de las etapas de trabajo se realice en áreas separadas, perfectamente delimitadas. Así, se debe de disponer de 4 áreas diferenciadas.

No deben intercambiarse materiales entre las distintas áreas, cada una debe ser autónoma en lo referente a su equipamiento.

8.5.1. Área de preamplificación pre-PCR

En el área de preamplificación se realizarán todas las operaciones previas a la amplificación y la amplificación del ADN o ARN. Incluyen las siguientes operaciones:

- Procesamiento muestras.
- Separación de células.
- Extracción: ADN y ARN, manual o automática.
- Preparación reacción PCR (*master-mix*).

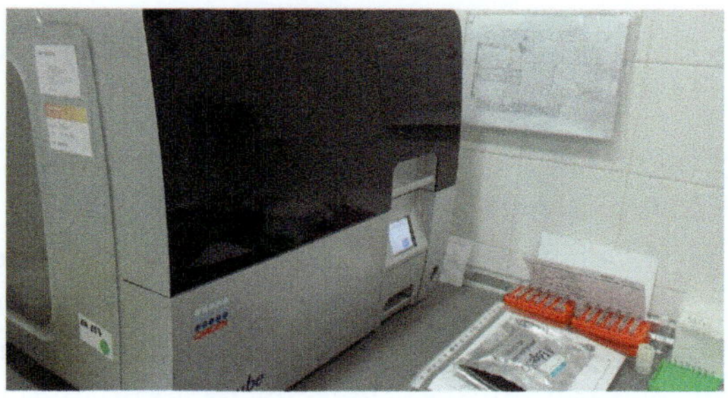

Figura 8.3
Sistema de extracción automática de ADN y ARN

Para realizar los procesos que se llevan a cabo en el área de pre-PCR y de amplificado o PCR son necesarios los siguientes equipos:

- Cabinas de extracción de flujo laminar.
- Microcentrífuga.
- Baño térmico /bloque térmico.
- Sistema de extracción automática ADN/RNA (figura 8.3).
- Pipetas automáticas de p10, p100, p1000.
- Agitador vórtex.
- Espectrofotómetro.
- Microondas.

Figura 8.4
Termocicladores

Actividad propuesta 8.4

Responde a las siguientes cuestiones:

a) Cita las operaciones que se realizan en el área de preamplificado y amplificado.
b) ¿Cuál es la utilidad del termociclador?
c) Cita los equipos utilizados en el área de preamplificado.
d) Explica qué precauciones se deben de tener en cuenta al trabajar en la zona de preamplificados.

TOMA NOTA

Cabina de bioseguridad

En el trabajo realizado en los laboratorios de biología molecular se debe proteger la muestra de contaminaciones ambientales, para evitar amplificar ácidos nucleicos no correspondientes a las muestras y para protegerlas de la presencia de ARNasas y ADNasa que puedan degradar los ácidos nucleicos. Con este fin se emplean cabinas de flujo laminar vertical de clase II.

8.5.2. Área de amplificación. Termocicladores convencionales y de gradiente, y para PCR cuantitativa a tiempo real

En esta área se realiza la amplificación del ADN, los equipos utilizados para ello son los termocicladores (véase figura 8.4).

El termociclador es un aparato básico en cualquier laboratorio de biología molecular, en él se realiza la técnica de PCR o reacción en cadena de la polimerasa. Mediante esta técnica se consiguen millones de copias de una secuencia de ADN. Permiten realizar de forma secuencial un elevado número de ciclos programables y repetidos de diferentes temperaturas y tiempos de incubación controlados mediante un *software* informático.

La estructura del termociclador consta de dos elementos, una tapa termostatizada y un termobloque de aluminio para tubos, tiras o placas de PCR:

- La tapa termostatizada una vez que se cierra entra en contacto con la tapa de los tubos de reacción. Esto evita que se condense líquido en la tapa del tubo, lo que causaría una variación de la concentración de la mezcla de reacción.
- El termobloque es la parte más importante, ya que mantiene la temperatura de la muestra de manera homogénea durante todo el proceso. El rango de temperaturas que se utiliza generalmente va de 4 °C a 96 °C. El termobloque debe ser capaz de calentar y enfriar de forma muy rápida. Los primeros termocicladores disponían de termobloques con sistemas de aire caliente o frío. Los termobloques de los termocicladores actuales se basan en el efecto Peltier.

Un tipo especial de termocicladores son los termocicladores a tiempo real. Estos equipos permiten detectar la amplificación del ADN a medida que se va produciendo. Para ello, estos equipos, además de contener los componentes descritos anteriormente, contienen un sistema de excitación con rayos láser y un detector de la fluorescencia emitida en cada reacción.

TOMA NOTA

El efecto Peltier sucede cuando una corriente eléctrica continua se hace pasar por dos metales o semiconductores conectados: uno se enfría y el otro se calienta. Si se invierte la corriente se invierte el calentamiento o enfriamiento de cada semiconductor.

8.5.3. Área de post-amplificación o análisis

En el área de posamplificación, una vez amplificado el ADN o el ARN, se realizan las técnicas necesarias según el tipo de estudio; incluye las siguientes operaciones:

- Detección por hibridación con sondas de oligonucleótidos específicos.
- Detección por electroforesis en gel de agarosa.
- Observación o fotodocumentación de geles.
- Secuenciación de los amplificados.

Los equipos necesarios en el área de posamplificación dependen del tipo de análisis que se vaya a realizar con el ADN o ARN amplificado. Pero de forma general incluyen:

- Pipetas automáticas p10, p100, p1000.
- Cubetas de electroforesis horizontal / fuente de electroforesis (figura 8.5).
- Transiluminador de UV (figura 8.6).
- Sistema de fotodocumentación de geles (transiluminador UV + cámara digital + *software* de análisis) (figura 8.7).
- Horno de hibridación.
- Equipamiento específico.
- Secuenciadores (figura 8.8).
- Sistema automatizado de detección de mutaciones por hibridación.

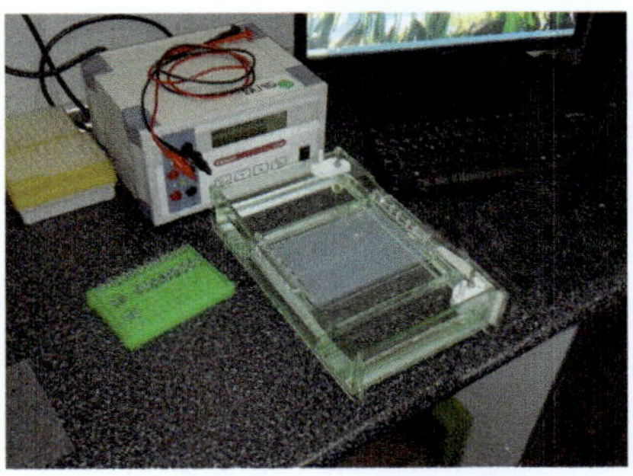

Figura 8.5
Cubeta electroforesis

Figura 8.6
Transiluminador de UV
para la visualización de los geles
Fuente: http://pro-lab.org.mx

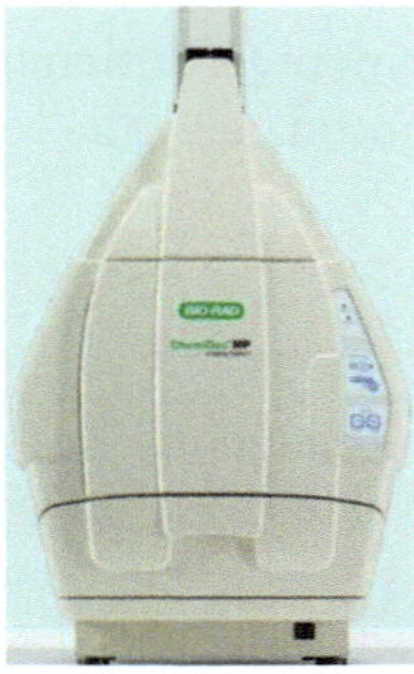

Figura 8.7
Sistema de documentación de geles
Fuente: www.galenica.cl

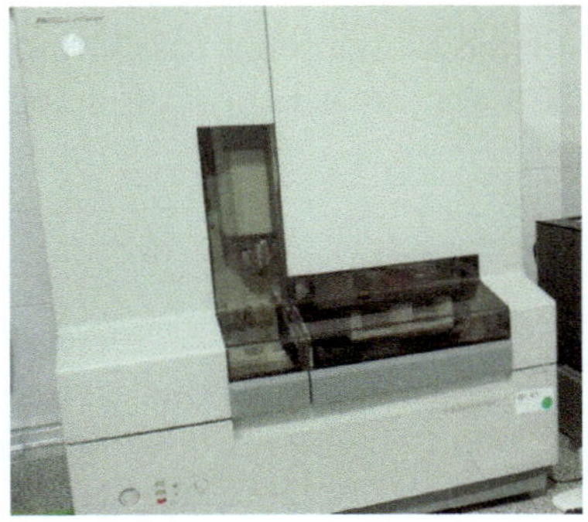

Figura 8.8
Secuenciador Sanger

Actividad propuesta 8.5

Enumera los equipos utilizados en el área de posamplificado y relaciona cada uno de ellos con las técnicas para las que se usan.

8.5.4. Área neutra

En ella se preparan los reactivos y se procesan los datos.

Para las tareas realizadas en esta área se utilizan equipos que son habituales en los laboratorios de análisis, entre ellos se encuentran:

- Baños termostatizados. Los baños termostatizados y los termobloques se utilizan para realizar incubaciones, digestiones y tratamientos enzimáticos de las muestras.
- pH-metro.
- Agitador magnético térmico.
- Balanza de precisión.
- Centrífugas grandes y microcentrífugas. Los laboratorios de biología molecular deben disponer de centrífugas con rotores que puedan centrifugar hasta tubos de 50 ml y microcentrífugas que permitan centrifugar tubos Eppendorf a elevadas velocidades.
- Frigoríficos 4 °C.
- Congeladores –20 °C y de –80 °C.

FUNDAMENTAL

Si no hay espacio suficiente debe haber dos zonas diferenciadas: área de preamplificación, en la que se preparan los reactivos y las muestras, y el área de posamplificación, en la que se realiza la amplificación y el análisis.

Todo el equipamiento debe recibir un mantenimiento preventivo y correctivo siguiendo las instrucciones recomendadas por el fabricante. Se realizarán calibraciones de forma regular.

Los protocolos de mantenimiento deben estar planificados y documentados.

Deben realizarse verificaciones periódicas con la frecuencia marcada por el fabricante. En caso de sospecha de mal funcionamiento se debe de avisar al servicio técnico.

Actividades propuestas

8.6. ¿Qué es el área neutra? ¿Qué operaciones se realizan en ella? Cita los equipos que se utilizan en el área neutra.

8.7. Elabora un cuadro resumen con las diferentes áreas del laboratorio de biología molecular indicando las operaciones que se realizan en cada una de ellas.

8.6. Normas de trabajo en el laboratorio de biología molecular

Con el fin de garantizar una calidad y seguridad en los resultados obtenidos es necesario seguir unas normas generales similares a las de cualquier laboratorio de diagnóstico clínico y unas normas específicas que abarcan a la forma de trabajo y la utilización de los equipos.

Las normas de trabajo en el laboratorio de biología molecular incluyen tres aspectos básicos:

- *El uso obligatorio de guantes desechables en todas las etapas del proceso* proporciona bioseguridad para el usuario, impide que las ADNasas/ARNasas/proteasas de la piel degraden el ADN/ARN o inhiban las técnicas moleculares, evita contaminaciones con el ADN genómico del usuario. Un recambio frecuente evita la mayor parte de las contaminaciones.
- *La precisión en el pipeteo* es importante, ya que se manejan volúmenes muy pequeños: < 1 mL (escala de microlitros).
- *La rigurosidad en la manipulación de las muestras clínicas* es otra de las normas de trabajo básicas, ya que mínimas cantidades de una muestra que pasen a otra pueden contaminar y dar lugar a resultados erróneos (falsos positivos).

TOMA NOTA

En los laboratorios de biología molecular es fundamental por una parte evitar la presencia de enzimas que degraden los ácidos nucleicos (ADNasa y ARNasa) y por otra, no contaminar las muestras con ADN extraño.

En la preparación de los reactivos o de las mezclas de reacción es fundamental evitar errores en el pipeteo, ya que se trabaja con volúmenes del orden del microlitro. Así, errores en el pipeteo de, por ejemplo, 0,5 μl al añadir la ADN polimerasa pueden invalidar el test.

8.6.1. Normas específicas del laboratorio de biología molecular

Además de los tres aspectos básicos nombrados anteriormente es necesario seguir unas series de normas que incluyen:

- El material del laboratorio de biología molecular es de uso exclusivo para este laboratorio. Este material estará debidamente etiquetado y no se compartirá con otras unidades del centro.
- Separar zonas de trabajo para evitar contaminaciones cruzadas y degradación de las muestras.
- Se debe seguir una adecuada técnica aséptica que incluya el lavado frecuente de manos y el uso de equipos de protección individual (EPI) (guantes sin talco y bata exclusiva para esta área).
- Se utilizarán puntas de pipetas estériles con filtro.
- Asegurarse del correcto autoclavado de soluciones y material que se va a utilizar; procurar no almacenar juntas soluciones autoclavadas con material no estéril; trabajar siempre en zona limpia o en campana.
- Es recomendable almacenar los reactivos específicos (enzimas, *primers*, nucleótidos, etc.) en un congelador propio.
- Siempre se deben manipular con sumo cuidado los enzimas tanto de restricción como taq-polimerasas, dado que se inactivan fácilmente a temperatura ambiente. Hay que tenerlas fuera de la nevera el mínimo tiempo imprescindible, colocándolas inmediatamente en hielo.
- No se guardarán dentro de los frigoríficos o congeladores materiales con cajas de cartón, se utilizarán los recipientes adecuados. Así se evitan contaminaciones.
- No se dejarán cajas vacías ni objetos en el suelo del laboratorio para evitar acumulación de polvo.

En cuanto a la limpieza y descontaminación de la unidad, se recomienda seguir las siguientes indicaciones:

- Se debe limpiar todo el material de vidrio inmediatamente después de utilizarlo, y una vez seco se debe guardar en los armarios correspondientes.
- Se limpiarán frecuentemente las superficies de trabajo con alcohol 70%, soluciones de hipoclorito sódico al 10% o descontaminantes comerciales como el RNAasa Away, DNA-ExitusPlus™, etc.
- Se limpiará siempre que se produzcan derrames en las superficies de trabajo, y muy especialmente cuando se producen en balanzas, centrífugas, microondas y cubetas de electroforesis.
- Se mantendrá el orden en los espacios asignados a las neveras, congeladores y ultracongeladores. Se debe seguir el calendario de limpieza periódica establecido.
- Una vez al mes, un viernes por la tarde se realizará una limpieza a fondo del laboratorio, por ello se pide dejar libres las superficies de trabajo para poder realizarla.

CUADRO 8.1
Normas específicas en cada área del laboratorio

Normas en el área pre-PCR
• Debe ser una zona libre de libre ADNasas, ARNasas • Se debe trabajar con guantes • Los reactivos (agua, etanol, etc.) serán exclusivos de esa zona, al igual que las pipetas • Las puntas de las pipetas deben de contener filtro para evitar la contaminación de las alícuotas con ellas realizadas • Los productos de amplificación nunca deben volver al área de extracción (área pre-PCR) • Se deben ajustar los volúmenes de reacción • Precalentar los termocicladores
Normas en el área de posamplificados
• El área se mantendrá ordenada y limpia • No se acumulará material innecesario encima de las bancadas de trabajo • En esta sala es obligatorio el uso de equipo de protección individual adecuado: guantes (látex o nitrilo), bata y gafas de seguridad. Tanto para evitar salpicaduras como posibles quemaduras con radiación UV   – Los usuarios disponen de gafas de protección que se utilizarán siempre que se utilice el transiluminador • Al finalizar la tarea diaria siempre se dejarán todos los aparatos apagados y las superficies de trabajo limpias • La sala se someterá a una limpieza periódica en la que participarán, por turnos, todos los usuarios. En la fecha indicada, cada equipo de limpieza se encargará de limpiar salpicaduras en los equipos, retirar el papel absorbente-impermeable de la zona de secado de geles y electroforesis, limpiar la superficie con alcohol 70% y colocar el papel absorbente de nuevo

8.6.2. Normas en la utilización de los equipos

A la hora de utilizar los equipos por primera vez es fundamental seguir una serie de normas con el fin de evitar errores en las técnicas y el deterioro de los equipos. Estas normas incluyen:

- Preguntar siempre antes de utilizar un equipo por primera vez, a su responsable o bien al responsable del laboratorio.
- Consultar el libro de instrucciones para familiarizarse con el equipo.
- Seguir los protocolos específicos de trabajo y uso establecidos por algunos equipos.
- Organizarse el trabajo y no dejar los equipos funcionando innecesariamente, especialmente PCR.

Actividades propuestas

8.8. Cita los aspectos básicos de las normas de trabajo de los laboratorios de biología molecular.

8.9. Explica el significado de la siguiente oración: "El flujo de trabajo en los laboratorios de biología molecular es unidireccional".

8.10. Describe las normas que hay que tener en cuenta cuando se utiliza un equipo por primera vez. Explica qué consecuencias puede tener no seguir estas normas.

8.7. Fuentes de contaminación

Las fuentes de contaminación pueden provenir de ADN procedente de otras muestras clínicas, ADN del técnico si se ha trabajado sin guantes o ADN de productos de amplificación.

Para evitar contaminaciones se han de descontaminar las superficies de trabajo, los equipos y materiales, después de cada uso, cuando se detecte una contaminación en las pruebas diagnósticas y siempre que se acabe la jornada de trabajo.

Para la descontaminación se utiliza lejía diluida (1% en agua) durante 10 minutos y etanol 70% para eliminar los restos de lejía.

Para evitar contaminación dentro y fuera del laboratorio se prohíbe estrictamente salir con la bata y guantes puestos. Tampoco está permitido recibir visitas o hacer reuniones en este espacio.

Figura 8.9
Reglas de oro para evitar contaminaciones

8.8. Seguridad

Los laboratorios de biología molecular, al igual que los de diagnóstico clínico, han de reunir unas condiciones dispuestas en el Real Decreto 486/1997, de 14 de abril, sobre disposiciones mínimas de seguridad y salud en los lugares de trabajo.

La organización de laboratorio (distribución de superficies, instalación de aparatos, procedimientos de trabajo, instalación de gases, etc.) debe ser estudiada a fondo y procurar que sea adecuada para el mantenimiento de un buen nivel preventivo.

El laboratorio debe tener el espacio suficiente para que se puedan realizar en él las diferentes tareas en condiciones de seguridad, salud y bienestar.

Las condiciones ambientales de los laboratorios en general no deben suponer un riesgo para su seguridad y salud, tendrán la iluminación adecuada y la señalización de los diferentes riesgos.

En el laboratorio de biología molecular, los riesgos potenciales son, por una parte, comunes a cualquier instalación (incendios, eléctricos, etc.), y por otro lado son específicos para este tipo de laboratorios, debido a las características del trabajo en ellos realizado.

Los riesgos pueden ser físicos, químicos y biológicos. Estos riesgos no afectan exclusivamente a las personas que trabajan en estos laboratorios, sino que pueden afectar a otras personas y al medio ambiente.

Recurso web

www

En la página web, a la que podrás acceder con el QR adjunto, se pueden consultar las condiciones dispuestas en el Real Decreto 486/1997, de 14 de abril, sobre disposiciones mínimas de seguridad y salud en los lugares de trabajo.

8.8.1. Riesgo debido a la exposición a agentes físicos

Los riesgos físicos incluyen caídas, golpes, descargas eléctricas, quemaduras por fuego o calor. Para evitarlos se deben seguir unas normas básicas que incluyen:

- Mantener siempre limpias, libres de obstáculos y debidamente señalizadas las escaleras.
- No bloquear los extintores, mangueras y elementos de lucha contra incendios con cajas o mobiliario.
- No dejar botellas u objetos en general tirados por el suelo y evitar que se derramen líquidos por las mesas de trabajo y suelo.
- Colocar siempre los residuos y la basura en contenedores y recipientes adecuados.
- Recoger los frascos de reactivos, materiales y útiles de trabajo al acabar de utilizarlos.
- Limpiar y organizar a medida que se realiza el trabajo. Guardar los materiales y productos en las zonas de almacenamiento habilitadas a tal fin.
- Comprobar el equilibrado de las centrífugas.
- Prestar atención al calentar el gel de agarosa en el microondas.
- Asegurar la desconexión de equipos, el agua y el gas al terminar el trabajo.
- Emplear y almacenar sustancias inflamables en cantidades imprescindibles.
- Se debe intentar utilizar equipos y utensilios menos ruidosos, manteniéndolos desconectados cuando no se estén utilizando.

Actividad propuesta 8.11

Describe los riesgos físicos a los que se está expuesto en un laboratorio de biología molecular y cita tres de las normas básicas para evitar los riesgos físicos.

8.8.2. Riesgo debido a la exposición a agentes químicos

Un 'riesgo químico' es aquel que se deriva del contacto (directo, por manipulación, inhalación, etc.) con productos químicos. El Real Decreto 374/2001 define agente químico como todo elemento o compuesto químico, por sí solo o mezclado, tal como se presenta en estado natural o es producido, utilizado o vertido durante la actividad laboral.

El riesgo puede ir asociado a cualquier actividad que implique una manipulación de sustancias químicas.

Las normas de protección frente a los riesgos químicos incluyen la señalización y el etiquetado de seguridad, la manipulación y almacenamiento adecuado.

A) Señalización y etiquetado de seguridad

Los reactivos utilizados en el laboratorio deben estar correctamente señalizados y etiquetados de acuerdo a la clasificación de las sustancias químicas según su peligrosidad [R.D. 363/93], todo el personal del laboratorio debe conocer el significado de cada uno de los pictogramas de esta clasificación.

B) Manipulación de productos químicos

Con respecto a la manipulación de productos químicos, se deben seguir las siguientes normas:

- Etiquetar adecuadamente las soluciones que se preparen.
- Cualquier manipulación o trabajo con productos químicos orgánicos se deberá realizar en la vitrina de gases asignada a genética molecular. Nunca debe aspirarse directamente con la boca, siempre se utilizarán las pipetas con una prepipeta acoplada a ellas.
- Algunos reactivos requieren unos protocolos específicos de trabajo y su utilización queda restringida a las zonas señalizadas.
- Los envases deben llenarse hasta un 80% de su capacidad, para evitar salpicaduras y derrames.
- Leer la etiqueta de los envases y consultar las fichas de seguridad de los productos antes de utilizarlos por primera vez.
- Etiquetar adecuadamente los frascos y recipientes donde se haya trasvasado algún producto o se hayan preparado mezclas, identificando su contenido, a quién pertenece y la información sobre su peligrosidad (reproducir el etiquetado original).
- Los geles de electroforesis que contengan el reactivo bromuro de etidio, dado que es altamente cancerígeno, se deben manipular siempre con guantes y el mínimo de tiempo necesario. Los geles que contengan dicha sustancia deben desecharse en el contenedor especial. El *buffer* utilizado en las cámaras de electroforesis también debe desecharse en el recipiente destinado para tal fin. En el caso de derrame accidental debe limpiarse con extremo cuidado el área afectada, usando para ello guantes y desechando al terminar el papel utilizado y los guantes en el recipiente para desechos marcado como tal. Deben existir tres contenedores: para geles, para *buffer* usado en la cámara, y para papel y guantes. Las pipetas, puntas y cristalería utilizadas serán de uso exclusivo de esta área. No se permite usarlas fuera de esta área ni introducir otras de áreas distintas.

Fundamental ◎

Los geles de electroforesis que contengan el reactivo bromuro de etidio, dado que es altamente cancerígeno, se deben manipular siempre con guantes y el mínimo de tiempo necesario.

C) Almacenamiento de productos químicos

En lo referente al almacenamiento de productos químicos se deben seguir las siguientes normas:

- Los productos de uso de este laboratorio se guardarán en el armario correspondiente teniendo siempre en cuenta las incompatibilidades entre productos. Consultar en caso de duda.
- Los productos químicos (irritantes, nocivos o tóxicos) que deben conservarse entre 2-8 °C se guardarán en la nevera de tóxicos.
- Los disolventes orgánicos se guardarán en el armario de inflamables del laboratorio.
- Los ácidos se guardarán en el armario del laboratorio de seguridad del laboratorio.

Actividades propuestas

8.12. Define qué es un riesgo químico y señala tres normas en la manipulación de los productos químicos y tres referentes al almacenamiento de los mismos.
8.13. Explica la precaución que hay que tener en cuenta al manipular geles de electroforesis que contienen bromuro de etidio.

8.8.3. Riesgo debido a la exposición a agentes biológicos

El Real Decreto 664/1997 define agente biológico como materia viva o sus derivados, con inclusión de los genéticamente modificados, cultivos celulares y endoparásitos humanos, susceptibles de originar cualquier tipo de infección, alergia o toxicidad.

A) Clasificación de los agentes biológicos

Los agentes biológicos se pueden clasificar en 4 grupos en función del riesgo que conllevan y las medidas de prevención ante una posible contaminación, estos grupos son:

- *Agente biológico grupo 1*: aquel que resulta poco probable que cause una enfermedad en el hombre.
- *Agente biológico grupo 2*: aquel que puede causar una enfermedad en el hombre y puede suponer un peligro para los trabajadores, siendo poco probable que se propague a la colectividad y existiendo generalmente profilaxis o tratamiento eficaz.
- *Agente biológico grupo 3*: aquel que puede causar una enfermedad grave en el hombre y presenta un serio peligro para los trabajadores, con riesgo de que se propague a la colectividad y exista generalmente una profilaxis o tratamiento eficaz.
- *Agente biológico grupo 4*: aquel que, causando una enfermedad grave en el hombre, supone un serio peligro para los trabajadores, con muchas probabilidades de que se propague a la colectividad y sin que exista generalmente una profilaxis o un tratamiento eficaz.

B) Normas de manipulación de agentes biológicos

El establecimiento de procedimientos de trabajo adecuados y la utilización de medidas técnicas apropiadas durante la manipulación de las muestras es determinante a la hora de reducir el riesgo de infección. Estas normas o procedimientos incluyen:

- La toma de muestras debe realizarse tomando las precauciones adecuadas y usando los accesorios (agujas, jeringas, tubos, placas, gradillas, etc.) y los EPI (guantes, mascarilla, gafas de seguridad, etc.) adecuados.
- Una muestra desconocida es una muestra potencialmente peligrosa. Es obligatorio el uso de bata y guantes.
- Se exigirá el uso de gafas o pantallas antisalpicaduras si existe exposición a riesgo de salpicaduras o proyección de líquidos corporales.
- Toda muestra se transportará siempre en recipiente con tapa ajustable y cierre que impida la salida de fluidos.
- Si durante una operación de centrifugación se produce la ruptura de los tubos en el interior del equipo, se esperará al menos durante 5 minutos para abrir la tapa del mismo. Posteriormente, se desinfectarán equipos, materiales y superficies de trabajo con un producto de efectividad contrastada.
- Se desecharán las jeringas y agujas de un solo uso en contenedores especiales.
- Evitar el contacto de los productos manejados con boca, piel y ojos.

Actividad propuesta 8.14

Cita los tipos de agentes biológicos y describe tres ejemplos de normas de su manipulación para evitar contaminaciones.

8.8.4. Normas de seguridad generales referidas a la forma de trabajo

Para mantener un nivel de seguridad adecuado en el laboratorio, junto con las normas anteriormente mencionadas para prevenir los riesgos físicos, químicos y biológicos, es necesario seguir unas normas generales referidas a la forma de trabajo. Estas normas incluyen:

- Llevar siempre la bata y los equipos de protección individual exigidos según el tipo de trabajo que se realice.
- Se recomienda no trabajar nunca solo.
- No efectuar actividad alguna sin autorización previa o no supervisada convenientemente.
- Se llevará el pelo siempre recogido.
- No se llevarán pulseras, colgantes, mangas anchas, bufandas, etc., sandalias u otro tipo de calzado que deje el pie al descubierto.

Restricciones en el laboratorio

Dado los riesgos físicos, químicos y biológicos que existen en el laboratorio, hay determinadas actividades que están estrictamente prohibidas dentro del laboratorio, como son:

- Fumar, comer o beber.
- Guardar alimentos o bebidas en los frigoríficos del laboratorio.

Actividad propuesta 8.15

Responde a las siguientes cuestiones:

a) ¿Cuáles son las normas generales referidas a la forma de trabajo que se han de tener en cuenta en el laboratorio?
b) ¿Qué actividades están totalmente prohibidas en el interior del laboratorio?
c) ¿Cuáles son los elementos de seguridad que debe haber en los laboratorios para hacer frente a un posible accidente?

Elementos de seguridad

El laboratorio debe de disponer de unos elementos de seguridad para hacer frente a un accidente. Estos elementos de seguridad incluyen: botiquín de primeros auxilios, extintores, duchas, lavaojos.

8.8.5. Señalización de los riesgos

En los laboratorios de biología molecular al igual que el resto de laboratorios, la señalización contribuye a indicar aquellos riesgos que por su naturaleza y características no han podido ser eliminados. Considerando los riesgos más frecuentes en estos lugares de trabajo, las señales que se deben tener en cuenta son (figura 8.10):

- *Riesgo eléctrico.* Esta señal debe situarse en todos los armarios y cuadros eléctricos del laboratorio.
- *Materias tóxicas.* En aquellos laboratorios en los que se manipulen sustancias clasificadas como muy tóxicas, tóxicas, cancerígenas o mutágenas; se colocará la señal indicada en los lugares donde se guarden tales sustancias.
- *Materiales inflamables.* Siempre que se manipule este tipo de materiales se utilizará la señal indicada en la figura 8.10.
- *Riesgo biológico.* En cumplimiento de lo dispuesto en el anexo III del Real Decreto 664/1997, de 12 de mayo, se colocará esta señal en todos los laboratorios en los que se manipulen agentes biológicos de los grupos 2, 3 o 4.

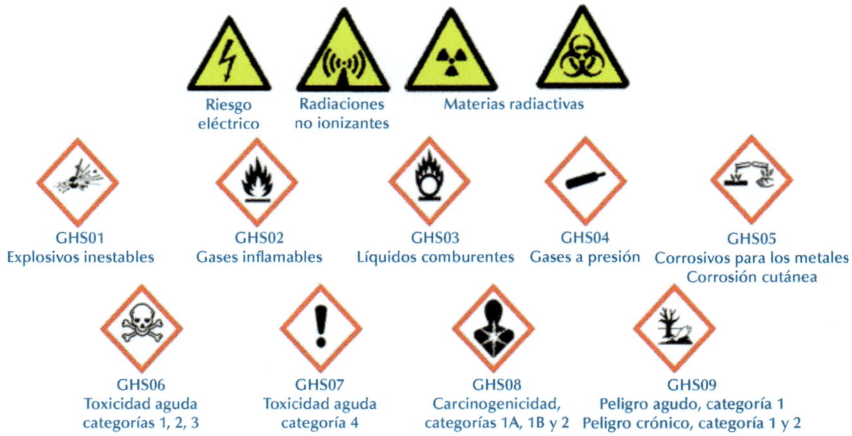

Figura 8.10 Pictogramas de los posibles peligros en el laboratorio

8.9. Gestión de residuos

Los residuos generados debido a la actividad en un laboratorio de biología molecular son de tres tipos: residuos asimilables a los urbanos, biológicos/sanitarios y residuos químicos.

Los residuos sanitarios son aquellos que se generan por actividades médicas o de investigación en hospitales, clínicas y laboratorios clínicos o farmacéuticos.

Los residuos sanitarios son de diferentes tipos. Pueden ser divididos en residuos sin riesgo y residuos de riesgo. Los residuos sin riesgo son asimilables a los residuos urbanos; su gestión, tratamiento y eliminación siguen las normas de dichos residuos. Los residuos de riesgo presentan diferentes tipologías, por lo que su gestión será específica en función de la misma, de tal forma que se garantice la protección de la salud de las personas y la defensa del medio ambiente. Se eliminarán siguiendo el protocolo establecido de acuerdo a la normativa existente a tal efecto (Real Decreto 83/1988, por el que se aprueba el Reglamento para la ejecución de la Ley 20/1986 Básica de Residuos Tóxicos y Peligrosos) como ya se reflejó en el capítulo 3.

WWW — Recurso web

En este código QR puedes acceder a la página de la UAM, donde se encuentra la Ley 29/1986 Básica de Residuos Tóxicos y Peligrosos.

Los residuos químicos específicos de biología molecular incluyen reactivos utilizados para las diferentes técnicas. Es necesario eliminar con especial cuidado los geles de agarosa que contienen el reactivo de tinción, que es extremadamente citotóxico y cancerígeno. Se eliminarán en contenedores especiales para agentes citotóxicos.

8.10. Calidad y uso eficiente de los recursos

Uno de los objetivos de los laboratorios de biología molecular es el obtener unos resultados con calidad y con un uso eficiente de los recursos.

Según la OMS, una acción tiene calidad cuando cuenta con:

- Alto nivel de excelencia profesional.
- Uso eficiente de recursos disponibles.
- Mínimo riesgo para el paciente.
- Alto grado de satisfacción del paciente.
- Impacto final en la salud (tanto del paciente como en la comunidad).

Para conseguir estos criterios de calidad debe existir un sistema de gestión de la calidad encargado de controlar y mejorar aquellos elementos de una organización que influyen en la satisfacción del cliente y en el logro de los resultados deseados por la organización.

Uso eficiente de los recursos

Los equipos y reactivos utilizados en biología molecular tienen precios muy elevados, por lo que es importante un uso eficiente de ellos. Este se consigue mediante la aplicación de unas buenas prácticas en la utilización de los equipos, materiales y productos, productos de desinfección y limpieza, agua, papel y energía. Las buenas prácticas en la realización del trabajo tienen un impacto importante en el uso eficiente de los recursos, ya que previenen de repeticiones innecesarias que aumentan el gasto de los recursos.

8.10.1. Equipos y utensilios

Para realizar un uso eficiente de los equipos y utensilios, mediante la reducción en la medida de lo posible del gasto energético y la contaminación ambiental, se deben tener en cuenta las siguientes consideraciones:

- Solicitar equipos que tengan los efectos menos negativos para el medio (con fluidos refrigerantes que no afecten a la capa de ozono, con bajo consumo de energía y agua, baja emisión de ruido).
- Adquirir adaptadores de corriente para evitar el uso de pilas.

Se debe realizar el mantenimiento, calibración y limpieza de los equipos y sus correspondientes revisiones técnicas periódicas.

8.10.2. Materiales y productos

El uso eficiente de los materiales y productos permite una disminución del impacto ambiental de las actividades realizadas en el laboratorio. Con este fin, las consideraciones que se han de tener en cuenta incluyen:

- Conocer el significado de los símbolos o marcas "ecológicas" y elegir, en lo posible, materiales y productos ecológicos con certificaciones que garanticen una gestión ambiental adecuada.
- Proponer la compra de pilas recargables o menos peligrosas (sin mercurio ni cadmio).
- Utilizar, en lo posible, productos en envases fabricados con materiales reciclados, biodegradables y que puedan ser reutilizados o por lo menos retornables a los proveedores.
- Comprar envases de un tamaño que permita reducir la producción de residuos de envases.
- Evitar productos en aerosoles. Los recipientes rociadores tienen una eficacia similar y son menos dañinos para el medio ambiente.

Se debe asegurar la trazabilidad de todos los reactivos. Con este fin se realizará un registro de entrada, lote y control de caducidad. Los reactivos se almacenarán de forma correcta.

También es fundamental asegurar la trazabilidad de cada una de las muestras. Para ello se utilizará un sistema de identificación adecuado: mediante rotulación de los tubos, uso de etiquetas codificadas y de tubos codificados. Los tubos de las muestras de ácidos nucleicos se suelen guardar en cajas correctamente identificadas.

> **FUNDAMENTAL**
>
> Se debe disponer de procedimientos normalizados de trabajo para cada uno de los procesos realizados en el laboratorio.

8.10.3. Productos químicos de desinfección y limpieza

El uso eficiente de los equipos y utensilios incluye:

- Conocer los símbolos de peligrosidad y toxicidad.
- Comprobar que los productos están correctamente etiquetados con instrucciones claras de manejo (seguridad y protección del medio ambiente, requisitos de almacenamiento, fechas de caducidad, actuaciones en caso de intoxicación, etc.).
- Elegir los productos químicos y de desinfección y limpieza entre los menos agresivos con el medio (detergentes biodegradables, sin fosfatos ni cloro; limpiadores no corrosivos, sin cromo; etc.).

8.10.4. Agua

El agua es otro de los recursos de los que se debe hacer un uso eficiente. Para ello se deben de seguir las siguientes pautas:

- No dejar correr el agua innecesariamente.
- Evitar el despilfarro de agua cerrando bien los grifos.
- Instalar en los grifos dispositivos de presión, difusores y temporizadores para disminuir el consumo de agua.
- Controlar el gasto de agua para detectar fugas y evitar sobreconsumos de agua por averías y escapes.

8.10.5. Papel

Para un uso eficiente del papel es conveniente adquirir papel reciclado y sin blanqueadores a base de cloro. Reducir el gasto de papel al máximo mediante la tramitación de informes, pedidos *online*.

Antes de imprimir, comprobar los posibles fallos y mejoras del documento, utilizando, por ejemplo, la "vista previa" para de esta forma evitar repeticiones de impresión.

Utilizar el papel por las dos caras en el fotocopiado e impresión de documentos siempre que sea posible.

Utilizar medios de comunicación electrónicos en la medida de lo posible, para reducir el uso de impresoras y faxes.

8.10.6. Energía

El consumo energético incide de forma negativa sobre la competitividad del laboratorio y sobre el medio ambiente. Por este motivo se debe hacer un uso eficiente de la energía, algunas de las pautas para ello incluyen:

- Evitar dejar aparatos o adaptadores de corriente enchufados, a menos que sea imprescindible.
- Utilizar regletas con interruptor para asegurar que los aparatos quedan completamente apagados.
- Al calentar, emplear recipientes adecuados al tamaño de las placas calefactoras, tapar si es posible los recipientes. Si la placa calefactora es eléctrica, se puede apagar unos minutos antes de acabar el calentamiento para aprovechar el calor residual.
- Cerrar bien las puertas de los frigoríficos, estufas y hornos y evitar abrir innecesariamente, no introducir productos aún calientes en los frigoríficos.
- Aprovechar al máximo la luz natural, emplear lámparas de bajo consumo.
- Regular los termostatos a la temperatura necesaria en cada caso.

Actividad propuesta 8.16

Explica dos medidas pueden utilizarse para cada uno de los siguientes aspectos:

a) El ahorro energético en el laboratorio.
b) El ahorro de agua en el laboratorio.
c) El ahorro de papel en el laboratorio.

Resumen

- El laboratorio de biología molecular tiene como objetivo principal proporcionar un diagnóstico basado en evidencia, confiable y rápido con la máxima calidad y seguridad.
- Para ello el laboratorio de biología molecular combina conocimiento científico y médico, un organigrama perfectamente definido del personal, unas instalaciones adecuadas y un equipamiento y técnicas de trabajo actualizadas.
- El personal del laboratorio incluye un director o jefe de sección, facultativos, personal técnico y personal de servicios. Es necesario que el personal esté correctamente formado y reciba una formación continuada.
- Los laboratorios de biología molecular requieren unas exigencias de espacio, de tal forma que ha de contar con al menos dos zonas diferenciadas, la zona de preamplificación y la de posamplificación; en ellas el flujo de trabajo ha de ser unidireccional. En el trabajo desarrollado en las diferentes áreas deben seguirse unas normas estrictas con el fin de prevenir contaminaciones de las muestras. Las normas básicas incluyen el uso de guantes y la precisión en el pipeteo, rigurosidad en la manipulación de las muestras clínicas.
- El diseño de las instalaciones y el trabajo diario del laboratorio deben tener como objetivo la seguridad del personal que trabaja en ellas, así como del medio ambiente. Los riesgos pueden ser físicos, químicos y biológicos; para cada uno de ellos se deben adoptar unas medidas de prevención específicas.
- Un elemento importante que contribuye a la seguridad del medio ambiente, y por tanto a la seguridad de las personas, es la gestión correcta de los residuos generados.
- Todo el trabajo realizado en los laboratorios de biología molecular debe ir encaminado a conseguir la mayor calidad y el uso eficiente de los recursos.

Ejercicios propuestos

1. Explica el tipo de estudios que se realizan en un laboratorio de biología molecular de genética clínica.
2. Cita las funciones del técnico de biología molecular.
3. Describe las 4 áreas de trabajo de estos laboratorios, incluyendo las actividades en ellas realizadas y los equipos utilizados.
4. Explica cómo se consigue que el flujo de trabajo sea unidireccional.
5. Explica por qué la zona de extracción del ADN/ARN tiene que estar libre de ADNasas y ARNasas.

6. Cita algunas posibles causas de contaminación en estos laboratorios y cómo evitarlas.
7. ¿Qué tipo de riesgos físicos conlleva el trabajo en estos laboratorios? ¿Cuáles serían las medidas de prevención?
8. ¿Qué reactivos utilizados en los procedimientos de biología molecular son cancerígenos?
9. ¿Qué factores conllevan un riesgo biológico en el trabajo en el laboratorio de biología molecular?
10. Cita 4 medidas de uso eficiente de los recursos.
11. Cita los equipos básicos situados en el área pre-PCR y amplificación.
12. Describe la forma en la que deben ser eliminados los residuos peligrosos.
13. Describe los tipos de residuos que se generan en los laboratorios de biología molecular y cómo deben eliminarse los reactivos citotóxicos generados.
14. Cita las fuentes de contaminación en los laboratorios de biología molecular y explica las reglas de oro para evitar contaminaciones.

Práctica 8.1

Aplicación de las normas de seguridad en el laboratorio de genética molecular

Objetivos	Saber aplicar correctamente las normas de seguridad en el laboratorio de genética molecular.
Fundamento teórico	Los laboratorios de biología molecular, al igual que los de diagnóstico clínico, han de reunir unas condiciones mínimas de seguridad y salud en los lugares de trabajo. En el laboratorio de biología molecular, los riesgos potenciales son, por una parte, comunes a cualquier instalación (incendios, eléctricos, etc.), y por otro lado son específicos para este tipo de laboratorios, debido a las características del trabajo en ellos realizado. Los riesgos pueden ser físicos, químicos y biológicos. Estos riesgos no afectan exclusivamente a las personas que trabajan en estos laboratorios, sino que pueden afectar a otras personas y al medio ambiente. Para cada uno de ellos se han de adoptar unas medidas específicas.
Equipos	• PCR. • Microcentrífugas. • Campana de flujo laminar, campanas de PCR. • Equipos de electroforesis de ADN.

Equipos	• Sistemas de análisis de imagen. • Horno de hibridación. • Equipos de electroforesis de proteínas. • Equipos para cuantificación de ADN, ARN y proteínas (espectrofotómetro y fluorímetro). • Transiluminador. • pH-metro. • Balanza. • Sonicador. • Agitadores convencionales y de balanceo. • Incubador-agitador. • Equipos de refrigeración (+4 °C, –20 °C y –80 °C). • Autoclave. • Bombas de vacío. • Baños termostáticos. • Homogeneizadores. • Microondas.
Materiales	• Microtubos Eppendorf. • Tubos de centrífuga. • Pipetas. • Puntas de pipeta. • Frascos.
Reactivos	• Agua ultra pura y estéril (grado "biología molecular"). • Tampones. • Kits y reactivos comerciales: mezclas de PCR, polimerasas, dNTP (desoxinucleótidos trifosfatos), *primers*.
Procedimiento	1. Localiza cada uno de estos equipos materiales y reactivos en el laboratorio de biología molecular. 2. Lee las instrucciones de manejo de cada uno de los equipos. Localiza las precauciones con cada uno de ellos. 3. Localiza cada uno de los reactivos y lee los riesgos de cada uno de ellos.
Cuestiones	1. Aplicación de las medidas de protección personal. – Bata. – Pelo recogido. – Retirada de anillos, pulseras y relojes. – Lavado de manos. – Guantes. – Gafas de protección en el bolsillo de la bata. 2. Identifica los riesgos que observas en el laboratorio clasificándolos y describe las medidas de protección para cada uno de ellos. (ver tabla Riesgos / Medidas de protección) 3. Localiza los tipos de residuos que se pueden generar, localiza cada uno de los contenedores correspondientes.

Riesgos	Medidas de protección
Físicos	
Químicos	
Biológicos	

TEST DE AUTOEVALUACIÓN

1. Los laboratorios de biología molecular tienen como objetivo:

   ☐ *a)* Estudiar los niveles de glucosa.
   ☐ *b)* Estudiar los niveles de hormonas.
   ☐ *c)* Estudiar el genoma.
   ☐ *d)* Ninguna opción de las anteriores es correcta.

2. Entre el personal del laboratorio de biología molecular hay:

   ☐ *a)* Varios directores técnicos.
   ☐ *b)* Varios facultativos.
   ☐ *c)* Varios técnicos.
   ☐ *d)* Las opciones b) y c) son correctas.

3. Los técnicos tienen como función:

   ☐ *a)* Comprobar el buen funcionamiento de los equipos y del material a su cargo.
   ☐ *b)* Calibración, mantenimiento preventivo y puesta en marcha de los equipos utilizados.
   ☐ *c)* Extracción de ADN /ARN y la realización de las técnicas solicitadas (PCR, qPCR, secuenciación, etc.).
   ☐ *d)* Todas las opciones son correctas.

4. No es función del técnico del laboratorio:

   ☐ *a)* Realizar los informes de las pruebas.
   ☐ *b)* La preparación, conservación y limpieza del material y los reactivos necesarios para la puesta a punto de las técnicas y la realización de los trabajos que le sean asignados.
   ☐ *c)* Control de los pedidos y de las existencias del material fungible y accesorios necesarios para el desarrollo de las técnicas en las que trabaje.
   ☐ *d)* Recepción, identificación y registro de las muestras recibidas, comprobando que coincide la referencia de la petición con los de la muestra, numeración e introducción de las pruebas solicitadas.

5. En los laboratorios de biología molecular:

   ☐ *a)* En el área neutra se realizan la amplificación del ADN.
   ☐ *b)* En el área de preamplificación se realiza la electroforesis.
   ☐ *c)* En el área de posamplificación se visualizan los geles.
   ☐ *d)* Ninguna opción de las anteriores es correcta.

6. Los secuenciadores se encuentran:

   ☐ *a)* En el área neutra.
   ☐ *b)* En el área de preamplificado.

- ☐ *c)* En el área de posamplificado.
- ☐ *d)* Ninguna opción de las anteriores es correcta.

7. No es material fungible:
   - ☐ *a)* Termociclador.
   - ☐ *b)* Tubos de centrífuga.
   - ☐ *c)* Pipetas.
   - ☐ *d)* Puntas de pipeta.

8. Los termocicladores se encuentran:
   - ☐ *a)* En el área neutra.
   - ☐ *b)* En el área de preamplificado.
   - ☐ *c)* En el área de amplificación.
   - ☐ *d)* Ninguna opción de las anteriores es correcta.

9. Los geles que contienen bromuro de etidio se eliminan:
   - ☐ *a)* Junto a los residuos biológicos.
   - ☐ *b)* Se vierten al fregadero.
   - ☐ *c)* En contenedores especiales.
   - ☐ *d)* Junto a los residuos para reciclar.

10. Una medida de uso eficiente de los recursos es:
    - ☐ *a)* Instalar en los grifos dispositivos de presión, difusores.
    - ☐ *b)* Realizar correctamente las técnicas para evitar repeticiones.
    - ☐ *c)* Realizar los informes *online*.
    - ☐ *d)* Todas las opciones son correctas.

SOLUCIONES:

1.	c
2.	d
3.	d
4.	a
5.	c
6.	c
7.	a
8.	c
9.	c
10.	d

9

Técnicas de extracción de ácidos nucleicos. PCR y electroforesis

Objetivos

- ✓ Conocer las técnicas de extracción de ADN y ARN en diferentes muestras.
- ✓ Manejar los sistemas automáticos de extracción de ácidos nucleicos.
- ✓ Determinar la cantidad de ácido nucleico en una muestra.
- ✓ Comprender el fundamento de la PCR.
- ✓ Describir las etapas de la PCR.
- ✓ Diseñar los *primers* para la reacción de PCR.
- ✓ Identificar los problemas que se presentan en la PCR.
- ✓ Saber las técnicas de electroforesis utilizadas en el estudio del ARN y ADN.
- ✓ Dominar las técnicas de visualización de fragmentos e interpretación de resultados.

Mapa conceptual

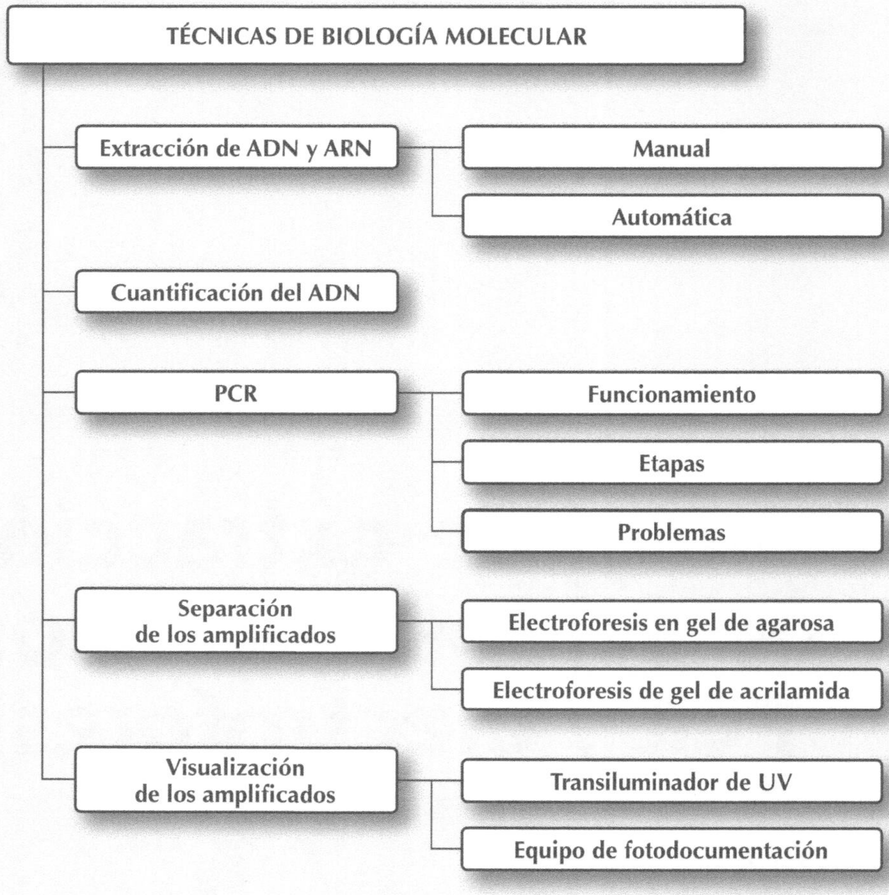

Glosario

Agente caotrópico. Sustancia que desorganiza la red tridimensional del agua influyendo en la organización de sus moléculas a través de sus enlaces de hidrógeno.

Amplicones. Productos de la amplificación de la PCR.

Blastómeras. Células embrionarias resultantes de la segmentación del cigoto después de la fecundación.

Cartón de Guthri. Cartón estandarizado para recoger las muestras de sangre para cribado neonatal.

Enzimas proteolíticas. Enzimas que degradan las proteínas.

9.1. Introducción

Las técnicas biología molecular han revolucionado el área de la biología y de la medicina, permitiendo el diagnóstico molecular de enfermedades tanto hereditarias como adquiridas. Estas técnicas aportan mayor sensibilidad, especificidad y rapidez, y la cantidad de muestra requerida es mucho menor que en las pruebas convencionales.

Las técnicas de biología molecular se desarrollan e innovan continuamente. Las más utilizadas en el diagnóstico genético clínico incluyen la extracción del ADN y ARN, amplificación de una determinada región mediante la técnica de PCR o sus variantes, la separación de fragmentos por electroforesis, el estudio de los fragmentos mediante secuenciación, análisis de fragmentos con el uso de enzimas de restricción, MLPA y, recientemente, la secuenciación masiva.

Otra área importante desarrollada en la biología molecular es la tecnología del ADN recombinante y la clonación del ADN, que serán tratadas en siguiente capítulo.

9.2. Técnicas de extracción de ADN/ARN en sangre periférica, biopsias y tejidos

La primera etapa en el análisis molecular de un segmento de ADN o ARN es aislarlo o extraerlo del resto de componentes celulares. La finalidad de las técnicas de extracción es obtener la máxima cantidad de ADN con la máxima pureza, integridad y con el mínimo de contaminantes, de tal forma que pueda ser utilizado en las técnicas moleculares de PCR, secuenciación, *southern blot*. El ADN extraído es más estable que el ARN, puede conservarse congelado.

Las muestras que se utilizarán son muy variadas; no obstante, dependiendo del tipo de estudio, se empleará un tipo de muestra específico.

9.2.1. Muestras

Los ácidos nucleicos pueden extraerse a partir de cualquier muestra que contenga células, por tanto las fuentes son muy variadas; entre ellas se encuentran:

- *Muestras de sangre total*: son la fuente de ADN más utilizada en adultos. Se recoge en un tubo con EDTA-K3, el rendimiento de la extracción en estas muestras es de entre 12,5-25 µg/mL.
- *Muestras de sangre seca*: suele estar impregnada en un tipo de cartón especial llamado cartón de Guthrie. Este tipo de muestras se suele utilizar para el screening genético neonatal de enfermedades metabólicas.
- *Tejido fresco o congelado*: útil en el estudio del ADN de restos abortos espontáneos o inducidos.
- *Tejido parafinado*: la muestra se encuentra en el interior de un bloque de parafina. Suele utilizarse para la extracción de ADN de células tumorales. En estas muestras en necesario eliminar primero la parafina.
- *Enjuagues o raspados bucales*: es utilizada para extraer el ADN en niños.
- *Fibroblastos fetales* procedentes de líquido amniótico y vellosidades coriales: se utilizan en el diagnóstico prenatal.
- *Células cultivadas*.

- *Bastómera procedente de embriones:* se utilizan en el diagnóstico genético preimplantacional.
- *Fluidos corporales*: orina, semen, saliva.
- *Para muestras forenses*: pelo, uñas, huesos, dientes, momias, colillas.
- *Otras muestras*: animales, plantas, hongos, levaduras, bacterias, virus.

FUNDAMENTAL

Se puede extraer ADN de cualquier célula que tenga núcleo, aunque dependiendo del estudio genético se utilizará un tipo de muestra preferentemente.

Actividad propuesta 9.1

¿Qué tipo de muestra se utiliza para extraer ADN de tumores? Cita cinco tipos de muestras en las que se puede extraer ADN o ARN.

Recurso electrónico

En el anexo web 9.1, disponible en la www.síntesis.com y accesible con el código indicado en la primera página del libro, se describen los pretratamientos de diferentes muestras biológicas previos a la extracción de los ácidos nucleicos.

9.2.2. Fundamento de las técnicas de extracción

Para la extracción del ADN o ARN es necesario realizar tres acciones: disgregación de las células o tejidos (lisis celular), inactivación de las enzimas nucleasas y aislamiento o separación de los ácidos nucleicos del resto de los componentes celulares.

- *Lisis celular:* depende del tipo de muestra que se va a procesar; la sangre, células o saliva requieren tiempos cortos, pero en los tejidos parafinados el proceso de lisis es más laborioso.

  La lisis celular consiste en la destrucción de las estructuras formadas por lípidos y proteínas, permitiendo la liberación de los ácidos nucleicos del núcleo celular.

  La lisis se lleva a cabo mediante métodos físicos, químicos y enzimáticos:

  – Los métodos físicos incluyen: la homogeneización mecánica, sonicación y temperatura.
  – Los métodos químicos incluyen el empleo de detergentes como el dodecil sulfato sódico (SDS) que solubilizan las proteínas de las membranas celulares. Se suele utilizar en combinación con el EDTA, que inactiva a las ADNasas. El EDTA atrapa los cationes de calcio y magnesio presentes en el medio. Los cationes de magnesio son un cofactor necesario para el funcionamiento de las ADNasas.

- Los métodos enzimáticos utilizan enzimas proteolíticas, que rompen las membranas celulares; la más utilizada es la proteinasa K.
- Los restos de proteínas y lípidos se separan por extracción con disolventes orgánicos.
- Si al finalizar la lisis celular se observan grumos, se deberá añadir más solución de lisis y se volverá a incubar la muestra.
- *La inactivación de las enzimas nucleasas intracelulares* evita que destruyan el ADN o el ARN. Esta inactivación se consigue con el mismo detergente utilizado para su aislamiento.
- En algunas ocasiones interesa extraer solo ADN. Para eliminar el ARN, especialmente en muestras de saliva, tejidos y raspados celulares en las que está presente en mayor cantidad, una vez realizada la lisis celular se añade ARNasa A y se incuba a 37 °C durante 15-45 minutos.

- *El aislamiento y la purificación del ADN/ARN* consiste en la separación de los ácidos nucleicos del resto *de los* elementos presentes en el medio de reacción al finalizar la lisis.

  El proceso de purificación se basa en las características fisicoquímicas de estas moléculas. El ADN, al pH de las disoluciones acuosas empleadas es soluble, debido a que sus grupos fosfato presentan cargas negativas que provocan la repulsión entre las dos cadenas de ADN y la formación de una capa hidratante alrededor de la molécula del ADN/ARN. El aislamiento del ADN se consigue haciéndolo precipitar con etanol, ya que el etanol rompe la capa hidratante, lo que provoca que los grupos fosfato queden expuestos y se unan a cationes como Na^+, que reducen las fuerzas repulsivas entre las cadenas de nucleótidos y originan su precipitación.

PARA SABER MÁS

La carga negativa del ADN le permite la unión a moléculas y matrices inorgánicas cargadas positivamente. Este mecanismo es utilizado en kits comerciales de extracción del ADN y en los equipos de extracción automática del ADN.

Es importante tener en cuenta el pH de las soluciones utilizadas; debe ser entre pH 5-6 para el ARN y de 8 para la extracción del ADN.

Se han descrito múltiples métodos de extracción del ADN/ARN, todos siguen los principios antes mencionados (lisis, inactivación de las nucleasas y aislamiento y purificación). La extracción puede realizarse manual o mediante sistemas automáticos.

FUNDAMENTAL

En los procesos de extracción de los ácidos nucleico se debe evitar:

Contaminar la muestra con ácidos nucleicos del técnico, para ello se debe utilizar guantes estériles y cambiarlos frecuentemente.

Destruir los ácidos nucleicos por la acción de las nucleasas, para lo cual se utilizarán inhibidores de las nucleasas tanto en las superficies de trabajo como en los reactivos. El material fungible debe ser desechable y libre de nucleasas.

El ADN purificado es relativamente estable a 4 °C por 3 años si se encuentra en un *buffer*. No obstante, se recomienda alicuotar las muestras, ya que los ciclos de congelado-descongelado dañan el ADN.

Las muestras parafinadas requieren un pretratamiento previo a la extracción consistente en sucesivos lavados con xileno y con etanol absoluto.

Actividad propuesta 9.2

Tras la lectura del apartado, resuelve las siguientes cuestiones:

a) Describe las tres acciones necesarias para la extracción de los ácidos nucleicos.
b) ¿Para qué se utiliza la enzima proteinasa K?
c) Explica por qué hay que utilizar inhibidores de las nucleasas.

9.2.3. Técnicas manuales de extracción del ADN

Para la extracción del ADN pueden utilizarse dos técnicas manuales: la extracción con una mezcla de disolventes orgánicos fenol-cloroformo y alcohol isoamílico y la técnica de extracción salina (*salting-out*).

A) Técnica de extracción con una mezcla de disolventes orgánicos

Aprovecha que los ácidos nucleicos no se disuelven en fenol pero sí que lo hacen las proteínas y lípidos, que quedan atrapados en esta fase orgánica. Este método permite obtener un alto rendimiento, pero tiene los inconvenientes de que restos de solventes orgánicos contaminen la muestra y que el uso de estas sustancias tóxicas hace necesario trabajar en una campana de extracción de productos químicos. El protocolo de extracción del ADN con fenol-cloroformo y alcohol isoamílico es el siguiente (figura 9.1):

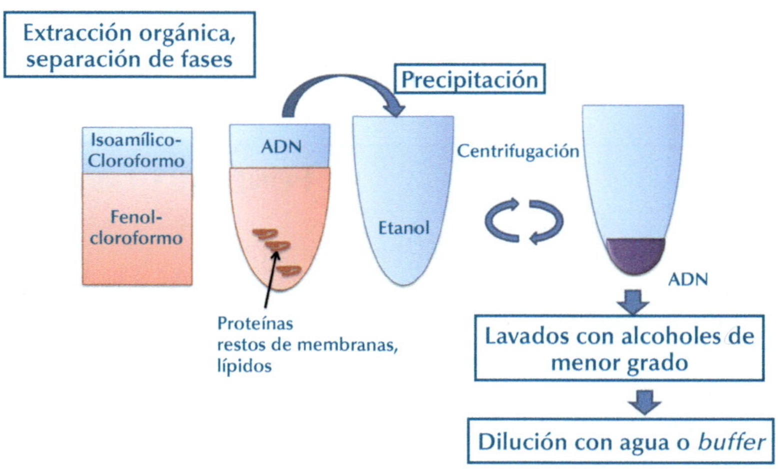

Figura 9.1
Extracción de ADN con disolventes orgánicos

Protocolo de la técnica de extracción del ADN con fenol-cloroformo y alcohol isoamínico

Para la precipitación de las proteínas:

- Se añaden 600 µL de una mezcla de fenol-cloroformo-alcohol isoamílico (25:24:1).
- Se agita y centrifuga 15 minutos a 14.000 rpm y se recupera la fase superior en un microtubo estéril.
- Repetir este paso.

Para la eliminación del fenol:

- Se añaden 600 µL de cloroformo, se agita y se centrifuga 5 minutos a 14.000 rpm.
- Se recupera la fase superior en un Eppendorf estéril.
- Repetir este paso.

Para la precipitación de los ácidos nucleicos:

- Se añade 1 mL de isopropanol.
- Se mezcla suavemente y se incuba al menos 1 h a –20 °C.

Lavado del precipitado:

- Se centrifuga 20 minutos a 14.000 rpm.
- Se elimina cuidadosamente el sobrenadante.
- Se lava con etanol 70% helado y se centrifuga 5 minutos a 14.000 rpm.
- Se extrae todo el alcohol remanente.
- Finalmente, el pellet es resuspendido en agua estéril.

Toma nota

Una vez finalizado el proceso de extracción del ADN, antes de resuspenderlo, se ha de eliminar por completo el etanol, ya que interfiere en las técnicas posteriores. Los restos de etanol que quedan en las paredes del tubo se pueden eliminar invirtiendo el tubo sobre papel de filtro y dejando el tubo abierto a temperatura ambiente para que se seque completamente el pellet de ADN.

B) Técnica de extracción salina

Se basa en el cambio de solubilidad que experimentan las proteínas cuando son sometidas a modificaciones en la concentración salina del medio. Así, en presencia de altas concentraciones de sales, la solubilidad de las proteínas disminuye y terminan por precipitar (*salting-out*), lo que permite su separación. Este método permite la obtención de ADN de gran pureza y presenta la ventaja de que las soluciones utilizadas son muy seguras para la salud del personal técnico que realiza la extracción. El protocolo de extracción salina (*salting-out*) del ADN es el siguiente:

■ Protocolo de extracción salina *(salting-out)* del ADN

- Se centrifuga la muestra y se descarta el sobrenadante.
- Se lavan las células con suero fisiológico.
- Lisis de los eritrocitos con un tampón que contiene Tris-HCl 10 mM pH 8, tritón X-100 1% y sacarosa 11%.
- Se centrifuga a 12.000 rpm durante 3 min, descartándose el sobrenadante.
- Lisis de los leucocitos mediante tratamiento con una solución que contiene Tris-HCl 10 mM pH 8; NaCl 400 mM; EDTA 2 mM), solución de Proteinasa K 1 mg/mL, SDS 1%, EDTA 2 mM) y SDS 20%.
- Se incuba una hora a 65 °C, agitando el preparado con vórtex cada 10 min.
- Se centrifuga y se eliminan las proteínas del extracto mediante precipitación salina (*salting-out*) con acetato de potasio 3 M.
- Se centrifuga a 12.000 rpm por 5 min, y se recupera el sobrenadante.
- El ADN se precipita por adición de isopropanol y centrifugación a 12.000 rpm durante 5 min.
- El pellet obtenido se lava con una solución de etanol 70% y se centrifuga a 12.000 rpm durante 5 min, se extrae todo el alcohol remanente.
- Finalmente, el pellet es resuspendido en agua estéril.

Actividad propuesta 9.3

Cita las dos técnicas manuales para la obtención de ADN. ¿Qué ventaja aporta la técnica de extracción salina frente a la extracción con disolventes orgánicos?

9.2.4. Kits de extracción del ADN

A partir de los años 90 aparecen kits de extracción que utilizan matrices inorgánicas compactas cargadas positivamente, capaces de retener varios microgramos de ADN y separarlos del resto de las biomoléculas, lo que permite obtener un extracto libre de inhibidores.

Destacan dos tipos de kits de extracción, los que utilizan membranas de sílice y aquellos cuya separación se realiza mediante perlas magnéticas.

A) Kits basados en membranas de sílice

Las membranas de sílice están formadas por una resina que está insertada dentro de un microtubo de polipropileno. Se introduce la muestra en el microtubo y se realiza la lisis con proteinasa K. Es importante no saturar la capacidad de la columna debido a un exceso de muestra.

A continuación se adiciona etanol a la solución, que elimina la capa hidratante del ADN y expone sus grupos fosfato, facilitando con ello la adsorción de la molécula a la membrana cargada positivamente; de esa forma se retienen los ácidos nucleicos por adsorción en columnas de sílice.

Los lípidos y proteínas no son afines a la membrana y se eliminan con ayuda de la solución de lavado y un ciclo de centrifugación, mientras que el material genético permanece unido a la matriz.

A través de la membrana y el ADN se hacen pasar con soluciones de lavado y ciclos de centrifugación, de esta forma se eliminan las partículas que no se han unido.

Finalmente se añade una solución amortiguadora TE (tris-EDTA) al centro de la membrana, se espera a que el ADN se hidrate, se centrifuga para recuperarlo y resuspenderlo (figura 9.2).

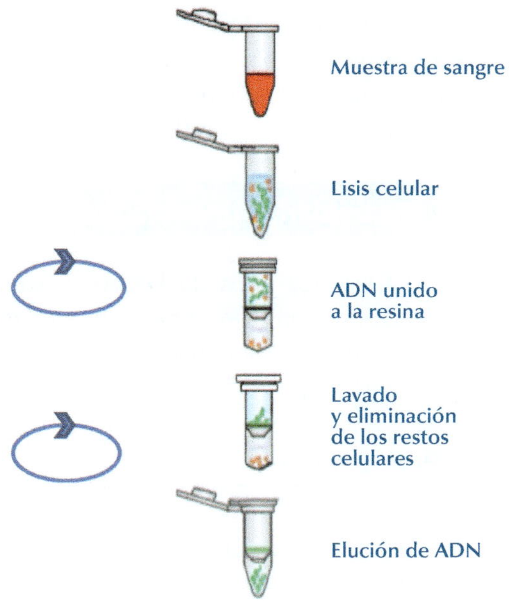

Figura 9.2
Extracción del ADN con membranas

B) Kits basados en perlas magnéticas

Estos kits contienen esferas magnéticas cuya superficie está recubierta con polímeros naturales o sintéticos que presentan una alta afinidad por los ácidos nucleicos. La lisis de la muestra se realiza en presencia de un agente caotrópico y detergente. Cuando se sitúa un imán en la pared del tubo, este permite el agrupamiento en dicha pared de las esferas con el ADN unido, mientras que los contaminantes de la muestra en solución son eliminados por decantación.

Después de varios ciclos de resuspensión y lavado en los que las esferas quedan retenidas por el imán, el ADN es eluido en un tampón adecuado (figura 9.3).

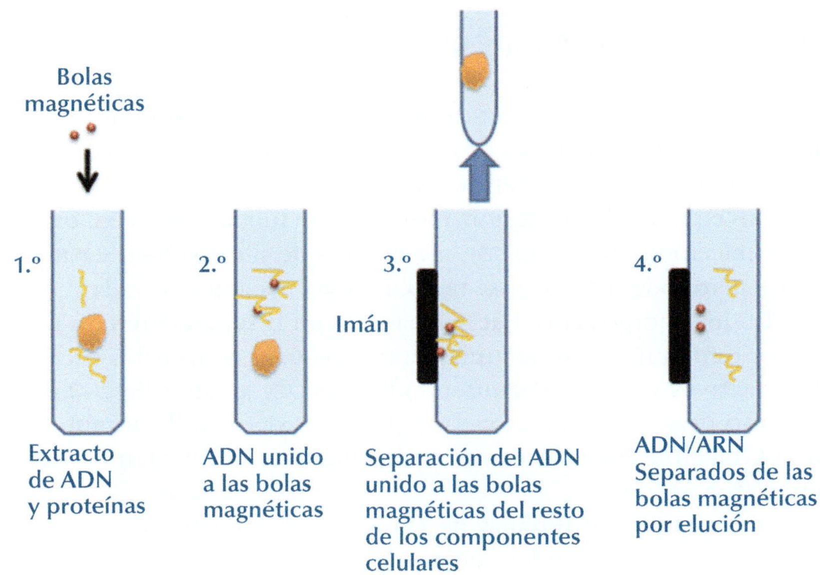

Figura 9.3
Esquema de la extracción de ácidos nucleicos con perlas magnéticas

Los kits reducen el tiempo de extracción, ya que reducen el número de pasos del procedimiento y, utilizados bajo las recomendaciones de cada proveedor, garantizan una extracción de alta pureza, puesto que tanto la recuperación del ADN como la eliminación de contaminantes son muy eficientes.

Actividad propuesta 9.4

¿Qué dos tipos de kits existen en función de su mecanismo de separación? Describe el procedimiento que se sigue empleando cada uno de los kits.

PARA SABER MÁS

Otra de las técnicas utilizadas para la purificación del ADN amplificado mediante PCR es la ultrafiltración (UF). Se trata de una técnica que permite la separación de partículas extremadamente pequeñas disueltas en fluidos. Se basa principalmente en la separación por el tamaño molecular, aunque otros factores como la forma de la molécula y la carga también pueden desempeñar un papel. Moléculas más grandes que los poros de la membrana son retenidas, mientras que las más pequeñas pasan a través de sus poros.

La muestra de ADN que hay que purificar se introduce en el tubo de filtración y se centrifuga. Los elementos contaminantes pasan al tubo colector a través de los poros del filtro mientras que el ADN queda retenido. A continuación se lava con etanol para eliminar los posibles restos de contaminantes, se resuspende el ADN y se trasvasa a un tubo limpio.

9.2.5. Sistemas automáticos de extracción de ácidos nucleicos

En los laboratorios de genética que tienen un gran volumen de muestras para analizar se emplean sistemas automáticos de extracción del ADN que permiten mejorar precisión y reproducibilidad, reduciendo el tiempo de extracción.

Los equipos de extracción automática se fundamentan en los mismos principios que los kits de extracción (separación con membranas de sílice, o bien separación mediante perlas magnéticas), pero todas las etapas se realizan de forma automatizada.

En los equipos automáticos basados en la separación con membranas de sílice, en su interior tienen incorporada una centrífuga para realizar los sucesivos lavados, reservorio para los reactivos y *buffers*. Permiten extraer ADN a partir de 200 μL de sangre. La duración del proceso de extracción en estos equipos es de 35 a 40 minutos. Un ejemplo de un sistema de extracción automática de ácidos nucleicos con membranas de sílice es el equipo Qia cube (figura 9.4).

Un ejemplo de sistemas de extracción automática de ácidos nucleicos con partículas de sílice magnetizadas son los equipos Mawell 16 de Promega® (figura 9.5).

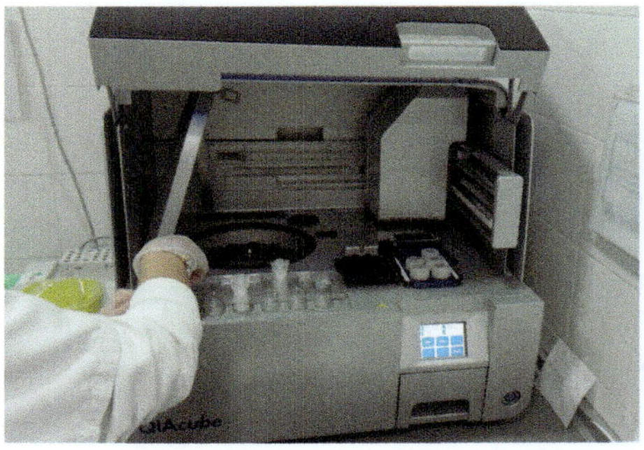

Figura 9.4
Equipo de extracción automática de ADN basada en la separación con columnas de sílice

Figura 9.5
Equipo de extracción automática de ADN Mawell 16 de Promega®

Actividad propuesta 9.5

Describe el fundamento de los equipos de extracción automática del ADN. ¿Qué dos tipos de equipos de extracción existen en función de la forma en la que se realiza la extracción del ADN?

9.2.6. Técnicas de extracción de ARN

La extracción del ARN se realiza para estudiar el tamaño, la secuencia y la abundancia del ARNm:

- El tamaño del ARNm orienta acerca de los mecanismos de *splicing* de ese ARNm.
- La secuencia del ARNm permite predecir el producto proteico que se formará tras la traducción.
- La abundancia de ARNm indica los niveles de expresión del fragmento de ADN correspondiente a ese ARNm (una cantidad elevada de un determinado ARNm indica una expresión elevada de la secuencia de ADN correspondiente.

Durante la extracción del ARN es necesario utilizar inhibidores de las ARNasas para evitar la degradación del ARN. Las ARNasas se muestran muy estables, resultan efectivas en pequeñas cantidades y son difíciles de inactivar. Para minimizar su efecto se debe seguir las siguientes pautas:

- Todos los materiales y reactivos utilizados deben estar libres de ARNasas.
- Tratamiento de superficies de trabajo con inhibidores de ARNasas (tiocianato de guanidina, agentes reductores).
- Mantener técnicas de asepsia: trabajo en el interior de las cabinas de flujo laminar, uso de guantes, trabajar rápido y mantener los tubos cerrados.

Para saber más

En las células de mamíferos, los ARN más abundantes son los ARNr (80-85%), los ARNt y ARNn corresponden al 15-20% y los ARNm son los menos abundantes (1-5%).

Para la extracción del ARN pueden utilizarse diferentes técnicas manuales (extracción con tiocianato de guanidinio-fenol-cloroformo, extracción con columnas de sílica gel) o con equipos automatizados.

Los métodos de columnas son rápidos y seguros, al no utilizar extracciones fenólicas. Los métodos fenólicos son más apropiados cuando se procesan volúmenes mayores de muestra.

Todos los métodos de extracción del ARN incluyen las siguientes etapas:

- Lisis celular.
- Inactivación de las ARNasas.
- Aislamiento del ARN (eliminación del resto de los componentes celulares (proteínas, lípidos, ADN).
- Elución del ARN.

Fundamental

Para la extracción del ARN es importante añadir en un primer momento un estabilizador del ARN, ya que el ARNm es una molécula muy lábil que sufre de forma rápida el proceso de degradación. Existen reactivos comerciales para estabilización de muestras de ARN, que en general incluyen una mezcla de anticuerpos específicos e inhibidores de las ARNasas.

A continuación se describen algunos de los métodos de extracción de ARN.

A) Extracción del ARN con tiocianato de guanidinio, fenol y cloroformo

El fundamento de esta técnica es similar al descrito en la extracción del ADN con fenol cloroformo.

En el caso del ARN, la muestra se somete a un tratamiento de lisis celular, con inactivación de las ARNasas.

La *ruptura física* de las células generalmente se realiza con microesferas de vidrio agitadas con la ayuda de un vórtex o de un homogeneizador celular.

La *lisis celular* se realiza por adición de una mezcla de reacción compuesta de tiocianato de guanidinio, sarcosyl, fenol acidificado y cloroformo. Cada uno de los componentes de la mezcla de reacción desempeña un papel importante el proceso de extracción del ARN, así:

- El tiocianato de guanidinio tiene un alto poder desnaturalizante.
- El sarcosyl es un detergente muy potente que ayuda a la lisis celular.

- El fenol, al estar acidificado (pH 4,5), el ARN queda en fase acuosa, el ADN en la interfase y las proteínas desnaturalizadas en fase orgánica (fenol-cloroformo), lo que permite su eliminación. No obstante, se debe tratar las muestras con ADNasas libres de ARNasas, con el fin de eliminar el ADN y no dañar el ARN.

Otras opciones de lisis y extracción del ARN con disolventes orgánicos es el TRI-zol.

El aislamiento del ARN se consigue por precipitación en una solución de etanol que rinde una mezcla de ARNm, ARNr y ARNt.

TOMA NOTA

Las muestras de ARN son muy lábiles, se deben trabajar en frío.
Las muestras obtenidas se conservan bien alicuotadas a –70 °C.

B) Extracción con columnas de sílica gel

En este método se lleva a cabo la extracción con el ácido tiocianato de guanidinio, pero la separación de los ácidos nucleicos se realiza por su alta afinidad para enlazarse en matrices de sílica, en lugar de utilizar fenol.

Dado que este método aísla tanto ADN como ARN, deben utilizarse nucleasas específicas para ADN que lo eliminen de la muestra.

C) Kits comerciales

Existen kits comerciales para la extracción del ARN similares a los descritos para el ADN. Hay kits que utilizan columnas de gel de sílica diseñadas para favorecer el enlace de ARN (como RNeasy de QIAGEN). Las moléculas grandes de ARN son insolubles en soluciones con altas concentraciones de sal (cloruro de litio 8 M, libre de ARNasas), para ello las muestras se incuban a 0 °C durante dos horas antes de centrifugar.

Otros kits utilizan bolas magnéticas. En el caso de la extracción del ARN, el medio de reacción contiene ADNasa para eliminar el ADN e inhibidores de las ARNasa para evitar la degradación del ARN.

Actividades propuestas

9.6. Cita la utilidad que tiene la extracción del ARN y alguno de los métodos de extracción del mismo. A continuación nombra las etapas que incluyen los métodos de extracción del ARN.

9.7. Explica cómo se consigue separar el ADN del ARN con disolventes orgánicos en el proceso de extracción del ARN.

9.8. ¿Qué diferencia existe entre el método de extracción de ARN con tiocianato de guanidinio, fenol y cloroformo y el método de extracción con columnas de sílica gel?

9.3. Cuantificación y calidad del ADN/ARN extraído

La cantidad y calidad de los ácidos nucleicos extraídos son fundamentales para los posteriores procesos con ellos realizados. La concentración de ADN o ARN puede cuantificarse mediante varias técnicas: utilizando un espectrofotómetro con el que se mide la absorbancia a 260 nm (longitud de onda a la que el ADN presenta un máximo de absorción); también pueden utilizarse técnicas fluorimétricas.

Hay que tener en cuenta que la medida de la absorbancia obtenida debe encontrase en el intervalo de linealidad del espectrofotómetro. Si está por encima de ese intervalo, se repetirá la medida haciendo una dilución previa de la muestra. Para calcular la concentración de la muestra original, se debe multiplicar la concentración obtenida en la muestra diluida por el factor de dilución.

Por otra parte, las partículas en suspensión presentes también pueden absorber a 260 nm y a 320 nm. Para calcular la concentración de los ácidos nucleicos basta con medir las absorbancias a ambas longitudes de onda y restar a la absorbancia a 260 nm (absorbancia debida a los ácidos nucleicos y a los posibles contaminantes) la absorbancia a 320 nm (correspondiente a los contaminantes).

Existen equipos que permiten cuantificar el ADN utilizando cantidades más pequeñas de muestras, como es el sistema NanoDrop® (Thermo Científico Productos NanoDrop), que funciona mediante la combinación de la tecnología de fibra óptica y las propiedades naturales de la tensión superficial para captar y retener pequeñas cantidades de muestra sin utilizar cubetas o capilares, basta con una microgota que se coloca en el interior del equipo. Con esta técnica no es necesario realizar diluciones para cuantificar el ADN.

Las proteínas y los nucleótidos libres también absorben a 260 nm; a la hora de calcular la cantidad de ADN hay que tener en cuenta la pureza de la muestra.

Para el cálculo de la concentración de ADN a partir del valor de la absorbancia se considera que una muestra con un valor de absorbancia igual a 1 tiene una concentración que equivale a una concentración de ADN igual a 50μg/mL. Para calcular la concentración de ARN de una muestra se sigue el mismo procedimiento que para el ADN, pero teniendo en cuenta que una unidad de absorbancia a A260 nm equivale a 40 μg de ARN.

Actividad resuelta

9.1. *Calcula la cantidad de ADN en 0,5 mL de muestra en la que una alícuota 1/10 presenta un valor de absorbancia de 0,8.*

SOLUCIÓN:

Para calcular la concentración de ADN de una muestra que se ha diluido 1/10 y presenta un valor de absorbancia a 260 nm de 0,75 y a 320 nm de 0,05 se aplica la siguiente ecuación:

$$[ADN]\ \mu g/mL = Absorbancia \times 50\ \mu g/mL \times factor\ de\ dilución$$
$$[ADN]\ \mu g/mL = 0{,}8 \times 50\ \mu g/mL \times 10 = 400\ \mu g/mL$$

Luego en 0,5 mL, la cantidad de ADN será de 200 μg.

Actividad propuesta 9.9

Calcula la concentración de ADN en 2 ml de una muestra, en la que una alícuota de una dilución 1:20 da un valor de absorbancia a 260 nm de 0,58 y a 320 nm de 0,02.

A) *Equipos automáticos de cuantificación de la concentración de ácidos nucleicos*

Se trata de equipos que permiten cuantificar concentraciones con 1 μL de muestra, con gran exactitud y reproductibilidad, e incluyen un espectrofotómetro de espectro total (220-750 nm). Algunos de estos equipos, como el Nanodrop® ND-1000 (figura 9.6), utilizan una nueva tecnología basada en la tensión superficial para mantener la muestra en su sitio, lo que evita el uso de cubetas, y tienen la capacidad de medir muestras muy concentradas sin necesidad de diluirlas. El *software* calcula automáticamente la concentración de los ácidos nucleicos siguiendo la relación:

1 A260 nm = 1 OD ADN = 50 μg/mL
1 A260 nm = 1 OD ARN = 40 μg/mL

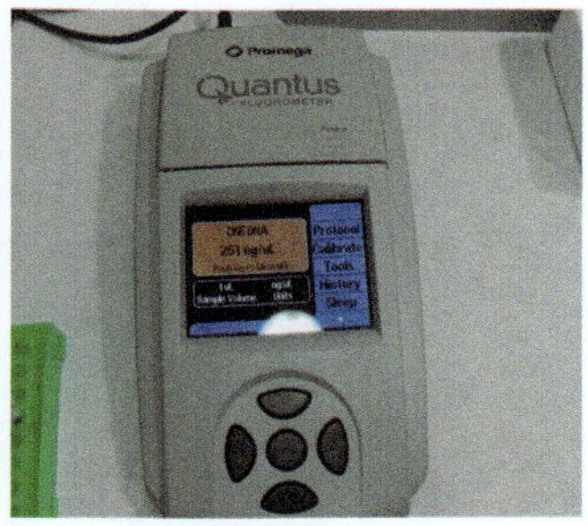

Figura 9.6
Equipo de cuantificación de los ácidos nucleicos

También puede cuantificarse la cantidad de ADN/ARN por fluorescencia utilizando un *fluorómetro*. En este método se añade un reactivo fluorescente que se pega a ácidos nucleicos y emite fluorescencia. A mayor cantidad de ácidos nucleicos, mayor fluorescencia. Es un método más caro, pero no le afecta la contaminación por proteínas y es más sensible; un ejemplo de este tipo de equipos en el Qubit (figura 9.6).

La *calidad* de la muestra extraída depende de la pureza y de la integridad. Para determinar la pureza de ADN o ARN se calcula la relación de la absorbancia a 260 nm *vs.* absorbancia a 280 nm (espectrofotómetro).

Fundamental

Para eliminar la contaminación con proteínas se somete la muestra a un tratamiento con proteinasa K. En el caso de contaminación con fenoles, se debe repetir el proceso de purificación.

Valores por encima de 2 indican la presencia de un exceso de ARN. Si el ARN pudiera interferir en las técnicas posteriores, se debe añadir ARNasa.

Para cuantificar el ARN se añaden ADNasa y para cuantificar el ADN se añaden ARNasa.

Los ácidos nucleicos absorben con pico en 260 nm y proteínas con pico en 280 nm. Si la relación A260/280 tiene un valor de 1,6-2, la calidad es óptima; un valor inferior a 1,6 indica presencia de proteínas contaminantes o trazas de fenol. En el caso del ARN, el grado de pureza es adecuado cuando el cociente anterior tiene un valor de entre 1,8 y 2,1.

La *integridad de la muestra de ADN puede determinarse por electroforesis*. Si una muestra es íntegra presentará una banda de ADN única perfectamente definida; en cambio, si está degradada presentará una estela o *"smear"* a lo largo del gel que será más pronunciada cuanto mayor sea la degradación de la muestra (figura 9.7).

Actividad propuesta 9.10

Describe las ventajas que aportan los equipos automáticos de cuantificación de los ácidos nucleicos y explica cómo puede determinarse la degradación del ADN.

Figura 9.7
Electroforesis en agarosa de una muestra de ADN para determinar su integridad. La muestra A corresponde a un ADN no degradado. En cambio, la B corresponde a una muestra con el ADN degradado, se observa en ella la estela o *"smear"*

9.4. PCR

La PCR (*polymerase chain reaction*) o reacción en cadena de la polimerasa es una técnica que aprovecha las características de la replicación del ADN. Se trata de una reacción *in vitro* en la que se combinan todos los elementos necesarios para la replicación de un fragmento de ADN, similar a la producida en el interior de las células. Permite, a partir de una sola copia de un fragmento de ADN, obtener muchas copias de dicho fragmento gracias a la acción de la enzima ADN polimerasa termoestable o taq-polimerasa.

Esta técnica permite amplificar específicamente una secuencia predeterminada de ADN al ser delimitada por un par de cebadores o *primers* (ADN sintético de cadena sencilla), logrando su amplificación de forma exponencial a través de repetidos ciclos y temperaturas de incubación en presencia de la taq-polimerasa y desoxinucleótidos trifosfato (dNTP), obteniendo de esta manera millones de copias de la secuencia deseada.

Sus variantes, la PCR cuantitativa y la PCR a tiempo real, permiten la cuantificación del ADN, en la PCR múltiple (MLPA) se amplifican múltiples fragmentos en una sola reacción, la PCR inversa se utiliza para amplificar fragmentos de ARN.

La PCR es una técnica altamente específica, rápida, sensible y versátil para detectar cantidades ínfimas de ADN y posibilitar su identificación. Es una técnica muy útil en estrategias de clonación y de detección cuando la cantidad de material es limitante, como en el área forense y de identificación humana.

Entre las posibilidades de la PCR destaca el diagnóstico de infecciones, habitualmente virales, aunque el patógeno se halle en concentración muy baja. También se utiliza para detectar secuencias específicas de ADN relacionadas con patologías genéticas o para identificar muestras en el ámbito de la medicina legal.

RECUERDA

✓ La PCR permite, a partir de una sola copia de un fragmento de ADN, obtener muchas copias de dicho fragmento gracias a la acción de la enzima ADN polimerasa termoestable o taq-polimerasa en un proceso similar al de la duplicación del ADN *in vivo*.

Actividad propuesta 9.11

Razona por qué la PCR es una herramienta muy útil en el área forense y de la identificación humana.

9.4.1. Componentes para la realización de la PCR

Los componentes de la PCR son los siguientes:

- Cebadores (en inglés, *primers*). Son unos oligonucleótidos, es decir, secuencias de nucleótidos (entre 18 y 24 bases) de cadena sencilla. Se diseñan específicamente para que sean complementarios de secuencias de las cadenas de ADN molde que flanquean la secuencia de interés. Por tanto, hacen falta cebadores de dos tipos, uno para cada cadena, *forward* (F) y *reverse* (R). El *primer forward* (F) se une en el extremo 5' de la cadena de ADN y el *reverse* se une al extremo 3' de la otra cadena (figura 9.8). Para el diseño de los *primers* para la amplificación de una secuencia determinada pueden utilizarse programas informáticos en internet.
- Deben estar presentes en exceso (10^{13} = 30 ciclos, 1 kb).
- Desoxinucleótidos trifosfatos dNTP. Nucleótidos de adenina, timina, citosina y guanina (dATP, dGTP, dGTP, dTTP). Se suelen añadir a una concentración de 20-200 μM.
- ADN Polimerasa (taq-polimerasa): Esta enzima es la responsable de la elongación de cada una de las cadenas al ir incorporando sucesivamente los nucleótidos. Proviene de la bacteria *Thermus aquaticus*. En el desarrollo de la PCR se alcanzan temperaturas superiores a los 70 °C, la taq-polimerasa, a diferencia de otras polimerasas, resiste altas temperaturas, con lo que se añade una sola vez al inicio de todo el proceso.
- Se han encontrado ADN polimerasas termoestables, termoactivas y de alta fidelidad (con actividad "correctora") provenientes de bacterias del dominio *Archaea, como la ADN polimerasa Pfu de Pyrococcus furiosus.*

- ADN molde (*DNA template*). Es el ADN del que queremos copiar un determinado fragmento.
- *Buffer*. Contienen normalmente KCl, Tris, $MgCl_2$. Los iones Mg^{2+} actúan como cofactores de la taq-polimerasa.
- Existen mezclas comerciales que contienen todos los reactivos necesarios para la PCR, se denominan "*mastermix*".

Figura 9.8
El *primer forward* (F) se une en el extremo 5' de la cadena de ADN, y el *reverse* (R), al extremo 5' de la otra cadena

Actividad propuesta 9.12

Responde a las siguientes preguntas:

a) Explica qué es la mastermix y los reactivos que incluye.
b) ¿Qué ventajas aporta la taq-polimerasa con respecto a otras polimerasas en la PCR?

9.4.2. Etapas de la PCR

La reacción en cadena de la polimerasa (PCR) se desarrolla en tres pasos:

1. *Desnaturalización* de la cadena de ADN. Se aplican temperaturas de 95 °C, para que se produzca la rotura de los puentes de hidrógeno intercatenarios y la separación de las dos cadenas del ADN molde. La duración de esta etapa es de 1 a 5 minutos, según el tamaño del fragmento de ADN que se va a amplificar.
2. *Hibridación (annealing)* o acoplamiento de los cebadores a ambas cadenas. Los *primers* o cebadores que se han añadido en la muestra actúan a una temperatura de entre 50 y 70 °C para unirse uno a cada extremo a las cadenas de ADN molde de manera complementaria. De esta manera delimitarán la zona que se amplifica. La temperatura de esta fase ha de ser precisa para que los cebadores se unan al ADN en la localización correcta. La temperatura óptima es la temperatura de fusión o *annealing* (T_m); es relativamente específica para cada *primer* (es superior si predominan la guanina y la citosina en su composición).
3. *Elongación* o extensión de las cadenas. A cada una de las cadenas de ADN se van añadiendo los nucleótidos (dNTP) al extremo 3' mediante la acción de la taq-polimerasa, que *actúa a 72 °C*, utilizando como molde la cadena complementaria.

Después del primer periodo de síntesis de ADN se ha copiado una cadena de ADN.
Estas tres fases se repiten sucesivamente de 25 a 40 veces. Al final de cada serie siempre resulta el doble de secuencias diana que al inicio, por tanto, la progresión es exponencial, el número de

copias aumenta a razón de 2n, donde n es el número del ciclo (figura 9.10). De esta forma, en veinte ciclos se obtiene más de un millón de copias (220).

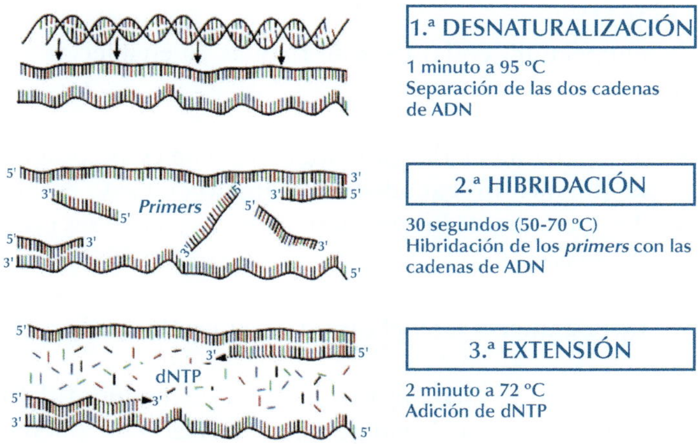

Figura 9.9
Etapas de la PCR
Fuente: dibujo de Andy Viestraete, 1999

FUNDAMENTAL

En la práctica, debido a que el rendimiento no es del 100%, para conseguir el millón de copias son necesarios unos 25 ciclos. Las hebras de ADN van reduciendo su longitud en los primeros ciclos, ya que resultan acotadas por el extremo 5′ de ambos cebadores.

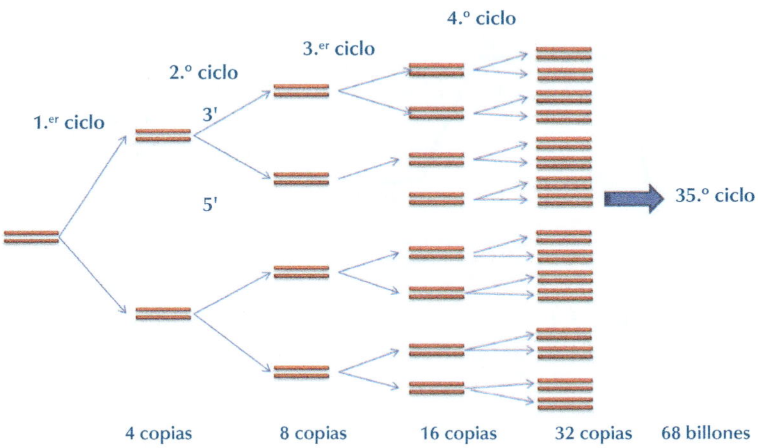

Figura 9.10a
El proceso de la amplificación de ADN mediante la PCR

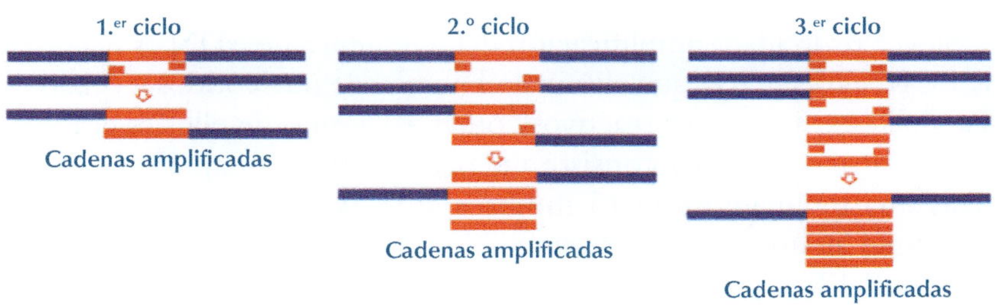

Figura 9.10b
Cadenas amplificadas en los primeros ciclos de la PCR.

La reacción de PCR se realiza en el *termociclador*; es un equipo capaz de ser programado para realizar cambios muy rápidos de temperatura. Así, la mezcla de reacción se coloca en el termociclador, estableciéndose el número de ciclos y las condiciones de cada ciclo (figura 9.11).

La temperatura en las fases de la PCR se establecerá siguiendo las siguientes recomendaciones:

- Temperatura de desnaturalización: debe estar comprendida entre 94-95 °C y se mantiene durante 45 segundos si el número de G+C es menor del 55%.
- Temperatura de hibridación (*annealing*): debe ser calculada empíricamente para cada par de *primers*.
- La temperatura de la extensión: corresponde a la temperatura óptima de la ADN polimerasa utilizada, en el caso de la taq-polimerasa es de 72 °C.

La duración de esta etapa depende de la longitud del fragmento que se va a amplificar, teniendo en cuenta que la taq polimeriza a razón de 2.000 pb/min.

Actividad propuesta 9.13

¿Cuántas copias se habrán formado en la PCR en el ciclo 20? ¿Qué tiempo dura cada ciclo si el fragmento que se amplifica tiene 4.10^6pb?

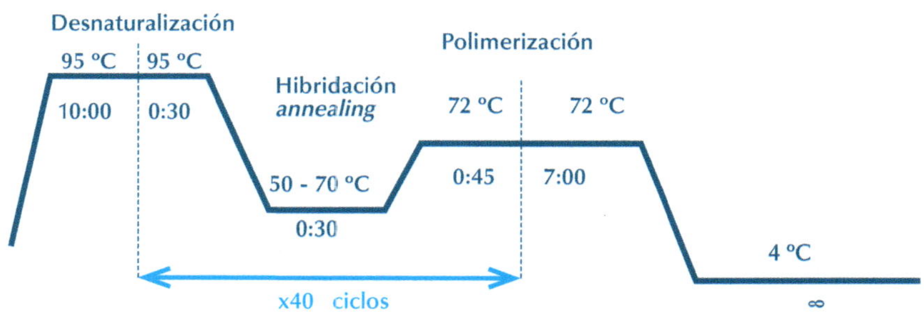

Figura 9.11
Ejemplo de la programación de temperaturas en el termociclador

9.4.3. Purificación del producto de PCR

Una vez realizada la amplificación del fragmento de ADN es necesario purificar el producto de la PCR; es decir, hay que eliminar el exceso de nucleótidos y cebadores de la reacción de PCR. Para ello existen varios reactivos comerciales, uno de ellos es el ExoSap-IT.

El procedimiento consiste en añadir 2µL ExoSap-IT en 5µL de producto de la PCR. Tras una incubación de 15 minutos a 37 °C y una incubación de 15 minutos a 80 °C se consigue neutralizar los *primers* y los nucleótidos se convierten en nucleósidos y fosfato (figura 9.12).

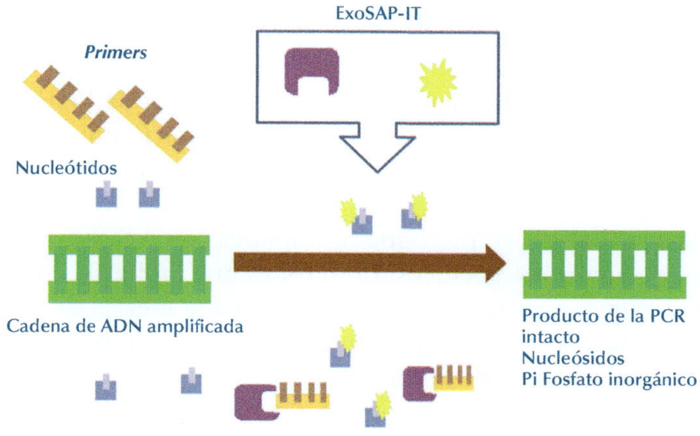

Figura 9.12
Purificación del producto de la PCR conExoSao-IT

Actividad propuesta 9.14

Explica en qué consiste la purificación de los productos de la PCR. Investiga sobre los productos comerciales existentes en el mercado para llevar a cabo este proceso.

PARA SABER MÁS

La secuencia de los *primers* es el factor más importante para la eficiencia y la especificidad del proceso de amplificación del ADN. Requieren de un cuidadoso diseño.
Al diseñar los *primers* hay que tener en cuenta los siguientes factores:

- La longitud de los *primers* ha de ser de 18 nucleótidos como mínimo para asegurar una correcta hibridación con la secuencia diana y minimizar la probabilidad de que sean complementarios con otras secuencias del ADN.
- La temperatura óptima a la que se hibridan a las regiones específicas de cada hebra de ADN generalmente coincide con temperatura de *melting*. Los *primers* con un Tm mayor de 45 °C producen mejores resultados que los que presentan Tm inferiores. En general hay que probar experimentalmente hasta encontrar la temperatura óptima.
- Hay que evitar homopolímeros debido a la presencia de repeticiones consecutivas de un mismo nucleótido, especialmente con más de cuatro guaninas.
- Evitar secuencias con SNP (consultar bases de datos como dbSNP, SNP500 o SNPbrowser).
- Mantener el contenido de guanina y citosina preferentemente entre el 40-60% de la secuencia.
- Comprobar que los *primers* no contengan secuencias complementarias entre sí y formen dímeros de *primers*. Evitar secuencias palindrómicas que puedan formar estructuras secundarias.
- Los *primers* han de ser lo más puros posible, por ello se recomienda su purificación con HPLC.

Actualmente varios programas informáticos permiten localizar estos cebadores, que hacen esta tarea más fácil: *Primer*3 Input, *NCBI*, *Primer Express*, etc.

9.4.4. Problemas que se pueden presentar en la PCR

Los problemas que se pueden presentar en la técnica de PCR están relacionados con la contaminación, mala calidad el ADN extraído, concentración inadecuada de la mastermix (mezcla de reacción), un diseño inadecuado de los *primers* y la utilización de una secuencia de temperaturas no adecuada.

La contaminación del ADN que se amplifica con ADN externo a la muestra origina la aparición de productos inespecíficos. El ADN es una molécula estable que permanece en las mesas de trabajo, pipetas, guantes, etc.; se incorpora a la mezcla de reacción, se amplificará junto con el ADN en estudio. Al visualizar estas muestras contaminadas se observará con la electroforesis una estela en lugar de una única banda.

Para el control de la contaminación es conveniente seguir las siguientes recomendaciones:

- Utilizar siempre "blancos de reacción" para detectar las posibles contaminaciones.
- Utilizar reactivos "grado biología molecular" para evitar que se introduzcan nucleasas, metales pesados y otros posibles contaminantes inespecíficos.
- Adición controlada de agentes antimicrobianos (0,025% azida de sodio).
- Utilizar pipetas solo para PCR y puntas con filtro (para evitar el efecto aerosol).
- Trabajar con materiales libres de nucleasas.
- Se trabajará en una habitación limpia, en la que se aplicará luz ultravioleta para neutralizar el ADN extraño, ya que la luz ultravioleta origina sobre la cadena de ADN la formación de dímeros de timina que no permiten la amplificación del ADN.
- La preparación de la mezcla de reacción se realizará en el área de preamplificación, y el flujo de trabajo será unidireccional, es decir, no se intercambian pipetas, agua, tubos con el área de amplificación.

La *mala calidad del ADN* debido a su contaminación con proteínas también puede ocasionar fallos en la amplificación. La pureza del ADN se puede comprobar, como ya se mencionó en apartados anteriores del capítulo. Para mejorar la calidad del ADN se puede repetir los lavados del proceso de extracción.

Una *inadecuada cantidad de los reactivos de la mezcla de reacción* provoca los siguientes efectos:

- *Un exceso de magnesio* origina la inhibición de la taq-polimerasa, por el contrario, una baja concentración de este ion origina uniones inespecíficas. Es recomendable calcular de forma empírica la cantidad de magnesio óptima para cada reacción.
- *Inadecuada concentración de los dNTP.* Los dNTP se unen al magnesio, una concentración elevada de ellos atrapa al magnesio, por lo que la taq-polimerasa no podrá actuar adecuadamente. Se debe ajustar la cantidad de dNTP a la cantidad de magnesio presente en la mezcla de reacción.
- *Buffer mal preparados*. Se debe comprobar la concentración de magnesio de los *buffer* de reacción.

Una *temperatura no adecuada origina fallos en la PCR*. La temperatura de hibridación influye sobre la especificidad del *primers*: el aumento de la temperatura incrementa la especificidad del *primer*, y la temperatura demasiado alta da lugar a poco o nada de producto. Por el contrario, una temperatura demasiado baja da lugar a un *annealing* no específico, se formará un producto incorrecto. Las zonas ricas en C+G son difíciles de amplificar.

Actividad propuesta 9.15

Cita y explica los factores que pueden conducir a una inadecuada amplificación con la PCR. ¿Qué recomendarías para evitar la contaminación del ADN?

9.5. Técnicas variantes de la PCR

A partir de la técnica de PCR se desarrollaron otras técnicas basadas en la PCR que han ampliado el campo de aplicación de las técnicas de biología molecular. Algunos ejemplos de estas variantes son la PCR anidada, PCRmultiplex, PCR a tiempo real, QF-PCR, MLPA.

9.5.1. *Nested* PCR o PCR anidada

La PCR anidada, conocida como *nested* PCR, se caracteriza porque en ella se realizan dos PCR con distintos pares de *primers* en cada una, con el fin de incrementar la sensibilidad y la especificidad de la detección. Primero se realiza una reacción con los *primers* externos (F1 y R1) para amplificar una región de ADN más extensa, que contiene el segmento diana. A continuación, este producto de amplificación se utiliza como molde de una segunda PCR con los cebadores internos (F2 y R2) para amplificar la región específica (figura 9.12). Con esta técnica se consigue un mayor rendimiento y especificidad. Un ejemplo de aplicación de esta técnica es para el estudio del Papiloma Virus, que permite seleccionar la cepa.

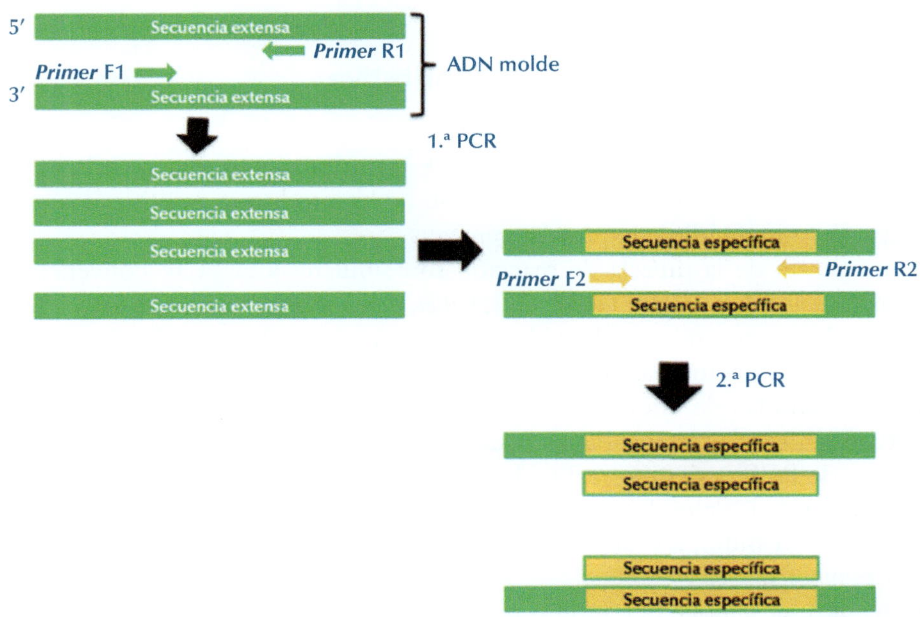

Figura 9.13
Esquema de la PCR anidada

9.5.2. *Multiplex* PCR

Se trata de una PCR en la cual hay presentes numerosos pares de *primers* (hasta 8), lo que equivale a realizar a la vez múltiples PCRs. Se usa frecuentemente en diagnóstico médico, ya que ahorra muestra, tiempo y gastos.

La *multiplex* PCR rinde muchos productos que se pueden ver como múltiples bandas en un gel de agarosa, lo que permite su identificación. Si los fragmentos tienen tamaños similares, pueden identificarse usando *primers* que han sido marcados con un fluorocromo diferente (figura 9.14).

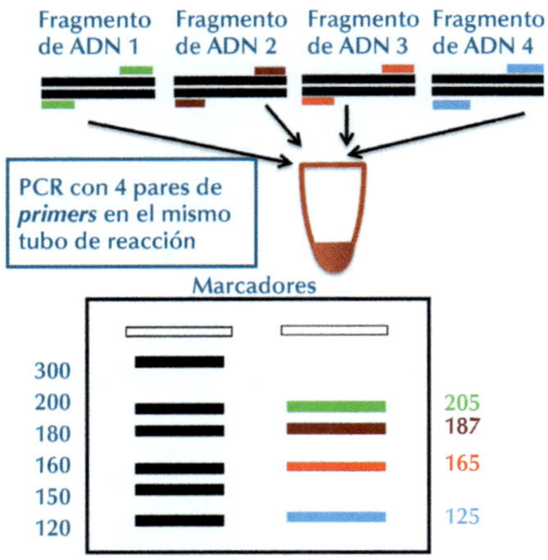

Figura 9.14
Esquema de la *multiplex* PCR

> **TOMA NOTA**
>
> Los *primers* están diseñados de tal forma que puedan hibridar todos a la misma temperatura.

Actividades propuestas

9.16. ¿Qué finalidad tiene utilizar dos juegos de *primers* para realizar la PCR anidada? Investiga las posibles aplicaciones de esta técnica.
9.17. Describe en qué consiste la *multiplex* PCR y cita las ventajas que aporta. ¿En qué casos sería una técnica más conveniente que la PCR anidada?

9.5.3. PCR a tiempo real o PCR cuantitativa

Es una variante de la PCR que abre la posibilidad de cuantificar el producto de la amplificación a tiempo real, es decir, la amplificación y detección de los productos amplificados se realiza en la misma etapa. Permite medir la expresión génica.

Los componentes de la mezcla de reacción son similares a la PCR convencional: ADN molde, *primers*, taq-polimerasa, dNTP, MgCl2, *buffer*, pero en esta técnica se añade también un fluorocromo unido a una sonda que hibrida con las cadenas amplificadas. La fluorescencia emitida por el fluorocromo se mide en cada uno de los ciclos de la PCR mediante un detector de fluorescencia. La cantidad de fluorescencia es proporcional a la cantidad de producto formado y por tanto también es proporcional a la cantidad de fragmento de ADN inicial en la muestra.

Los equipos de PCR a tiempo real incluyen: termociclador, el lector de fluorescencia y el sistema de recolección de datos. La mayoría de los equipos ofrecen lectores de fluorescencia con los que se pueden leer múltiples longitudes de onda simultáneamente. Esto permite realizar en ellos reacciones *multiplex*.

En esta técnica, el *software* del equipo construye curva de amplificación en la que se representa la fluorescencia emitida en la PCR a tiempo real en función del número de ciclo de amplificación. En esta curva se observan tres zonas:

- Una primera fase plana, en la que la fluorescencia detectada corresponde al ruido del equipo o fluorescencia de fondo.
- Una segunda fase exponencial, en la que la fluorescencia se debe al aumento de señal por la amplificación de la muestra.
- Una tercera fase plana, en la que ya no aumenta la fluorescencia debido al agotamiento de los reactivos.

Se establece un valor de fluorescencia umbral a partir del cual se considera que la fluorescencia emitida es debida a la amplificación de la muestra (*threshold*). Al ciclo que corresponde a este valor se le denomina ciclo crítico Ct (*threshold cycle*) (figura 9.15). Cada muestra tiene un valor de CT en función de su concentración de ADN inicial.

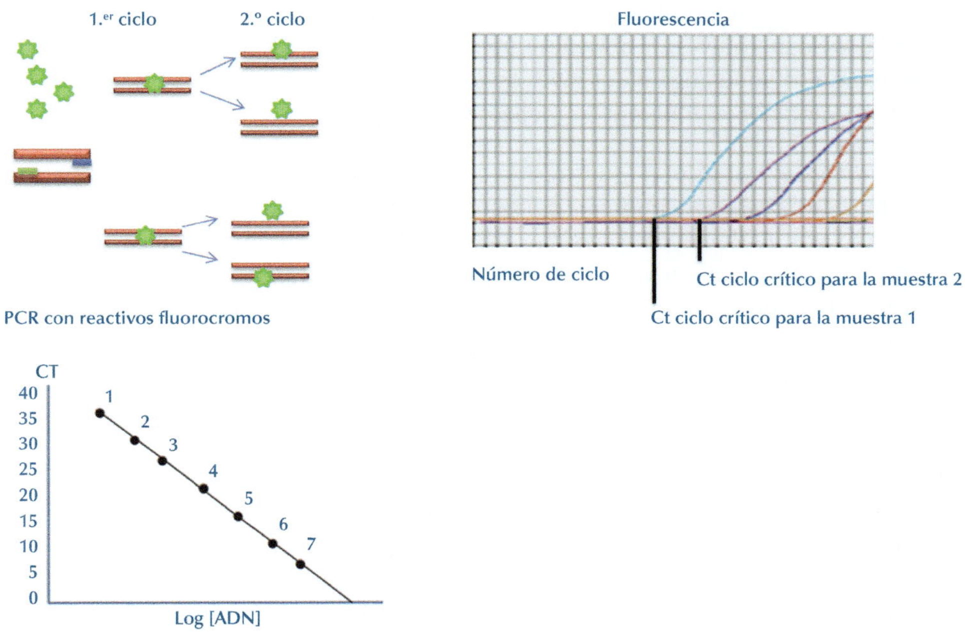

Figura 9.15
Esquema de la PCR a tiempo real. A mayor cantidad de ADN, mayor es la fluorescencia y el ciclo crítico será menor

La PCR a tiempo real presenta una serie de ventajas frente a la PCR convencional:

- Tiene mayor precisión, resolución y sensibilidad.
- No se requiere ningún proceso post-PCR, por lo que se ahorra tiempo.
- Minimizan los problemas de contaminación por ampliaciones y se reduce la variabilidad en el resultado. Si se emplean sondas en la detección de la fluorescencia, se evita la detección de los dímeros de *primers*.

Los fragmentos obtenidos en la técnica de PCR pueden ser observados mediante la electroforesis y posterior fotodocumentación de los fragmentos amplificados. O bien pueden ser secuenciados para la detección de mutaciones.

Recurso electrónico

En el anexo web 9.2, disponible en la www.síntesis.com y accesible con el código indicado en la primera página del libro, se describen los métodos utilizados para la detección de la hibridación de la fluorescencia en la técnica de PCR a tiempo real.

PARA SABER MÁS

Los equipos de PCR a tiempo real pueden realizar dos tipos de cuantificación: absoluta, que necesita del uso de patrones, que deben ser incluidos en cada PCR realizada, y relativa, que da idea de los cambios generados en el nivel de un gen de interés, en comparación con un gen control que no varía con el tratamiento realizado.

- *Cuantificación absoluta*. Muestras de concentración desconocida se comparan a una recta patrón de concentración conocida. La exactitud de la cuantificación depende de la exactitud de los patrones. Se utilizan diluciones de un patrón de concentración conocida para generar una recta patrón. La recta patrón es una relación lineal entre el Ct y la cantidad inicial de ARN o ADN. Permite determinar la concentración de muestras desconocidas sobre la base de sus Ct.
- *Cuantificación relativa*. Se compara el gen a cuantificar con un gen control endógeno. La cuantificación es relativa al gen control.

Otra de las aplicaciones de la PCR a tiempo real es la detección de mutaciones y polimorfismos en muestras de ADN bicatenario. Para este fin es necesario realizar curvas de fusión.

Las curvas de fusión se obtienen calentando los amplificados obtenidos en la PCR a tiempo real marcados con agentes intercalantes. Se calientan gradualmente desde 55 ºC hasta 95 ºC. A medida que aumenta la temperatura, el ADN se va desnaturalizando, disminuyendo la fluorescencia. Si se representa la temperatura frente a la fluorescencia detectada se obtiene la curva de fusión o *melting*. Si hay una mutación en la cadena de ADN, cambia la curva de fusión, ya que se producen variaciones en la temperatura de desnaturalización.

9.5.4. Técnica del MLPA

La técnica del MLPA, o amplificación de sondas dependiente de ligandos múltiple (*multiplex ligation-dependent probe amplification*), es un método que permite detectar duplicaciones y delecciones en los exones hasta en 50 fragmentos de ADN diferentes, de tamaños comprendidos entre 64-500 nucleótidos, en una sola reacción de PCR *multiplex*. Los fragmentos amplificados pueden ser separados y cuantificados mediante electroforesis capilar. A diferencia de la *multiplex* PCR estándar, la técnica del MLPA utiliza una sola pareja de cebadores para amplificar todos los fragmentos.

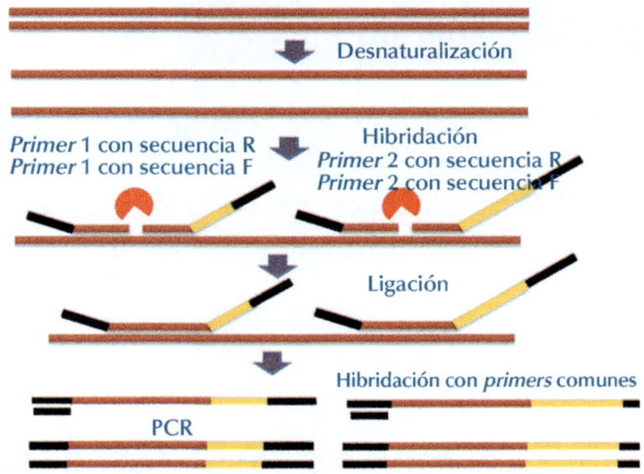

Figura 9.16
Este esquema ilustra los pasos que conforman el proceso del MLPA

Esta metodología (figura 9.16) se basa en la realización de una hibridación de sondas de secuencia específica a las zonas de ADN que se pretenden analizar, seguida de una reacción de ligación y amplificación por PCR de los fragmentos que ha unido la ligasa, mediante una única pareja de cebadores, la separación de fragmentos mediante electroforesis y, finalmente, la interpretación de los datos obtenidos con ayuda un programa adecuado.

Cada sonda de hibridación del MLPA está compuesta por dos oligonucleótidos de secuencia complementaria al ADN objeto de estudio; estas secuencias se fusionan a zonas que son adyacentes y contiguas entre ellas, posteriormente los dos oligonucleótidos se unen mediante una reacción de ligación. Si la secuencia del ADN diana no está presente, los dos oligos no se podrán unir y el proceso no continuará.

Estas sondas poseen además unas secuencias de relleno (*stuffer*) que no son homólogas al genoma humano, que son de distintos tamaños para cada uno de los fragmentos incluidos en la reacción de MLPA, de tal forma que entre un fragmento y el siguiente esta secuencia de relleno varía entre 6-9 nucleótidos y así sucesivamente, permitiendo la separación de los fragmentos en la electroforesis. Por último, en cada extremo de las sondas de hibridación se encuentran las secuencias de los cebadores (forward y reverse) usados en la PCR del MLPA; son de secuencia única, por lo que con una sola pareja de cebadores se amplifican todos los fragmentos incluidos en el MLPA en una misma PCR.

El secuenciador crea un electroferograma (figura 9.17) que contiene cada uno de los fragmentos amplificados y separados mediante la electroforesis capilar. En el electroferograma de la figura 9.17 se observan tres alteraciones: una delección homocigota en el exón 13, una duplicación en el exón 18 y una delección heterocigota en el exón 25.

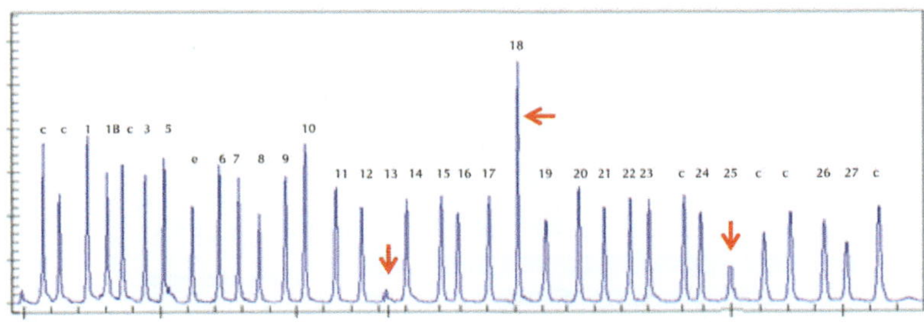

Figura 9.17
Ejemplo de un electroferograma de un análisis de MLPA

La detección de los fragmentos se realiza detectando la señal de fluorescencia de los *primers* marcados con una sonda fluorescente.

Los kits de MLPA incluyen, junto con las sondas para las regiones a estudiar, controles internos.

La técnica de MLPA permite identificar duplicaciones y delecciones. También hace posible discriminar entre las delecciones en homocigosis (cuando faltan los dos alelos, el materno y el paterno) de las que están en heterocigosis (cuando falta un solo alelo).

Actividades propuestas

9.18. Explica en qué consiste la PCR a tiempo real. ¿Qué ventajas presenta la PCR a tiempo real frente a la PCR convencional.

9.19. Explica por qué en la técnica de MLPA, para la PCR solo se utiliza una pareja de *primers* que es común a todos los fragmentos amplificados.

9.5.5. Técnica de PCR con transcripción inversa (RT-PCR)

La PCR con transcripción inversa o RT-PCR (del inglés *Reverse Transcription-PCR*) es una variante de la PCR en la que se parte de ARN como molde inicial en lugar de ADN. Emplea una transcriptasa inversa o retrotranscriptasa para realizar la síntesis de un ADN complementario al ARN (ADNc).

Esta técnica permite el estudio de la expresión de un gen mediante la detección de mARN.

Los pasos a seguir en esta técnica son (figura 18):

1. Retrotranscripción a partir del ARN.
2. Amplificación a partir de la primera hebra de ADNc.
3. PCR estándar.

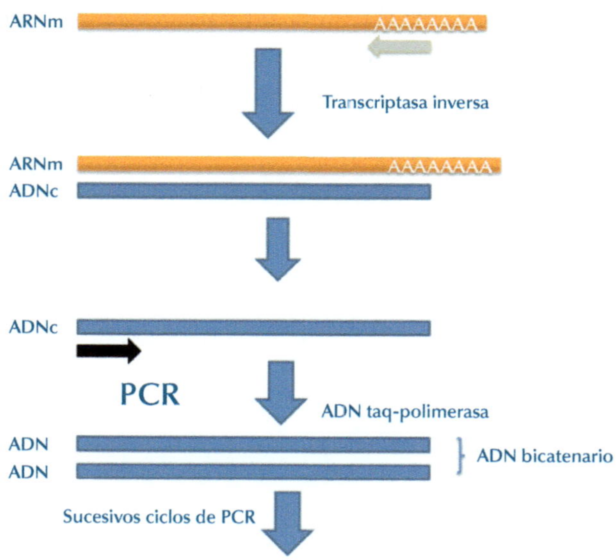

Figura 9.18
Etapas en la PCR con transcripción inversa

9.6. Electroforesis de ADN

La electroforesis es una técnica mediante la cual las especies cargadas (iones o partículas coloidales) se separan en función de su velocidad de migración cuando se encuentran sometidas a la acción de un campo eléctrico externo.

La velocidad de migración está en función de la densidad de carga y el tamaño de los fragmentos, por lo que se podrán separar unas partículas de otras con arreglo a esta propiedad.

En biología molecular la electroforesis se utiliza para separar los distintos fragmentos del ADN dependiendo de su tamaño.

La electroforesis de ácidos nucleicos se realiza en geles formados por polímeros de agarosa o poliacrilamida. Ambos tienen características diferentes en cuanto a sus propiedades y modo de preparación, por lo que se utilizará uno u otro en función de la aplicación y objetivos que persigamos.

Estos geles se colocan en la cubeta de electroforesis, sumergidos en un tampón de pH alrededor de 8. A este pH los grupos fosfato de los ácidos nucleicos se encuentran ionizados, y presentan cargas negativas. Al ser sometidos durante la electroforesis a un campo eléctrico, las moléculas de ácidos nucleicos se desplazarán al polo positivo.

Los geles se comportan como un tamiz molecular y permiten separar moléculas cargadas en función de su tamaño y forma. Así, moléculas de ADN de diferente tamaño van a emigrar de forma distinta en un gel de electroforesis. La distancia recorrida por cada fragmento de ADN va a ser inversamente proporcional al logaritmo de su peso molecular. El movimiento de los fragmentos de ADN va a producir un patrón de bandas, en el que cada banda corresponde a un fragmento de un tamaño particular (figura 9.19). Es importante la utilización de marcadores de tamaño conocido porque permitirán calcular los pesos moleculares de las muestras de ADN problema. Este marcador sirve de control y migrará paralelo a las bandas de ADN que se desea analizar. La visualización de los fragmentos puede realizarse por simple tinción o mediante la unión a fluorocromos.

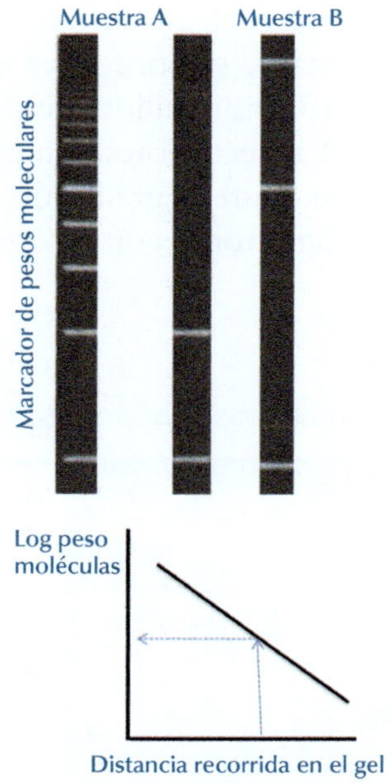

Figura 9.19
Patrón de bandas obtenido por electroforesis de los fragmentos separados en función de su peso molecular de un patrón y dos muestras problema

La electroforesis en geles de agarosa es el método estándar para separar y purificar fragmentos de ADN cuando no se requiere un alto poder de resolución.

Por su parte, la electroforesis en geles de poliacrilamida, aunque tiene una mayor limitación en cuanto al tamaño de los fragmentos que se pueden separar (5-600 pb), posee un poder de resolución mucho mayor, permitiendo la separación de moléculas que difieren en un solo par de bases.

A) Electroforesis en gel de agarosa

La agarosa es un polisacárido extraído de algas, no tóxico. Se puede variar el tamaño del poro ajustando la concentración de agarosa. Cuanto menor es la concentración de agarosa, menor es el tamaño de las moléculas que pueden separarse, y viceversa. Separa fragmentos de ADN de 200 a 5.000 pb.

Puede venir preparado o bien fabricarse en el propio laboratorio. Las agarosas estándar se disuelven en el *buffer* a una temperatura de 90-95 °C y solidifican a 35-45 °C.

En la electroforesis en geles de agarosa convencionales, los fragmentos se desplazan en una cubeta de electroforesis horizontal, con un campo eléctrico uniforme y constante. La muestra se sitúa en pocillos excavados en el gel (figura 9.20).

La electroforesis en gel de agarosa se utiliza para ver la calidad del ADN extraído y comprobar si existe degradación de este, analizar los productos de una reacción de PCR y el producto de digestiones con enzimas de restricción.

CUADRO 9.1
Material, reactivos, *buffers* y soluciones utilizados en la electroforesis en gel de agarosa

Material	Micropipetas y puntas para micropipeta, tubos tipo Eppendorf, un matraz, probetas y vasos de precipitados para la preparación de soluciones, espátulas y guantes impermeables
Reactivos	• Agarosa • Tris (2-amino-2-(hidroximetil)-1,3-propanodiol) • Ácido acético glacial • EDTA (ácido etilendiaminotetraacético • Ácido bórico • NaOH (hidróxido de sodio) • Sacarosa o glicerol • Azul de bromofenol o xileno cianol • Bromuro de etidio
Soluciones y *buffers*	TAE (Tris-Acetato EDTA) o TBE (Tris-Borato EDTA) *Buffer* de carga Solución de azul de bromofenol o xileno cianol 0,02% en glicerol o sacarosa al 50% de etidio 10 mg/mL, guardar a 4 °C protegido de la luz

Como *buffer* de electroforesis y para la preparación del gel puede utilizarse opcionalmente TAE (Tris-Acetato EDTA) o TBE (Tris-Borato EDTA). Ambos suelen prepararse como soluciones concentradas, que pueden almacenarse a temperatura ambiente (previa esterilización en autoclave), estas se diluyen con agua antes de cada electroforesis para lograr la concentración de uso. Se ajusta el pH a 8.

Figura 9.20
Sistema de electroforesis en gel de agarosa

El *buffer* de carga de la muestra en el gel debe tener una alta densidad que permita que la muestra se introduzca en el pocillo del gel, además de colorantes (azul de bromofenol) que nos indiquen cuándo debe detenerse la electroforesis.

Solución de bromuro de etidio: el bromuro de etidio (BrEt) es un agente intercalante (se intercala entre las bases nitrogenadas) que se usa como colorante fluorescente para la visualización de ácidos nucleicos en geles de agarosa y poliacrilamida. El BrEt absorbe luz ultravioleta de $\lambda \approx 300$ nm, y emite una luz anaranjada de 590 nm, mediante la cual podemos observar la posición y cantidad relativa del ADN en el gel tras la electroforesis.

Protocolo de preparación del gel de agarosa

1. Pesar la cantidad de agarosa necesaria para obtener la concentración deseada en función del volumen de gel, generalmente se preparan geles de agarosa al 2% p/v.
2. Añadir la agarosa al *buffer* (TAE 1x o TBE 0,5x) en un matraz.
3. Calentar la mezcla en un horno de microondas hasta que se observe que toda la agarosa se ha fundido.
4. Dejar enfriar la solución de agarosa hasta una temperatura de unos 50 °C. (*Nota*: si se opta por añadir el BrEt al gel, debe realizarse en este momento, a una concentración final de 0,5 μg/mL.)
5. Mientras la solución de agarosa se enfría, preparar el molde en el que se va a hacer el gel sellando los bordes con cinta adhesiva, o colocándolo en el dispositivo previsto para ello, y se coloca el peine en la posición deseada.
6. Verter cuidadosamente la solución de agarosa sobre el molde y dejar que solidifique durante al menos 30 min.

Protocolo de la electroforesis

1. Mezclar las muestras con el *buffer* de carga, el volumen depende del tamaño de los pocillos 15 μL de muestra + 2 μL de *buffer* de carga).
2. Una vez que el gel ha solidificado, retirar el sellado de los bordes y colocar el molde con el gel en la cámara de electroforesis.
3. Añadir *buffer* de electroforesis (TAE 1x o TBE 0,5x) hasta que cubra el gel unos 3-5 mm.
4. Retirar cuidadosamente el peine para que queden libres los pocillos para las muestras.
5. Cargar en los pocillos las muestras.
6. Conectar los cables a la fuente alimentación y aplicar un voltaje de 20-150 V (1-5 V/cm de acuerdo a la distancia entre los electrodos).
7. Correr el gel hasta que el colorante azul de bromofenol esté a una distancia del borde de aproximadamente un 25% de la longitud total del gel. En ese momento debe detenerse la electroforesis.
8. El ADN migra hacia el ánodo, por lo que debe disponerse correctamente la orientación del gel y de los cables.

- *Tinción y visualización del gel*. Una vez separados los fragmentos con la electroforesis se pueden visualizar los fragmentos mediante tinción del ADN con bromuro de etidio o con otros reactivos como el SYBR *Gold*, SYBR *Green*, SYBR *Safe*, con menor capacidad mutagénica.

  Existen dos formas diferentes de realizar el teñido del ADN:

  - Preparar el gel con BrEt incorporado.
  - Teñir el gel una vez finalizada la electroforesis con una solución de BrEt. Para ello se saca el gel de su molde y se sumerge en una solución de BrEt durante al menos 15 min.

En ambos casos, la concentración final del BrEt en el gel o en la solución de teñido debe ser de 0,5 μg/mL.

Para la *visualización del gel* se coloca el gel sobre un transiluminador, se enciende la lámpara de luz ultravioleta ($\lambda \approx 300$ nm) y se fotografía el gel con el sistema fotográfico disponible.

También pueden emplearse sistemas de fotodocumentación de geles que permiten visualizar los geles y fotografiarlos en formato digital. Estos sistemas pueden realizar análisis densitométricos cuando se necesite realizar una cuantificación precisa de la intensidad de las bandas en el gel, los programas de análisis pueden realizar una estimación del tamaño de los fragmentos por comparación con los marcadores de peso molecular utilizados.

Actividad propuesta 9.20

¿Qué es la agarosa? ¿Cómo variarías el tamaño de poro? ¿Qué aplicaciones tiene la electroforesis en gel de agarosa en biología molecular?

B) Técnicas de electroforesis en gel de poliacrilamida (PAGE)

La poliacrilamida es un polímero formado al mezclar polímeros de acrilamida y bisacrilamida, dando lugar a largas cadenas del monómero acrilamida que se unen transversalmente mediante N,N'-metilenbisacrilamida. El tamaño de los poros depende de la concentración de acrilamida y bisacrilamida. Los geles de poliacrilamida se corren de forma vertical y tienen la desventaja de ser más complicados en su elaboración y manipulación, además de ser tóxicos.

La electroforesis en gel de poliacrilamida presenta una mayor capacidad de resolución, y además, la posibilidad de cargar una mayor cantidad de ADN. El rango de tamaños que pueden separarse depende de la concentración de acrilamida en el gel.

9.6.1. Electroforesis capilar

En la *electroforesis capilar* (EC) la separación se realiza en el interior de un tubo hueco de diámetro muy pequeño (menos de 50 μm de diámetro), lo que permite acortar los tiempos de análisis.

Al igual que los otros sistemas de electroforesis, los fragmentos de ADN se separan en función de su peso molecular, pero se encuentran unidos a un fluorocromo que permite su detección por un láser de argón, que las excita a distintas longitudes de onda, lográndose así el análisis de múltiples fragmentos al mismo tiempo (figura 9.21).

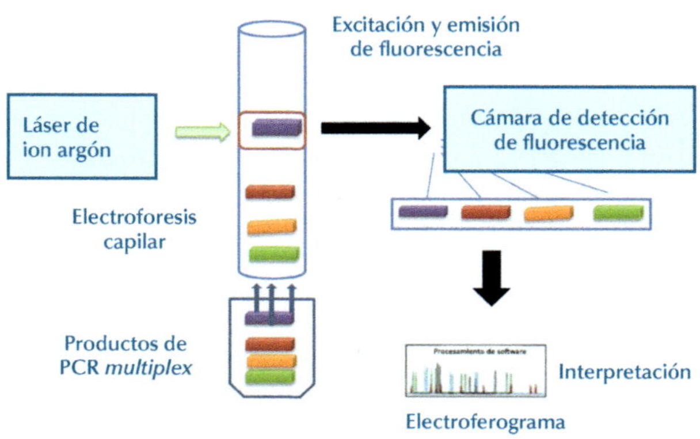

Figura 9.21
Esquema de un sistema de electroforesis capilar

La electroforesis capilar ha permitido el desarrollo de los equipos de secuenciación automática, que se revisará en el próximo capítulo.

Resumen

- Las técnicas de BM incluyen la extracción del ADN y ARN, amplificación de una determinada región mediante la técnica de PCR o sus variantes, la separación de fragmentos mediante electroforesis, el estudio de los fragmentos mediante secuenciación, análisis de fragmentos mediante enzimas de restricción, MLPA y recientemente la secuenciación masiva.
- La extracción del ADN/ARN es la primera etapa en el análisis molecular de un segmento de ADN o ARN. Se han descrito múltiples métodos de extracción del ADN/ARN tanto manuales como automáticos. El ADN/ARN puede cuantificarse midiendo la absorbancia a 260 nm con un espectrofotómetro o un fluorímetro. Los fragmentos extraídos pueden amplificarse mediante la PCR. La secuencia que se va a amplificar queda delimitada por los *primers*.
- Las etapas de la PCR incluyen: desnaturalización de la cadena de ADN, hibridación (*annealing*) o acoplamiento de los cebadores a ambas cadenas y elongación o extensión de las cadenas.
- A partir de la técnica de PCR se desarrollaron otras técnicas basadas en la PCR que han ampliado el campo de aplicación de las técnicas de biología molecular. Algunos ejemplos de estas variantes son la PCR anidada, PCR *multiplex*, PCR a tiempo real, QF-PCR, MLPA.
- En biología molecular la electroforesis se utiliza para separar los distintos fragmentos del ADN en función de su tamaño; se realiza en geles formados por polímeros de agarosa o poliacrilamida.
- La electroforesis capilar (EC) ha permitido el desarrollo de los equipos de secuenciación automática.

Ejercicios propuestos

1. ¿En qué ocasiones está indicado obtener ADN a partir de un raspado bucal?
2. Nombra los métodos utilizados para conseguir la lisis celular durante los procesos de extracción de los ácidos nucleicos.
3. Explica para qué se utiliza el etanol durante el proceso de extracción del ADN.
4. ¿Cuál es el fundamento de la *técnica de extracción con una mezcla de disolventes orgánicos* (*fenol-cloroformo y alcohol isoamílico*)?
5. Explica el fundamento de los kits de extracción del ADN que utilizan esferas magnéticas.
6. ¿Qué ventajas aportan los equipos de extracción automática del ADN?

7. Explica las pautas que se siguen para evitar la degradación del ARN.
8. Explica por qué es necesario añadir un estabilizador del ARN.
9. Calcula la concentración de ARN en 1 mL de una muestra, en la que una alícuota de una dilución 1:50 da un valor de absorbancia de 0,8.
10. Explica el fundamento de la PCR y sus etapas.
11. Cita 5 medidas para evitar la contaminación durante la PCR.
12. Qué consecuencias tiene la contaminación de la *mastermix* con ADN extraño al estudio.
13. Explica qué consecuencias tiene una temperatura inferior a la programada durante la fase de *anneling*?
14. ¿Cómo se detectan en la técnica de MLPA los distintos fragmentos amplificados?
15. ¿En qué se basa la separación de ácidos nucleicos mediante electroforesis?

Práctica 9.1

Extracción de ADN a partir de sangre completa	
Objetivo	Extracción de ADN a partir de sangre completa.
Muestra	Sangre con EDTA.
Reactivos	• Suero fisiológico. • *Buffer* de lisis de eritrocitos: Tris-HCl 10 mM pH 8, Tritón X-100 1% y Sacarosa 11%. • *Buffer* de lisis de los leucocitos: Tris-HCl 10 mM pH 8; NaCl 400 mM; EDTA 2 mM, solución de Proteinasa K 1 mg/mL, SDS 1%, EDTA 2 mM) y SDS 20%. • Solución salina: acetato de potasio 3 M. • Isopropanol. • Etanol al 70%.
Material necesario	Tubos Eppendorf, pipetas automáticas, puntas de micropipeta.
Equipos	Vórtex, estufa a 35 °C, estufa a 65 °C, microcentrífuga, placa calefactora.
Fundamento	Se basa en el cambio de solubilidad que experimentan las proteínas cuando son sometidas a modificaciones en la concentración salina del medio. Así, en presencia de altas concentraciones de sales, la solubilidad de las proteínas disminuye y terminan por precipitar (*salting-out*), lo que permite su separación.

Procedimiento	**1.** Se centrifuga la muestra de sangre y se descarta el sobrenadante. **2.** Se lavan las células con suero fisiológico. **3.** Se colocan en un tubo Eppendorf 300 µL de la muestra y se añaden 900 µL de tampón de lisis de eritrocitos. **4.** Se homogeneiza y se mantiene 10 minutos a 37 °C. **5.** Se centrifuga a 13.000 rpm 45 segundos. **6.** Se descarta el sobrenadante. **7.** Se añaden al pellet 300 µL de *buffer* de lisis de linfocitos. **8.** Se mezcla y se incuba 30 minutos a 37 °C. **9.** Se añaden 130 µL de solución salina y se mezcla hasta que se observen grumos. **10.** Se centrifuga a 13.000 rpm 3 minutos. **11.** Se transfiere el sobrenadante a un tubo que contiene 300 µL isopropanol frío. **12.** Se centrifuga de nuevo a 13.000 rpm 2 minutos. **13.** Se elimina el sobrenadante. **14.** Se adicionan 200 µL de etanol al 70% y se centrifuga a 12.000 rpm durante 5 min, se extrae todo el alcohol remanente. **15.** Finalmente, el pellet es resuspendido en agua estéril. **16.** Se abre el tubo y se tapa con parafina, haciendo unos pequeños agujeros para evaporar el etanol, utilizando una plancha calentadora durante 15-20 minutos. **17.** Rehidratar con 50 µL de agua destilada, invertir suavemente e incubar una hora a 65 °C o toda la noche a 4 °C.
Determinación de la pureza y la cantidad de ADN	• Tomar 5 µL y diluir 1:50. • Medir la absorbancia a 260 y a 280.
Cuestiones	**1.** ¿Cuál es propósito de utilizar tampón salino en el procedimiento? **2.** ¿Qué finalidad tiene el exponer las células a un detergente fuerte? **3.** ¿Qué acción tiene el alcohol isopropílico sobre la molécula de ADN. **4.** ¿Qué cantidad de ADN se ha extraído? **5.** ¿Cuál es su pureza?

Test de autoevaluación

1. En los estudios genéticos prenatales, el ADN se extrae a partir de:

- ☐ *a)* Fibroblastos fetales.
- ☐ *b)* Blastómeras.
- ☐ *c)* Vellosidades coriales.
- ☐ *d)* Todas las opciones son correctas.

2. En relación con la proteinasa K, es correcto que:

- ☐ *a)* Es un método físico de lisis celular.
- ☐ *b)* Es un método enzimático que digiere las proteínas celulares.
- ☐ *c)* Es un método químico que disuelve las membranas de las células.
- ☐ *d)* Ninguna de las opciones anteriores es correcta.

3. La extracción de ADN con disolventes orgánicos:

- ☐ *a)* Presenta un bajo rendimiento.
- ☐ *b)* Utiliza sales para precipitar los ácidos nucleicos.
- ☐ *c)* Tiene el inconveniente de trabajar con reactivos tóxicos.
- ☐ *d)* Los ácidos nucleicos se quedan atrapados en la capa de fenol.

4. En la extracción del ADN, es correcto que:

- ☐ *a)* Las sales provocan la precipitación de los ácidos nucleicos.
- ☐ *b)* En los kits que utilizan resinas, las proteínas se quedan adheridas a las resinas.
- ☐ *c)* Los kits basados en las esferas magnéticas permiten el aislamiento del ADN al unirse este a las esferas.
- ☐ *d)* Ninguna de las opciones anteriores es correcta.

5. Los equipos de extracción automática del ADN:

- ☐ *a)* Consiguen ADN de buena calidad.
- ☐ *b)* Ahorran tiempo.
- ☐ *c)* Se basan en los mismos principios que la extracción manual.
- ☐ *d)* Todas las opciones son correctas.

6. En los procesos de extracción de ácidos nucleicos se añaden inhibidores de las ADNasas:

- ☐ *a)* Para evitar la degradación del ADN.
- ☐ *b)* Para estabilizar al ARN.
- ☐ *c)* Para evitar la degradación del ARN.
- ☐ *d)* Ninguna de las opciones anteriores es correcta.

7. En la extracción manual del ARN con disolventes orgánicos, es correcto que:

- ☐ *a)* El ARN queda en la fase orgánica.
- ☐ *b)* Las proteínas quedan en la fase acuosa.
- ☐ *c)* El ADN queda en la interfase.
- ☐ *d)* Ninguna de las opciones anteriores es correcta.

8. En la cuantificación del ADN se han calculado el cociente de la Abs 260/280:

- ☐ *a)* Un valor superior a 2 indica calidad óptima para el ADN.
- ☐ *b)* Un valor inferior a 1,6 indica contaminación con proteínas.
- ☐ *c)* Las opciones a) y b) son correctas.
- ☐ *d)* Ninguna de las opciones anteriores es correcta.

9. En relación con la PCR a tiempo real, es correcto que:

- ☐ *a)* Aporta mayor información que la PCR convencional.
- ☐ *b)* Utiliza reactivos fluorescentes.
- ☐ *c)* Permite la cuantificación del ADN inicial.
- ☐ *d)* Todas las opciones son correctas.

10. En la técnica de MLPA es incorrecto que:

- ☐ *a)* Permite detectar un solo fragmento de ADN en cada ensayo.
- ☐ *b)* Utiliza *primers* específicos para cada región y *primers* comunes.
- ☐ *c)* Incluye una electroforesis capilar.
- ☐ *d)* Utiliza una ligasa para unir los *primers* contiguos.

SOLUCIONES:

1.	d
2.	b
3.	c
4.	c
5.	d
6.	a
7.	c
8.	c
9.	d
10.	a

10

Métodos de clonación y secuenciación del ADN

Objetivos

- ✓ Comprender el fundamento de la clonación del ADN.
- ✓ Describir las etapas del proceso de clonación.
- ✓ Saber lo que son las genotecas.
- ✓ Explicar los métodos de secuenciación.
- ✓ Conocer las bases de la secuenciación automática.
- ✓ Distinguir las técnicas de análisis de fragmentos.
- ✓ Definir el fundamento y la aplicación de la pirosecuenciación.
- ✓ Identificar las técnicas de secuenciación masiva.
- ✓ Dominar las aplicaciones de la bioinformática en el análisis genético.
- ✓ Aplicar las bases de datos en el ámbito de la genética.

Mapa conceptual

- CLONACIÓN Y SECUENCIACIÓN DEL ADN
  - Clonación
    - ADN recombinante
    - Recombinación genética
    - Vectores de clonación
    - Bibliotecas de ADN
  - Secuenciación
    - Método de Maxam y Gilbert
    - Método de Sanger y Coulson
    - Secuenciación automática
    - Pirosecuenciación
    - Secuenciación masiva
  - Análisis de fragmentos
  - Análisis bioinformático

Glosario

Autorradiografía del gel. Imagen obtenida al aplicar el gel que contiene un elemento radiactivo sobre la placa fotográfica.

Clúster. Elemento del secuenciador en el que se sitúan los fragmentos que se van a amplificar.

Electroferograma. Gráfico obtenido tras la electroforesis.

Exoma. Conjunto de exones.

DMS. Dimetil sulfato.

Secuencias homopoliméricas. Secuencias que contienen los mismos nucleótidos.

10.1. Introducción

Los términos ingeniería genética, ADN recombinante y clonación se han convertido en palabras conocidas para muchas personas fuera del ámbito científico o de la medicina.

La ingeniería genética hace referencia al conjunto de técnicas y procedimientos para aislar, modificar y clonar moléculas de ADN y ARN en el laboratorio. La tecnología del ADN recombinante se puede agrupar en dos áreas principales: las técnicas de clonado del ADN y los métodos de análisis del ADN.

El clonado del ADN consiste en una amplificación selectiva de una secuencia o fragmento específico de ADN.

La secuenciación del ADN permite detectar mutaciones, predecir la naturaleza y funcionalidad de los productos codificados por un fragmento de ADN, etc.

La secuenciación del ADN está generando un aumento progresivo de la información disponible. El estudio de tal volumen de información es posible gracias al desarrollo en paralelo de diferentes herramientas bioinformáticas y un eficaz sistema de bases de datos que integra y ordena toda la información.

En este capítulo se revisan la descripción y aplicaciones de las técnicas de clonación, recombinación genética, secuenciación y bioinformática.

10.2. Clonación del ADN

Un clon es una copia idéntica de una secuencia de ADN. La estrategia que se emplea para la clonación consiste en colocar un fragmento de ADN portador del gen o la secuencia que interesa dentro de una molécula de ADN extracromosómica (generalmente plásmidos) con capacidad de autorreplicarse en el interior de una bacteria. La maquinaria de la bacteria transcribe y traduce el segmento de ADN que le ha introducido, de esta forma se pueden obtener múltiples copias con rapidez.

Para la clonación del ADN se necesitan:

- Vectores de clonación (pequeñas moléculas de ADN autorreplicantes).
- ADN exógeno que se desea clonar.
- Célula huésped.

10.2.1. Tipos de clonación y fases del procedimiento de clonación

Hay dos tipos de clonado, las técnicas que utilizan los mecanismos de replicación del ADN naturales de las células *in vivo* y la técnica que emplea la reacción en cadena de la polimerasa *in vitro*.

El clonado *in vivo* incluye los siguientes pasos:

- Generación de fragmentos de ADN.
- Recombinación de los fragmentos de ADN.
- Vectores.
- Transformación del organismo huésped.
- Búsqueda de los vectores recombinantes.
- Selección de clones específicos.

A) Generación de fragmentos de ADN

Para la obtención de fragmentos de ADN se emplean enzimas de restricción tipo II.

En el cuadro 10.1 se reflejan algunos ejemplos de enzimas de restricción con su secuencia de reconocimiento y sitio de rotura.

CUADRO 10.1
Enzimas de restricción, organismo del que proceden y sitio de rotura

Enzima	Organismo	Sitio de rotura 5′ 3′
BamHI	*Bacillus amyloliquefaciens H*	G·GATCC
EcoRI	*Escherichia coli RY 13*	G·AATTC
Hae III	*Haemophilus aegyptius*	GG·CC
Hind III	*Haemophilus influenzae Rd*	A·AGCTT
Hpa I	*Haemophilus parainfluenzae*	GTT·AAC
Pst I	*Providencia stuartií*	CTGCA·G
Sma I	*Serratia marcescens*	CCC·GGG
Sal I	*Streptomyces albus G*	G·TCGAC

RECUERDA

✓ Las enzimas de restricción son enzimas bacterianas capaces de cortar el ADN en todos los sitios que contienen una secuencia de reconocimiento específica de pequeño tamaño, por lo general de 4 a 8 pares de bases. Estas enzimas permiten cortar el ADN en fragmentos definidos que pueden unirse con facilidad a otros fragmentos de ADN cortados de manera similar. Se han aislado más de 30 enzimas de restricción diferentes a partir de varios organismos bacterianos. Las endonucleasas de restricción se denominan de acuerdo con el organismo del que derivan; por ejemplo, Eco RI deriva de *E.coli* y fue la primera enzima de restricción aislada de un microorganismo.

◎ FUNDAMENTAL

En condiciones naturales, la presencia de estas enzimas es un mecanismo de defensa, ya que limitan la entrada del ADN extraño a las células bacterianas y por ello se denominaron enzimas de restricción.

Las enzimas de restricción generalmente reconocen secuencias nucleotídicas palindrómicas de 4-6 nucleótidos de longitud, es decir, son regiones que tienen la misma secuencia de nucleótidos en las dos hebras complementarias del ADN (figura 10.1).

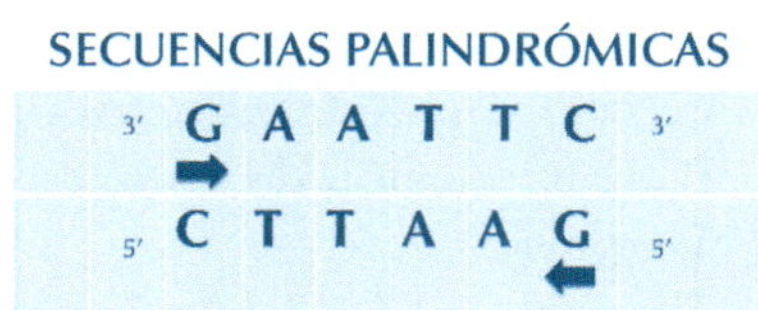

Figura 10.1
Secuencia palindrómica

La acción de las enzimas de restricción siempre origina roturas de la doble hebra, que dependiendo de la enzima de restricción utilizada da lugar a extremos romos o extremos cohesivos (figura 10.2).

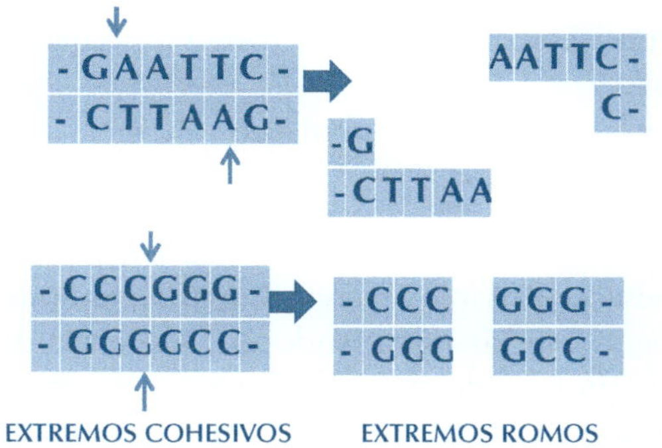

Figura 10.2
Extremos cohesivos y extremos romos generados por enzimas de restricción Eco RI y Sma I en la doble hebra de ADN

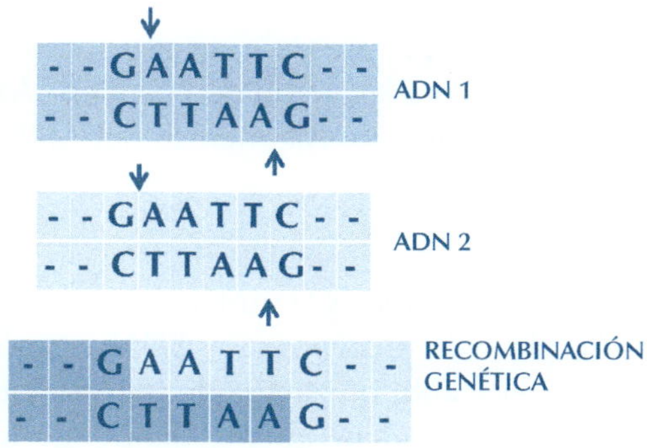

Figura 10.3
Recombinación genética

FUNDAMENTAL

Todos los ADN de una misma fuente tratados con la misma enzima de restricción, producirán la misma colección de fragmentos de ADN. Tanto el ADN que se quiere clonar como el vector se someten a las mismas enzimas de restricción, para de esta forma obtener extremos cohesivos.

Cuando el objetivo es clonar solo un gen, la generación del fragmento de ADN para clonar se realiza mediante PCR con una taq-polimerasa sin actividad correctora, esta genera amplicones con una adenina desapareada extra en cada extremo 3′ de la doble hélice. Estos amplicones pueden recombinarse con vectores-T que tienen en sus dos extremos 3′ timinas desapareadas.

Actividades propuestas

10.1. Explica qué es un clon de ADN.
10.2. Dibuja los fragmentos que originará la enzima de restricción EcoRI en la secuencia siguiente:

G	G	G	A	T	A	T	C	A	A
C	C	C	T	A	T	A	G	T	T

B) Recombinación de los fragmentos de ADN

Cualquier fragmento de ADN, independientemente de su origen, al ser cortado con la misma enzima de restricción produce fragmentos con idénticos extremos complementarios, ya que cada enzima corta siempre en la misma secuencia del ADN. Estos fragmentos originados pueden tener los extremos cohesivos o romos (figura 10.2).

Si se tratan dos fragmentos de ADN de dos fuentes diferentes con una misma enzima de restricción, que produce extremos cohesivos, se obtienen secuencias complementarias en los dos fragmentos de ADN. Los extremos cohesivos de ambos fragmentos pueden unirse gracias a los enlaces por puente de hidrógeno. Estos fragmentos acaban uniéndose formando enlaces covalentes debido a la acción de la enzima ADN *ligasa*.

La unión de los dos fragmentos del ADN se denomina ADN recombinante.

C) Vectores

Un *vector o replicón* es la molécula de ADN de naturaleza variable (bacterias, virus, levaduras, etc.) a la que se le incorpora un ADN extraño o exógeno o diana formando una molécula de ADN recombinante que actúa de transportadora en el proceso de clonado. El vector, mediante su replicación independiente dentro de un organismo huésped, permite la producción de múltiples copias de sí misma, y dado que tiene incorporado ADN extraño o exógeno o diana, originará al mismo tiempo gran cantidad de copias de esta secuencia (figura 10.4).

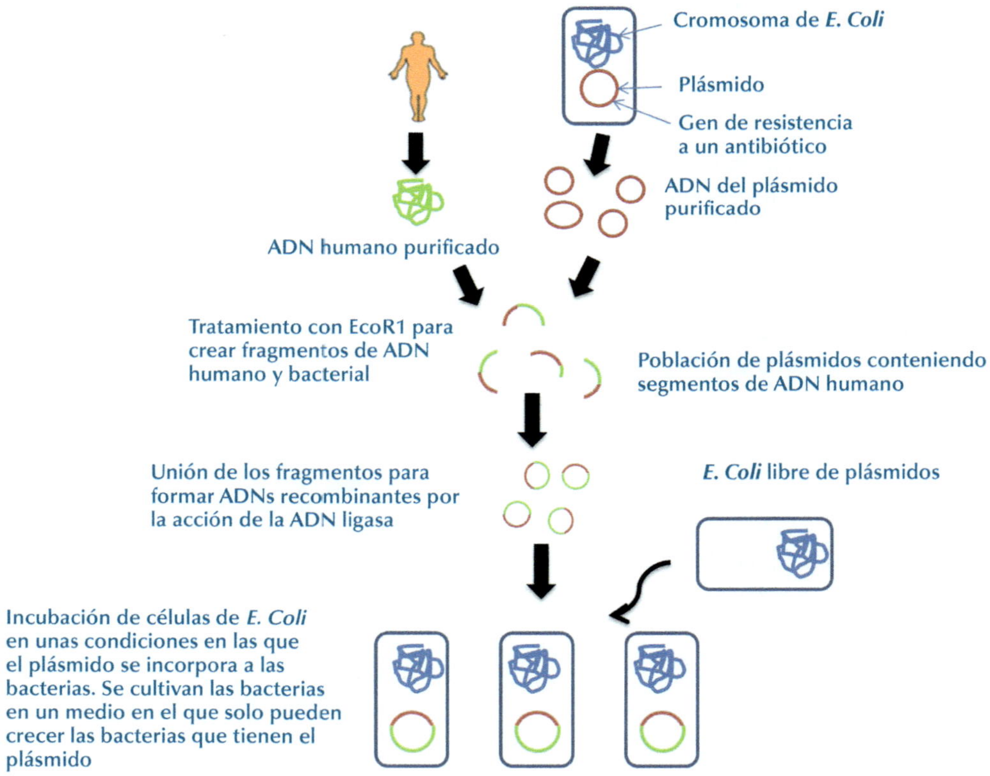

Figura 10.4
Formación de ADN recombinante a partir de plásmidos

Los vectores de clonación deben reunir las siguientes características:

- Deben tener un tamaño lo suficientemente pequeño para poder manipularlos con facilidad.
- Deben presentar un gen que le confiera a la célula huésped propiedades que permita después la selección de los clones que lo han incorporado.

- Deben presentar secuencias de reconocimiento por parte de enzimas de restricción que permitan la inserción del ADN exógeno y deben contener secuencias que le confieran la capacidad de autorreplicarse de forma activa en la célula huésped.
- Una vez insertados no deben modificar su ADN ni el de la célula huésped.

Los tipos de vectores que se utilizan actualmente para la clonación del ADN son:

- Plásmidos.
- Bacteriófagos.
- Cósmidos.
- Cromosomas artificiales bacterianos (BAC) y de levaduras (YAC).

La elección del vector de clonado depende del tipo de enzimas de restricción utilizadas y del tamaño del ADN extraño o exógeno que se va a insertar.

- *Plásmidos*. Son pequeñas moléculas de ADN bicatenario circular (5 a 10 kb) extracromosómico presentes de forma natural en las bacterias, en las que se replican de forma autónoma. Tienen un número limitado de sitios de restricción únicos y contienen genes que determinan su resistencia a ciertos antibióticos y a metales pesados, característica que se puede utilizar para identificar o seleccionar los clones recombinantes. Los plásmidos pueden incorporar más de 10 kb de ADN exógeno. Un ejemplo de plásmidos utilizados como vectores de clonación son los plásmidos de *Escherichia coli*.
- *Bacteriófagos* o fagos. Son virus que infectan bacterias. En los extremos del fago lambda hay secuencias cohesivas de cadena simple, que participan en el empaquetamiento o unión del ADN exógeno. Algunos bacteriófagos como el Pl tienen genomas relativamente grandes que les permiten insertar fragmentos de ADN por encima de 20 kb.
- *Cósmidos*. Son vectores híbridos, tienen características de los plásmidos y características del fago lambda. En los cósmidos se reemplaza prácticamente todo el ADN del fago por el ADN de interés y solo se dejan las secuencias cohesivas o secuencias cos. Los plásmidos aportan a esta molécula un origen de replicación y un gen de resistencia al antibiótico ampicilina permite la selección de las células transformadas con el ADN recombinante.
- *Cromosomas artificiales de bacterias o BAC*. Se forman a partir del plásmido de fertilidad de *E. coli* o factor F. Este plásmido es capaz de incorporar fragmentos de ADN exógeno de más de 300 kb, constituyendo lo que se denominan cromosomas artificiales bacterianos o BAC (siglas en inglés).
- *Cromosomas artificiales de levadura o cromosoma YAC*. Presentan todas las características del cromosoma de levadura (tienen un origen de replicación, centrómero y telómero) y un plásmido con secuencias de replicación autónoma que aseguran la replicación dentro de la levadura. Los YACs tienen la ventaja de que pueden incorporar fragmentos de más de 1.000 kb, así como permitir la replicación de ADN eucariota con secuencias repetidas. Pero también el inconveniente de que al incorporar secuencias repetitivas resultan muy inestables.

Actividad propuesta 10.3

Responde las siguientes cuestiones:

a) ¿Qué enzimas intervienen en la formación del ADN recombinante?
b) ¿Qué función tiene un vector de clonación?
c) ¿Cuáles son las características que deben de cumplir los vectores de clonación?

En las células hospedadoras se introduce un vector de clonación que contiene el fragmento genómico de interés. Al ser cultivada en el medio adecuado, el vector replica su material genético, se obtiene de esa forma un clon o conjunto de células hijas con la misma dotación genética.

Las células hospedadoras pueden ser células procariotas (bacterias) o eucariotas. El tipo de célula que hay que utilizar depende del vector de clonación y del objetivo de la clonación.

- *Células hospedadoras bacterianas.* Son las que se utilizan generalmente para clonar fagos, cósmidos y plásmidos. Se suelen usar cepas que carecen de algunas enzimas; por ejemplo, exonucleasas que podrían degradar los vectores. Las más usadas son la *E. Coli* y el *Bacillus subtilis.* Son fáciles de manipular y crecen con rapidez.
- *Células hospedadoras eucariotas.* Se pueden utilizar como células hospedadoras eucariotas células de levaduras, vegetales o animales.
  - *Levaduras.* La levadura más utilizada como hospedadora para la clonación es *S. cerevisiae*, aunque se pueden emplear otras especies. Se usa para clonar YAC y plásmidos de levaduras.
  - *Células vegetales y animales.* Este tipo de células se utiliza principalmente para obtener organismos transgénicos.

D) Transformación del organismo huésped

Después de la introducción del fragmento de ADN exógeno en un vector, el vector recombinante se introduce en células bacterianas huéspedes; este proceso se denomina transformación (cuando la célula huésped es eucariota, el proceso se denomina transfección). Solo un pequeño número de células bacterianas sufren transformación.

PARA SABER MÁS

La membrana celular bacteriana no es permeable de forma natural al ADN, pero puede hacerse permeable mediante diferentes métodos, tales como la exposición a ciertas sales o a voltajes elevados (electroporación), microinyección, infección por fagos y virus, lipofección (vesículas lipídicas que contienen el ADN exógeno se fusionan con las membranas celulares), utilización de sales como el fosfato, iones metálicos. Con este proceso las bacterias se vuelven "competentes".

E) Búsqueda de los vectores recombinantes

La selección de células que han incorporado el ADN recombinante se logra gracias a la presencia en los vectores de genes que permiten la identificación de las células transformadas.

Así, por ejemplo, después de que las células transformadas se han multiplicado en el medio de cultivo, se colocan en placas de Petri sobre un medio nutritivo de agar. Los vectores recombinantes se pueden seleccionar si se han diseñado de tal forma que contengan genes que aporten resistencia a los antibióticos (de este modo, al colocar las células no transformadas en presencia de este antibiótico mueren o no se dividen), lo que da lugar a un cultivo constituido únicamente por células que contienen el ADN recombinante.

> **Fundamental**
>
> Las bacterias a las que se le han incorporados plásmidos con resistencia a los antibióticos serán capaces de crecer en un medio en el que esté presente este antibiótico. También pueden utilizarse vectores que contengan un gen de resistencia a un antibiótico y otro que codifique una proteína fluorescente que permita su identificación.
>
> El conjunto de moléculas de ADN recombinante generado a partir del ADN total de una fuente específica se conoce como biblioteca genómica. Si el ADN recombinante se ha generado a partir de ADN complementario (ADNc), es decir, ADN obtenido por acción de la transcriptasa inversa a partir del ARN mensajero que se encuentran en un tipo celular concreto, el conjunto de todas estas moléculas recombinantes se denomina genoteca de expresión.

Para la detectar la presencia de clones que tengan insertado ADN específico se utilizan técnicas de hibridación de ácidos nucleicos. El método consiste en transferir las colonias de bacterias huéspedes transformadas con clones recombinantes a filtros de nitrocelulosa. Los ácidos nucleicos se unen a los filtros a modo de réplica. El ADN transferido se desnaturaliza para obtener hebras simples de ADN que se podrán hibridar con sondas de ADN o ARN marcadas radiactivamente o con reactivos fluorescentes. A continuación pueden detectarse por exposición en una placa de rayos X (autorradiografía) o a luz ultravioleta, en este caso emitirá fluorescencia.

Con el proceso de clonación se obtiene una colección de miles o cientos de miles de clones en forma de colonias de células hospedadoras (bacterianas, fagos recombinantes, levaduras, etc.). Un método utilizado para analizar la colección de clones obtenidos es mediante la técnica de secuenciación que se verá en el siguiente apartado.

10.3. Secuenciación de ADN

La secuenciación del ADN es un conjunto de técnicas cuya finalidad es la determinación del orden de los nucleótidos (A, C, G y T) en una cadena de ADN (desde el extremo 5' de la molécula al 3'). La información genética heredable de un individuo está determinada por la secuencias de nucleótidos en las cadenas de ADN.

Actividades propuestas

10.4. En el proceso de clonación, explica en qué consiste la transformación de la célula huésped. ¿Cómo se pueden detectar clones con insertos específicos de ADN?

10.5. Explica la diferencia entre una genoteca de ADN y otra de ADNc y señala los factores que permitieron el desarrollo de las técnicas de secuenciación.

La secuenciación del ADN es útil para la investigación básica de los procesos biológicos fundamentales, el diagnóstico de patologías genéticas, el diagnóstico microbiológico de enfermedades infecciosas, en la farmacogenética, así como en medicina legal y forense.

Las técnicas de secuenciación se iniciaron a mediados de la década de 1970, desarrollándose casi simultáneamente dos metodologías de secuenciación de ADN:

- Método químico desarrollado por Alan Maxam y Walter Gilbert.
- Método enzimático, desarrollado por Frederick Sanger y Alan R. Coulson.

El desarrollo de las técnicas de clonación fue posible gracias al descubrimiento de enzimas de restricción y al desarrollo de tecnologías de clonación. La secuenciación del ADN inicialmente se realizaba de forma manual. En la actualidad, todo el proceso de secuenciación se efectúa de forma automatizada, los resultados se interpretan por computadora y se almacenan en bases de datos fáciles de analizar con *software* ampliamente disponible.

Estos avances han sido posibles mediante el desarrollo de métodos moleculares para la secuenciación de ADN, instrumentación susceptible de automatizarse, computadoras más potentes y fáciles de adquirir, y *software* para análisis de datos.

10.3.1. Método de secuenciación de Maxam y Gilbert

Este método se basa en la modificación química y posterior rotura del ADN.

El proceso se inicia mediante el marcado radiactivo con 32P en el extremo 5' del fragmento del ADN que se quiere secuenciar (figura 10. 5). El ADN marcado se divide en cuatro alícuotas y en cada una de ellas se realizará una reacción química diferente. El tratamiento químico genera rupturas en la cadena del ADN en los sitios en los que se localizan las bases siguientes: DMS rompe el ADN donde hay (G), ácido fórmico (A+G), hidrazina (C+T) e hidrazina más sales (C). De ese modo se genera una serie de fragmentos de ADN marcados en su extremo 5', de longitud variable, en cuyo extremo 3' hay un determinado nucleótido.

Los fragmentos de las cuatro alícuotas posteriormente se separan por tamaño mediante electroforesis en gel, situando los productos de las cuatro reacciones en pocillos del gel diferentes.

Para visualizar los fragmentos generados se hace una autorradiografía que detecta la señal que emite el 32P, lo que proporciona una imagen en la que puede observarse una serie de bandas oscuras correspondientes a los fragmentos marcados con el radioisótopo. A partir de la lectura de estos fragmentos se puede definir la secuencia del ADN de interés.

Esta técnica de secuenciación no permite la secuenciación de regiones mayores de 250 kb. Este hecho, junto con el desarrollo de otras técnicas de secuenciación más rápidas y sencillas, ha originado que se utilice cada vez menos.

Actividad propuesta 10.6

Describe los fragmentos que se originarán en la secuencia ATGTCGAATC si se trata con un agente químico que rompe la cadena en el nucleótido citosina.

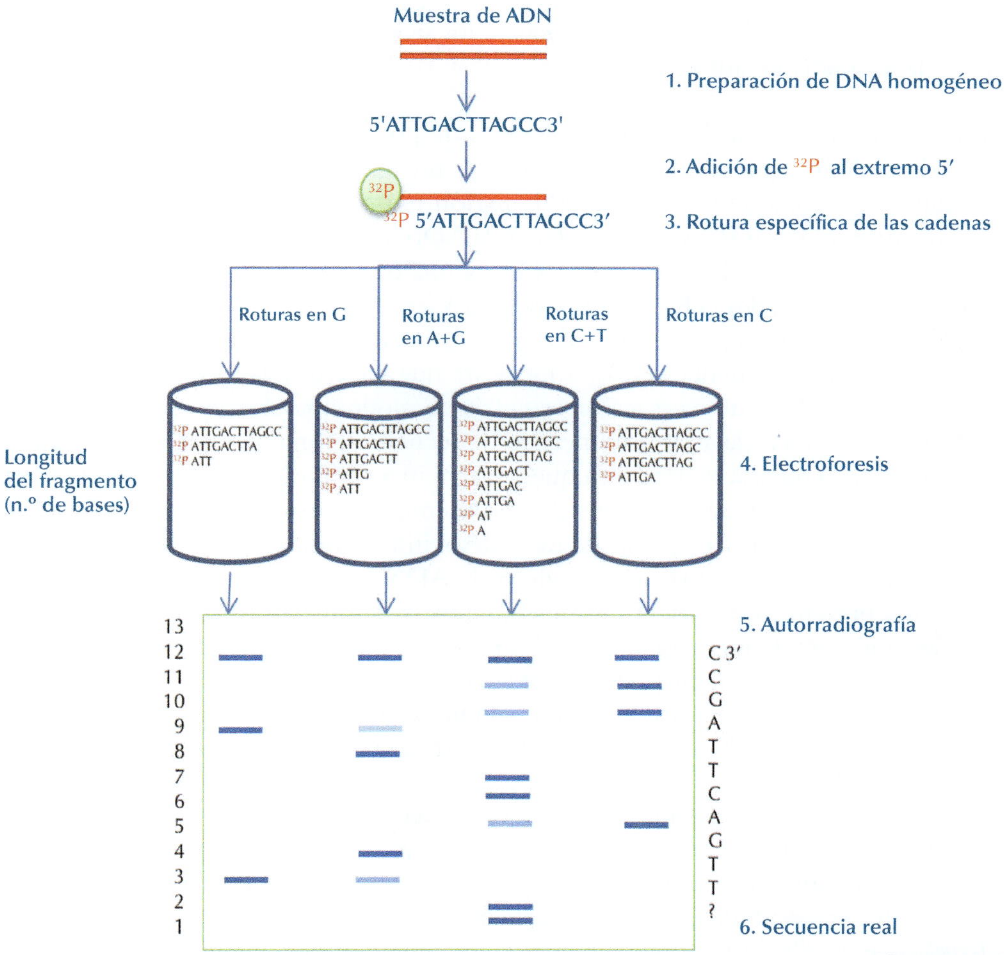

Figura 10.5
Esquema de la secuenciación por el método de Maxam y Gilbert

10.3.2. Método de secuenciación de Sanger y Coulson

Sanger publicó en 1977 el método enzimático de secuenciación de ADN llamado *método de terminación de la cadena*, el cual se convirtió en el método más utilizado en los siguientes 30 años. En este método se utilizan menos reactivos tóxicos y cantidades menores de radiactividad que en el método de Maxam y Gilbert. Se caracteriza por utilizar didesoxinucleótidos trifosfato (ddNTP) para terminar la cadena de ADN.

FUNDAMENTAL ◎

Los ddNTP son desoxinucleótidos de cada uno de los 4 nucleótidos diferentes que carecen de los grupos hidroxilo 2′ y 3′, de manera que cuando uno de estos nucleótidos se incorpora a una cadena de ADN en crecimiento, esta cadena no puede continuar elongándose, ya que la enzima ADN polimerasa necesita un extremo 3′ OH para formar el enlace fosfodiéster con el nucleótido siguiente.

El método inicial descrito por Sanger incluye los siguientes pasos: polimerización, electroforesis y revelado mediante autorradiografía y análisis de los resultados.

- *Polimerización:* se realizan cuatro reacciones de polimerización, en cada una de ellas se mezcla el ADN que se va a secuenciar con un iniciador o *primer* complementario al extremo 5' de una de las cadenas de la región por secuenciar, este *primer* está marcado en su extremo 3'con P^{32}, se añade además la ADN polimerasa, los cuatro precursores trifosfato de desoxirribonucleótidos (dNTP) y una baja concentración de di-desoxi-NTP (ddNTP) (ddATP, ddGTP, ddCTP y ddTTP).

  La reacción de secuenciación da comienzo cuando la muestra de ADN que hay que secuenciar se calienta a una temperatura que hace que las dos cadenas de ADN se desnaturalicen. Después la reacción se enfría de modo que el *primer* pueda unirse con la hebra del ADN. La clave de este método de secuenciación está en los nucleótidos libres presentes en la mezcla de reacción que se van a incorporar a la nueva cadena sintetizada.

  La ADN polimerasa va añadiendo al extremo del *primer* el correspondiente deoxinucleótido (A, C, G o T) y uno de los didesoxinucleótidos (ddA, ddC, ddG o ddT), de modo que se sintetiza una nueva cadena de ADN complementario. Como el ddNTP está presente en mucha menor concentración en la mezcla de reacción que el dNTP correspondiente, la incorporación del ddNTP es infrecuente y aleatoria; puede incorporarse cerca del principio de una cadena, próximo a la parte intermedia de otra o hasta el final de la tercera cadena. En cualquier caso, cuando el ddNTP se incorpora, el crecimiento de la cadena cesa en ese punto (figura 10.6). Se realiza solo una ronda de síntesis de ADN.
- *Electroforesis:* una vez obtenidas las nuevas cadenas de ADN, se separan de las hebras molde por desnaturalización con calor y se someten a electroforesis en gel de poliacrilamida en condiciones desnaturalizantes. Mediante esta electroforesis es posible separar fragmentos que solo difieren en un nucleótido.
- *Revelado:* el resultado final es la obtención de cuatro grupos de polinucleótidos (uno por cada una de las reacciones) de diferentes tamaños que abarcan todo el ADN molde que se va a secuenciar marcados radiactivamente. La secuencia de ADN complementaria al molde de ADN monocatenario se puede leer directamente a partir de la autorradiografía del gel.
- *Análisis:* las posiciones de las bandas en el gel permiten obtener la secuencia, empezando por la que había migrado más lejos y que representaba la cadena de ADN más pequeña, donde la incorporación del nucleótido terminal había tenido lugar en la primera posición.

Los métodos de secuenciación han ido evolucionando a medida que se ha ido desarrollando tecnología apropiada. En el método de Sanger descrito en el apartado anterior se sustituyó el marcaje radiactivo por un marcaje con fluorocromos. De tal forma que se simplifica el proceso al no ser necesario la autorradiografía, basta con iluminar el gel con una luz ultravioleta. Se automatizó la fase de electroforesis (en gel o capilar) y análisis de resultados.

Actividad propuesta 10.7

Explica la diferencia entre los métodos de secuenciación de Maxam y Gilbert y el de Sanger.

10.3.3. Secuenciación automática de primera generación

El método de Sanger-Coulson se convirtió en el método de secuenciación más utilizado, pero tras el desarrollo de la PCR, el procedimiento de secuenciación de Sanger-Coulson se fusionó con la PCR y permitió el desarrollo de los secuenciadores automáticos de primera generación.

Este procedimiento es similar al descrito anteriormente, pero en este caso se realiza una reacción de PCR y se usan cuatro fluoróforos como marcadores. El proceso de secuenciación se puede realizar en muestras de ADN de cadena simple obtenidas mediante PCR, clonación, transcripción inversa de ARN, etc.

El ADN que va ser secuenciado funciona como un molde para la síntesis enzimática de un nuevo ADN que comienza en un sitio definido por la unión de un *primer*.

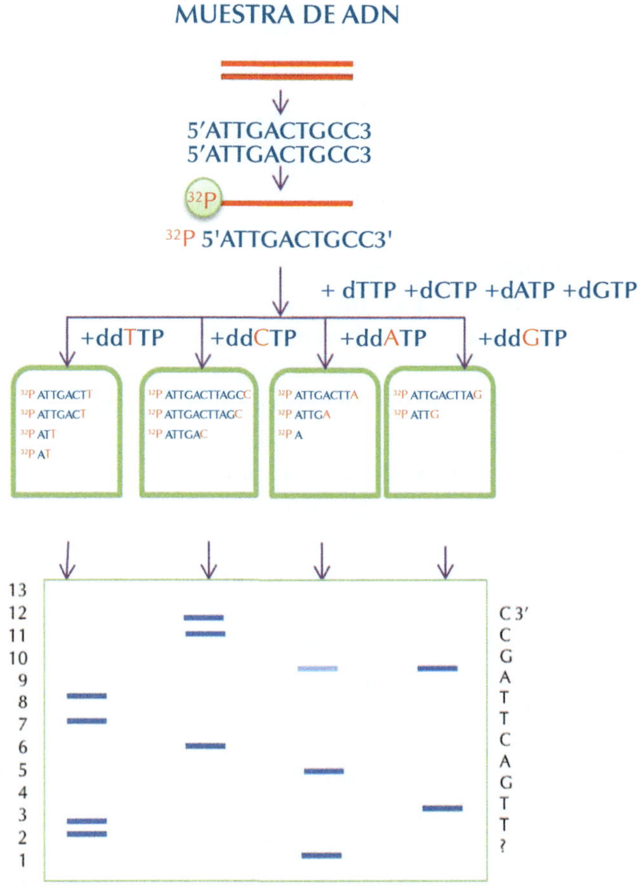

Figura 10.6
Método de Sanger de secuenciación

TOMA NOTA

> En la PCR de la secuenciación se utilizan concentraciones más diluidas que en la PCR estándar y el número de ciclos es menor.

La mezcla de reacción contiene *primers* o cebadores de ADN, ADN cadena molde de cadena sencilla, enzima ADN polimerasa (taq-polimerasa), los cuatro precursores trifosfato de desoxirribonucleósido (dNTP), una baja concentración de ddNTP y un tampón que favorezca la acción de la enzima. Cada ddNTP (ddATP, ddGTP, ddCTP y ddTTP) se ha modificado por la adición de un colorante fluorescente de distinto color a su extremo 3'. El marcaje de cada ddNTP con un fluorocromo de distinto color permite realizar una única reacción.

El *primer* se une a la cadena molde por complementariedad de bases y la enzima sintetiza ADN incorporando los nucleótidos complementarios a la secuencia molde. Los ddNTP marcados con diferentes fluorocromos, cuando se incorporan, provocan la finalización de la síntesis de la cadena.

El ciclo de hibridación, síntesis y desnaturalización se repite muchas veces. Cuando todos los ciclos se completan se obtienen una serie de cadenas sencillas de ADN marcadas fluorescentemente de diferentes tamaños cada una marcada con un fluorocromo diferente.

Estas cadenas de longitudes diferentes se separaran durante la electroforesis capilar en función de tamaño, los fragmentos más pequeños migran más rápido que los fragmentos más grandes. Cada banda sucesiva en el gel contendrá moléculas hijas con un nucleótido más que la predecesora.

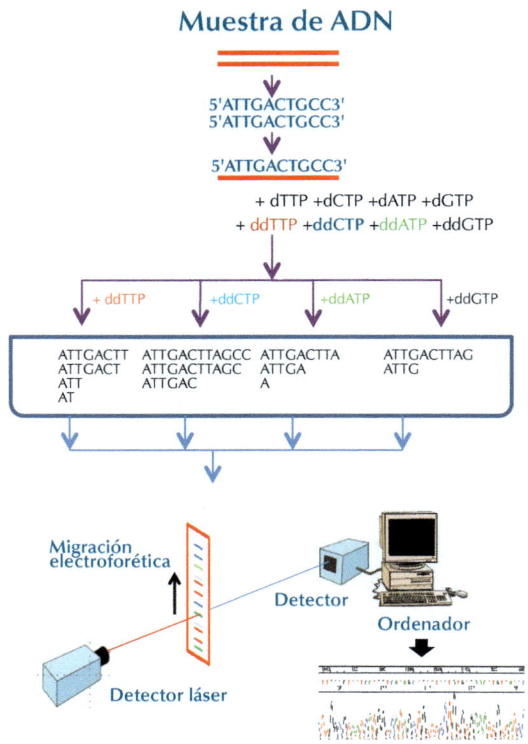

Figura 10.7
Esquema de la secuenciación automática

Al final del capilar hay un láser de iones argón que excita al fluorocromo. La luz emitida es detectada por un fotomultiplicador (el analizador genético), que detecta la fluorescencia de los cuatro fluorocromos utilizados para identificar la A, C, G, T, analizando estas muestras una a una. El orden de los colores en el gel corresponde, por tanto, a la secuencia de bases de la molécula plantilla (figura 10.7). El analizador está conectado con una computadora que recoge y analiza los datos, finalmente genera un electroferograma que permite visualizar la secuencia de nucleótidos que se ha ido incorporando durante la reacción. En él se muestra el orden de las bases, aparece un pico de un color para cada base.

Una vez que se ha determinado la secuencia de nucleótidos de un segmento de ADN es posible emplear diversas herramientas de *software* para analizarla. La secuencia de nucleótidos puede compararse con las secuencias disponibles en las diferentes bases de datos ubicadas en internet.

Actividad propuesta 10.8

Explica por qué en los sistemas de secuenciación automática solo es necesario hacer una reacción de PCR.

10.3.4. Otros análisis realizados con el secuenciador: análisis de fragmentos

El secuenciador es una herramienta que permite conocer la secuencia de un fragmento de ADN, de tal forma que es posible detectar mutaciones puntuales en esas secuencias al compararlas con la secuencia normal. A partir de los equipos de secuenciación también es posible realizar estudios basados en los análisis de fragmentos. Las técnicas de Milpas, Microsatélites, RFLP, QF-PCR se realizan en el secuenciador.

El análisis de fragmentos permite determinar el tamaño de los dos alelos de una región determinada del ADN en un individuo, es decir, detecta las variantes alélicas o polimorfismos poblacionales en cualquier tipo de marcadores genéticos moleculares.

Fundamental

Uno de los fluorocromos se utiliza siempre como estándar interno. Este estándar informa sobre el tamaño y la cantidad de cada fragmento de PCR, eliminando la variación entre capilares.

El análisis del tamaño de los fragmentos de ADN se aplica al estudio de microsatélites en una población, pruebas de paternidad, pruebas forenses, etc.

Esta metodología utiliza *primers* marcados con los mismos fluorocromos a los empleados en la secuenciación de ADN. Cada fragmento amplificado se marca con un fluorocromo diferente, lo que permite el estudio de múltiples fragmentos a la vez. Durante la electroforesis se separan los diferentes fragmentos combinando tamaños y colores.

Actividad propuesta 10.9

Cita qué otra utilidad tienen los secuenciadores además de conocer la secuencia de un fragmento de ADN.

10.4. Secuenciación de última generación o secuenciación masiva o NGS

El concepto de secuenciación masiva (NGS) engloba todas las tecnologías que permiten de una forma más rápida y barata llevar a cabo la secuenciación masiva a gran escala de los ácidos nucleicos.

La capacidad de generar una mayor cantidad de lecturas del genoma permitió el análisis en paralelo de múltiples secuencias, por lo que estos métodos de secuenciación también reciben el nombre de "secuenciación masiva paralela". Para conseguir este avance fue necesario reducir el tamaño de los fragmentos que había que leer, lo que supuso una mayor complejidad del análisis bioinformático posterior. Ya que a menor tamaño de los fragmentos, mayor es el número de lecturas que solapar para cubrir el genoma completo y, por tanto, mayor dificultad en el ensamblaje durante el análisis posterior (figura 10.8).

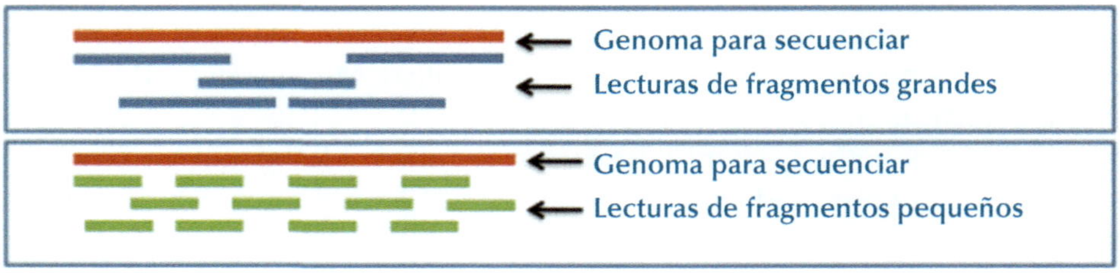

Figura 10.8
A mayor tamaño de los fragmentos menor es el número de lecturas que se van a ensamblar durante el análisis bioinformático

Los fragmentos de ADN que hay que secuenciar se unen por cada uno de sus extremos a unas secuencias de ADN denominadas adaptadores universales (figura 10.9). Estos adaptadores permiten inmovilizar los fragmentos de ADN y amplificarlos utilizando una mismas pareja de *primers* complementaria a los adaptadores.

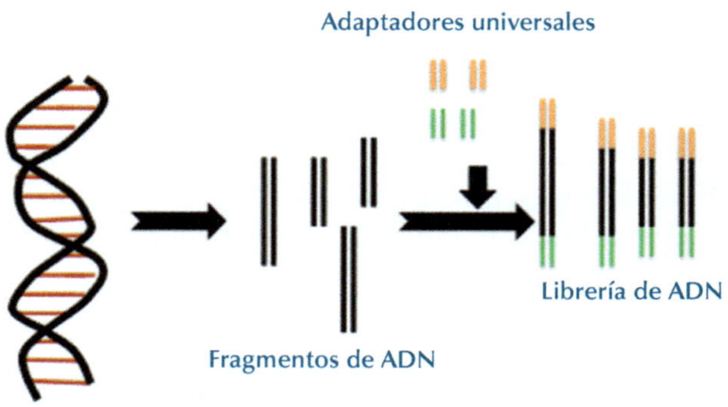

Figura 10.9
Preparación del ADN para secuenciar, se fragmenta y se le unen adaptadores universales a los extremos 3' y 5'

10.4.1. Sistemas de clonación del ADN para secuenciación

Actualmente existen numerosas y variadas plataformas de secuenciación NGS, todas ellas tienen en común la necesidad de amplificar previamente el fragmento que se va a secuenciar. Esto es debido a que, a partir de una única molécula, no es posible obtener lecturas secuenciadas de este. El proceso de clonación del ADN para secuenciación puede realizarse mediante una PCR en emulsión o bien mediante una PCR puente.

A) PCR en emulsión

Utiliza unas nanoesferas en las que se ancla el ADN y se les añade la mezcla de reacción para la PCR (fase acuosa) y aceite. Se forma una emulsión aceite-agua en la que cada nanoesfera queda encapsulada junto con la mezcla de reacción y una sola hebra de ADN dentro de diminutas gotas de agua. A continuación se realiza la amplificación, quedando cada nanoesfera recubierta por varios miles de copias de la misma secuencia molde (figura 10.10).

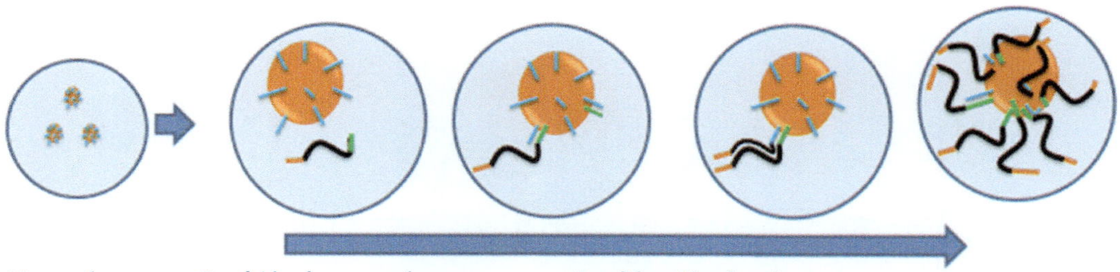

Figura 10.10
Clonación del ADN para secuenciar mediante emulsión empleando nanoesferas

Recurso web www

En este vídeo se describe la secuenciación con microesferas.

Las nanoesferas pueden estar unidas químicamente a una superficie de cristal (plataforma SOLID) o bien se depositan en los pocillos de placas multipocillo (plataformas Ion Torrent y 454 Life Sciences).

B) *PCR puente*

La secuenciación se realiza sobre una placa de vidrio, sobre la que están fijados una alta densidad de adaptadores universales. Estos adaptadores son complementarios a los adaptadores anclados en las secuencias de las hebras del ADN problema. Así, tras la desnaturalización del ADN, cada una de las cadenas monocatenarias de los fragmentos de ADN se unirá, por uno de sus extremos, a uno de los oligonucleótidos complementarios fijados en la placa. Cada cadena de ADN molde queda rodeada de múltiples adaptadores que actúan como cebadores universales.

A continuación, se deposita sobre el conjunto mezcla de reacción para PCR, pero sin *primers*, ya que están fijados a la superficie de la placa. En cada ciclo de la PCR se produce la hibridación del extremo libre de la cadena de ADN con uno de los *primers* (adaptadores) adyacente, formándose un puente. Tras la acción de la polimerasa se sintetiza la cadena complementaria, que a su vez queda inmovilizada.

Seguidamente, se produce un nuevo ciclo de desnaturalización que separa ambas cadenas entre sí, pero quedando inmovilizadas al soporte. Las hebras desnaturalizadas pueden formar nuevos puentes gracias a la unión de su extremo libre con otro de los adaptadores inmovilizados en la placa. La acción de nuevo de la polimerasa sintetiza una nueva cadena complementaria. El proceso se repite varias veces, el resultado final es la formación de miles de secuencias idénticas inmovilizadas sobre una superficie sólida (clústeres). Este mecanismo es propio de la plataforma de Illumina (figura 10.11).

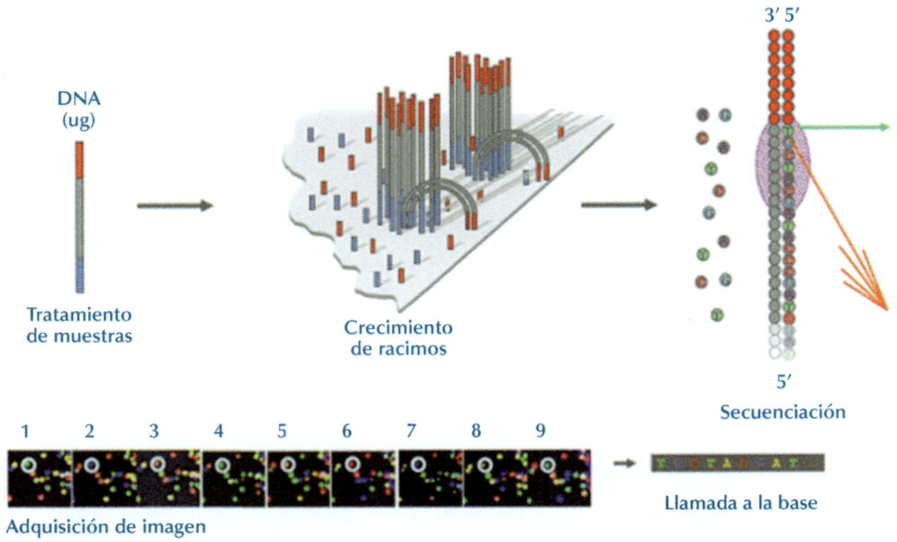

Figura 10.11
Esquema del mecanismo de amplificación mediante PCR en puente utilizado en la plataforma de secuenciación de Illumina
Fuente: http://openwetware.org/images/7/76/BMC_IlluminaFlowcell.png

10.4.2. Reacciones de secuenciación

Una vez que se han obtenido las múltiples copias de los fragmentos de ADN molde, se pasa a realizar las reacciones de secuenciación. Existen varias metodologías que tienen en común: no necesitar electroforesis, estar basadas en la fluorescencia o en la bioluminiscencia, y permitir realizar de forma simultánea millones de reacciones individuales. Las más utilizadas son la secuenciación por síntesis que incluye la pirosecuenciación y la terminación reversible cíclica. La secuenciación se realiza alternando ciclos de las metodologías anteriores con la toma de imágenes (*imaging*).

A) Terminación reversible cíclica

La reacción CRT utiliza dNTP marcados con un fluorocromo diferente y con terminadores reversibles que impiden la unión de otro nucléotido. Debido a la acción de la polimerasa cada nucleótido se incorpora a la cadena en crecimiento de forma complementaria a la cadena de ADN inmovilizada. A continuación se pasa a la lectura, para ello se lava el exceso de nucleótidos y se excitan los fluorocromos con un láser y se fotografía la fluorescencia emitida en cada punto del soporte.

Dado que la unión con el fluoróforo y el agente bloqueante es reversible, al eliminar el agente bloqueante, el nucleótido vuelve a su estructura normal, lo que permite la incorporación de nuevos nucleótidos a la cadena en crecimiento.

Las fotografías sucesivas de los colores en cada punto permiten averiguar la secuencia del ADN de cada clúster.

B) Pirosecuenciación

Las técnicas de secuenciación evolucionaron con el objetivo de conseguir mayor rapidez y un menor coste. Se desarrollaron los denominados secuenciadores de segunda generación, capaces de producir cientos de miles de reacciones de secuencias en paralelo gracias a la inmovilización de las reacciones en una superficie sólida. De esta forma se minimiza al máximo la cantidad de reactivos necesarios.

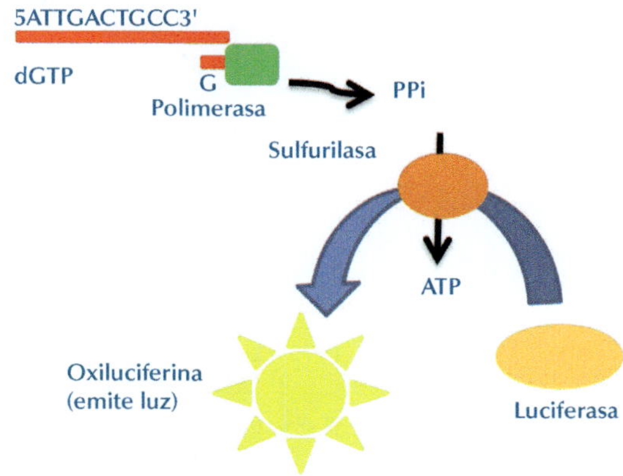

Figura 10.12
Esquema de la detección de los nucleótidos incorporados mediante pirosecuenciación

Esta técnica de secuenciación aprovecha el trifosfato que se libera en forma de pirofosfato (PPi), cuando el dNTP se une a la cadena durante la polimerización del ADN, de tal forma que mediante una serie de reacciones enzimáticas acopladas se libera luz cada vez que se incorpora un nucleótido.

Además de la ADN polimerasa, se requiere de tres enzimas adicionales: ATP-sulfurilasa, luciferasa y apirasa y dos sustratos adicionales: adenosin-fosfosulfato (APS) y luciferina (figura 10.12). Con estas enzimas se producen reacciones que generan de forma natural señales luminosas, lo que evita el marcaje con sondas fluorescentes y aporta rapidez y un menor coste.

Los pasos que se realizan en un equipo de pirosecuenciación son los siguientes:

- Se parte de una secuencia de ADN molde y un *primer*, pero se incluyen las enzimas y sustratos adicionales y dNTP no marcados.
- La polimerasa une un dNTP, liberando un PPi en el proceso.
- La ATP-sulfurilasa convierte el PPi en ATP con ayuda del APS.
- La luciferasa convierte el ATP en luz con ayuda de la luciferina.
- Se mide el pulso de luz creado cada vez que se incorpora un nucleótido.
- La apirasa se libra de los reactivos sobrantes para que el sistema esté limpio para el siguiente dNTP.

El secuenciador vierte automáticamente sobre los pocillos los reactivos necesarios y un tipo de nucleótido cada vez. Así de forma cíclica se van vertiendo dATP, dCTP, dGTP y dTTP. En cada pocillo, la ADN polimerasa añadirá uno o más nucleótidos dependiendo de la secuencia que actúa como molde y se emitirá luz con una intensidad proporcional al número de nucleótidos incorporados a la nueva cadena que se va sintetizando durante el proceso de secuenciación.

Para la secuenciación genómica o exómica, se precisan aproximadamente 10 μg de ADN, que no debe estar fragmentado ni contaminado con sustancias orgánicas.

Durante la polimerización, cada nucleótido que se añade está marcado con una sonda fluorescente, de tal forma que al añadirse a la cadena en formación emite una señal luminosa de una longitud de onda determinada que es detectada. La secuencia de ese fragmento se determina a partir del orden en el que se han ido produciendo los destellos luminosos correspondientes a cada una de los nucleótidos incorporados. El *software* alinea los resultados de cada uno de los fragmentos, dando lugar a una secuencia única.

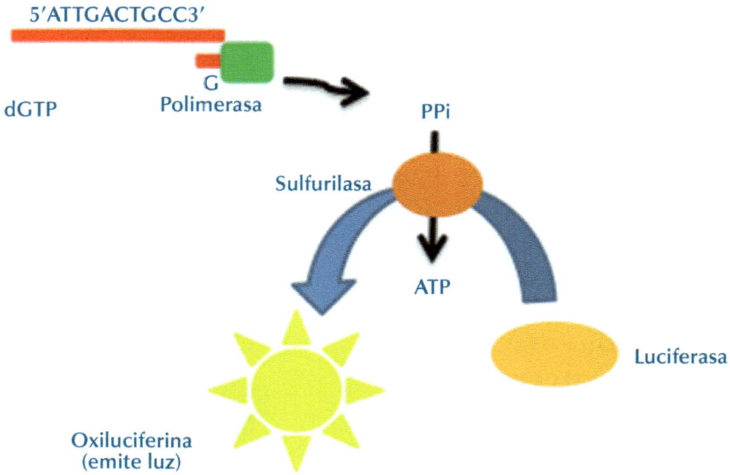

Figura 10.13
Esquema de la detección de los nucleótidos incorporados mediante pirosecuenciación

Mediante programas informáticos se interpretan estos patrones de luz y se generan unas gráficas que indican si ha habido incorporación o no de nucleótidos y también su número.

La pirosecuenciación permite la secuenciación de grandes cantidades de ADN en menos tiempo que otras técnicas y con un coste menor. Pero su gran inconveniente es que se confunde en las secuencias homopoliméricas.

Actividad propuesta 10.10

Explica el fundamento de la pirosecuenciación, cita las enzimas necesarias y las ventajas que aporta con respecto a otras técnicas de secuenciación.

Recurso electrónico

En el anexo web 10.1, disponible en la www.síntesis.com y accesible con el código indicado en la primera página del libro, se recoge información sobre las plataformas de secuenciación Illumina y SOLID.

10.5. Secuenciación de 3.ª generación

Se están desarrollando secuenciadores más potentes, rápidos y económicos que no utilizan marcadores fluorescentes.

Ejemplos de secuenciadores de 3.ª generación son la secuenciación Ion Torrent y la secuenciación en nanoporos.

10.5.1. Secuenciación Ion Torrent

Se basa en la detección de microvariaciones de pH producidas en una reacción de polimerización. Cuando se incorpora un nucleótido en las moléculas de ADN por la polimerasa, se libera un protón que provoca un cambio en el pH que es detectado por un sensor de pH incluido en el pocillo y registrado por el *software* del secuenciador.

Mediante un flujo continuo se van adicionando secuencialmente a los pocillos en los que está anclado el ADN cada dNTP sin marcar, alternando con ciclos de lavado para eliminar los nucleótidos no incorporados.

Si no es el nucleótido correcto, no se detectarán cambios en el pH; pero si se agregan dos nucleótidos iguales en un único ciclo, porque el ADN molde tiene dos bases iguales consecutivas, la variación de pH será el doble (figura 10.14).

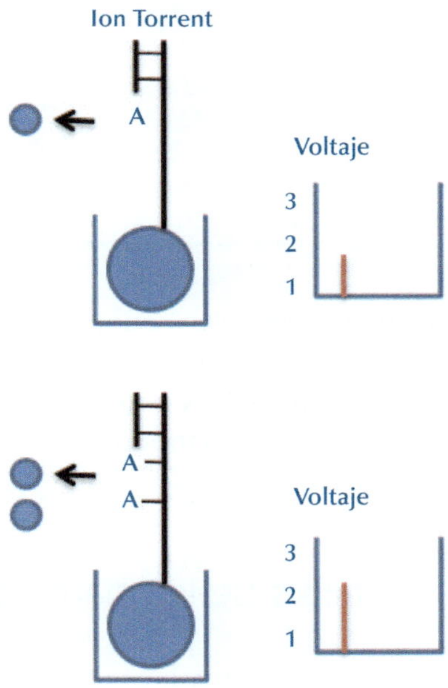

Figura 10.14
Secuenciación Ion Torrent. Cada vez que se une un determinado nucleótido se observa una variación en el voltaje

En función de las variaciones de pH ocurridas en cada pocillo (cada vez que se añade un nucleótido), el *software* de equipo obtiene la secuencia del fragmento de ADN. Posteriormente ensambla las secuencias de cada fragmento para obtener la secuencia genómica completa.

10.5.2. Secuenciación por nanoporos

La secuenciación por nanoporos es un método de secuenciación basado en biosensores. No requiere reacción de PCR ni marcajes con fluorocromos. Se trata de un método de secuenciación más rápido, sencillo y económico. El objetivo de esta tecnología es poder obtener secuenciadores portátiles, casi "de bolsillo".

Están formados por unos biosensores que contienen unos nanoporos de un diámetro de entre 1 y 100 nm. Actualmente se utilizan dos tipos de nanoporos: los que se generan a partir de pequeños agujeros en silicio o grafeno y los de tipo biológico. En ambos casos son resistentes eléctricamente y poseen un microelectrodo. A través del poro cruza un flujo de iones, generando una corriente iónica basal (figura 10.15).

Debido al tamaño del poro en ADN que pasa a través de él es leído base a base. Cada vez que pasa una base a través del poro se produce una variación característica de la corriente iónica, lo que permite averiguar la secuencia de la hebra de ADN. La secuenciación se produce simultáneamente al paso de la molécula por el nanoporo.

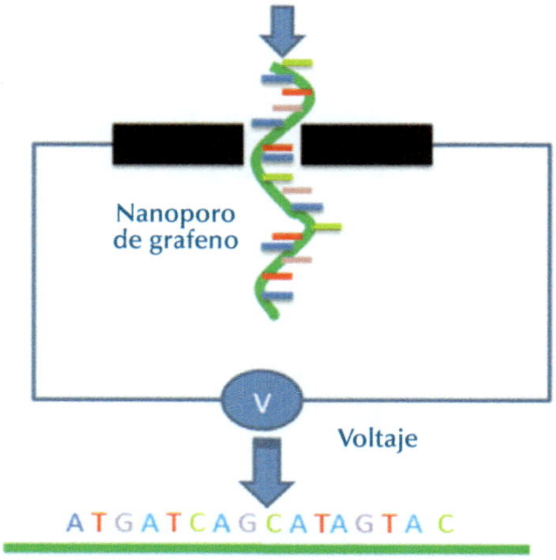

Figura 10.15
Esquema de un secuenciador de nanoporos de grafeno

Los secuenciadores con nanoporos biosintéticos están formados por una membrana de polímeros sintéticos que contiene miles de nanoporos formados por una proteína tipo porina acoplada a una enzima ADN helicasa que desenrolla la molécula de ADN. Solo una de las hebras se desliza a través del nanoporo.

10.5.3. Análisis de los datos obtenidos por secuenciación masiva

Al finalizar la lectura o el *run* se generan una serie de archivos que deben ser analizados mediante programas bioinformáticos, como son:

- MiSeq Reproter: analiza los parámetros de calidad del run (coberturas, *quality scores*).
- IGV: visualizador de lecturas a lo largo de nuestros genes de interés.
- Variant Studio: analiza y muestra las variantes detectadas en cada una de las muestras.

La NGS genera un enorme volumen de datos, lo que supone una complejidad mayor del análisis y la interpretación de los resultados. Debido al enorme tamaño del genoma humano y a la variabilidad de este, el número de variantes que se encuentran en un estudio genómico es muy elevado.

Al comparar el resultado obtenido en la NGS con un genoma de referencia surgen las posibles variantes genéticas, entre las que estarán las que causan la enfermedad. Es preciso, por tanto, filtrar los resultados obtenidos para poder conocer cuál es la mutación causante en el proceso que nos interesa. Para ello se efectúa un triple filtrado:

1. Se eliminan todas las variantes que se encuentran presentes en la población, generalmente SNP, para ello se consultan las bases de datos de variaciones de SNP.
2. Se consideran aquellos genes de interés.
3. Se revisan las publicaciones sobre variaciones en el gen estudiado para localizar mutaciones raras.

Actividades propuestas

10.11. Explica el fundamento común a todas las plataformas de secuenciación masiva.

10.12. Explica por qué el análisis de los datos obtenidos por NGS presenta una complejidad mayor que los sistemas de secuenciación automática de Sanger.

10.6. Secuenciación de ARN

La secuenciación de moléculas de ARN se puede realizar directamente por métodos enzimáticos o directos o por métodos indirectos.

Los métodos enzimáticos son similares a los descritos para el ADN. Se usa una enzima retrotranscriptasa. La secuencia leída en el gel será la correspondiente al ADNc complementario al ARN y tiene el sentido opuesto.

Los métodos indirectos de secuenciación de ARN realizan una obtención previa de una cadena de ADNc a partir del ARN que se va a secuenciar utilizando una transcriptasa inversa. A continuación se secuencia el ADNc utilizando los métodos descritos anteriormente. La secuencia de ARN es la complementaria a la obtenida en el ADNc.

10.7. Bioinformática: análisis de bases de datos de ADN y proteínas

Los continuos avances tecnológicos en la biología molecular han conllevado una generación exponencial de datos genéticos que no son fácilmente interpretables. La inmensa cantidad de datos generados en los últimos años en proyectos destinados al estudio de la relación entre variantes genéticas y la predisposición a las enfermedades, así como el diagnóstico y respuesta a los fármacos (Proyecto Genoma Humano, HapMap Project, 1000 Genomes Project), unido al desarrollo informático, han aumentado las posibilidades de conocer el funcionamiento de los seres vivos a nivel molecular y celular.

Estos hechos han dado lugar a una nueva área de la ciencia en la que la biología, las ciencias computacionales y la tecnología de la información se fusionan en una sola disciplina: la bioinformática.

El objetivo de la bioinformática es desarrollar herramientas útiles que permitan la correcta recopilación, clasificación e interpretación de todos los datos genéticos obtenidos que se van generando.

Inicialmente, la bioinformática se ocupaba de la creación de bases de datos de información biológica, especialmente secuencias, y del desarrollo de herramientas para la utilización de los datos contenidos en las bases de datos.

Hoy en día, la bioinformática ha se ocupa del análisis e interpretación de los distintos tipos de datos (secuencias de genomas, proteomas, dominios y estructuras de proteínas, etc.).

10.7.1. Bases de datos

Las bases de datos utilizadas en biología molecular son archivos de datos que provienen de diferentes áreas almacenados de modo eficaz y uniforme, de uso público para la comunidad científica.

Es muy importante la creación de bases de datos sumamente dinámicas que permitan la consulta y el uso de los datos por parte de los investigadores y clínicos de todo el mundo. Y que además estén asequibles a la red para facilitar diferentes tipos de análisis mediante herramientas informáticas de distinta naturaleza.

Existen numerosas bases de datos, un catálogo completo de todas las bases de datos disponibles aparece todos los años en la revista *Nucleic Acids Research*.

Las bases de datos, dependiendo del tipo de información que contienen, se pueden clasificar en bibliográficas, taxonómicas, de nucleótidos, genómicas, de proteínas, de *microarrays* y otras. A continuación se presentan una serie de códigos QR con los que podrás acceder a algunas de ellas.

- *Bases de datos bibliográficas.* Organizan y recogen los artículos publicados en las revistas de ámbito científico, las más importantes son:

  ⓐ

  a) Pubmed (NCBI).
  b) Medline: hay que estar suscrito.

- *Bases de datos de secuencias de nucleótidos.* Son fundamentales para el área de la biología y la genética clínica. Deben tener un acceso libre, las 3 bases de datos internacionales principales que recogen estos datos son:

  ⓑ

  c) EMBL: constituye el repositorio más importante en Europa.
  d) GenBank: es la base de datos de secuencias del NIH en EE. UU.
  e) DDBJ (Japón).

  ⓒ ⓓ ⓔ

- *Bases de datos de genomas.* Contienen la localización y el análisis genómico de una secuencia en el genoma humano. Las principales son:

f) UCSC Genome Browser: contienen información sobre secuencia (exón, ADNc, proteína). Fue desarrollada en la Universidad de Santa Cruz en California.

g) Ensembl: proporciona información de las variantes polimórficas y de las mutaciones a nivel de nucleótidos descritas hasta la fecha. En ella se puede obtener el transcrito (ARNm) y la proteína a que da lugar una determinada secuencia de ADN.

(h)

h) Genomes Server: contienen información o enlaces de todos los genomas secuenciados por el momento, desde virus a humanos.

- *Bases de datos genético-clínicos.* Incluyen entre otras a las siguiente bases de datos:

i) OMIM (Online mendelian inheritance in man): es una base de datos que contiene información sobre enfermedades genéticas humanas, genes y fenotipos: descripción, características clínicas, diagnóstico, genética molecular, referencias, etc.

j) Orphanet: es una base de datos que recoge información sobre enfermedades raras.

(i)

k) GeneCards: es una base de datos integrada que proporciona información precisa de todos los genes humanos conocidos. La información incluye: relación con enfermedades, mutaciones, SNP, expresión génica, función génica, interacciones proteína-proteína, etc.

l) Genetests: recoge información sobre los test genéticos.

m) Decipher es una base de datos que recoge las CNV.

n) Ecaruca: recoge anomalías cromosómicas.

(k)

- *Bases de datos sobre variaciones del genoma humano.* Las principales bases de datos sobre variaciones del genoma humano son las siguientes:

o) The human gene mutation database del Instituto de Genética Médica en Cardiff. Incluye mutaciones en el ADN nuclear.

(o) (p)

p) Human mitocondrial genome database: Contiene mutaciones en el genoma mitocondrial. MITOMAP.

q) Single nucleotide polymorphism: dbSNP: contiene polimorfismos de SNP.

r) Hapmap: es un catálogo de variantes genéticas comunes que ocurren en los humanos.

(q) (r)

s) Data base of genomic variants (DGV): base de datos de variantes genómicas; proporciona un resumen completo de la variación estructural en el genoma humano.

(s)

- *Bases de datos de proteínas.* Son numerosas las bases de datos de proteínas, entre ellas se encuentran:

t) Entrez proteins: contiene traducciones de secuencias de nucleótidos depositadas en las bases de datos GenBak/EMBL/DDBJ.

(u)

u) El NCBI protein database: ofrece un set completo y sencillo de proteínas deducidas. Casi todas las proteínas en Entrez tienen enlaces a distintas bases de datos.
v) Mitochondrial proteome.

V

Actividad propuesta 10.13

Describe qué es la bioinformática. Explica qué son las bases de datos en bioinformática y cita algún ejemplo de bases de datos genético-clínico.

Resumen

- La tecnología del ADN recombinante se puede agrupar en dos áreas principales: las técnicas de clonado del ADN y los métodos de análisis del ADN.
- El clonado del ADN consiste en una amplificación selectiva de una secuencia o fragmento específico de ADN. Para ello se coloca un fragmento de ADN portador del gen o secuencia que interesa, dentro de una molécula de ADN con capacidad de autorreplicarse en el interior de una bacteria. La maquinaria de la bacteria transcribe y traduce el segmento de ADN que le hemos introducido, de esta forma se pueden obtener múltiples copias con rapidez. Para la clonación del ADN se necesitan vectores de clonación y ADN exógeno que se desea clonar y una célula huésped.
- El clonado *in vivo* incluye la generación de fragmentos de ADN, recombinación de los fragmentos de ADN, transformación del organismo huésped, búsqueda de los vectores recombinantes y selección de clones específicos.
- El conjunto de moléculas de ADN recombinante generado a partir del ADN total de una fuente específica se conoce como biblioteca genómica.
- La secuenciación del ADN es un conjunto de técnicas cuya finalidad es la determinación del orden de los nucleótidos (A, C, G y T) en una cadena de ADN. La información genética heredable de un individuo está determinada por las secuencias de nucleótidos en las cadenas de ADN. La secuenciación del ADN es útil para la investigación básica de los procesos biológicos fundamentales, para el diagnóstico de patologías genéticas, para el diagnóstico microbiológico de enfermedades infecciosas, en la farmacogenética y en la medicina legal y forense.
- Los métodos iniciales de secuenciación son el método químico de Alan Maxam y Walter Gilbert, basado en la fragmentación química, y el método enzimático, desarrollado por Sanger y A. R. Coulson, que se basa en la fragmentación enzimática, utilización de ddNTP, que cuando se incorporan se interrumpe la polimerización. Ambos métodos tienen en común el que se realizan al menos 4 reacciones diferentes para cada uno de los nucleótidos y posterior electroforesis, los productos estaban marcados con P31 y se identificaban por autorradiografía.

- Métodos de secuenciación automáticos tienen un fundamento similar al descrito por Sanger, pero en este caso se realiza una reacción de PCR. Los ddNTP están marcados con fluorocromos diferentes y la separación se realiza por electroforesis capilar, y se detectan los fragmentos amplificados mediante la detección de la fluorescencia de los fragmentos amplificados. El *software* genera con todos estos datos un electroferograma que refleja la secuencia de nucleótidos en el fragmento secuenciado.
- El secuenciador es una herramienta que permite conocer la secuencia de un fragmento de ADN, de tal forma que es posible detectar mutaciones puntuales en esas secuencias al compararlas con la secuencia normal. A partir de los equipos de secuenciación también es posible realizar estudios basados en los análisis de fragmentos. La técnica de Milpas, Microsatélites, RFLP.
- El análisis del tamaño de los fragmentos de ADN tiene numerosas aplicaciones como es el estudio de microsatélites en una población, pruebas de paternidad, pruebas forenses, etc.
- Se han desarrollado nuevas tecnologías que permiten la secuenciación completa de todo el exoma de una forma más rápida y eficiente. Las secuencias obtenidas requieren el empleo de potentes herramientas informáticas para su ensamblaje. La NGS genera un enorme volumen de datos, lo que supone una complejidad mayor para el análisis y la interpretación de los resultados. Es preciso, por lo tanto, filtrar los resultados obtenidos para poder conocer cuál es la mutación causante en el proceso que nos interesa.
- Ha surgido una nueva área de la ciencia en la que la biología, las ciencias computacionales y la tecnología de la información se fusionan en una sola disciplina: la bioinformática, que tiene como objetivo desarrollar herramientas útiles que permitan entender toda la información que se va creando.
- Las bases de datos utilizadas en biología molecular son archivos de datos que provienen de diferentes áreas almacenados de modo eficaz y uniforme, de uso público para la comunidad científica. Existen numerosas bases de datos, un catálogo completo de todas las bases de datos disponibles aparece todos los años en la revista *Nucleic Acids Research*.

Ejercicios propuestos

1. Explica el fundamento de la clonación.
2. Cita los elementos necesarios para realizar la clonación del ADN.
3. Cita los pasos que incluyen el proceso de clonación.
4. Explica en qué consiste la formación ADN recombinante.
5. Explica qué son los cósmidos.

6. En el proceso de clonación, explica lo que significa que las bacterias se convierten en "competentes".
7. Describe el proceso de identificación de un determinado clon que se ha obtenido utilizando un plásmido con un gen que le confiere resistencia al antibiótico gentamicina.
8. Explica el fundamento del método de secuenciación de Sanger.
9. ¿Mediante qué tipo de electroforesis se realiza la separación de los fragmentos?
10. Explica la importancia de los ddNTP en la secuenciación automática.
11. ¿Qué inconveniente tiene la pirosecuenciación?
12. Explica en qué consisten las técnicas de análisis de fragmentos y en qué equipos se realizan.
13. ¿Qué dificultades aparecen a la hora de interpretar los datos obtenidos por secuenciación masiva?
14. ¿En qué consiste el filtrado de los datos que se obtienen por NGS?
15. Explica de qué se ocupa la bioinformática.
16. Cita el nombre de una base de datos bibliográfica.

Supuesto práctico

➲ Al laboratorio de genética llega una muestra de sangre de un niño para descartar el síndrome de acondroplasía. En una de las pruebas realizadas se ha obtenido la siguiente secuencia: CCACCTGTAGCTG, si la secuencia de referencia es CCACCCGTAGCTG.

- Para buscar información sobre esta patología, ¿qué base de datos utilizarás?
- ¿Qué tipo de pruebas y qué técnicas se utilizarán para diagnosticar la enfermedad?
- ¿Se ha producido alguna mutación? ¿En caso afirmativo, qué cambio de aminoácido se producirá?

TEST DE AUTOEVALUACIÓN

1. En relación con los clones de ADN, es correcto que:

☐ *a)* Son copias de ADN que contienen los mismos nucleótidos pero en orden diferente.
☐ *b)* Son secuencias idénticas de proteínas.
☐ *c)* Son copias idénticas de ADN.
☐ *d)* Ninguna de las opciones anteriores es correcta.

2. Los elementos que intervienen en la clonación son:

- ☐ *a)* Vectores de clonación (pequeñas moléculas de ADN autorreplicantes).
- ☐ *b)* ADN exógeno que se desea clonar.
- ☐ *c)* Célula huésped.
- ☐ *d)* Todas las opciones son correctas.

3. Para la generación de ADN recombinante se utilizan enzimas de restricción que generan:

- ☐ *a)* Extremos romos.
- ☐ *b)* Extremos al azar.
- ☐ *c)* Extremos cohesivos.
- ☐ *d)* Ninguna de las opciones anteriores es correcta.

4. Los vectores de clonación deben reunir las siguientes características:

- ☐ *a)* Deben ser capaces de replicarse de forma activa en la célula huésped.
- ☐ *b)* No deben modificarse ni modificar el ADN de la célula huésped tras su inserción.
- ☐ *c)* Deben presentar varios sitios de restricción que permitan la unión al ADN exógeno.
- ☐ *d)* Todas las opciones son correctas.

5. Una genoteca de ADN:

- ☐ *a)* Es el conjunto de ADN recombinante generado a partir del ADN total de una fuente específica.
- ☐ *b)* Es el conjunto de ADN recombinante generado a partir del ARN mensajero.
- ☐ *c)* Es el conjunto de ADN obtenido de las mitocondrias.
- ☐ *d)* Ninguna de las opciones anteriores es correcta.

6. El método de secuenciación inicial descrito por Sanger:

- ☐ *a)* Utiliza métodos químicos para obtener los fragmentos.
- ☐ *b)* Utiliza ddNTP.
- ☐ *c)* No utiliza sustancias radiactivas.
- ☐ *d)* Se realiza una única reacción.

7. El método de secuenciación automática:

- ☐ *a)* Utiliza ddNTP.
- ☐ *b)* Utiliza fluorocromos.
- ☐ *c)* Se realiza una electroforesis capilar.
- ☐ *d)* Todas las opciones son correctas.

8. Los equipos de secuenciación automática:

- ☐ *a)* Solo permiten obtener la secuencia de los nucleótidos.
- ☐ *b)* Permite realizar estudios de longitud de fragmentos.
- ☐ *c)* Permite realizar estudios bioquímicos.
- ☐ *d)* Son equipos poco utilizados.

9. La bioinformática se ocupa de:

- ☐ *a)* Crear bases de datos de información biológica, especialmente secuencias.
- ☐ *b)* Desarrollo de herramientas para la utilización de los datos obtenidos en las bases de datos.
- ☐ *c)* Analizar los datos contenidos en esas bases de datos.
- ☐ *d)* Todas las opciones son correctas.

10. Una de las bases de datos bibliográficas más importante es:

- ☐ *a)* Pubmed.
- ☐ *b)* Ecaruca.
- ☐ *c)* Genebank.
- ☐ *d)* OMIM.

SOLUCIONES:

1.	a	b	**[c]**	d	**5.**	**[a]**	b	c	d					
2.	a	b	c	**[d]**	**6.**	a	**[b]**	c	d	**9.**	a	b	c	**[d]**
3.	a	b	**[c]**	d	**7.**	a	b	c	**[d]**	**10.**	**[a]**	b	c	d
4.	a	b	c	**[d]**	**8.**	a	**[b]**	c	d					

11

Aplicación clínica de las técnicas de biología molecular

Objetivos

- ✓ Definir la utilidad de las técnicas de biología molecular y citogenética en las patologías hereditarias.
- ✓ Dominar las aplicaciones en las diferentes áreas del diagnóstico posnatal.
- ✓ Saber utilizar las aplicaciones en el área del diagnóstico prenatal.
- ✓ Manejar las aplicaciones en las enfermedades infecciosas.
- ✓ Describir las aplicaciones en Medicina legal y forense.
- ✓ Conocer las bases genéticas del cáncer y las pruebas realizadas.

Mapa conceptual

Glosario

Dislipemias. Condiciones patológicas debidas a una alteración del metabolismo de los lípidos.

Dismorfología. Ciencia que estudia las malformaciones congénitas.

Formas no sindrómicas. Manifestaciones clínicas que no se engloban dentro de un síndrome determinado.

Gold standard. La técnica recomendada.

Hipoarreflexia. Disminución de los reflejos de huesos y tendones.

Hipogonadismo hiponadotrófico. Fallo en el desarrollo gonadal.

Miocardiopatías. Enfermedades que afectan al músculo del miocardio.

Oligomenorrea. Menstruaciones escasas y poco frecuentes.

Penetrancia. Relación entre del número de personas con una alteración genética que muestran la enfermedad y el número de personas que tienen la alteración genética.

11.1. Aplicaciones de los estudios genéticos en el diagnóstico clínico

En los últimos años ha tenido lugar un avance muy importante en el conocimiento de las bases moleculares y genéticas de muchas enfermedades humanas. Al mismo tiempo, los avances tecnológicos como la PCR, la secuenciación y, más recientemente, los *microarrays* y la secuenciación masiva están permitiendo el diagnóstico clínico de un número cada vez mayor de patologías. Estas técnicas, además de posibilitar un estudio molecular dirigido de algunas enfermedades, basado en una sospecha clínica, permiten realizar el análisis completo del genoma de un paciente o de la parte codificante del mismo, el exoma.

Actualmente existe una oferta cada vez mayor de análisis genéticos que proporcionan su aplicación en numerosas áreas que incluyen el diagnóstico clínico de enfermedades hereditarias, el análisis microbiológico, el estudio del cáncer, así como en otras áreas no clínicas, como es la medicina legal y forense.

En este capítulo se revisan las aplicaciones de las técnicas de análisis genético.

11.2. Aplicación de los estudios genéticos

La información que se obtiene con los análisis genéticos ofrece un diagnóstico genético preciso y útil para la toma de decisiones en el tratamiento adecuado, en las medidas preventivas y en el seguimiento de la enfermedad.

Por otra parte, el estudio de familiares directos de un paciente diagnosticado permite determinar si dichos familiares son portadores o no de la alteración genética y por consiguiente si presentan riesgo o no de padecer la enfermedad, y si pueden transmitirla o no a su descendencia y de esta forma realizar una adecuada planificación familiar.

Las pruebas genéticas pueden usarse para las siguientes finalidades (figura 11.1):

- *La detección sistemática de diferentes enfermedades genéticas o cribado neonatal.* Gracias a la detección precoz de estas enfermedades, se pueden realizar intervenciones para la prevención de los síntomas o minimizar la gravedad de la enfermedad.
- *Estudios diagnósticos/pronóstico.* Son aquellos estudios que ante la sospecha clínica de una patología hereditaria se solicitan para confirmar, excluir y clasificar dicha patología. Este tipo de estudios son los que se realizan más frecuentemente.

- *Estudios predictivos/de predisposición.* Tienen como objetivo estimar con precisión el riesgo de una persona asintomática de desarrollar una enfermedad genética en el futuro.
- *Estudios de portadores de alteración genética.* En algunas ocasiones la alteración genética no afecta al individuo portador, pero sí puede afectar a sus familiares directos. Por lo general, se recomienda este tipo de pruebas a aquellas personas que tienen antecedentes familiares de trastornos genéticos o a los miembros de un grupo étnico con un mayor riesgo de contraer ciertas enfermedades genéticas. Al realizar la prueba a ambos progenitores se puede determinar si la pareja tiene probabilidades de tener un hijo con una enfermedad genética en particular.

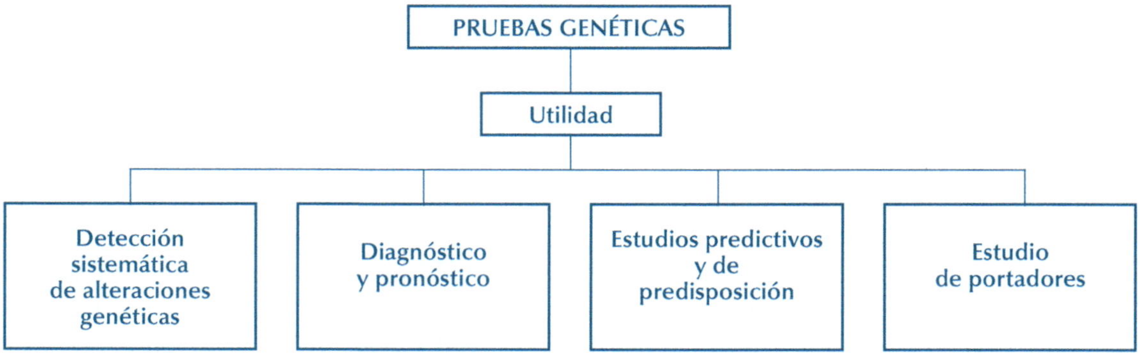

Figura 11.1
Aplicaciones de las técnicas genéticas en el diagnóstico clínico

Dependiendo de la etapa biológica del paciente en la que se realiza el estudio se pueden clasificar los estudios genéticos (figura 11.2) en los siguientes tipos:

- *Estudios posnatales*: son los que se efectúan en personas nacidas vivas para detectar alteraciones cromosómicas y ciertas mutaciones o alteraciones genéticas responsables de enfermedades hereditarias.
- *Estudios prenatales:* aquellos que se practican en el feto para detectar alteraciones cromosómicas y mutaciones o alteraciones responsables de enfermedades hereditarias.
- *Diagnóstico genético preimplantacional*: estudios realizados tras la fertilización in vitro, en una o dos células de embriones tempranos, con el fin de analizar la presencia de posibles alteraciones cromosómicas o determinadas mutaciones genéticas de forma previa a la implantación uterina de estos.

TOMA NOTA

Según la definición de OECD (Organization for Economic Cooperation and Development), "los análisis genéticos son aquellos estudios encaminados a la detección de variaciones en el ADN en línea germinal, o en sus productos o efectos, como consecuencia de cambios heredables en la secuencias, y que son predictores de significativos efectos en la salud".

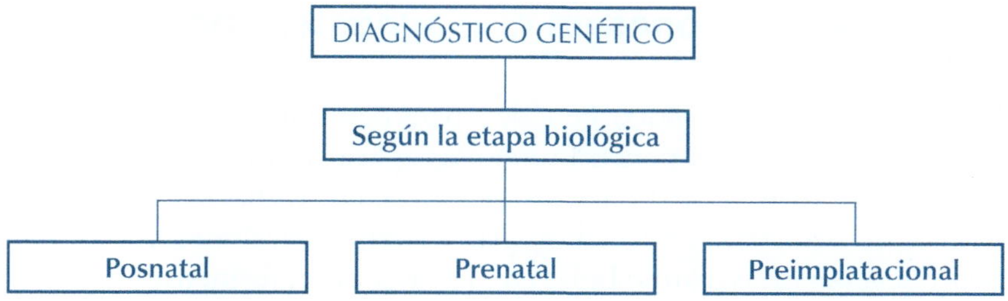

Figura 11.2
Clasificación de los estudios genéticos

Actividad propuesta 11.1

Responde a las siguientes cuestiones:

a) ¿Cuáles son las áreas de aplicación de las técnicas genéticas?
b) ¿Cuándo debe realizarse un estudio de portadores?
c) ¿Qué diferencia hay entre un estudio predictivo y un estudio pronóstico?
d) ¿Qué utilidad tienen los análisis genéticos en la medicina forense?

11.2.1. Consideraciones en los estudios genéticos

Las consideraciones que se tendrán en cuenta al realizar estudios genéticos para diagnóstico de enfermedades hereditarias recomendadas en las guías europeas son las siguientes:

- El paciente o su familia han de recibir un consejo genético pre- y posestudio. El consejo genético incluye la información de aspectos relacionados con las características del estudio, las limitaciones del estudio, el daño potencial y la relevancia de los resultados para los individuos y sus familiares.
- Los laboratorios estarán autorizados y acreditados para la realización de estos estudios y deben someterse a controles de calidad externos e internos específicos para las pruebas que en ellos se realizan.
- Las técnicas utilizadas en los análisis genéticos se adecuarán al tipo y tamaño de la alteración.

FUNDAMENTAL

Para la detección de alteraciones cromosómicas de tamaño superior a 10 Mb se utilizan las técnicas citogenéticas convencionales y técnicas de FISH.

Para el estudio de alteraciones cromosómicas inferiores a 10 Mm se aplicarán estudio de FISH, MLPA, *array*-CGH.

Para la detección de mutaciones puntuales en los genes responsables de las enfermedades hereditarias se considera como metodología *gold standard* el análisis por PCR y secuenciación directa de la región codificante y las uniones intrónexón de los genes implicados a partir de ADN genómico.

11.3. Aplicaciones en el diagnóstico posnatal

Las técnicas de diagnóstico genético para detectar alteraciones cromosómicas o genéticas en personas nacidas vivas tienen numerosas aplicaciones en diversas áreas de la medicina. A continuación se revisan las de mayor relevancia; entre ellas se encuentran las aplicaciones en neonatología, pediatría, endocrinología, enfermedades metabólicas, infertilidad, enfermedades neurodegenerativas, cardiología, etc. La lista de enfermedades con base genética que pueden diagnosticarse con técnicas citogenéticas y de biología molecular es enorme y está en continuo crecimiento. Los laboratorios de análisis genéticos incluyen en sus catálogos de pruebas un número creciente de enfermedades.

TOMA NOTA

El diagnóstico genético posnatal es aquel que se realiza en personas ya nacidas.

www — Recurso web

A través del código QR adjunto puedes consultar el catálogo de pruebas que LabGenetics ofrece desde su Departamento de Diagnóstico Genético.

11.3.1. Aplicaciones en neonatología y pediatría

Las enfermedades genéticas tienen un importante impacto en las áreas de neonatología, pediatría y neuropediatría. Aunque las enfermedades genéticas se consideran enfermedades raras, en conjunto suponen un gran impacto clínico.

PARA SABER MÁS

- El 5% de los recién nacidos presentan malformaciones congénitas, y de ellos el 50% son de causa total o parcial genética, luego un 2-3% de los R.N. tienen una alteración genética.
- El 0,6% de los recién nacidos muestran alteraciones cromosómicas.
- El 20% de las muertes infantiles se deben a trastornos genéticos.
- El 50% de abortos evidencian anomalías cromosómicas.
- El 50% de cegueras/sorderas y retrasos mentales tienen una clara influencia genética.
- 1 de cada 9 niños ingresados en un hospital revela un trastorno genético (10-30%).
- A los 25 años, el 5-10% de la población manifiesta una patología en la que el factor genético desempeña un importante papel.

Los síntomas clínicos que pueden indicar enfermedades genéticas son:

- Malformaciones congénitas.
- Dismorfologías.
- Retraso global del desarrollo.
- Déficit intelectual, retraso madurativo, dificultades de aprendizaje, autismo.
- Desórdenes psiquiátricos o del comportamiento: esquizofrenia, espectro esquizoide, agresividad, déficit de atención, automutilación, demencias.
- Trastornos del movimiento: ataxia, distonía, tics, parkinsomismo, rigidez, temblores. Parálisis cerebral.
- Problemas neuromusculares: hipotonía, hipoarreflexia, disminución de fuerza muscular.
- Deficiencias sensoriales: sordera, trastornos de la visión, ceguera.
- Epilepsia.
- Dolor: migraña, neuralgias.
- Los síntomas de trastornos metabólicos incluyen: convulsiones, vómitos, acidosis.
- Infecciones recurrentes.

Aunque el fenotipo clínico puede ser causado por diferentes factores, a la hora de realizar el diagnóstico diferencial debe tenerse en cuenta el componente genético, especialmente si el paciente manifiesta diferentes aspectos clínicos que en conjunto indican la presencia de un síndrome cromosómico. Algunos ejemplos de síndromes que presentan un cuadro de alteraciones característico que permite su identificación son el síndrome de Down, la trisomía 13, 18, el síndrome de Turner o el de Klinefelter.

La evaluación de los rasgos físicos por parte de un genetista especializado en dismorfología puede ayudar a detectar la alteración genética y encaminar de esa forma el estudio.

FUNDAMENTAL

La mayoría de las enfermedades genéticas aparecen durante la niñez, pero en algunos casos pueden pasar inadvertidas hasta la pubertad o la edad adulta.

A) Aplicación en el diagnóstico del retraso mental

El retraso mental manifiesta una gran heterogeneidad genética, sus causas son muy heterogéneas y variadas. Se ha estimado que la mitad de los casos tienen causa conocida, mientras que en la otra mitad el retraso mental sigue siendo de origen desconocido. Dentro de los que se conoce la causa, el 50% son de origen genético y un 50% de origen ambiental.

De las causas genéticas conocidas, las más frecuentes son las alteraciones cromosómicas (trisomía 21, alteraciones en el cromosoma X, y síndromes de microdeleción y microduplicación. La mayoría de las mutaciones en estos genes dan lugar a formas sindrómicas, que incluyen, además del retraso mental, otras características.

El síndrome del X-frágil es la causa hereditaria más frecuente de retraso mental. El 2% de los varones con retraso mental tienen el síndrome del X-frágil. En el 99% de los casos se deben a una misma mutación que consiste en la presencia de repeticiones del triplete CGG en más de 200 veces en el primer exón del gen FMRI, lo que bloquea la transcripción y traducción y origina una ausencia de la proteína FMR (figura 11.3).

PARA SABER MÁS

El cromosoma X es un cromosoma de tamaño medio con menos de 1.000 genes, de los cuales casi la mitad se expresa en el sistema nervioso central. Hasta la fecha se han identificado 105 genes del cromosoma X cuyas mutaciones pueden dar lugar a retraso mental.

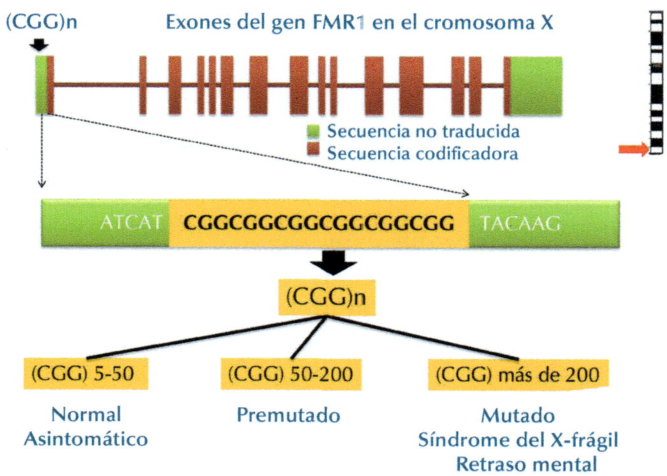

Figura 11.3
Esquema de las mutaciones en el gen FNR1 responsable del síndrome del X frágil

Expansiones por debajo del umbral de 200 repeticiones se denominan premutaciones, no bloquean completamente la expresión del gen, por lo que el paciente es asintomático. Es una de las pocas herencias ligadas al X donde puede haber portadores sanos en los que todas sus hijas son portadoras.

En la actualidad se dispone de kits diagnósticos que permiten determinar la longitud de las repeticiones CGG y discriminar entre alelos normales, premutados y mutados mediante técnicas de PCR a tiempo real.

Otras alteraciones que causan retraso mental ligadas al cromosoma X no sindrómico son mutaciones en más de 39 genes situados en el cromosoma X. Algunos ejemplos son mutaciones en el gen AUX, que causa trastornos del neurodesarrollo, duplicaciones en el gen MECP2, que originan en varones retraso mental grave.

Otros de los problemas genéticos que cursan con retraso mental no ligado al cromosoma X son microduplicaciones o microdeleciones de regiones concretas a lo largo de todo el genoma.

Una gran proporción de los casos de retraso mental presentan rasgos dismórficos, anomalías congénitas o trastornos del crecimiento.

Las técnicas utilizadas para la detección de las anomalías dependen del tipo y tamaño de la alteración genética. Alteraciones en el número de cromosomas y alteraciones estructurales de tamaño superior a 10 Mb pueden ser detectadas con técnicas citogenéticas convencionales. Las alteraciones de tamaño inferior a 10 Mb están por debajo del poder de resolución del ojo humano, es el caso de las microduplicaciones o microdeleciones, que solo pueden detectarse por técnicas de citogenética molecular (FISH, *array*-CGH) o por la técnica molecular de MLPA.

TOMA NOTA

Las alteraciones del cromosoma X afectan de forma diferente al hombre que a la mujer; la mujer tienen dos alelos para los genes del cromosoma X, mientras que los hombres solo tienen uno. Por otra parte, en las mujeres se inactiva uno de los cromosomas X como mecanismo de compensación de la dosis génica; si hay una alteración en uno de los cromosomas X, se inactiva mayoritariamente el cromosoma X alterado, lo que origina unas consecuencias más leves.

La técnica de *array*-CGH es muy útil para el diagnóstico preciso en niños con retraso mental idiopático o malformaciones congénitas, permite detectar más de 160 patologías asociadas a retraso mental, autismo, cardiopatías congénitas y enfermedades oculares.

Si se sospecha una alteración genética, en la que hay afectados unos pocos pares de bases o se trata de mutaciones puntuales, para su diagnóstico es necesario recurrir a técnicas de biología molecular, generalmente se realiza PCR, para amplificar la región a estudiar y a continuación se secuencia el fragmento amplificado para detectar mutaciones.

En el campo del retraso mental se considera que puede haber más de mil genes afectados, y además las alteraciones no suelen repetirse, suelen ser mutaciones únicas. Por tanto, es un campo muy apropiado para el estudio mediante secuenciación masiva de todo el genoma o de todo el exorna. Con la secuenciación masiva se espera una importante contribución para resolver el 50% de casos que quedan sin diagnosticar.

Actividad propuesta 11.2

Con lo estudiado hasta ahora, resuelve las siguientes cuestiones:

a) Explica en qué consiste el consejo genético. Razona por qué es importante su realización.
b) ¿Qué técnica debe utilizarse para diagnosticar una trisomía 21?
c) Busca en internet 3 laboratorios en los que se realicen estudios genéticos. Describe si realizan pruebas citogenéticas, moleculares, prenatales, forenses.
d) Explica por qué se consideran raras las enfermedades genéticas.
e) Cita cinco síntomas que hacen sospechar la presencia de una anomalía cromosómica.
f) Describe qué alteraciones se producen en el síndrome del X frágil.
g) ¿Qué técnica debe utilizarse para detectar microdeleciones relacionadas con retraso mental, que tienen un tamaño inferior a 1 Mb?

11.3.2. Aplicaciones en endocrinología

Son numerosas las patologías que afectan al sistema endocrino que tienen una base genética. La mayor parte de ellas se detectan por secuenciación del gen.

Cuadro 11.1
Patologías que afectan al sistema endocrino

Patología	Gen alterado
Aciduria glutárica tipo 1	GCDH
Deficiencia combinada de hormonas hipofisarias	POU1F1 Y PROP1
Deficiencia de aldosterona	CYP11B2
Déficit de 5-alfa-reductasa (pseudohermafrodistismo masculino)	SRD5A2
Déficit de fructosa 1,6 bifosfatasa	FBP1
Déficit de hormona de crecimiento (enanismo hipofisario)	GH1
Déficit de 17 alfa-hidroxilasa	CYP17A1
Diabetes mellitus neonatal	ABCC8, KCNJ1
D. M. Insulina resistente	INSR
Diabetes MODY • Tipo 1 • Tipo 2 • Tipo 3	 HNF4A/ GCK/ TCF1/HNF1A
Fenilcetonuria	PAH
Hemocromatosis hereditaria	HFE
Hemocromatosis tipo 4	SLC40A1
Hipercolesterolemia familiar	LDLR
Hiperplasia adrenal congénita (déficit de 11 beta-hidroxilasa)	CYP11B1
Hiperplasia adrenal congénita (déficit de 21-hidroxilasa)	CYP21A2
Hipertension de aparición temprana	NR3C2
Hipobetalipoproteinemia	APOB
Hipoglucemia hiperinsulinémica familiar	ABCC8, N GCK, DE GLUD1 Y DE INSR
Hipofosfatemia	PHEX
Hipogonadismo hipogonadotropo	GNRHR
Hipoplasia adrenal congénita	DAX1
Intolerancia a la fructosa o fructosemia	ALDOB
Obesidad mórbida	MC4R
Pancreatitis crónica hereditaria	PRSS1
Porfiria aguda intermitente	HMBS
Pseudoaldosteronismo o síndrome de Liddle	SCNN1B, SCNN1G

[.../...]

Cuadro 11.1 (cont.)

Pseudohipoaldosteronismo	SCNN1A
Resistencia a la hormona tiroidea	THRB
Síndrome de insensibilidad a los andrógenos L	AR
Síndrome de Kallmann • Tipo 1 • Tipo 2	 KAL1 KAL2 (FGFR1)

11.3.3. Aplicaciones en el diagnóstico de enfermedades neurodegenerativas

Las enfermedades neurodegenerativas (neuropatías periféricas, ataxias, epilepsias, distrofias de cintura) originan fenotipos complejos en los que se mezclan alteraciones cognitivas, sensoriales, sensitivas, motoras con alteraciones en otros sistemas. Presentan una gran heterogeneidad genética y clínica incluso dentro de una misma familia. En algunas de estas enfermedades cursan alteraciones epigenéticas (metilación de los genes FRAXA, FRAXE, etc.).

Una de las enfermedades neurodegenerativas más estudiadas es la distrofia muscular, más común en los niños y causada por alteraciones en el gen de la distrofina. Esta alteración está ligada al cromosoma X, lo que implica que los varones son enfermos y las mujeres son portadoras ocasionalmente sintomáticas.

Interesante

El gen de la distrofina es el más grande que se conoce. Consta de 79 exones y 8 promotores y se expresa en diferentes tejidos, incluyendo músculo, corazón, cerebro, cerebelo, retina y células de Schwann. Codifica una proteína que participa en la contracción muscular.

Se reconocen dos cuadros clínicos: enfermedad de Duchenne (inicio infantil) y enfermedad de Becker (inicio variable).

La técnica de diagnóstico de las distrofinopatías consiste en el análisis del gen de la distrofina, ya que entre el 65 y el 70% de los pacientes presentan deleciones de uno o más exones de este gen, el 5-10% duplicaciones y el resto se debe a mutaciones puntuales (inserciones, mutaciones). La gravedad de las deleciones depende de si rompen o no la pauta de lectura del gen. Dependiendo de la parte de la proteína que se ve afectada también se modificarán los síntomas observados.

Para saber más

Un ejemplo de enfermedad neurodegenerativa es la *enfermedad de Charcot-Marie-Tooth* (CMT). Es una neuropatía sensitivomotora familiar que puede ser autosómica dominante o recesiva. Presenta heterogeneidad genética y clínica, y está asociada con mutaciones en más de 30 genes distintos. No obstante, en la mayoría de los pacientes con CMT las mutaciones recaen en un reducido número de genes.

Las técnicas recomendadas para el diagnóstico de los pacientes, portadoras y diagnóstico prenatales son, en el caso de deleciones, las técnicas moleculares de PCR *multiplex* y MLPA. Para el estudio de mutaciones puntuales, que en ocasiones no se detectan con las técnicas moleculares habituales (MLPA y PCR múltiple), es necesario realizar una secuenciación del gen completo.

11.3.4. Aplicaciones en el diagnóstico de enfermedades cardiovasculares

Muchos síndromes cromosómicos originan cardiopatías congénitas junto con otras malformaciones, un ejemplo de ello es el síndrome de Down. Otro de los síndromes en el que se observa frecuentemente cardiopatía congénita es el síndrome de deleción 22q11.2; el diagnóstico de esta alteración se basa en la identificación de la deleción a través de un cariotipo con técnica de FISH específica para la región 22q, MLPA (figura 11.4).

SÍNDROME DE MICRODELECIÓN 22Q11.2-Q11.2

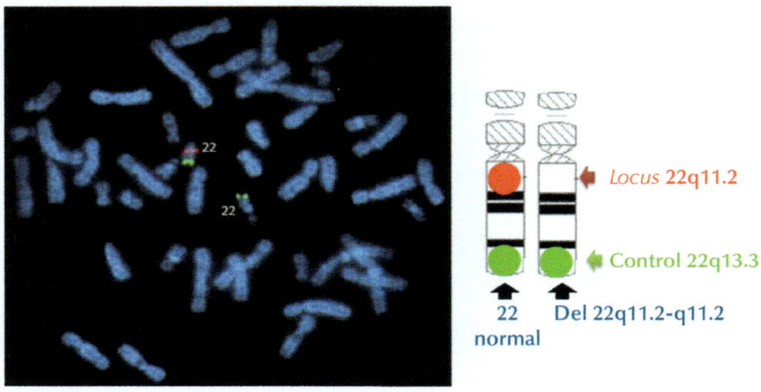

Figura 11.4
Detección por FISH del síndrome de deleción 22q11.2, que origina cardiopatías congénitas

Otros síndromes genéticos asociados con una mayor incidencia de defectos cardiacos incluyen: el síndrome de Marfan, el síndrome de Smith-Lemli-Opitz, el síndrome de Ellis-van Creveld, el síndrome de Holt-Oram, el síndrome de Noonan, etc.

PARA SABER MÁS

Los avances de las técnicas de genética molecular han permitido conocer mejor el fundamento genético de ciertas miocardiopatías y canalopatías cardiacas hereditarias potencialmente mortales, como la miocardiopatía hipertrófica (MCH), la miocardiopatía dilatada (MCD), la displasia arritmogénica de ventrículo derecho, el síndrome de QT largo (LQTS), la taquicardia ventricular polimórfica catecolaminérgica (CPVT) y el síndrome de Brugada (SB). Estos trastornos presentan una gran heterogeneidad clínica y genética, con múltiples genes subyacentes en sus mecanismos fisiopatológicos.

Otro de los trastornos genéticos que originan enfermedades cardiovasculares son las *miocardiopatías*, enfermedades del músculo cardiaco de origen no coronario. Todas las miocardiopatías tienen en común su origen genético. En la actualidad existen más de 300 mutaciones descritas, pero todavía no se han descubierto todas las responsables de la enfermedad. Para el diagnóstico genético de estas patologías se emplean paneles de secuenciación masiva.

Otras de las causas de enfermedades cardiovasculares es la *trombosis vascular.* En algunos casos de trombosis vascular existe un estado de hipercoagulabilidad de origen hereditario o adquirido; son las llamadas trombofilias 2. Se han descrito tres anomalías genéticas que se asocian más frecuentemente con riesgo de trombosis arterial: el factor V Leiden, la mutación G20210A de la protrombina y la mutación C677T de la MTHFR3.

Existen factores no cardiacos que predisponen a sufrir problemas cardiacos, como son la diabetes, la obesidad y las dislipemias. La mayoría de las dislipemias suponen un mayor riesgo cardiovascular. Se han identificado más de 250 mutaciones diferentes causales de hipercolesterolemia familiar (HF); actualmente pueden diagnosticarse de forma rápida y segura. El conocimiento de la causa genética de la HF permitirá en parte predecir el riesgo genético de una persona y su familia y la respuesta terapéutica a las medidas dietéticas y farmacológicas.

Actividades propuestas

11.3. Describe las alteraciones que pueden dar lugar a las distrofinopatías y las técnicas utilizadas en cada caso.

11.4. Cita tres ejemplos de enfermedades cardiovasculares de base genética y las técnicas utilizadas para su detección.

11.3.5. Aplicaciones en el diagnóstico de enfermedades metabólicas

Las enfermedades metabólicas hereditarias o "errores innatos del metabolismo" son enfermedades genéticas que causan en las personas que las padecen graves trastornos en múltiples sistemas, siendo el sistema nervioso el más frecuentemente afectado. Si no se tratan, el 30% de los pacientes fallece antes de los 10 años y un 20% entre los 10 y los 30.

La detección de enfermedades genéticas se realiza mediante pruebas de cribado a todos los recién nacidos. La muestra utilizada consiste en una pequeña muestra de sangre obtenida por punción en el talón e impregnada en un papel de filtro especial antes de que pasen 48 horas del nacimiento.

Las enfermedades incluidas en los paneles de cribado neonatal se clasifican en los siguientes grupos:

- Enfermedades metabólicas.
- Enfermedades endocrinológicas.
- Enfermedades de la hemoglobina.
- Enfermedades pulmonares.

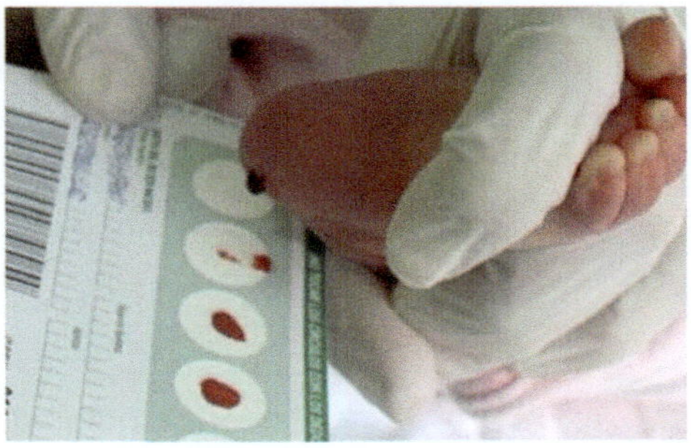

Figura 11.5
Pruebas de cribado de enfermedades metabólicas hereditarias
Fuente: www.babymoon.es

Si un recién nacido está afectado por alguna de las enfermedades cribadas, su detección precoz permite prevenir la aparición de síntomas mediante el tratamiento y seguimiento a largo plazo.

La técnica de detección es la espectrometría de masas; esta técnica permite obtener perfiles metabólicos extensos que proporcionan información del estado funcional de muchos genes, especialmente los implicados en las vías del metabolismo intermediario. Una vez detectadas se realizan los estudios genéticos.

11.3.6. Aplicaciones en el diagnóstico de infertilidad

La infertilidad es un problema médico y social que afecta al 15% de las parejas en edad reproductiva. Actualmente se han identificado muchos genes que participan en la gametogénesis, aunque su implicación en la infertilidad no está del todo clara.

Toma nota

Se define *infertilidad* como la posibilidad de una pareja de concebir, pero el embarazo no llega a término, se produce un aborto espontáneo. La *esterilidad* se produce cuando la pareja es incapaz de concebir.

Fundamental

La raza humana tiene un rendimiento muy bajo a la hora de reproducirse. Solo un tercio de los embriones humanos son cromosómicamente normales, el resto presentan una dotación cromosómica incompatible con la vida, y en su mayoría sufren abortos espontáneos.

Los estudios genéticos en reproducción van encaminados a detectar alteraciones genéticas relacionadas con la infertilidad y a establecer el riesgo de transmisión a la descendencia e identificar anomalías cromosómicas en embriones.

Las causas genéticas de infertilidad pueden ser directas o indirectas. Las directas son aquellas en las que uno de los progenitores es portador de una alteración cromosómica que da lugar a gametos desbalanceados que acaban en abortos espontáneos. Las indirectas son aquellas en las que la alteración genética afecta la diferenciación sexual, como son la presencia de endocrinopatías, alteraciones de la función de las gónadas que acaban afectando de forma indirecta la fertilidad.

Recuerda

✓ En estas patologías, el niño parece sano al nacer, pero si no se trata su enfermedad, puede sufrir problemas de salud como retraso mental, retraso en el crecimiento o incluso la muerte.

A) Causas genéticas de infertilidad masculina

Las causas más frecuentes de esterilidad masculina se encuentran en:

- *Alteraciones numéricas de los cromosomas* (47,XXY síndrome de Klinefelter y sus variantes, 48,XXY). Estos pacientes presentan ausencia total de espermatozoides en el semen. El diagnóstico de estos pacientes se realiza generalmente en la edad adulta, debido a la presencia de infertilidad. La técnica para su detección es el cariotipo convencional, también pueden estudiarse los cromosomas X e Y con sondas de FISH para estos cromosomas.
- *Anomalías estructurales balanceadas de los cromosomas.* Estas anomalías originan alteraciones en la espermatogénesis. Las más frecuentes son las translocaciones *robertsonianas.* En las translocaciones e inversiones, al segregar los cromosomas durante la meiosis, generan gametos anormales, que por lo general derivarán en abortos espontáneos. Algunos de estos gametos podrán ser balanceados y por tanto viables. Estas alteraciones se pueden detectar con técnicas citogenéticas convencionales.

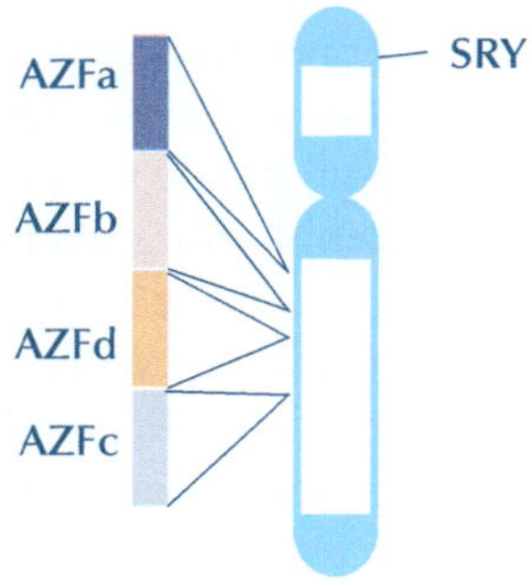

Figura 11.6 Deleciones en los genes AZF en cromosoma Y causan azoospermia en el hombre

- *Microdeleciones del cromosoma Y.* En el brazo q del cromosoma Y se encuentran los genes AZF, responsables de la formación y maduración de los espermatozoides. Microdeleciones de estos genes originan azoospermia. Estas microdeleciones pueden detectarse por análisis de amplificación del gen por PCR,MLPA, *array*-CGH.
- *Mutaciones del gen CFTR.* Mutaciones en este gen origina fibrosis quística, en hombres también produce agenesia (ausencia) de los conductos deferentes, lo que conlleva infertilidad debido a la imposibilidad de transportar los espermatozoides a la vía uretral. El 70% de varones con agenesia en los conductos deferentes tienen una mutación del gen *CFTR*, del cual pueden producirse 50 mutaciones diferentes. Su detección se realiza mediante la amplificación del gen con PCR y posterior secuenciación.
- *Alteraciones cromosómicas en los espermatozoides.* La presencia de alteraciones cromosómicas en los espermatozoides supone un riesgo para la descendencia. Pueden diagnosticarse mediante la técnica de FISH de espermatozoides.

PARA SABER MÁS

Los resultados anormales obtenidos en el estudio de la dotación cromosómica de los espermatozoides con la técnica de FISH se correlaciona negativamente con el recuento espermático y la morfología. Estos pacientes presentan una menor tasa de fecundación, embriones de peor calidad, menores tasas de gestación y mayor tasa de abortos.

B) Causas genéticas de infertilidad femenina

Las causas de esterilidad femenina pueden tener su origen en el hipotálamo, en la hipófisis, en el ovario, en el útero o bien pueden estar correlacionadas con la edad.

- *Las causas que tienen su origen en el hipotálamo* son el hipogonadismo hipogonadotrófico, causado especialmente por alteraciones en los genes KAL (síndrome de Kallman), y AHC (hipoplasia adrenal congénita).
- *Las causas que tienen su origen en la hipófisis* son el hipogonadismo hipogonadotrófico, los genes afectados son GnRH. LH, FSH, PROP1.
- *Las causas de origen uterino incluyen*: amenorrea (ausencia de menstruación en la mujer), que puede ser primaria o secundaria. La amenorrea primaria es cuando la mujer no ha tenido ninguna menstruación, el 50% de los casos es de causa cromosómica o secundaria (cuando se ha retrasado mucho la edad de la primera menstruación).
- *Las causas de origen cromosómico que afectan al cromosoma* X son ausencia total de un cromosoma X, deleciones parciales, alteraciones estructurales (translocaciones), alteraciones de otros genes (FRM1, CYP19) y presencia del gen SRY.

TOMA NOTA

La edad materna está relacionada con alteraciones cromosómicas en ovocitos. A los 35 años, aproximadamente, la mitad de los ovocitos presentan aneuploidías, número que se incrementa significativamente al pasar de los 40 años.

La mayoría de alteraciones cromosómicas que originan infertilidad femenina son numéricas que afectan al cromosoma X, como es el síndrome de Turner, con cariotipos de 45,X (90%) y mosaicos: 46,XY; 46, XX; 47, XXX; 46X,iXq. El mosaicismo es muy frecuente en las alteraciones que afectan tanto al cromosoma X como al Y.

Las alteraciones gen FMR1 (Xq27.3) originan el síndrome de cromosoma X frágil, que cursa con retraso mental en varones, las mujeres son portadoras y presentan oligomenorrea de origen ovárico que no responde bien a las hormonas.

La detección del X frágil se realiza mediante amplificación con PCR y secuenciación de los amplificados.

Actividades propuestas

11.5. Explica la utilidad de las pruebas de cribado de errores innatos del metabolismo. ¿Qué tipos de enfermedades se pueden diagnosticar mediante estas pruebas?

11.6. Explica la diferencia entre infertilidad y esterilidad y cita un ejemplo de esterilidad por causa genética directa y otro de esterilidad por causa indirecta.

11.7. Señala dos causas genéticas de infertilidad femenina y enumera los genes que las producen. Repite la actividad para las causas de infertilidad masculina.

11.4. Aplicaciones en el diagnóstico prenatal

El diagnóstico genético prenatal consiste en la detección de anomalías genéticas o cromosómicas antes del nacimiento, es decir, durante la vida fetal. Está indicado en aquellos embarazos en los que existe riesgo de que el feto padezca una alteración cromosómica o genética que pueda provocar una malformación grave o incluso ser incompatible con la vida.

Las situaciones en las que está recomendado realizar un diagnóstico prenatal son las siguientes:

- Edad materna avanzada.
- Embarazos anteriores con anomalías o retraso mental.
- Hallazgos ecográficos.
- Antecedentes familiares de malformaciones.
- Cuando uno de los miembros es portador de una alteración genética o cromosómica que podría ser transferida a la descendencia.
- Embarazos en los que se obtiene un riesgo elevado de cromosomopatía en el test combinado del primer trimestre o EBA-*screening* (*screening* ecográfico y bioquímico de aneuploidías).

PARA SABER MÁS

El test combinado del primer trimestre o EBA-*screening* (*screening* ecográfico y bioquímico de aneuploidías) se realiza entre las semanas 11 y 13 de embarazo. Es un método de cribado que consiste en el cálculo de un índice de riesgo para enfermedad cromosómica en el feto (especialmente síndrome de Down), mediante la combinación de una analítica que mide dos proteínas del embarazo (Beta HCG y PAPP-A) y una serie de parámetros ecográficos como la translucencia nucal.

11.4.1. Diagnóstico prenatal invasivo

El diagnóstico prenatal invasivo se realiza en muestras que contienen células fetales obtenidas por métodos invasivos como son la biopsia corial y la amniocentesis (figura 11.7). En algunas ocasiones se utiliza sangre de cordón umbilical obtenida por funiculocentesis. Recientemente se ha desarrollado una técnica no invasiva, en la que se descartan los síndromes cromosómicos más frecuentes en células fetales presentes en la sangre materna.

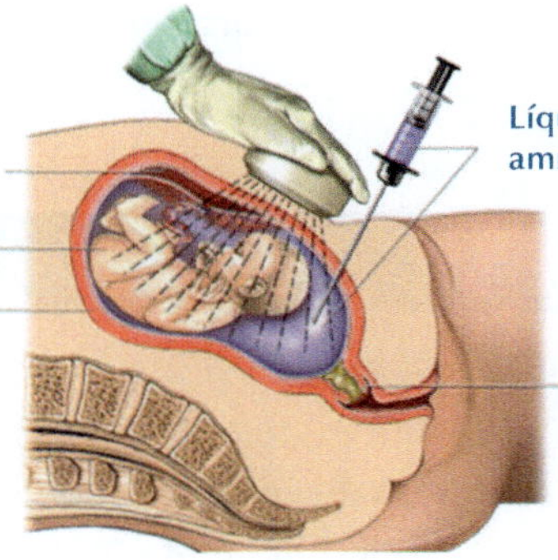

Figura 11.7
Técnicas invasivas de diagnóstico prenatal: amniocentesis y biopsia corial
Fuente: http://el-codigo-genetico.blogspot.com.es

Una vez obtenido el material fetal, se procesa mediante diferentes técnicas de citogenética o biología molecular en función de la anomalía que se desee descartar.

Para el diagnóstico de anomalías cromosómicas se aplican técnicas citogenéticas convencionales. Las muestras de fibroblastos procedentes del líquido amniótico o las células de las vellosidades coriales se cultivan en monocapa durante aproximadamente 10 días para obtener el cariotipo fetal donde se visualizan todos los cromosomas, descartando así cualquier anomalía cromosómica que pueda comprometer la salud del feto.

Es posible descartar de forma rápida las anomalías cromosómicas más frecuentes en recién nacidos como son las trisomías 13, 18, 21 o alteraciones en los cromosomas sexuales mediante la técnica de FISH para esos cromosomas o mediante la técnica de QF-PCR (PCR cuantitativa fluorescente) o MLPA. La ventaja de estas técnicas es que no necesitan células en división, lo que permite dar un resultado en un plazo de 24 horas. La técnica de FISH puede realizarse en células fetales en interfase. La técnica de QF-PCR se realiza sobre ADN fetal y materno (para descartar contaminación materna).

Cuando se sospecha un síndrome de microdeleción, puede descartarse utilizando una sonda específica de FISH para ese síndrome. Esta técnica ofrece la ventaja de su gran especificidad, sensibilidad y rapidez. Permite complementar el estudio del cariotipo proporcionando un diagnóstico más preciso.

Cuando se observan signos ecográficos de malformaciones, está indicado el estudio con la técnica de *array*-CGH prenatal. Esta técnica permite detectar de forma simultánea la presencia de deleciones y duplicaciones responsables de más de 100 síndromes congénitos, desde los más frecuentes, como son el síndrome de Down, hasta 100 síndromes más, menos frecuentes pero que ocasionan graves consecuencias clínicas.

Cuando se sospecha que el feto tiene riesgo de una determinada enfermedad genética es posible realizar un estudio genético fetal siempre que previamente esté caracterizada y estudiada la enfermedad en la familia. Para el diagnóstico de enfermedades genéticas se extrae el ADN a partir de las células fetales y se analizan mutaciones en el gen responsable de la enfermedad. Cualquier técnica utilizada para la evaluación directa de una mutación también se puede usar para diagnóstico prenatal.

Actividades propuestas

11.8. Cita tres indicaciones para realizar un diagnóstico prenatal.

11.9. Busca información acerca de las técnicas de amniocentesis, biopsia corial y funiculocentesis y explica la diferencia entre ellas. ¿Qué objetivo tienen estas técnicas? ¿Cuál de ellas puede realizarse en una edad gestacional más temprana?

WWW **Recurso web**

Con el siguiente código QR se puede visionar el vídeo de DKV seguros: *Cómo se desarrolla una amniocentesis,* en el que se explica en qué consiste y qué utilidad tiene la amniocentesis.

11.4.2. Diagnóstico prenatal no invasivo

El estudio genético fetal no invasivo se realiza en las muestras fetales que se encuentran en la sangre materna. Puede realizarse a partir de las 10 semanas de gestación. No supone ningún riesgo para la madre ni para el feto.

La versión estándar del test permite la detección del riesgo que tiene el feto de padecer patologías debidas a las anomalías cromosómicas más frecuentes, fundamentalmente el síndrome de Down con una sensibilidad próxima al 100%, y las trisomías 13, 18 y anomalías de cromosomas sexuales con una sensibilidad de aproximadamente del 95%.

La versión ampliada del test incluye, además de las trisomías y alteraciones de los cromosomas sexuales, la posibilidad de detectar los 5 síndromes de microdeleción más frecuentes (síndrome de DiGeorge, síndrome de deleción 1p36, síndrome de Cri du chat, síndrome de Angelman, síndrome de Prader-Willi) con una sensibilidad global superior al 93%.

TOMA NOTA

Esta prueba también puede realizarse en caso de embarazo múltiple y en mujeres embarazadas mediante la técnica de donación de ovocitos, aunque hay menos datos científicos sobre su fiabilidad.

El resultado obtenido se expresa como probabilidad de riesgo. Los resultados pueden ser los siguientes:

- *Probabilidad de riesgo baja*, indica con una fiabilidad superior al 99% que el bebé no va a presentar síndrome de Down y con una fiabilidad algo inferior que no va a presentar el resto de anomalías analizadas.
- *Probabilidad de riesgo alta*, es necesario realizar una prueba de diagnóstico prenatal invasiva para confirmar los resultados.

Actividad propuesta 11.10

Explica las ventajas que aporta el test prenatal no invasivo. ¿Cuándo puede realizarse? ¿En qué casos está especialmente indicado?

11.4.3. Aplicaciones en el diagnóstico preimplantacional

El diagnóstico genético preimplantacional consiste en el estudio genético durante la fecundación *in vitro,* con el objetivo de seleccionar embriones carentes de una alteración genética específica para su posterior transferencia al útero.

El diagnóstico genético preimplantacional proporciona una opción reproductiva a las parejas con alto riesgo de trasmitir patologías genéticas a su descendencia, seleccionando los embriones sanos.

Está indicado en las siguientes situaciones:

- Parejas portadoras de alteraciones cromosómicas estructurales.
- Parejas que han sufrido abortos de repetición.
- Fracasos previos en técnicas de reproducción asistida.
- Pacientes con FISH de espermatozoides alterada.
- Portadores de enfermedades hereditarias autosómicas o ligadas a los cromosomas sexuales.

Se realiza en blastómeras fijadas en un porta obtenidas por biopsia del embrión en estadio de 6-8 células tras la fecundación *in vitro*.

El estudio de las anomalías cromosómicas se realiza mediante FISH de hibridación fluorescente *in situ*, previo estudio de informatividad en el que se valora la posibilidad del estudio y el diseño del protocolo de trabajo.

El análisis de síndromes de microdeleción y microduplicación se realiza mediante las técnicas de *array*-CGH.

El análisis molecular de enfermedades monogénicas se realiza mediante PCR o secuenciación masiva.

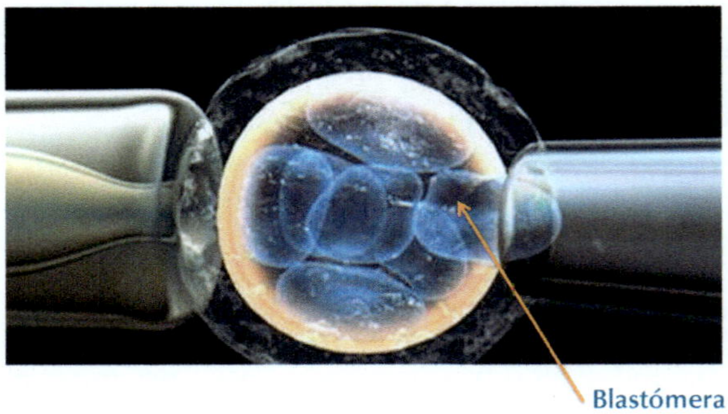

Figura 11.8
Extracción de una blastómera de un embrión para diagnóstico preimplantacional
Fuente: www.reproduccionasistida.org

Actividad propuesta 11.11

Explica qué consiste el diagnóstico preimplantacional. ¿En qué casos está indicado?, ¿en qué tipo de células se realiza?

WWW **Recurso web**

En el código QR adjunto se puede consultar la página web de reproducción asistida.org para obtener mayor información del proceso de DGP.

11.5. Aplicaciones en el diagnóstico molecular microbiológico

El desarrollo de las técnicas moleculares ha tenido un impacto significativo en el diagnóstico y manejo de muchas enfermedades infecciosas. Las aplicaciones de las técnicas moleculares en los laboratorios de microbiología clínica son las siguientes:

- *Detección de organismos directamente en las muestras clínicas* identificando un fragmento específico del genoma de un patógeno mediante la técnica de PCR. Es especialmente útil en el diagnóstico y manejo de muchas enfermedades infecciosas producidas por microorganismos de lento crecimiento, tales como *Chlamydia*, micoplasmas, micobacterias, etc., o por patógenos cuyo cultivo es difícil, como el citomegalovirus, los virus del herpes, de la hepatitis y del papiloma humano (figura 11.9).
- *Genotipado o la identificación molecular de un microorganismo* tras su aislamiento por métodos convencionales. Para la identificación bacteriana o fúngica se recomienda la secuenciación de regiones de ADN con la suficiente variabilidad como para discriminar una especie de otra. El genotipado de determinados virus permite guiar acerca del tratamiento que se debe seguir o el riesgo de padecer lesiones precancerosas.

- Cuantificación del número de virus en una muestra de sangre o plasma (carga viral). Permite evaluar la progresión de la infección o la respuesta al tratamiento. La *carga viral* se calcula estimando la cantidad de partículas virales en los fluidos corporales, puede realizarse mediante PCR a tiempo real cuantitativa.
- *Detección genotípica de resistencia a fármacos.* El fármaco al entrar en contacto con una población de microorganismos, permite solo la proliferación de aquellos que presentan una mutación natural que anula la acción del antibiótico. Esta mutación pasa a la descendencia. El estudio a nivel genético de estas mutaciones permite determinar la respuesta del microorganismo a un determinado fármaco.

Las técnicas moleculares más utilizadas para la detección, identificación y determinación de la resistencia a los antibióticos se basan en técnicas de hibridación, técnicas de *arrays* y técnicas de amplificación (PCR) y secuenciación.

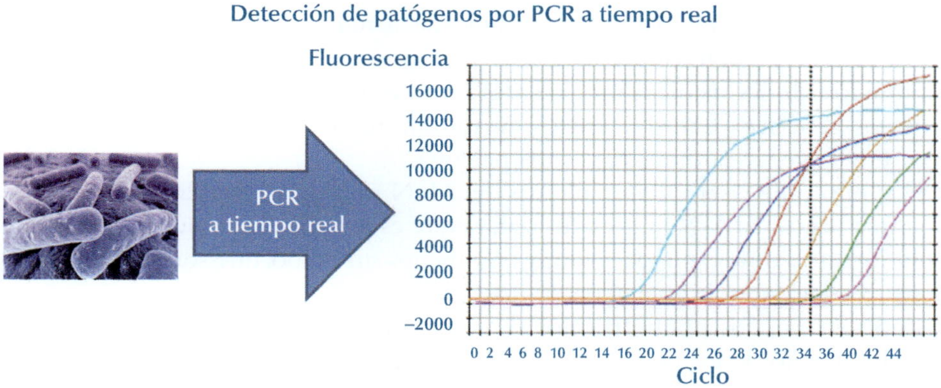

Figura 11.9
Detección de patógenos por PCR tiempo real

PARA SABER MÁS

La carga viral se usa para control terapéutico de virosis crónicas, siendo las más frecuentes en la actualidad los casos de infección por VIH, citomegalovirus y hepatitis viral C y B. La cuantificación de la carga viral es de gran utilidad para un mejor pronóstico de vida de los pacientes infectados.

Si en alguno de estos pasos existieran diferencias genéticas, por pequeñas que sean, la variación en la secuencia de un gen de alguna de estas proteínas originaría una proteína distinta, que al interactuar con el fármaco daría lugar a una respuesta distinta. Estas variaciones pueden afectar a la efectividad y a la toxicidad de un fármaco.

Actividad propuesta 11.12

Cita y explica las aplicaciones de las técnicas moleculares en el diagnóstico molecular microbiológico.

11.6. Aplicaciones en medicina legal y forense

Los avances de las técnicas de biología molecular no solo se utilizan para el diagnóstico clínico, también son herramientas cada vez más utilizadas en el análisis forense. El ADN se ha convertido en una de las herramientas más precisas para la identificación de individuos y es utilizado por miles de laboratorios fundamentalmente en:

- La identificación de vestigios biológicos de interés en la investigación criminal de muy diversos delitos.
- La identificación de restos humanos y personas desaparecidas.
- La investigación biológica de la paternidad y otras relaciones de parentesco.

El análisis genético forense, a diferencia del diagnóstico clínico, necesita disponer de métodos que permitan el aislamiento de ADN de muy pequeñas cantidades de material biológico procedente de una variedad de muestras forenses, incluyendo la sangre y manchas, muestras de tejidos, pelo, huesos.

La aplicación de las técnicas moleculares en el estudio forense se basa en la presencia de polimorfismos genéticos que son únicos en cada humano, es decir, la presencia de un perfil genético o huella genética única para cada persona.

Desde el punto de vista forense, además del ADN nuclear, es de gran importancia el análisis de los polimorfismos del ADN mitocondrial, ya que es más eficaz en muestras degradadas y es el único polimorfismo que se puede analizar en cabellos sin bulbo, que son vestigios que aparecen con mucha frecuencia en la escena de delitos.

Se estudian tanto los polimorfismos de los cromosomas autosómicos como los del cromosoma Y. El estudio de los polimorfismos del cromosoma Y es útil en los casos en los que ha habido agresión sexual. El estudio del ADN mitocondrial permite identificar a todos los miembros de una familia que proceden de la misma madre, y el estudio del cromosoma Y permite identificar a todos los miembros varones que comparten el mismo padre.

La mayoría de los perfiles de ADN que se obtienen en los laboratorios forenses se basan en el estudio simultáneo de:

- *Repeticiones cortas en tándem* (*short tandem repeats,* STR). Estas regiones están distribuidas en los distintos cromosomas humanos. El número de veces que se repite esta unidad de secuencia presenta una gran variabilidad entre los individuos de una población.
- *Polimorfismos de un único nucleótido SNP.* Cada persona tiene un perfil de SPN característico.

Los perfiles genéticos de una persona proceden el 50% del padre y el otro 50% de la madre. Mediante la combinación de los resultados genéticos con un análisis matemático es posible determinar la probabilidad de la inclusión o exclusión de identidad, paternidad, etc.

◎ FUNDAMENTAL

Las técnicas utilizadas para el estudio de los polimorfismos de los (STR) y los SNP son similares a las utilizadas para el diagnóstico clínico. La utilización de PCR permite realizar el estudio en muestras pequeñas de ADN procedentes de vestigios biológicos.

Recuerda

✓ Las repeticiones cortas en tándem (STR) están distribuidas en los distintos cromosomas humanos y presentan una alta variabilidad de tamaño entre los distintos individuos. Se trata de pequeñas regiones de 100-500 nucleótidos compuestas por una unidad de 4-5 nucleótidos que se repite en tándem "n" veces.

Para los análisis genéticos forenses se comparan los perfiles genéticos obtenidos del ADN de muestras en estudio (sangre, semen, saliva, orina, pelos, tejidos, restos celulares en objetos usados o tocados, etc.) con los perfiles de las muestras de referencia (raspado bucal o muestra de sangre).

El procedimiento de análisis genético forense incluye:

- Recogida de las muestras y el envío al laboratorio.
- Extracción y purificación del ADN.
- Cuantificación del ADN humano obtenido para asegurar así la obtención de perfiles de alta calidad y reproducibilidad.
- Amplificación y marcaje fluorescente de las regiones variables de ADN de interés (STR, SNP) utilizando la reacción en cadena de la polimerasa (PCR). Se amplifican varios fragmentos a la vez mediante PCR *multiplex*.
- Separación por electroforesis y detección de los segmentos de ADN marcados generados mediante PCR (figura 11.10).
- Análisis de los fragmentos amplificados mediante secuenciadores automáticos.
- Comparación de los perfiles genéticos obtenidos e interpretación de los resultados.

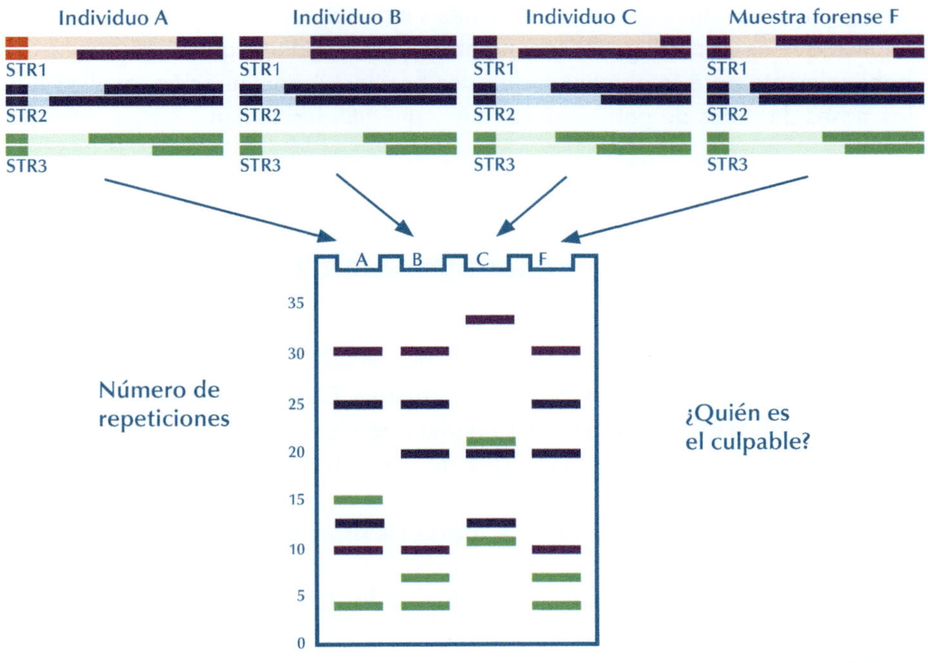

Figura 11.10

Comparación de perfiles genéticos obtenidos por estudios de SRT

Fuente: http://ysinembargolaciencia.blogspot.com.es

Los polimorfismos analizables por PCR y secuenciación utilizados para la práctica forense deben cumplir una serie de requisitos y pasar sucesivos controles de validación y estandarización.

Las bases de datos de perfiles genéticos de personas son una herramienta fundamental en la identificación de personas, tanto dentro de una investigación criminal como para identificar víctimas de catástrofes o conflictos bélicos.

Para saber más

Las bases de datos de ADN son importantes en el estudio de perfiles genéticos en el contexto de una investigación criminal. Con ellas es posible comparar los perfiles de ADN anónimos obtenidos de vestigios biológicos de la escena del delito con los perfiles genéticos de individuos que son sospechosos o que están condenados por un delito. De esta forma es posible la identificación de la persona responsable de determinados delitos.

La utilización de estas bases de datos es también muy importante en los procesos de identificación de víctimas de conflictos bélicos o de grandes catástrofes cuyo estado de conservación no permite la identificación de los cuerpos por los métodos forenses convencionales. En estas situaciones los perfiles genéticos obtenidos de las personas que se pretende identificar pueden ser comparados de forma sistemática con perfiles de referencia de familiares (saliva o sangre), u obtenidos de muestras de la persona a identificar antes de su muerte (cepillos de dientes, peines...).

Actividades propuestas

11.13. Cita las aplicaciones que tienen las técnicas moleculares en medicina legal y forense.

11.14. Explica qué es un perfil genético y nombra los marcadores genéticos que se utilizan habitualmente para la obtención de estos perfiles. A continuación, explica qué son las bases de datos de perfiles genéticos y qué utilidad tienen.

11.7. Aplicaciones en farmacogenómica

Cuando se administra un fármaco, este debe ser absorbido, metabolizado, transportado, degradado y excretado del interior del organismo. Cada individuo presenta una respuesta diferente a determinados fármacos. La farmacogenética es una disciplina biológica que estudia el efecto de la variabilidad genética de un individuo en su respuesta a determinados fármacos.

El desarrollo de la farmacogenómica aporta las siguientes ventajas:

- Utilización de medicamentos individualizados basados en su eficacia y seguridad según el genotipo del paciente.
- Reutilización de medicamentos rechazados por sus efectos adversos en unos pacientes, pero que no tienen efectos adversos en otros en función de su genotipo.
- Utilización de nuevos medicamentos para los diferentes subtipos de enfermedades.

11.8. Genética y cáncer

El cáncer es un grupo de trastornos que tienen en común un crecimiento celular incontrolado que da lugar a un tumor.

Las células tumorales aparecen cuando se producen ciertas alteraciones o mutaciones en los genes responsables de la regulación del crecimiento celular. Además de las mutaciones que pueden alterar la función proteica existen otros factores, como son genes modificadores, agentes cancerígenos o factores hormonales, que pueden provocar que las mutaciones den lugar a cáncer o no. También se ha comprobado que existe un gran número de factores ambientales que pueden modificar la frecuencia y las consecuencias de estas mutaciones. Por tanto, el riesgo de cáncer global de una persona depende de una combinación de factores hereditarios y componentes ambientales, estos factores afectan a la penetrancia del cáncer.

Fundamental

No todas las personas con mutaciones en un gen implicado en cáncer presentan un cáncer. Todos los cánceres se consideran genéticos debido a que son originados por alteraciones en el genoma de la línea somática de un determinado tejido del paciente. La presencia de mutaciones en la línea germinal hace que aumente la susceptibilidad a sufrir la enfermedad en el propio paciente y en su descendencia.

Toma nota

La incidencia de muchos cánceres está aumentando debido en gran parte al incremento de la edad media de la población.

Las causas del cáncer son una combinación de alteraciones genéticas que tienen lugar en los tejidos, agentes cancerígenos, factores hormonales y ambientales. La predisposición genética desempeña un papel importante en algunas familias.

11.8.1. Mecanismos de transformación de células normales en células tumorales

El cambio de célula normal a cancerosa recibe el nombre de transformación y puede producirse por mutaciones en ciertos genes, por la introducción o activación de ciertos genes por parte de un virus y mecanismos epigenéticos, entre otros.

Las células que componen un tumor suelen derivar de una única célula ancestral que sufrió una transformación, lo que las convierte en un único clon (monoclonales).

Las alteraciones genéticas que conducen a la carcinogénesis afectan a los sistemas reguladores del crecimiento y proliferación celular. Pueden producirse mutaciones en cualquiera de los pasos de la regulación del crecimiento y la diferenciación celular. La acumulación de estas mutaciones en un linaje celular puede provocar la desregulación progresiva del crecimiento y la trasformación de una célula normal en tumoral. La masa celular creciente (tumor) necesita obtener mayor irrigación sanguínea, lo que consigue mediante angiogénesis (formación de nuevos vasos sanguíneos).

TOMA NOTA

El cáncer surge cuando se produce una acumulación de alteraciones en los sistemas reguladores del crecimiento y proliferación celular en cualquiera de sus etapas.

Las neoplasias malignas se distinguen de las benignas por su capacidad de invadir y metastatizar.

Los genes causantes de cáncer pueden clasificarse en las siguientes categorías:

- Genes supresores de tumores.
- Prooncogenes y oncogenes.
- Genes que intervienen en la reparación del ADN.
- Retrovirus.
- Regulación epigenética (microARN, metilación, silenciamiento y sobreexpresión de genes implicados).

A) Genes supresores de tumores

Son genes que normalmente inhiben la proliferación celular incontrolada que puede provocar cáncer. Suelen participar en las vías que regulan el ciclo celular.

Para que aparezca un tumor deben producirse mutaciones o deleciones en dos alelos de un gen supresor. La naturaleza hereditaria de los tumores originados por mutaciones en los genes supresores se manifiesta cuando una persona que ha heredado el alelo mutado sufre una mutación en el otro alelo. Siempre que conserve un alelo intacto no desarrollará ese cáncer.

PARA SABER MÁS

Un ejemplo de cáncer originado por mutaciones en genes supresores es la leucemia promielocítica aguda; en ella está presente una translocación entre los cromosomas 15 y 17 que origina la fusión de dos genes: el gen RARa y el gen de la leucemia promielocítica (PML). El producto de la fusión (PML-RARa) altera el funcionamiento de la proteína PML, que actúa como gen supresor de tumor al ayudar a iniciar la apoptosis en las células dañadas. Esta unión también interfiere con la capacidad de la proteína normal RARa de inducir diferenciación terminal de células mieloides.

B) Protooncogenes

Son genes que, al transformarse en su forma activa, los oncogenes activan la proliferación celular. Estos genes intervienen en la regulación del crecimiento celular normal.

C) Oncogenes

Se forman generalmente a partir de los protooncogenes. Algunos de sus mecanismos de formación son:

- Mutación puntual en una secuencia codificante, provoca que la proteína sintetizada sea hiperactiva.
- Amplificación génica, debida a duplicaciones del gen. Provoca cantidades de proteínas superiores a las normales.
- Reordenamientos cromosómicos que provocan la fusión del prooncogen a un gen que transcribe activamente. Ejemplos: en la leucemia mieloide crónica, la translocación t(9:22) sitúa el protooncogén ABL junco al gen BCR, que potencia la actividad de la tirosincinasa y origina la enfermedad.
- Hipometilación del ADN en la región 5' del gen, un rasgo habitual en muchos tumores.

A diferencia de los genes supresores de tumor, solo es necesaria la presencia de una copia de un oncogén mutado para producir la progresión tumoral.

La mayoría de los oncogenes presentan mutaciones somáticas que dan lugar a cánceres esporádicos, en cambio no muestran mutaciones de la línea germinal, por lo que no causan síndromes cancerosos hereditarios.

D) Fallos en los sistemas de reparación del ADN

En células tumorales es frecuente la presencia de fallos en los sistemas de reparación del ADN. Se caracterizan por la presencia de roturas cromosómicas y aneuploidías. Estas alteraciones pueden causar cáncer cuando afectan a las vías que regulan la proliferación celular. Un ejemplo es la xerodermia pigmentaria, enfermedad que se caracteriza por la aparición de múltiples tumores en la piel debido a la incapacidad de reparar los daños en el ADN de la piel.

E) Retrovirus

Son virus cuyo genoma está constituido por ARN en lugar de ADN; para infectar a la célula transforman el ARN en ADN gracias a la acción de la enzima transcriptasa inversa, el ADN sintetizado lo incorpora a la célula infectada. Algunos retrovirus insertan oncogenes en el ADN de una célula anfitriona, transformándola en una célula productora tumoral. Un ejemplo de neoplasias inducidas por retrovirus es la leucemia humana de tipo T.

PARA SABER MÁS

Otras de las características de la célula cancerosa es su capacidad para evitar las restricciones de la senescencia celular. Normalmente, el acortamiento progresivo de los telómeros limita el número de divisiones de una célula entre 50 y 70. Las células tumorales superan esta limitación activando la telomerasa, que reemplaza los segmentos teloméricos que se pierden durante cada división celular.

Actividad propuesta 11.15

Con lo estudiado hasta el momento, resuelve las siguientes cuestiones:

a) ¿Por qué se dice que todos los tipos de cáncer tienen un origen genético pero no todos son hereditarios?
b) Explica qué mecanismos o sistemas celulares están alterados en las células cancerosas y cuándo se manifiesta el cáncer familiar producido por alteraciones en los genes supresores.
c) Explica qué son los oncogenes y describe dos ejemplos de mecanismos de formación.
d) ¿En qué consiste la enfermedad xerodermia pigmentaria?

11.8.2. Tipos de cáncer

Los tumores se clasifican en función del tipo de tejido en el que surgen. En el cuadro 11.2 se reflejan los principales tipos de tumores en función del tejido afectado.

CUADRO 11.2
Principales tipos de tumores en función del tejido afectado

Tipo de tejido	Tipo de cáncer
Epitelial	Carcinomas (los tumores más frecuentes)
Conectivo	Sarcomas
Linfático	Linfomas
Células gliales	Gliomas
Órganos hematopoyéticos	Leucemias

En el cuadro 11.3 se reflejan las características y frecuencias de los diferentes tipos de cáncer atendiendo a su forma de aparición.

CUADRO 11.3
Tipos de cáncer atendiendo a su forma de aparición

Tipo de cáncer	Frecuencia (%)	Características
Genético		Todo tipo de cáncer se considera genético
Hereditario	5-10	Cuando hay mutaciones en la línea germinal y hay riesgo de transmitirlo
Familiar	15-20	Cuando en la misma familia existen precedentes de cáncer de distintos tipos, posible susceptibilidad genética
Esporádico	70-80	No se conocen las causas ni hay evidencias de que se deba causas genéticas

A) *Cáncer hereditario*

El cáncer hereditario se transmite a través de la línea germinal, por tanto en la descendencia aumenta el riesgo a desarrollar la enfermedad.

Existen más de 800 cánceres de línea germinal producidos por mutaciones conocidas. No obstante, la mayor parte de los síndromes de cáncer hereditario son poco frecuentes, excepto cáncer de mama y el cáncer de colon; constituyen el 5% de las familias con cáncer. Se deben a mutaciones en genes concretos y siguen un patrón de herencia monogénico dominante; es decir, la mutación en uno de estos genes confiere un alto riesgo para desarrollar el cáncer. Tal es el caso de los genes BRCA1, BRCA2, MLH1, MSH2 y MSH6, entre otros, conocidos como variantes de alta susceptibilidad elevada a desarrollar cáncer.

Los síndromes de cáncer hereditario para los que generalmente se realiza un estudio genético son los que se muestran en el cuadro 11.4.

CUADRO 11.4
Síndromes de cáncer hereditario para los que se realiza estudio genético

Síndromes de cáncer hereditario	Genes responsables
Cáncer de mama y ovario hereditario	BRCA1,BRCA2
Cáncer colon hereditario no polipósico	MLH1, MSH2
Poliposis adenomatosa familiar	APC, MYH
MEN (neuroendocrino múltiple) tipo 2	RET
Retinoblastoma	RB1
Enfermedad de Von Hippel-Lindau	VHL
Síndrome de Li-Fraumeni	TP53
Síndrome de Cowden	PTEN

FUNDAMENTAL

En el estudio del cáncer hereditario es importante tener en cuenta que el análisis de las mutaciones responsables de un determinado cáncer se debe realizar en pacientes afectos, no en gente sana. Solo se buscará la mutación en una persona sana cuando tenga un ascendente con un cáncer hereditario.

Cuando se diagnostica un paciente con cáncer hereditario, se debe ofrecer la posibilidad de realizar un estudio familiar, ya que otros familiares también pueden estar afectados.

Conocer los genes afectados en los cánceres hereditarios aporta las siguientes ventajas:

- Permite determinar el riesgo de padecer cáncer y de transmitirlo a la descendencia.
- Permite aumentar la tasa de diagnósticos precoces y por tanto reducir el riesgo de padecer determinados tipos de cáncer.

- Permite orientar y modificar el tratamiento oncológico en los portadores recién diagnosticados.
- Facilita al paciente la toma de decisiones informadas y libres adaptadas al riesgo o condición genética.

Para las pruebas genéticas para el cáncer hereditario, las muestras que se utilizarán dependen del tipo de cáncer. Generalmente se realizan a partir de sangre, con la excepción del cáncer colorrectal, en el cual los análisis genéticos se llevan a cabo principalmente a partir de tejido tumoral.

Algunos de los estudios genéticos para el cáncer hereditario que suelen llevarse a cabo son los que se recogen en el cuadro 11.5.

Cuadro 11.5
Estudios genéticos para el cáncer hereditario

Tipo de cáncer	Pruebas
Cáncer colorrectal no polipósico	• Inestabilidad microsatélites en caso índice (tumor) • Inmunohistoquímica • MLH1 y MSH2 en caso índice (sangre periférica) • MLH1 y MSH2 en familiares (sangre periférica)
Cáncer de mama y ovario	• PCR múltiples, amplificación y secuenciación en caso índice • PCR y secuenciación de BCRA en familiares
Poliposis de colon familiar	• Segregación de marcadores polimórficos y SSCP/heterodúplex en APC (exones 15G, 15E) en caso índice y familiares • Secuenciación directa del gen APC en caso índice • Secuenciación directa de mutación de riesgo en familiares • *Von Hippel Lindau* • Secuenciación casos. MEN 2a MEN 2a, MEN 2B y CM, MEN 2B y CM • Secuenciación familiares • Secuenciación oncogen RET casos • Secuenciación oncogen RET familiares
Retinoblastoma	• Segregación de marcadores polimórficos, leucocitos y tumor, familiares y casos • Secuenciación directa de RB1 en leucocitos y tumor de casos • Secuenciación directa de RB1 en familiares • Secuenciación directa rastreo mutaciones en leucocitos y tumor en el caso • Secuenciación directa rastreo mutacional en familiares

Tras el estudio pueden obtenerse los siguientes tipos de resultados:

- *Resultado indeterminado o no informativo*. Cuando no se puede establecer ningún diagnóstico.
- *Resultado positivo*. En este caso se amplía el estudio a los familiares sanos o de primer grado.
- *Resultado negativo*. En este caso se trata a los pacientes con un riesgo similar al de la población general.

- *Variante de significado incierto.* Cuando se encuentra una alteración en el gen estudiado pero no está descrita su repercusión.
- *Polimorfismo.* Cuando se encuentra una alteración en el gen que es frecuente en la población sana.

Fundamental

Un resultado negativo no siempre es algo positivo para los pacientes, ya que puede ser debido a un fallo de la técnica molecular o la existencia de otros genes implicados.

Actividad propuesta 11.16

Responde a las siguientes cuestiones:

a) ¿Qué tejidos están afectados en los sarcomas?, ¿y en los carcinomas?
b) ¿Cuándo se considera que un cáncer es hereditario?
c) ¿Qué ventajas aporta el conocimiento de las bases genéticas del cáncer hereditario? ¿Por qué?
d) ¿Qué tipo de muestra se utiliza generalmente para el estudio genético de la mayor parte de los cánceres?

B) Cáncer familiar

El 15% de los cánceres son familiares. Son familias que tienen varios miembros afectados con cánceres diferentes. Estos casos no pueden considerarse como hereditarios, pero tampoco se ajustan al concepto de cáncer esporádico y se deben a genes de baja susceptibilidad.

Actualmente existe la posibilidad de realizar estudios de paneles completos de regiones asociadas a oncogenes y exones de supresores tumorales mediante secuenciación y su posterior análisis bioinformático.

11.8.3. Oncohematología

En el diagnóstico oncohemtológico se han integrado las técnicas de citogenética convencional con las técnicas moleculares.

Los estudios citogenéticos y moleculares de los procesos oncohematológicos permiten dar un diagnóstico, un pronóstico y un seguimiento del tratamiento.

Las muestras utilizadas para las técnicas de citogenética convencional son sangre y médula ósea. Para las técnicas moleculares puede emplearse sangre, médula ósea o biopsias de tejidos parafinados.

Las técnicas de citogenética convencional permiten detectar reordenamientos cromosómicos característicos de cada tipo de patología; las técnicas de FISH permiten determinar los reagrupamientos submicroscópicos y confirmar los detectados por citogenética convencional; el cariotipo espectral se utiliza para resolver reagrupamientos complejos; la técnica de *array*-CGH permite detectar duplicaciones y delecciones con un poder de resolución 10 veces superior a las técnicas citogenéticas convencionales.

La detección y cuantificación de oncogenes en enfermedades hematológicas se realiza mediante técnicas de PCR en tiempo real o secuenciación de los principales genes implicados en los trastornos hematológicos.

Algunos de los ejemplos de estos estudios de mutaciones y reordenamientos recomendados en oncohematología teniendo en cuenta la patología son los recogidos en el cuadro 11.6.

CUADRO 11.6
Estudios de mutaciones y reordenamientos recomendados en oncohematología

Patología	Pruebas realizadas
LMC	• Reordenamiento P210/ BCR/ABLcualitativo • Mutaciones NOTCH1/ SF3B1/ TP53
(LMA)	• Mutaciones en los genes: FLT3 (Ex 14,15,20)/NPM1/ CEBPA • RAS / WT1 (Ex7,9)/ SETBP1 (LMC atípica)
(SMD)	• Mutaciones en los genes: SF3B1 (SMD)/ DNMT3A
(LMA)(SMD)	• Mutaciones en los genes: IDH1/IDH2 / ES ASXL1
(SMD)	• Mutaciones en los genes: SF3B1 / DNMT3A
(SMPC)	• Mutaciones en los genes: JAK-2 (V617F)/ EXON 12 JAK-2 (V617F) • JAK-2 CUANTITATIVO / MPL (505-515) / Calreticulina (Ex9)(SMPC) • THPO
(LLA)	• Reordenamiento en P190 BCR/ABL cualitativo/ BCR/ABL atípicos cualitativo/BCR/ABL cuantitativo
(LMA)	• Mutaciones en los genes: ABL/FLT3 (ITD
(LMA)(SMD)	• Mutaciones en el gen TET-2 (Ex3-11)
LINFOMAS B LINFOMAS T	• Reordenamientos en (GEN IgHa)/(GEN TCR) GAMMA/BETA
TRICOLEUCE-MIA	• Mutaciones en el gen B-RAF
LDCBG	• Mutaciones en el gen STAT3 (Ex 21)
WALDESTROM	• Mutaciones en los genes: MYD88-L265P/ CXCR4
MASTOCITOSIS	• Mutaciones en los genes: SRSF2 (codón 95)/ C-KIT D816 V

Actividad propuesta 11.17

¿Qué aportan las técnicas genéticas en oncohematología? ¿Qué tipo de muestras se utilizan? ¿Qué técnicas se utilizan?

Resumen

- Actualmente existe una oferta cada vez mayor de análisis genéticos que permiten una aplicación en numerosas áreas que incluyen el diagnóstico clínico, microbiológico, el estudio del cáncer, así como otras áreas no clínicas como es la medicina legal y forense.
- Los análisis genéticos son útiles en prácticamente todas las áreas de la medicina (pediatría, endocrinología, cardiología, neurología, infertilidad, diagnóstico prenatal, hematología y oncología, entre otras).
- Las pruebas de diagnóstico genético se utilizan para detección sistemática de diferentes enfermedades genéticas o cribado neonatal, para estudios diagnósticos, predictivos y de portadores de alteraciones genéticas.
- Dependiendo de la etapa biológica del paciente en la que se realiza el estudio se pueden clasificar los estudios genéticos en posnatales, prenatales y preimplantacionales.
- La detección y diagnóstico de estas patologías permite instaurar medidas de prevención de la aparición de los síntomas y orientar el tratamiento y seguimiento.
- Las técnicas moleculares en los laboratorios de microbiología clínica permiten la detección de organismos directamente en las muestras clínicas, la identificación molecular de un microorganismo, la determinación de la carga viral y la detección genotípica de resistencia a fármacos.
- En el área de la medicina legal y forense, las pruebas genéticas se utilizan en las investigaciones criminales, en pruebas de paternidad o en la identificación de cuerpos tras una catástrofe o conflicto bélico. Mediante las técnicas moleculares se obtienen perfiles de ADN basados en marcadores genéticos (STR o SNP), que son únicos para cada persona.
- Otra de las aplicaciones de las técnicas genéticas es en el diagnóstico del cáncer. La determinación de mutaciones en oncogenes y genes supresores puede orientar a cerca del riesgo de sufrir un cáncer hereditario.

Ejercicios propuestos

1. Explica en qué consiste una prueba de análisis genético.
2. ¿Qué utilidad tienen las pruebas de genéticas sistemáticas?
3. ¿Qué técnica se utiliza para detectar una mutación en un gen?
4. ¿Qué síndromes cromosómicos originan retraso mental?
5. ¿Qué gen está alterado en la distrofia muscular de Duchenne?
6. Cita dos causas de infertilidad masculina.
7. ¿Qué técnicas se utilizan para el diagnóstico rápido de las aneuploidías más frecuentes?
8. Describe la diferencia entre el test no invasivo estándar y el test ampliado.

9. Explica qué es la carga viral y mediante qué técnica molecular puede determinarse.
10. ¿Qué utilidad tiene el estudio del ADN mitocondrial?
11. ¿Cómo se denomina el paso de una célula normal a tumoral?
12. ¿Cuándo se manifiesta el cáncer familiar producido por alteraciones en los genes supresores?
13. ¿Qué tejidos están afectados en los linfomas?
14. ¿Cuándo se considera que un cáncer es esporádico?
15. ¿Qué tipo de resultados se pueden obtener en el estudio genético del cáncer hereditario?
16. Describe la utilidad de las técnicas citogéneticas en oncohematología.

Supuestos prácticos

➲ A la consulta de neuropediatría acude un niño que presenta déficit intelectual y trastornos del comportamiento. Su madre refiere que tiene otra hija normal, pero que en su familia, su hermano también presenta déficit intelectual y otra hermana es normal pero ha tenido dos hijos con déficit intelectual. Al niño se le realizó un cariotipo y dio un resultado normal.

- Explica qué tipo de patología podría ser la responsable del niño.
- ¿Qué otras pruebas podrían realizarse para llegar a un diagnóstico?

➲ A la consulta de obstetricia acude una embarazada de 8 semanas y refiere que en su familia su hermana ha tenido un hijo con malformaciones congénitas debido a una alteración cromosómica estructural.

- Explica qué opciones diagnósticas son las más adecuadas para esta paciente.

TEST DE AUTOEVALUACIÓN

1. En relación con las pruebas de análisis genético, es correcto que:

   ☐ *a)* Se utilizan para medir la cantidad de lipoproteínas en suero.
   ☐ *b)* Deben realizarse a todos los recién nacidos.
   ☐ *c)* Consisten en la determinación de las inmunoglobulinas en sangre.
   ☐ *d)* Permiten detectar los portadores de una alteración genética.

2. Para el diagnóstico de una enfermedad debido a una mutación puntual se utilizará:

- ☐ *a)* Cariotipo en sangre periférica.
- ☐ *b)* FISH.
- ☐ *c)* PCR y secuenciación.
- ☐ *d)* *Array*-CGH.

3. Ante una sospecha de trisomía 18 se utilizará:

- ☐ *a)* Cariotipo convencional.
- ☐ *b)* FISH.
- ☐ *c)* *Array*-CGH.
- ☐ *d)* PCR y secuenciación.

4. En relación con el retraso mental, es correcto que:

- ☐ *a)* Está asociado a grandes síndromes cromosómicos.
- ☐ *b)* Puede ser causado por el síndrome del X-frágil.
- ☐ *c)* Puede originarse por microdeleciones y microduplicaciones en autosomas.
- ☐ *d)* Todas las opciones son correctas.

5. En relación con las distrofinopatías, es correcto que:

- ☐ *a)* Son enfermedades que afectan a las células sanguíneas.
- ☐ *b)* Son un tipo de neoplasias.
- ☐ *c)* Son causadas por alteraciones del gen de la distrofina.
- ☐ *d)* Ninguna de las opciones anteriores es correcta.

6. Los síndromes genéticos asociados a patologías cardiológicas son:

- ☐ *a)* Síndrome de deleción 22q11.
- ☐ *b)* Síndrome de Marfan.
- ☐ *c)* Síndrome de Down.
- ☐ *d)* Todas las opciones son correctas.

7. Las causas de infertilidad masculina de origen genético son:

- ☐ *a)* Alteraciones en el gen de la distrofia.
- ☐ *b)* Presencia de un cromosoma Y extra.
- ☐ *c)* Presencia de un cromosoma X extra.
- ☐ *d)* Presencia de un cromosoma 21 extra.

8. Las causas de infertilidad femenina son:

- ☐ *a)* Presencia de un cromosoma X extra.
- ☐ *b)* Ausencia de un cromosoma X.
- ☐ *c)* Alteraciones en el cromosoma 1.
- ☐ *d)* Ninguna de las opciones anteriores es correcta.

9. En relación con las pruebas genéticas forenses, es correcto que:

- ☐ *a)* Se realizan para detectar alteraciones cromosómicas.
- ☐ *b)* Utilizan polimorfismos en los STR.
- ☐ *c)* Utilizan polimorfismos de los STS.
- ☐ *d)* Permiten de realizar pruebas de paternidad.

10. Un carcinoma es un tumor en:

- ☐ *a)* Los ganglios.
- ☐ *b)* En la piel.
- ☐ *c)* En las células gliales.
- ☐ *d)* En el tejido conectivo.

SOLUCIONES:

1.	a	b	c	**d**
2.	a	b	**c**	d
3.	**a**	b	c	d
4.	a	b	c	**d**
5.	a	b	**c**	d
6.	a	b	c	**d**
7.	a	b	**c**	d
8.	a	**b**	c	d
9.	**a**	b	c	d
10.	a	**b**	c	d

Anexo 7.1

Hibridación *in situ* cromogénica (CISH)

Esta técnica se fundamenta en el marcaje de las células con sondas cromogénicas que producen reacciones inmunohistoquímicas, liberando un compuesto coloreado sobre el tejido alrededor del híbrido, que puede ser visualizado con microscopia de campo claro. Se puede aplicar en la detección de material genético viral en un tejido, estudios de expresión génica de determinados oncogenes, entre otros.

El protocolo a seguir con muestras parafinadas es el siguiente:

- Pre-tratamiento del tejido:
  - Eliminación de la parafina y rehidratación mediante pases sucesivos del tejido por xilol, alcoholes (100, 96 y 70%) y agua destilada o tampón.
  - Tratamiento enzimático con pepsina o proteinasa K para liberar los ácidos nucleicos de las histonas y del resto de los componentes celulares para hacerlos más accesibles a las sondas. El tratamiento enzimático con pepsina es más efectivo si se realiza un tratamiento previo con ácido clorhídrico 0,1 N. La duración del tratamiento con proteinasa K depende del tiempo que las muestras han estado en formol. A mayor tiempo en formol, más largo debe ser el enzimático.
  - Bloqueo de las uniones inespecíficas de la sonda mediante tratamiento de la muestra con ADN de esperma de salmón.

- Hibridación de la muestra con la sonda:
  - Desnaturalización de la sonda y su blanco: se deposita la sonda sobre la muestra, se coloca un cubreobjetos e incubandose a 95 °C durante 5-10 minutos para desnaturalizar el ADN de la muestra y de la sonda. A continuación se coloca en una cámara húmeda para que se produzca la hibridación.
  - Tras la hibridación se lava la muestra para eliminar los restos de sonda no hibridados.

- Detección de las secuencias hibridadas:
  - Al estar las sondas marcadas con haptenos se detectan mediante reacciones inmunohistoquímicas.

- Contratinción: tras la hibridación, solo aparecen coloreadas las secuencias hibridadas. Para poder interpretar los resultados obtenidos, es importante la visualización de las secuencias dianas en relación al resto del tejido, para ello se realiza una contratinción con un colorante que colore el tejido sin enmascarar las secuencias diana. De esta forma es posible ver simultáneamente la morfología del tejido y las aberraciones genéticas.
- Los resultados de la coloración se pueden visualizar con un microscopio óptico común (con objetivos 40x o de inmersión 100x) (figura 1 anexo).

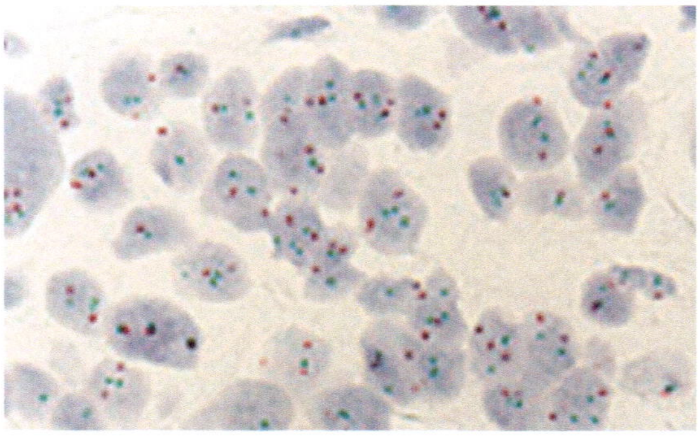

Figura 1
Visualización cromogénica en dos colores de señales, conseguidas con sondas específicas para el gen HER2 (señal roja) en el cromosoma 17q, que hibrida con los ácidos nucleicos complementarios presentes en la muestra de cáncer de mama y otra sonda para la región centromérica del cromosoma 17 (señal azul).
Fuente: http://www.masterdiagnostica.com/es-es/productos/cish.aspx

Esta técnica tiene las ventajas de ser más sencilla, rápida y barata, al no necesitar utilizar fluorocromos. La señal obtenida es permanente, los resultados pueden ser guardados por un largo periodo. Pero tiene el inconveniente de presentar mucho ruido de fondo, que en ocasiones enmascara la secuencia diana.

Una variante de esta técnica es la utilización de nitrato de plata (SISH)

Controles de la hibridación cromogénica

En la técnica de hibridación cromogénica es posible observar una señal en lugares que no corresponden a la secuencia diana. Por tanto, es muy importante utilizar controles positivos y negativos para realizar una correcta interpretación de los resultados.

Las posibles causas de señales inespecíficas son: hibridación cruzada con secuencias de ácidos nucleicos inespecíficas, ruido de fondo, uniones inespecíficas de la sonda o presencia de sonda no unida debido a un lavado insuficiente.

- El control positivo permite comprobar que la hibridación con la secuencia diana tiene lugar adecuadamente. De esta forma se reducen los falsos negativos.
- El control negativo permite comprobar que en ausencia de secuencia diana no se ha producido hibridación, permitiendo de esta manera reducir los falsos positivos y, por tanto, comprobar la especificidad de la técnica.

Anexo 9.1

Pretratamiento de diferentes muestras biológicas previo a la extracción de los ácidos nucleicos

A) Pretratamiento de las muestras de sangre o médula ósea para extracción de ácidos nucleicos

Una de las muestras más utilizadas para estudiar los ácidos nucleicos de un individuo es la sangre, concretamente los linfocitos.

El proceso de extracción tiene como objetivo obtener los ácidos nucleicos aislados de otros componentes sanguíneos que pueden interferir en la PCR. Por ejemplo, el grupo hemo de la hemoglobina inhibe la PCR. Con este fin, la muestra se somete a un pretratamiento de lisis y eliminación de los eritrocitos.

La muestra de sangre para la obtención de ácidos nucleicos debe ser sangre total con EDTA; no obstante, también pueden usarse otros anticoagulantes como la heparina y el citrato sódico.

No es conveniente retrasar el proceso de extracción de ácidos nucleicos más de 24 horas después de la extracción de la sangre. Si no es posible, se conservará a 4 °C durante un máximo de 5 días. En caso de requerir ADN intacto, la extracción debe realizarse lo antes posible, ya que el ADN se va degradando con el tiempo.

Los pasos a seguir son los siguientes:

1. Centrifugar la sangre durante 10 minutos a 2.500 rpm y descartar el plasma. Transferir los leucocitos a un tubo Falcon con pipeta Pasteur.
2. La lisis de los hematíes se consigue sometiendo los hematíes a una solución de lisis (1 volumen de sangre y 3 volúmenes de solución de lisis). Existe una gran variedad de reactivos de lisis comerciales. La mayoría está basada en efectos osmóticos y detergentes suaves. Incubar 10 minutos.
3. Centrifugar la muestra durante 10 minutos a 2.500 rpm. Se descarta el sobrante con una pipeta Pasteur y se obtiene un sedimento o pellet de leucocitos. Con este paso se eliminan la hemoglobina y el resto de los componentes del plasma sanguíneo.

B) *Técnica de obtención de células mononucleadas (linfocitos y monocitos) de sangre periférica.*

Las células mononucleadas de la sangre pueden ser utilizadas también como material de partida para detectar, aislar y estudiar ácidos nucleicos de algunos retrovirus como el virus de la inmunodeficiencia humana (VIH). Con este fin se realiza una centrifugación en gradiente de densidad.

El medio de separación utilizado para crear el gradiente de densidad suele estar formado por una mezcla de Ficoll y diatrizoato sódico (Ficoll-Paque®, Lymphoprep®, etc.).

Para conseguir el aislamiento de las células mononucleadas se pone la sangre sobre el gradiente de densidad. El gradiente de densidad causa también la agregación de los hematíes, facilitando su rápida sedimentación.

Al someterla a centrifugación se separan las distintas especies celulares en función de su densidad. Al fondo caen los hematíes y los granulocitos (salvo los basófilos), puesto que tienen una densidad mayor a la del Lymphoprep. Las células mononucleares quedarán por encima del Lymphoprep debido a que tienen menor densidad que este y en la interfase con el plasma. Por último, en la parte superior del tubo flotando sobre el plasma se quedan las plaquetas (figura 2 anexo).

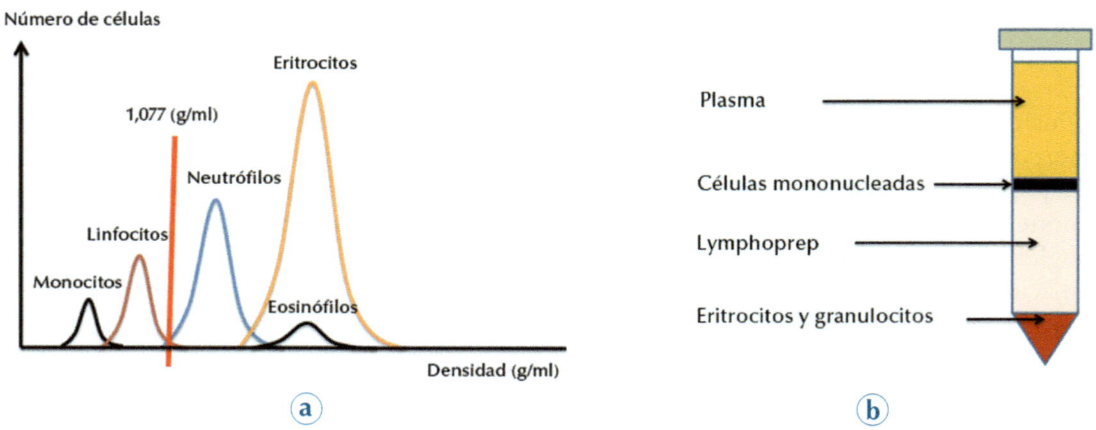

Figura 1
a) Densidad de los diferentes componentes celulares de la sangre. *b)* Separación de células mononucleadas de sangre periférica mediante centrifugación en gradiente de densidad

A continuación se elimina el plasma, y con una pipeta Pasteur se aspiran las células mononucleadas y se transfieren a un tubo nuevo. Se realizan varios lavados con solución salina para eliminar los restos de plaquetas y plasma, para ello se centrifuga durante 10 minutos a 1.400 rpm.

Estas células mononucleadas se pueden utilizar para extraer ácidos nucleicos.

C) *Pretratamiento de las muestras de cultivos celulares para extracción de ácidos nucleicos.*

Los cultivos celulares pueden ser en suspensión o en monocapa:

- En los cultivos en suspensión basta con centrifugar el cultivo, recoger el pellet y lavarlo con solución salina.
- En los cultivos en monocapa se separan las células del fondo del frasco de cultivo, bien raspando las colonias o bien utilizando un tratamiento enzimático, generalmente una disolución de tripsina 0,05-0,25%. Antes del tratamiento enzimático se elimina el medio de cultivo y se lava con solución salina. A continuación se añade la solución de tripsina y se incuba. Una vez despegadas las células se pasan a un tubo, se lavan con solución salina antes de la extracción de los ácidos nucleicos.

D) Pretratamiento de tejidos animales frescos

La obtención de ácidos nucleicos a partir de tejidos animales frescos requiere un pretratamiento previo de homogeneización para liberar las células que los integran. La homogeneización puede realizarse mediante un tratamiento mecánico o químico.

Para la homogeneización mecánica, primero se corta el tejido en pequeños fragmentos y, a continuación, se somete a la acción de un sonicador. Una vez que el tejido ya está homogeneizado, se transfiere a un tubo limpio para iniciar la extracción.

La homogeneización mecánica también puede realizarse directamente en un tampón de lisis, acortando así la etapa de pretratamiento de la muestra.

Para la homogeneización química se somete el tejido a la acción de proteasas y detergentes que disgregan las células, incubando entre 37-56 °C durante un tiempo que oscila entre 12 y 24 horas.

Una vez homogeneizado el tejido se puede realizar la extracción de los ácidos nucleicos.

E) Pretratamiento de tejidos fijados en formol e incluidos en parafina

La extracción de ácidos nucleicos a partir de tejidos fijados en formol e incluidos en parafina requiere un tratamiento previo de desparafinación.

Para eliminar la parafina se sigue el siguiente procedimiento:

- Se obtienen cortes finos del tejido con un micrótomo y se transfieren a un tubo Eppendorf.
- Se incuban los cortes en un agente desparafinante como el xilol y en una secuencia de disoluciones de etanol de concentración decreciente.

Una vez desparafinado el tejido se somete a una homogeneización química similar a la descrita para tejidos frescos.

F) Pretratamiento de células de la mucosa oral para la obtención de ácidos nucleicos

Existen muchos kits comerciales para la recogida y conservación de células de la mucosa oral. La muestra puede obtenerse mediante varios métodos: recogiendo de forma directa la saliva, por raspado de la mucosa oral con una torunda (se sumerge la torunda con la muestra en una solución conservante) o mediante enjuague bucal con una solución conservante.

Antes de la extracción de los ácidos nucleicos, a partir de células de la mucosa oral, la muestra obtenida debe ser centrifugada. Se recoge el pellet celular y se elimina el sobrenadante.

G) Pretratamiento de muestras de esputo para la obtención de ácidos nucleicos

Las muestras de esputo se utilizan para detectar o confirmar en ellas la presencia de microorganismos patógenos. Se debe realizar en ellas un pretratamiento de fluidificación con un agente mucolítico.

Anexo 9.2

Métodos de detección de la hibridación de la fluorescencia en la técnica de PCR a tiempo real

Para la detección de la fluorescencia en la PCR a tiempo real pueden usarse dos estrategias: agentes intercalantes y sondas específicas.

A) Agentes intercalantes

Se trata de fluoróforos con afinidad por el ADN. El más empleado es el SYBR green, emite fluorescencia solamente al intercalarse entre las bases del ADN de doble cadena (figura 1 anexo). Presenta varias ventajas: alto rendimiento, es fácil de usar, tiene menor riesgo de contaminación y puede utilizarse con cualquier pareja de *primers*. Tiene también desventajas, ya que no permite realizar *multiplex*, sobrestima la cantidad de ADN al unirse a los dímeros de *primer* y a otros productos inespecíficos y requiere hacer una curva de *melting* para confirmar los resultados obtenidos.

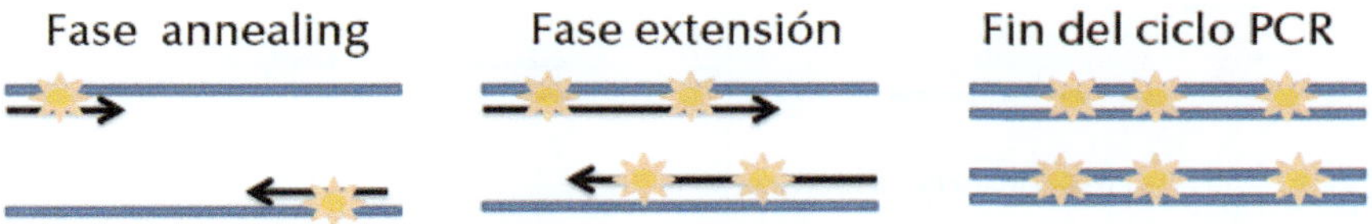

Figura 1
Esquema de detección con fluorocromos intercalantes

B) Sondas específicas

Las sondas específicas se unen a regiones complementarias del ADN.
Las hay de tres tipos: de hibridación, de hidrólisis y de horquilla.

- **Sondas de hibridación**

Se basan en el efecto FRET (*Flourescence Resonance Energy Transfer*, por sus siglas en inglés), que consiste en la transferencia de energía entre dos fluorocromos: el fluorocromo donador (*reporter*, en inglés), situado en el extremo 5', y el otro aceptor fluorescente, situado en el extremo 3'.

Son oligonucleótidos sintéticos que hibridan en la mitad de la secuencia diana.

Ambos fluorocromos emiten fluorescencia a diferente longitud de onda. Cuando se encuentran próximos, el aceptor absorbe toda la fluorescencia del donador emitiendo su fluorescencia característica (figura 2 anexo).

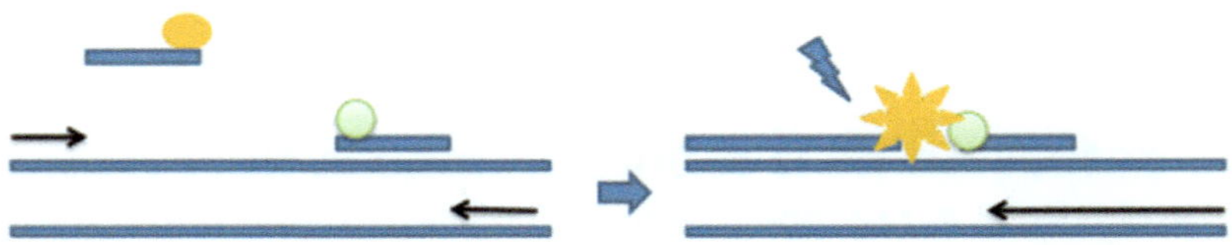

Figura 2
Sondas FRET. Cuando se sitúan próximas, se observa la emisión de fluorescencia

- **Sondas de hidrólisis o sondas TaqMan**

Se trata de sondas que se unen en la parte central de la secuencia diana. En el extremo 3' tiene una molécula fluorescente denominada donante y en el 5' una molécula aceptora (*quencher*). Cuando ambas moléculas están próximas, la fluorescencia emitida por el donante es absorbida por el aceptor, no detectándose fluorescencia (figura 3*a)* anexo). Durante la PCR, cuando la taq-polimerasa llega a la zona del fluorocromo donante, la hidroliza gracias a su actividad exonucleasa 5'->3', al distanciarse el donante del aceptor, se detecta en ese momento la emisión de fluorescencia (figura 3*b)* anexo).

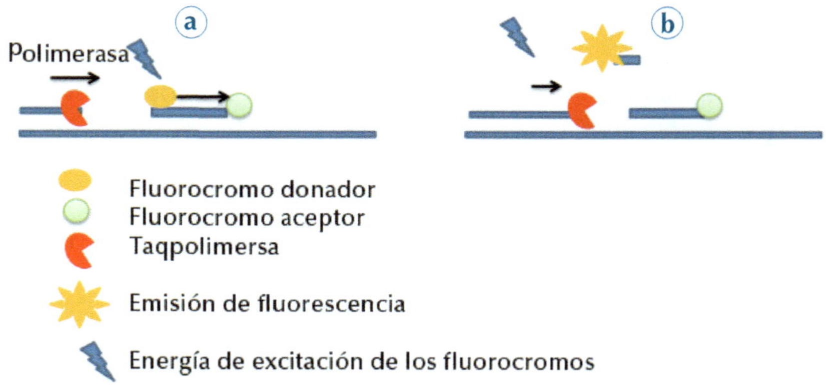

Figura 3
Esquema del funcionamiento de las sondas de hidrólisis o TaqMan. *a)* Mientras está cerca el donador del aceptor no se observa fluorescencia. *b)* Cuando se une la polimerasa, debido a su acción exonucleasa, se libera el extremo aceptor, permitiendo la emisión de fluorescencia por parte del fluorocromo donador

• Sondas de horquilla o *beacons* (en inglés)

Se trata de un tipo especial de sondas de hidrólisis (tienen un fluorocromo donante en la posición 5' y un *quencher* en la 3'; pero tienen la peculiaridad de presentar un estructura bicatenaria en los extremos, lo que les confiere una forma de horquilla. La secuencia de la parte central de la sonda es complementaria a la de la secuencia diana. Mientras que la sonda no está unida a la secuencia diana, el donante y el *quencher* están los suficientemente próximos para que la fluorescencia emitida por el donante sea absorbida por el *quencher*, no detectándose fluorescencia.

Cuando la sonda hibrida con la secuencia diana, el fluorocromo donante y el *quencher* quedan separados, lo que permite detectar la emisión de fluorescencia por parte del fluoróforo donante (figura 4 anexo).

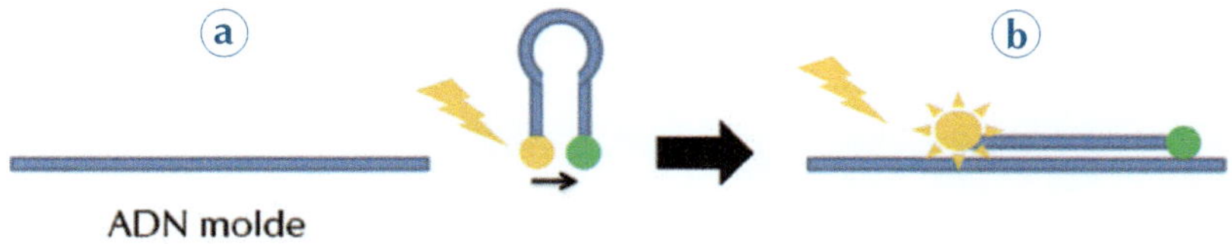

Figura 4
a) Sonda de horquilla antes de hibridar con la secuencia diana, no se detecta fluorescencia. *b)* Sonda unida a su secuencia complementaria, se detecta fluorescencia

Anexo 10.1

Plataformas de secuenciación: Illumina y SOLID

A) Illumina: secuenciación por síntesis

Los pasos que se siguen en la plataforma de Illumina para la secuenciación por síntesis son los siguientes:

- Se fragmenta el ADN.
- Se reparan los extremos y se agregan los adaptadores.
- Se agrega el ADN con los adaptadores a la placa.
- Se hibrida aleatoriamente con los adaptadores que están en la placa.
- Se agregan NTP sin marcar y la polimerasa. Comienza la amplificación.
- Se desnaturaliza el ADN y se vuelve a realizar la amplificación puente.
- Se han generado millones de clústeres en cada placa.
- Se agregan los dNTP, cada uno de ellos posee un fluorocromo con un color particular.
- Se excita con un láser y se captura la imagen. La imagen capturada en una posición específica corresponde al primer nucleótido. Los ciclos de secuenciación se repiten hasta determinar la secuencia del templado. Una base cada vez.

La reacción CRT utiliza dNTP marcados con un fluorocromo diferente y con terminadores reversibles que impiden la unión de otro nucléotido. Debido a la acción de la polimerasa, se une cada nucleótido correspondiente a la cadenas de ADN inmovilizadas. A continuación se pasa a la lectura, para ello se lava el exceso de nucleótidos y se excitan los fluorocromos con un láser y se fotografía la fluorescencia emitida en cada punto del soporte.

Dado que la unión con el fluoróforo y el agente bloqueante son reversibles, al eliminarlos, el nucleótido vuelve a su estructura normal, lo que permite la incorporación de nuevos nucleótidos a la cadena en crecimiento.

Las fotografías sucesivas de los colores en cada punto permiten averiguar la secuencia del ADN de cada clúster.

B) Plataforma SOLID (Support Oligonucleotide Ligation Direction)

La tecnología usada en este tipo de secuenciadores consiste en una secuenciación de dos bases cada vez situadas en oligonucleótidos de 8 bases y se usa una enzima ligasa en lugar de polimerasa.

Las sondas contienen 8 bases, la primera en el extremo 3' de la sonda corresponde al sitio de unión, la quinta corresponde al sitio de escisión y en la última base se encuentra anclado un fluorocromo diferente (se utilizan 4 tipos de fluorocromos para cada 4 de las combinaciones de parejas de bases).

La secuencia de los fragmentos de ADN se determina de la forma siguiente:

- Se unen los fragmentos de ADN a microesferas a través de marcadores universales.

  En el primer ciclo se añade un *primer* complementario al adaptador del fragmento de ADN, se añaden las sondas que contiene en su extremo 3' una de las parejas de bases y en el otro extremo el fluorocromo. La pareja de bases complementaria a la secuencia del ADN molde se hibridará y la ligasa las unirá. Se lava para eliminar las sondas no hibridadas. Al excitar con láser se emitirá un determinado color. Se capta esa imagen.

  A continuación se añade un agente que elimina las tres últimas bases de la sonda, desapareciendo de esta forma el fluorocromo. Cada ciclo consta de ligación, detección y rotura. Después de 5 ciclos con 10 reacciones de ligación en cada uno, se elimina la cadena de ADN sintetizada y se realiza una segunda ronda de ciclos con un *primer* complementario a la posición n-1. Con este método se secuencia el ADN dos veces, al usar dos *primers* diferentes. Son necesarias 5 rondas de secuenciación con cada uno de los *primers* para obtener la secuencia completa del fragmento de ADN.

  Se repite el proceso hasta que se llegue al final de la cadena de ADN molde.